深度学习之 TensorFlow
入门、原理与进阶实战

Getting Started and Best Practices with TensorFlow for Deep Learning

李金洪 ◎ 编著

机械工业出版社
China Machine Press

图书在版编目（CIP）数据

深度学习之TensorFlow：入门、原理与进阶实战/李金洪编著. —北京：机械工业出版社，2018.1
（2021.1重印）

ISBN 978-7-111-59005-7

Ⅰ. 深… Ⅱ. 李… Ⅲ. 人工智能 – 算法 Ⅳ. TP18

中国版本图书馆CIP数据核字（2018）第014655号

深度学习之TensorFlow
入门、原理与进阶实战

出版发行：	机械工业出版社（北京市西城区百万庄大街22号 邮政编码：100037）		
责任编辑：	欧振旭 李华君	责任校对：	姚志娟
印　　刷：	北京捷迅佳彩印刷有限公司	版　　次：	2021年1月第1版第7次印刷
开　　本：	186mm×240mm　1/16	印　　张：	31.75
书　　号：	ISBN 978-7-111-59005-7	定　　价：	99.00元

凡购本书，如有缺页、倒页、脱页，由本社发行部调换

客服热线：（010）88379426　88361066　　投稿热线：（010）88379604
购书热线：（010）68326294　88379649　68995259　　读者信箱：hzit@hzbook.com

版权所有·侵权必究
封底无防伪标均为盗版
本书法律顾问：北京大成律师事务所　韩光/邹晓东

配套学习资源

本书提供了配套的超值学习资料,下面分别介绍。

1. 同步配套教学视频

作者按照图书的内容和结构,录制了同步对应的《深度学习之 TensorFlow:入门、原理与进阶实战》系列教学视频,如图 1 所示。

图 1 《深度学习之 TensorFlow——入门、原理与进阶实战》系列教学视频

2. 书中的实例源文件

本书提供了书中涉及的所有实例源文件,共计 123 段代码,如图 2 所示。读者可以一边阅读本书,一边参照源文件动手练习,这样不仅提高了学习效率,而且可以对书中的内容有更加直观的认识,从而逐渐培养自己的编码能力。

配套学习资源

图 2 本书实例源文件

3. 书中实例用到的素材和样本

本书提供了书中实例用到的全部素材和样本。读者可以采用这些素材和样本，完全再现书中的实例效果。

图 3 本书实例用到的素材和样本

4. 配套学习资源获取方式

本书提供的配套学习资源需要读者自行下载。有以下两种途径：

（1）登录机械工业出版社华章公司的网站 www.hzbook.com，然后搜索到本书页面，找到下载模块下载即可。

（2）扫描图 4 所示的二维码，关注并访问微信公众号 xiangyuejiqiren，在公众号中回复"深 1"得到相关资源的下载链接。

图 4 微信公众号 xiangyuejiqiren 二维码

前言

最近，人工智能话题热度不减，IT领域甚至言必称之。

从人工智能的技术突破看，在语音和图像识别等方面，在特定领域和特定类别下，计算机的处理能力已经接近甚至超过人类。此外，人工智能在人们传统认为很难由机器取得成功的认知领域也有所突破。

我国目前在人工智能技术研究方面已经走在了世界前列，人工智能应用领域已经非常宽广，涵盖了从智能机器人到智能医疗、智能安防、智能家居和智慧城市，再到语音识别、手势控制和自动驾驶等领域。

百度CEO李彦宏判断：人工智能是一个非常大的产业，会持续很长时间，在未来的20年到50年间都会是快速发展的。

人工智能"火"起来主要有3个原因：互联网大量的数据、强大的运算能力、深度学习的突破。其中，深度学习是机器学习方法之一，是让计算机从周围世界或某个特定方面的范例中进行学习从而变得更加智能的一种方式。

面对人工智能如火如荼的发展趋势，IT领域也掀起了一波深度学习热潮，但是其海量的应用数学术语和公式，将不少爱好者拒之门外。本书由浅入深地讲解了深度学习的知识体系，将专业性较强的公式和理论转化成通俗易懂的简单逻辑描述语言，帮助非数学专业的爱好者搭上人工智能的"列车"。

本书特色

1. 配教学视频

为了让读者更好地学习本书内容，作者对每一章内容都录制了教学视频。借助这些视频，读者可以更轻松地学习。

2. 大量的典型应用实例，实战性强，有较高的应用价值

本书提供了96个深度学习相关的网络模型实例，将原理的讲解最终都落实到了代码实现上。而且这些实例会随着图书内容的推进，不断趋近于工程化的项目，具有很高的应用价值和参考性。

3. 完整的源代码和训练数据集

书中所有的代码都提供了免费下载途径，使读者学习更方便。另外，读者可以方便地获得书中案例的训练数据集。如果数据集是来源于网站，则提供了有效的下载链接；如果是作者制作的，在随书资源中可直接找到。

4. 由浅入深、循序渐进的知识体系，通俗易懂的语言

本书按照读者的接受度搭建知识体系，由浅入深、循序渐进，并尽最大可能地将学术语言转化为容易让读者理解的语言。

5. 拒绝生僻公式和符号，落地性强

在文字表达上，本书也尽量使用计算机语言编写的代码来表述对应的数学公式，这样即使不习惯用数学公式的读者，也能够容易地理解。

6. 内容全面，应用性强

本书提供了从单个神经元到对抗神经网络，从有监督学习到半监督学习，从简单的数据分类到语音、语言、图像分类乃至样本生成等一系列前沿技术，具有超强的实用性，读者可以随时查阅和参考。

7. 大量宝贵经验的分享

授之以鱼不如授之以渔。本书在讲解知识点的时候，更注重方法与经验的传递。全书共有几十个"注意"标签，其中内容都是"含金量"很高的成功经验分享与易错事项总结，有关于理论理解的，有关于操作细节的。这些内容可以帮助读者在学习的路途上披荆斩棘，快速融会贯通。

本书内容

第1篇　深度学习与TensorFlow基础（第1～5章）

第1章快速了解人工智能与 TensorFlow，主要介绍了以下内容：
（1）人工智能、深度学习、神经网络三者之间的关系，TensorFlow 软件与深度学习之间的关系及其特点；
（2）其他主流深度学习框架的特点；
（3）一些关于如何学习深度学习和使用本书的建议。
第2章搭建开发环境，介绍了如何搭建 TensorFlow 开发环境。具体包括：
（1）TensorFlow 的下载及在不同平台上的安装方法；

（2）TensorFlow 开发工具（本书用的是 Anaconda 开发工具）的下载、安装和使用。

如要安装 GPU 版的 TensorFlow，书中也详细介绍了如何安装 CUDA 驱动来支持 GPU 运算。

第 3 章 TensorFlow 基本开发步骤——以逻辑回归拟合二维数据为例，首先是一个案例，有一组数据，通过 TensorFlow 搭配模型并训练模型，让模型找出其中 $y≈2x$ 的规律。在这个案例的基础上，引出了在神经网络中"模型"的概念，并介绍了 TensorFlow 开发一个模型的基本步骤。

第 4 章 TensorFlow 编程基础，主要介绍了 TensorFlow 框架中编程的基础知识。具体包括：

（1）编程模型的系统介绍；

（2）TensorFlow 基础类型及操作函数；

（3）共享变量的作用及用法；

（4）与"图"相关的一些基本操作；

（5）分布式配置 TensorFlow 的方法。

第 5 章识别图中模糊的手写数字（实例 21），是一个完整的图像识别实例，使用 TensorFlow 构建并训练了一个简单的神经网络模型，该模型能识别出图片中模糊的手写数字 5、0、4、1。通过这个实例，读者一方面可以巩固第 4 章所学的 TensorFlow 编程基础知识，另一方面也对神经网络有一个大体的了解，并掌握最简单的图像识别方法。

第2篇　深度学习基础——神经网络中（第6～10章）

第 6 章单个神经元，介绍了神经网络中最基础的单元。首先讲解了神经元的拟合原理，然后分别介绍了模型优化所需的一些关键技术：

● 激活函数——加入非线性因素，解决线性模型缺陷；

● softmax 算法——处理分类问题；

● 损失函数——用真实值与预测值的距离来指导模型的收敛方向；

● 梯度下降——让模型逼近最小偏差；

● 初始化学习参数。

最后还介绍了在单个神经元基础上扩展的网络——Maxout。

第 7 章多层神经网络——解决非线性问题，先通过两个例子（分辨良性与恶性肿瘤、将数据按颜色分为 3 类）来说明线性问题，进而引出非线性问题。然后介绍了如何使用多个神经元组成的全连接网络进行非线性问题的分类。最后介绍了全连接网络在训练中常用的优化技巧：正则化、增大数据集和 Dropout 等。

第 8 章卷积神经网络——解决参数太多问题，通过分析全连接网络的局限性，引出卷积神经网络。首先分别介绍了卷积神经网络的结构和函数，并通过一个综合的图片分类实例介绍了卷积神经网络的应用。接着介绍了反卷积神经网络的原理，并通过多个实例介绍了反卷积神经网络的应用。最后通过多个实例介绍了深度学习中模型训练的一些技巧。

第9章循环神经网络——具有记忆功能的网络，本章先解释了人脑记忆，从而引出了机器学习中具有类似功能的循环神经网络，介绍了循环神经网络（RNN）的工作原理，并通过实例介绍了简单RNN的一些应用。接着介绍了RNN的一些改进技术，如LSTM、GRU和BiRNN等，并通过大量的实例，介绍了如何通过TensorFlow实现RNN的应用。从9.5节起，用了大量的篇幅介绍RNN在语音识别和语言处理方面的应用，先介绍几个案例——利用BiRNN实现语音识别、利用RNN训练语言模型及语言模型的系统学习等，然后将前面的内容整合成一个功能更完整的机器人，它可以实现中英文翻译和聊天功能。读者还可以再扩展该机器人的功能，如实现对对联、讲故事、生成文章摘要等功能。

第10章自编码网络——能够自学习样本特征的网络，首先从一个最简单的自编码网络讲起，介绍其网络结构和具体的代码实现。然后分别介绍了去噪自编码、栈式自编码、变分自编码和条件变分自编码等网络结构，并且在讲解每一种结构时都配有对应的实例。

第3篇　深度学习进阶（第11、12章）

第11章深度神经网络，从深度神经网络的起源开始，逐步讲解了深度神经网络的历史发展过程和一些经典模型，并分别详细介绍了这些经典模型的特点及内部原理。接着详细介绍了使用slim图片分类模型库进行图像识别和图像检测的两个实例。最后介绍了实物检测领域的其他一些相关模型。

第12章对抗神经网络，从对抗神经网络（GAN）的理论开始，分别介绍了DCGAN、AEGAN、InfoGAN、ACGAN、WGAN、LSGAN和SRGAN等多种GAN的模型及应用，并通过实例演示了生成指定模拟样本和超分辨率重建的过程。

本书读者对象

- 深度学习初学者；
- 人工智能初学者；
- 深度学习爱好者；
- 人工智能工程师；
- TensorFlow初级开发人员；
- 需要提高动手能力的深度学习技术人员；
- 各大院校的相关学生。

关于作者

本书由李金洪主笔编写。其他参与本书编写的人员还有马峰、孙朝晖、郑一友、王其景、张弨、白林、彭咏文、宋文利。

另外,吴宏伟先生也参与了本书后期的编写工作,为本书做了大量的细节调整。因为有了他的逐字推敲和一丝不苟,才使得本书行文更加通畅和通俗易懂。在此表示深深的感谢!

虽然我们对书中所述内容都尽量核实,并多次进行了文字校对,但因时间所限,加之水平所限,书中疏漏和错误在所难免,敬请广大读者批评指正。联系我们可以加入本书讨论QQ群40016981,也可发E-mail到hzbook2017@163.com。

目录

配套学习资源
前言

第1篇 深度学习与 TensorFlow 基础

第1章 快速了解人工智能与 TensorFlow ·················2
- 1.1 什么是深度学习···················2
- 1.2 TensorFlow 是做什么的···················3
- 1.3 TensorFlow 的特点···················4
- 1.4 其他深度学习框架特点及介绍···················5
- 1.5 如何通过本书学好深度学习···················6
  - 1.5.1 深度学习怎么学···················6
  - 1.5.2 如何学习本书···················7

第2章 搭建开发环境···················8
- 2.1 下载及安装 Anaconda 开发工具···················8
- 2.2 在 Windows 平台下载及安装 TensorFlow···················11
- 2.3 GPU 版本的安装方法···················12
  - 2.3.1 安装 CUDA 软件包···················12
  - 2.3.2 安装 cuDNN 库···················13
  - 2.3.3 测试显卡···················14
- 2.4 熟悉 Anaconda 3 开发工具···················15
  - 2.4.1 快速了解 Spyder···················16
  - 2.4.2 快速了解 Jupyter Notebook···················18

第3章 TensorFlow 基本开发步骤——以逻辑回归拟合二维数据为例···················19
- 3.1 实例1：从一组看似混乱的数据中找出 $y≈2x$ 的规律···················19
  - 3.1.1 准备数据···················20
  - 3.1.2 搭建模型···················21
  - 3.1.3 迭代训练模型···················23
  - 3.1.4 使用模型···················25

目录

- 3.2 模型是如何训练出来的 ·· 25
  - 3.2.1 模型里的内容及意义 ··· 25
  - 3.2.2 模型内部的数据流向 ··· 26
- 3.3 了解 TensorFlow 开发的基本步骤 ··· 27
  - 3.3.1 定义输入节点的方法 ·· 27
  - 3.3.2 实例 2：通过字典类型定义输入节点 ································· 28
  - 3.3.3 实例 3：直接定义输入节点 ··· 28
  - 3.3.4 定义"学习参数"的变量 ··· 29
  - 3.3.5 实例 4：通过字典类型定义"学习参数" ···························· 29
  - 3.3.6 定义"运算" ··· 29
  - 3.3.7 优化函数，优化目标 ··· 30
  - 3.3.8 初始化所有变量 ·· 30
  - 3.3.9 迭代更新参数到最优解 ··· 31
  - 3.3.10 测试模型 ··· 31
  - 3.3.11 使用模型 ··· 31

第 4 章 TensorFlow 编程基础 ·· 32

- 4.1 编程模型 ·· 32
  - 4.1.1 了解模型的运行机制 ··· 33
  - 4.1.2 实例 5：编写 hello world 程序演示 session 的使用 ············· 34
  - 4.1.3 实例 6：演示 with session 的使用 ······································· 35
  - 4.1.4 实例 7：演示注入机制 ··· 35
  - 4.1.5 建立 session 的其他方法 ·· 36
  - 4.1.6 实例 8：使用注入机制获取节点 ·· 36
  - 4.1.7 指定 GPU 运算 ·· 37
  - 4.1.8 设置 GPU 使用资源 ··· 37
  - 4.1.9 保存和载入模型的方法介绍 ·· 38
  - 4.1.10 实例 9：保存/载入线性回归模型 ····································· 38
  - 4.1.11 实例 10：分析模型内容，演示模型的其他保存方法 ······· 40
  - 4.1.12 检查点（Checkpoint） ··· 41
  - 4.1.13 实例 11：为模型添加保存检查点 ···································· 41
  - 4.1.14 实例 12：更简便地保存检查点 ·· 44
  - 4.1.15 模型操作常用函数总结 ·· 45
  - 4.1.16 TensorBoard 可视化介绍 ·· 45
  - 4.1.17 实例 13：线性回归的 TensorBoard 可视化 ······················ 46
- 4.2 TensorFlow 基础类型定义及操作函数介绍 ····································· 48
  - 4.2.1 张量及操作 ·· 49
  - 4.2.2 算术运算函数 ·· 55
  - 4.2.3 矩阵相关的运算 ·· 56

	4.2.4	复数操作函数	58
	4.2.5	规约计算	59
	4.2.6	分割	60
	4.2.7	序列比较与索引提取	61
	4.2.8	错误类	62
4.3	共享变量		62
	4.3.1	共享变量用途	62
	4.3.2	使用 get-variable 获取变量	63
	4.3.3	实例 14：演示 get_variable 和 Variable 的区别	63
	4.3.4	实例 15：在特定的作用域下获取变量	65
	4.3.5	实例 16：共享变量功能的实现	66
	4.3.6	实例 17：初始化共享变量的作用域	67
	4.3.7	实例 18：演示作用域与操作符的受限范围	68
4.4	实例 19：图的基本操作		70
	4.4.1	建立图	70
	4.4.2	获取张量	71
	4.4.3	获取节点操作	72
	4.4.4	获取元素列表	73
	4.4.5	获取对象	73
	4.4.6	练习题	74
4.5	配置分布式 TensorFlow		74
	4.5.1	分布式 TensorFlow 的角色及原理	74
	4.5.2	分布部署 TensorFlow 的具体方法	75
	4.5.3	实例 20：使用 TensorFlow 实现分布式部署训练	75
4.6	动态图（Eager）		81
4.7	数据集（tf.data）		82

第 5 章 识别图中模糊的手写数字（实例 21） 83

5.1	导入图片数据集		84
	5.1.1	MNIST 数据集介绍	84
	5.1.2	下载并安装 MNIST 数据集	85
5.2	分析图片的特点，定义变量		87
5.3	构建模型		87
	5.3.1	定义学习参数	87
	5.3.2	定义输出节点	88
	5.3.3	定义反向传播的结构	88
5.4	训练模型并输出中间状态参数		89
5.5	测试模型		90
5.6	保存模型		91

5.7 读取模型 ····· 92

第 2 篇 深度学习基础——神经网络

第 6 章 单个神经元 ····· 96
- 6.1 神经元的拟合原理 ····· 96
  - 6.1.1 正向传播 ····· 98
  - 6.1.2 反向传播 ····· 98
- 6.2 激活函数——加入非线性因素，解决线性模型缺陷 ····· 99
  - 6.2.1 Sigmoid 函数 ····· 99
  - 6.2.2 Tanh 函数 ····· 100
  - 6.2.3 ReLU 函数 ····· 101
  - 6.2.4 Swish 函数 ····· 103
  - 6.2.5 激活函数总结 ····· 103
- 6.3 softmax 算法——处理分类问题 ····· 103
  - 6.3.1 什么是 softmax ····· 104
  - 6.3.2 softmax 原理 ····· 104
  - 6.3.3 常用的分类函数 ····· 105
- 6.4 损失函数——用真实值与预测值的距离来指导模型的收敛方向 ····· 105
  - 6.4.1 损失函数介绍 ····· 105
  - 6.4.2 TensorFlow 中常见的 loss 函数 ····· 106
- 6.5 softmax 算法与损失函数的综合应用 ····· 108
  - 6.5.1 实例 22：交叉熵实验 ····· 108
  - 6.5.2 实例 23：one_hot 实验 ····· 109
  - 6.5.3 实例 24：sparse 交叉熵的使用 ····· 110
  - 6.5.4 实例 25：计算 loss 值 ····· 110
  - 6.5.5 练习题 ····· 111
- 6.6 梯度下降——让模型逼近最小偏差 ····· 111
  - 6.6.1 梯度下降的作用及分类 ····· 111
  - 6.6.2 TensorFlow 中的梯度下降函数 ····· 112
  - 6.6.3 退化学习率——在训练的速度与精度之间找到平衡 ····· 113
  - 6.6.4 实例 26：退化学习率的用法举例 ····· 114
- 6.7 初始化学习参数 ····· 115
- 6.8 单个神经元的扩展——Maxout 网络 ····· 116
  - 6.8.1 Maxout 介绍 ····· 116
  - 6.8.2 实例 27：用 Maxout 网络实现 MNIST 分类 ····· 117
- 6.9 练习题 ····· 118

第 7 章 多层神经网络——解决非线性问题 ····· 119
- 7.1 线性问题与非线性问题 ····· 119

		7.1.1 实例28：用线性单分逻辑回归分析肿瘤是良性还是恶性的	119

- 7.1.1 实例28：用线性单分逻辑回归分析肿瘤是良性还是恶性的 ················119
- 7.1.2 实例29：用线性逻辑回归处理多分类问题 ················123
- 7.1.3 认识非线性问题 ················129
- 7.2 使用隐藏层解决非线性问题 ················130
  - 7.2.1 实例30：使用带隐藏层的神经网络拟合异或操作 ················130
  - 7.2.2 非线性网络的可视化及其意义 ················133
  - 7.2.3 练习题 ················135
- 7.3 实例31：利用全连接网络将图片进行分类 ················136
- 7.4 全连接网络训练中的优化技巧 ················137
  - 7.4.1 实例32：利用异或数据集演示过拟合问题 ················138
  - 7.4.2 正则化 ················143
  - 7.4.3 实例33：通过正则化改善过拟合情况 ················144
  - 7.4.4 实例34：通过增大数据集改善过拟合 ················145
  - 7.4.5 练习题 ················146
  - 7.4.6 dropout——训练过程中，将部分神经单元暂时丢弃 ················146
  - 7.4.7 实例35：为异或数据集模型添加dropout ················147
  - 7.4.8 实例36：基于退化学习率dropout技术来拟合异或数据集 ················149
  - 7.4.9 全连接网络的深浅关系 ················150
- 7.5 练习题 ················150

第8章 卷积神经网络——解决参数太多问题 ················151

- 8.1 全连接网络的局限性 ················151
- 8.2 理解卷积神经网络 ················152
- 8.3 网络结构 ················153
  - 8.3.1 网络结构描述 ················153
  - 8.3.2 卷积操作 ················155
  - 8.3.3 池化层 ················157
- 8.4 卷积神经网络的相关函数 ················158
  - 8.4.1 卷积函数tf.nn.conv2d ················158
  - 8.4.2 padding规则介绍 ················159
  - 8.4.3 实例37：卷积函数的使用 ················160
  - 8.4.4 实例38：使用卷积提取图片的轮廓 ················165
  - 8.4.5 池化函数tf.nn.max_pool（avg_pool） ················167
  - 8.4.6 实例39：池化函数的使用 ················167
- 8.5 使用卷积神经网络对图片分类 ················170
  - 8.5.1 CIFAR介绍 ················171
  - 8.5.2 下载CIFAR数据 ················172
  - 8.5.3 实例40：导入并显示CIFAR数据集 ················173
  - 8.5.4 实例41：显示CIFAR数据集的原始图片 ················174
  - 8.5.5 cifar10_input的其他功能 ················176
  - 8.5.6 在TensorFlow中使用queue ················176

        8.5.7　实例42：协调器的用法演示 ······178
        8.5.8　实例43：为session中的队列加上协调器 ······179
        8.5.9　实例44：建立一个带有全局平均池化层的卷积神经网络 ······180
        8.5.10　练习题 ······183
    8.6　反卷积神经网络 ······183
        8.6.1　反卷积神经网络的应用场景 ······184
        8.6.2　反卷积原理 ······184
        8.6.3　实例45：演示反卷积的操作 ······185
        8.6.4　反池化原理 ······188
        8.6.5　实例46：演示反池化的操作 ······189
        8.6.6　实例47：演示gradients基本用法 ······192
        8.6.7　实例48：使用gradients对多个式子求多变量偏导 ······192
        8.6.8　实例49：演示梯度停止的实现 ······193
    8.7　实例50：用反卷积技术复原卷积网络各层图像 ······195
    8.8　善用函数封装库 ······198
        8.8.1　实例51：使用函数封装库重写CIFAR卷积网络 ······198
        8.8.2　练习题 ······201
    8.9　深度学习的模型训练技巧 ······201
        8.9.1　实例52：优化卷积核技术的演示 ······201
        8.9.2　实例53：多通道卷积技术的演示 ······202
        8.9.3　批量归一化 ······204
        8.9.4　实例54：为CIFAR图片分类模型添加BN ······207
        8.9.5　练习题 ······209

第9章　循环神经网络——具有记忆功能的网络 ······210
    9.1　了解RNN的工作原理 ······210
        9.1.1　了解人的记忆原理 ······210
        9.1.2　RNN网络的应用领域 ······212
        9.1.3　正向传播过程 ······212
        9.1.4　随时间反向传播 ······213
    9.2　简单RNN ······215
        9.2.1　实例55：简单循环神经网络实现——裸写一个退位减法器 ······215
        9.2.2　实例56：使用RNN网络拟合回声信号序列 ······220
    9.3　循环神经网络（RNN）的改进 ······225
        9.3.1　LSTM网络介绍 ······225
        9.3.2　窥视孔连接（Peephole） ······228
        9.3.3　带有映射输出的LSTM ······230
        9.3.4　基于梯度剪辑的cell ······230
        9.3.5　GRU网络介绍 ······230
        9.3.6　Bi-RNN网络介绍 ······231
        9.3.7　基于神经网络的时序类分类CTC ······232

9.4 TensorFlow 实战 RNN ... 233
9.4.1 TensorFlow 中的 cell 类 ... 233
9.4.2 通过 cell 类构建 RNN ... 234
9.4.3 实例 57：构建单层 LSTM 网络对 MNIST 数据集分类 ... 239
9.4.4 实例 58：构建单层 GRU 网络对 MNIST 数据集分类 ... 240
9.4.5 实例 59：创建动态单层 RNN 网络对 MNIST 数据集分类 ... 240
9.4.6 实例 60：静态多层 LSTM 对 MNIST 数据集分类 ... 241
9.4.7 实例 61：静态多层 RNN-LSTM 连接 GRU 对 MNIST 数据集分类 ... 242
9.4.8 实例 62：动态多层 RNN 对 MNIST 数据集分类 ... 242
9.4.9 练习题 ... 243
9.4.10 实例 63：构建单层动态双向 RNN 对 MNIST 数据集分类 ... 243
9.4.11 实例 64：构建单层静态双向 RNN 对 MNIST 数据集分类 ... 244
9.4.12 实例 65：构建多层双向 RNN 对 MNIST 数据集分类 ... 246
9.4.13 实例 66：构建动态多层双向 RNN 对 MNIST 数据集分类 ... 247
9.4.14 初始化 RNN ... 247
9.4.15 优化 RNN ... 248
9.4.16 实例 67：在 GRUCell 中实现 LN ... 249
9.4.17 CTC 网络的 loss——ctc_loss ... 251
9.4.18 CTCdecoder ... 254
9.5 实例 68：利用 BiRNN 实现语音识别 ... 255
9.5.1 语音识别背景 ... 255
9.5.2 获取并整理样本 ... 256
9.5.3 训练模型 ... 265
9.5.4 练习题 ... 272
9.6 实例 69：利用 RNN 训练语言模型 ... 273
9.6.1 准备样本 ... 273
9.6.2 构建模型 ... 275
9.7 语言模型的系统学习 ... 279
9.7.1 统计语言模型 ... 279
9.7.2 词向量 ... 279
9.7.3 word2vec ... 281
9.7.4 实例 70：用 CBOW 模型训练自己的 word2vec ... 283
9.7.5 实例 71：使用指定候选采样本训练 word2vec ... 293
9.7.6 练习题 ... 296
9.8 处理 Seq2Seq 任务 ... 296
9.8.1 Seq2Seq 任务介绍 ... 296
9.8.2 Encoder-Decoder 框架 ... 297
9.8.3 实例 72：使用 basic_rnn_seq2seq 拟合曲线 ... 298
9.8.4 实例 73：预测当天的股票价格 ... 306
9.8.5 基于注意力的 Seq2Seq ... 310

		9.8.6 实例74：基于Seq2Seq注意力模型实现中英文机器翻译	313
9.9	实例75：制作一个简单的聊天机器人		339
	9.9.1	构建项目框架	340
	9.9.2	准备聊天样本	340
	9.9.3	预处理样本	340
	9.9.4	训练样本	341
	9.9.5	测试模型	342
9.10	时间序列的高级接口TFTS		344

第10章 自编码网络——能够自学习样本特征的网络 346

10.1	自编码网络介绍及应用		346
10.2	最简单的自编码网络		347
10.3	自编码网络的代码实现		347
	10.3.1	实例76：提取图片的特征，并利用特征还原图片	347
	10.3.2	线性解码器	351
	10.3.3	实例77：提取图片的二维特征，并利用二维特征还原图片	351
	10.3.4	实例78：实现卷积网络的自编码	356
	10.3.5	练习题	358
10.4	去噪自编码		359
10.5	去噪自编码网络的代码实现		359
	10.5.1	实例79：使用去噪自编码网络提取MNIST特征	359
	10.5.2	练习题	363
10.6	栈式自编码		364
	10.6.1	栈式自编码介绍	364
	10.6.2	栈式自编码在深度学习中的意义	365
10.7	深度学习中自编码的常用方法		366
	10.7.1	代替和级联	366
	10.7.2	自编码的应用场景	366
10.8	去噪自编码与栈式自编码的综合实现		366
	10.8.1	实例80：实现去噪自编码	367
	10.8.2	实例81：添加模型存储支持分布训练	375
	10.8.3	小心分布训练中的"坑"	376
	10.8.4	练习题	377
10.9	变分自编码		377
	10.9.1	什么是变分自编码	377
	10.9.2	实例82：使用变分自编码模拟生成MNIST数据	377
	10.9.3	练习题	384
10.10	条件变分自编码		385
	10.10.1	什么是条件变分自编码	385
	10.10.2	实例83：使用标签指导变分自编码网络生成MNIST数据	385

第3篇 深度学习进阶

第11章 深度神经网络······392
11.1 深度神经网络介绍······392
11.1.1 深度神经网络起源······392
11.1.2 经典模型的特点介绍······393
11.2 GoogLeNet 模型介绍······394
11.2.1 MLP 卷积层······394
11.2.2 全局均值池化······395
11.2.3 Inception 原始模型······396
11.2.4 Inception v1 模型······396
11.2.5 Inception v2 模型······397
11.2.6 Inception v3 模型······397
11.2.7 Inception v4 模型······399
11.3 残差网络（ResNet）······399
11.3.1 残差网络结构······399
11.3.2 残差网络原理······400
11.4 Inception-ResNet-v2 结构······400
11.5 TensorFlow 中的图片分类模型库——slim······400
11.5.1 获取 models 中的 slim 模块代码······401
11.5.2 models 中的 Slim 目录结构······401
11.5.3 slim 中的数据集处理······403
11.5.4 实例 84：利用 slim 读取 TFRecord 中的数据······405
11.5.5 在 slim 中训练模型······407
11.6 使用 slim 中的深度网络模型进行图像的识别与检测······410
11.6.1 实例 85：调用 Inception_ResNet_v2 模型进行图像识别······410
11.6.2 实例 86：调用 VGG 模型进行图像检测······413
11.7 实物检测模型库——Object Detection API······417
11.7.1 准备工作······418
11.7.2 实例 87：调用 Object Detection API 进行实物检测······421
11.8 实物检测领域的相关模型······425
11.8.1 RCNN 基于卷积神经网络特征的区域方法······426
11.8.2 SPP-Net：基于空间金字塔池化的优化 RCNN 方法······426
11.8.3 Fast-R-CNN 快速的 RCNN 模型······426
11.8.4 YOLO：能够一次性预测多个位置和类别的模型······427
11.8.5 SSD：比 YOLO 更快更准的模型······428
11.8.6 YOLO2：YOLO 的升级版模型······428
11.9 机器自己设计的模型（NASNet）······428

目录

第12章 对抗神经网络（GAN） 430

12.1 GAN 的理论知识 430
12.1.1 生成式模型的应用 431
12.1.2 GAN 的训练方法 431

12.2 DCGAN——基于深度卷积的 GAN 432

12.3 InfoGAN 和 ACGAN：指定类别生成模拟样本的 GAN 432
12.3.1 InfoGAN：带有隐含信息的 GAN 432
12.3.2 AC-GAN：带有辅助分类信息的 GAN 433
12.3.3 实例88：构建 InfoGAN 生成 MNIST 模拟数据 434
12.3.4 练习题 440

12.4 AEGAN：基于自编码器的 GAN 441
12.4.1 AEGAN 原理及用途介绍 441
12.4.2 实例89：使用 AEGAN 对 MNIST 数据集压缩特征及重建 442

12.5 WGAN-GP：更容易训练的 GAN 447
12.5.1 WGAN：基于推土机距离原理的 GAN 448
12.5.2 WGAN-GP：带梯度惩罚项的 WGAN 449
12.5.3 实例90：构建 WGAN-GP 生成 MNIST 数据集 451
12.5.4 练习题 455

12.6 LSGAN（最小乘二 GAN）：具有 WGAN 同样效果的 GAN 455
12.6.1 LSGAN 介绍 455
12.6.2 实例91：构建 LSGAN 生成 MNIST 模拟数据 456

12.7 GAN-cls：具有匹配感知的判别器 457
12.7.1 GAN-cls 的具体实现 458
12.7.2 实例92：使用 GAN-cls 技术实现生成标签匹配的模拟数据 458

12.8 SRGAN——适用于超分辨率重建的 GAN 461
12.8.1 超分辨率技术 461
12.8.2 实例93：ESPCN 实现 MNIST 数据集的超分辨率重建 463
12.8.3 实例94：ESPCN 实现 flowers 数据集的超分辨率重建 466
12.8.4 实例95：使用残差网络的 ESPCN 472
12.8.5 SRGAN 的原理 477
12.8.6 实例96：使用 SRGAN 实现 flowers 数据集的超分辨率修复 477

12.9 GAN 网络的高级接口 TFGAN 485

12.10 总结 486

第1篇
深度学习与 TensorFlow 基础

本篇将介绍人工智能与 TensorFlow 的基本概念、如何搭建 TensorFlow 的开发环境、TensorFlow 的基本开发步骤、TensorFlow 编程基础，并通过一个识别图中模糊手写数字的实例，使读者巩固 TensorFlow 的编程基础知识，并对神经网络有个大体的了解，为后面的学习打好基础。

- ▶▶ 第1章　快速了解人工智能与 TensorFlow
- ▶▶ 第2章　搭建开发环境
- ▶▶ 第3章　TensorFlow 基本开发步骤——以逻辑回归拟合二维数据为例
- ▶▶ 第4章　TensorFlow 编程基础
- ▶▶ 第5章　识别图中模糊的手写数字（实例21）

第 1 章　快速了解人工智能与 TensorFlow

本章是一个相对比较轻松的开篇，这里不会介绍太深的知识，而是普及一下什么是 TensorFlow，什么是深度学习，深度学习与 TensorFlow 的关系，以及当今都有哪些与 TensorFlow 同级的开源框架，它们之间都是什么关系，各有什么特点和阅读本书的建议。本章的内容，就好比通往深度学习领域的大门。快来打开它，开始你的 TensorFlow 学习之旅吧。

本章含有教学视频共 17 分钟。

作者按照本章的内容结构，对主要内容进行了快速讲解，包括深度学习与人工智能的关系、TersonFlow 与其他深度学习框架的优劣特性比较，以及如何利用本书学好深度学习这门学科（重点是要用对深度学习的热情火焰，烧出足以融化沙漠的温度，将这本入门书籍"化为灰烬"）。

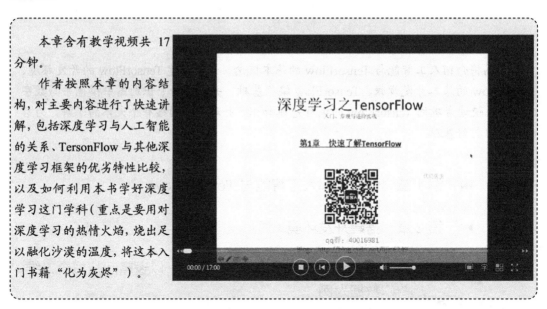

1.1　什么是深度学习

提到人工智能，人们往往会想到深度学习，然而，深度学习不像人工智能那样容易从字面上理解。这是因为深度学习是从内部机理来阐述的，而人工智能是从其应用的角度来阐述的，即深度学习是实现人工智能的一种方法。

人工智能领域，起初是进行神经网络的研究。但神经网络发展到一定阶段后，模型越来越庞大，结构也越来越复杂，于是人们将其命名为"深度学习"。可以这样理解——深度学习属于后神经网络时代。

深度学习近年来的发展突飞猛进，越来越多的人工智能应用得以实现。其本质为一个可以模拟人脑进行分析、学习的神经网络，它模仿人脑的机制来解释数据（如图像、声音和文本），通过组合低层特征，形成更加抽象的高层特征或属性类别，来拟合人们日常生活中的各种事情。

深度学习被广泛用于与人们生活息息相关的各种领域，可以实现机器翻译、人脸识别、语音识别、信号恢复、商业推荐、金融分析、医疗辅助和智能交通等。

在国内乃至世界，越来越多的资金涌向人工智能领域，人工智能领域新成立的创业公司每年呈递增趋势，越来越多的学校也开始开设与深度学习相关的课程。这个时代，正像是移动互联网的前夜。如果你也感觉到了，那么现在正是时候，一起加入进来，通过系统的学习，将自己打造成为一名深度学习的专业人才吧。

1.2　TensorFlow 是做什么的

TensorFlow 是 Google 开源的第二代用于数字计算的软件库。起初，它是 Google 大脑团队为了研究机器学习和深度神经网络而开发的，但后来发现这个系统足够通用，能够支持更加广泛的应用，就将其开源贡献了出来。

概括地说，TensorFlow 可以理解为一个深度学习框架，里面有完整的数据流向与处理机制，同时还封装了大量高效可用的算法及神经网络搭建方面的函数，可以在此基础之上进行深度学习的开发与研究。本书是基于 TensorFlow 来进行深度学习研究的。

TensorFlow 是当今深度学习领域中最火的框架之一。在 GitHub 上，TensorFlow 的受欢迎程度目前排名第一（如图 1-1 所示），以 3 倍左右的数量遥遥领先于第二名。

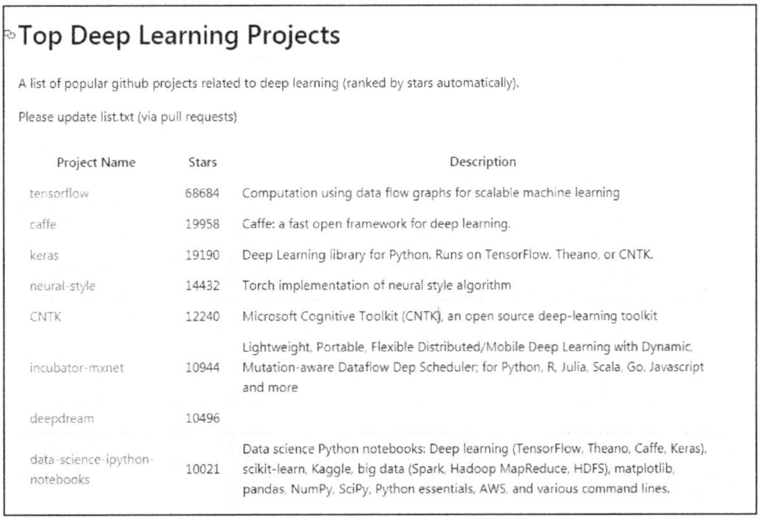
Top Deep Learning Projects

A list of popular github projects related to deep learning (ranked by stars automatically).

Please update list.txt (via pull requests)

Project Name	Stars	Description
tensorflow	68684	Computation using data flow graphs for scalable machine learning
caffe	19958	Caffe: a fast open framework for deep learning.
keras	19190	Deep Learning library for Python. Runs on TensorFlow, Theano, or CNTK.
neural-style	14432	Torch implementation of neural style algorithm
CNTK	12240	Microsoft Cognitive Toolkit (CNTK), an open source deep-learning toolkit
incubator-mxnet	10944	Lightweight, Portable, Flexible Distributed/Mobile Deep Learning with Dynamic, Mutation-aware Dataflow Dep Scheduler; for Python, R, Julia, Scala, Go, Javascript and more
deepdream	10496	
data-science-ipython-notebooks	10021	Data science Python notebooks: Deep learning (TensorFlow, Theano, Caffe, Keras), scikit-learn, Kaggle, big data (Spark, Hadoop MapReduce, HDFS), matplotlib, pandas, NumPy, SciPy, Python essentials, AWS, and various command lines.

图 1-1　GitHub 上 TensorFlow 受欢迎程度排名第一

图 1-1 来源于地址 https://github.com/hunkim/DeepLearningStars。

选择 TensorFlow 进行学习的优势是，在深度学习道路上不会孤单，会有大于同等框架几倍的资料可供学习，以及更多的爱好者可以相互学习、交流。更重要的是，目前越来越多的学术论文都更加倾向于在 TensorFlow 上开发自己的示例原型。这一得天独厚的优势，可以让学习者在同步当今最新技术的过程中，省去不少时间。

1.3　TensorFlow 的特点

TensorFlow 是用 C++语言开发的，支持 C、Java、Python 等多种语言的调用，目前主流的方式通常会使用 Python 语言来驱动应用。这一特点也是其能够广受欢迎的原因。利用 C++语言开发可以保证其运行效率，Python 作为上层应用语言，可以为研究人员节省大量的开发时间。

TensorFlow 相对于其他框架有如下特点。

1. 灵活

TensorFlow 与 CNTK、MXNET、Theano 同属于符号计算构架，允许用户在不需要使用低级语言（如在 Caffe 中）实现的情况下，开发出新的复杂层类型。基于图运算是其基本特点，通过图上的节点变量可以控制训练中各个环节的变量，尤其在需要对底层操作时，TensorFlow 要比其他框架更容易。当然它也有缺点，灵活的操作会增加使用复杂度，从而在一定程度上增加了学习成本。

2. 便捷、通用

作为主流的框架，TensorFlow 生成的模型，具有便捷、通用的特点，可以满足更多使用者的需求。TensorFlow 可以适用于 Mac、Linux、Windows 系统上开发。其编译好的模型几乎适用于当今所有的平台系统，并提满足"开箱即用"的模型使用理念，使模型应用起来更简单。

3. 成熟

由于 TensorFlow 被使用的情况最多，所以其框架的成熟度绝对是第一的。在 Google 的白皮书上写道，Google 内部有大量的产品几乎都用到了 TensorFlow，如搜索排序、语音识别、谷歌相册和自然语言处理等。有这么多在该框架上的成功案例，先不说能够提供多少经验技巧，至少可以确保学习者在研究的道路上，遇到挫折时不会怀疑是框架的问题。

4. 超强的运算性能

虽然 TensorFlow 在大型计算机集群的并行处理中，运算性能仅略低于 CNTK，但是，其在个人机器使用场景下，会根据机器的配置自动选择 CPU 或 GPU 来运算，这方面做得更加友好与智能化。

1.4 其他深度学习框架特点及介绍

下面再来了解一下深度学习领域中的其他常见框架。
- Theano：是一个十余年的 Python 深度学习和机器学习框架，用来定义、优化和模拟数学表达式计算，用于高效地解决多维数组的计算问题，有较好的扩展性。
- Torch：同样具有很好的扩展性，但某些接口不够全面，如 WGAN-GP 这样的网络需要手动来修改梯度就没有对应的接口。其最大的缺点是，需要 LuaJIT 的支持，用于 Lua 语言，在 Python 为王的今天，通用性方面显得较差。
- Keras：可以理解为一个 Theano 框架与 TensorFlow 前端的一个组合。其构建模型的 API 调用方式逐渐成为主流，包括 TensorFlow、CNTK、MXNet 等知名框架，都提供对 Keras 调用语法的支持。可以说，使用 Keras 编写的代码，会有更好的可移值性。
- DeepLearning4j：是基于 Java 和 Scala 语言开发的，应用在 Hadoop 和 Spark 系统之上的深度学习软件。
- Caffe：当年深度学习的老大。最初是一个强大的图像分类框架，是最容易测试评估性能的标准深度学习框架，并且提供很多预训练模型，尤其该模型的复用价值在其他框架的学习中都会出现，大大提升了现有模型的训练时间。但是现在的 Caffe 似乎停滞不前，没有更新。尽管 Caffe 又重新掘起，从架构上看更像是 TensorFlow，而且与原来的 Caffe 也不在一个工程里，可以独立成一个框架来看待，与原 Caffe 关系不大。但仍不建议使用。
- MXNet：是一个可移植的、可伸缩的深度学习库，具有 Torch、Theano、Chainer 和 Caffe 的部分特性。不同程度的支持 Python、R、Scala、Julia 和 C ++语言，也是目前比较热门的主流框架之一。
- CNTK：是一个微软开发的深度学习软件包，以速度快著称，有其独有的神经网络配置语言 Brain Script，大大降低了学习门槛。有微软作为后盾，CNTK 成为了最具有潜力与 Tensor Flow 争夺天下的框架。但目前其成熟度要比 Tensor Flow 差太多，即便是发行的版本也会有大大小小的 bug。与其他框架一样，CNTK 具有文档资料不足的特点。但其与 Visual Studio 的天生耦合，以及其特定的 MS 编程风格，使得熟悉 Visual Studio 工具的小伙伴们从代码角度极易上手。另外，CNTK 目前还不支持 Mac 操作系统。

1.5 如何通过本书学好深度学习

从小老师就教导我们，做事情要讲究方法，一个好的学习方法能带给你事半功倍的效果。对于深度学习也一样，如果之前是因为没有一本系统的教材，让你对深度学习毫无头绪的话，那么现在机会来了。通过本书的指引，你将会通过实例由浅入深逐步上手，直到最终掌握深度学习的相关知识。下面就来说下如何通过本书来学习深度学习。

1.5.1 深度学习怎么学

这个问题完全是主观回答，因为不同的人有不同的领悟。所以笔者也只能聊聊自己对学习深度学习方法的理解。

举个例子，在笔者的家乡有练武术的习惯，平时有人找老师傅学拳时，一般老师傅都会先了解他学拳的目的是什么，然后再根据他的目的来选择需要教哪些内容。

- 对于只为了打架能赢的人，老师傅会先以力量和重拳的训练开始，中间穿插点对抗，一般1个月左右对付2、3个普通人没什么问题。
- 对于想集训打比赛的人，老师傅会以体能、力量、抗击打等身体素质训练为主，配合大量的对抗练习刺激反应，起码上场要保证能够打完全程。
- 对于爱好武学想系统学习的人，则需要从步伐、拳、腿一点一点练习。然后再加上摔法，对抗之类的技巧，同时配合阵图、战机等理论。

笔者觉得用这个例子来类比深度学习非常恰当。

- 假如你手里有短期任务，想快速用深度学习解决某一个功能，那么就针对该领域找现成的例子，扫清例子中的盲点，快速熟悉并修改、使用。
- 假如想近期提升一下自己，应对跳槽，挑战工作等，那就需要将主干知识点记住并能说出来，然后亲自演练每个领域的例子，保证自己知道其原理。
- 如果想在这条路上一直走下去，而眼前并没有紧急要应对的事情，那么可以一步一步地学，通过"努力+时间"的积累，得到的才是功夫。

如同学拳一样，拳击训练是必不可少的，出过百万次拳的水平跟出1万次拳的水平绝对是不一样的。同理，编写代码也是必不可少的。有过百万行代码编写经验的水平也远远胜过1万行代码编写经验的水平。时间在你努力的期间起到催化剂的作用，在空余时间多去思考，多尝试用自己的思维和角度去理解你所接触的相对生僻的事情，这个习惯不仅会使你学习深度学习变得容易，还会使你对它越学越有兴趣，而且这个习惯也适用于其他领域。

1.5.2 如何学习本书

前面的道理懂了之后,我们就来看看如何学习本书。针对与前面讲述的 3 个场景,可以在本书中依次找到对应关系。书中的每一节都由理论+实例的结构组成。针对三种场景可以有如下策略。

1. 短期任务

快速定位你手中的任务所需要的知识点,依次在本书中找到最匹配的例子,按照步骤一步一步实现它。细节原理可以先不去管,主要把数据源即数据流向和知识结构弄清楚即可。按照例子做完之后,相信你会有个大概的感觉,然后再应用里面的知识着手去做自己的任务。

2. 应对挑战突击

这个策略需要将书中的文字理论部分快速读完,并且理解、记住。对于实例代码,可以大致过一遍,但需要注意的提示内容必须要看,并且记住,这些提示内容会使你给人留下一种很有经验的印象。

3. 踏实学习

按照本书的章节一步一步地学习,该学理论学理论,该做配套的例子做例子。因为本书的知识结构并不是按照知识面的属性排列的,而是考虑到读者的接受程度排列的,例如对属于第 3 章的某个知识点,考虑到刚学习的读者接受起来会很费劲,而且短时期用不到这个知识,那么就将其移到第 5 章,需要用到这个知识点时再介绍。假设读者是从第 1 章学过来的,那么学到第 5 章时,对于这个知识点已经可以很轻松地理解了。

另外,本书尽可能地不用学术术语及公式来描述理论,但由于无法预知读者在学习此书时的知识基础与接受程度,难免在阅读时会遇到没有接触过的生僻术语及理论,此时可以自己多上网查阅相关资料,或给笔者发邮件,只要有时间笔者都会认真回复。

第 2 章　搭建开发环境

本章将进入本书的入门阶段，先从环境的搭建开始。虽然 TensorFlow 支持 CPU 运行，但是也会有一些实例只能在 GPU 上运行。所以很有必要在学习本书之前购买一个带有 GPU 显卡的计算机。

本书使用的是 Python 3.5 开发环境，开发工具使用 Anaconda，操作系统使用 Windows 10。TensorFlow 的学习中与操作系统无关，读者可以使用 Linux 或 Mac，也可以使用其他操作系统。如果读者对安装过程已经掌握了，可以跳过本章。

本章含有教学视频共 6 分 52 秒。

作者按照本章的内容结构，对主要内容进行了快速讲解，包括关于 TersonFlow 的开发环境和 GTX 显卡驱动部分的介绍（重点是 TersonFlow 的完整安装）。

2.1　下载及安装 Anaconda 开发工具

下面介绍 Anaconda 的下载及安装方法。

（1）通过百度找到 Anaconda 官网，单击第一个链接，如图 2-1 所示。或者直接访问网站 http://www.anaconda.com。

（2）进入 Anaconda 官网，单击右上角的 DOWNLOAD 按钮，如图 2-2 所示。

（3）将屏幕拉到下面，单击最右测的链接 Packages Included in Anaconda，如图 2-3 所示。

图 2-1　找到 Anaconda 官网

图 2-2　Anaconda 首页

图 2-3　DOWNLOAD 选项

（4）进入 Packages Included in Anaconda 页面，单击图中最后一行的 package repository 链接，如图 2-4 所示。

（5）进入 Package repository 页面，如图 2-5 所示。最后一行是下载裁剪后的版本。如果硬盘足够大，建议选倒数第二行的链接下载。

（6）进入完全版本的安装，如图 2-6 所示。这里有 Linux、Windows、Mac OSX 的各种版本，可以任意选择。

图 2-4 conda 安装包

图 2-5 下载链接 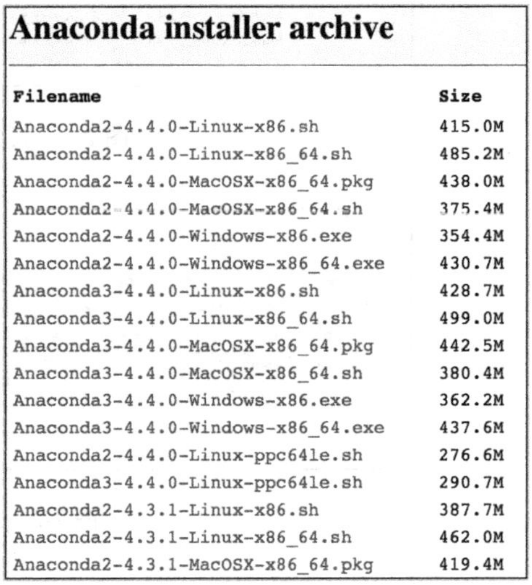   图 2-6 下载列表

> 💡**注意**：Anaconda 的不同版本默认支持的 Python 版本是不一样的。对于支持 Python 2 的版本，统一以 Anaconda 2 为开头来命名；对于支持 Python 3 的版本，统一以 Anaconda 3 为开头来命名。当前最新的版本为 5.0.0。可以支持 Python 3.6 版本。TensorFlow 中的 1.3 以前的版本不支持 Python 3.6 版本。为了更好地兼容，不建议下载最新的 Anaconda 3 版本，而是推荐使用 Anaconda 3 中支持 Python 3.5 的版本。例如：4.1.1、4.2.0 等。

本书中使用的是 Python 3.5 版本，全文以该版本为例。

下面以 Windows 为例，来介绍具体的安装步骤。

以 Anaconda 3-4.1.1 版本（默认使用 Python 3.5）为例，下载地址为 https://repo.continuum.io/archive/Anaconda3-4.1.1-Windows-x86_64.exe。

假设安装位置为 C:\local\Anaconda3-4.1.1-Windows-x86_64，安装好之后自动带有 pip 软件，可以通过 pip 安装其他软件。

2.2　在 Windows 平台下载及安装 TensorFlow

首先来到 https://github.com/tensorflow/tensorflow，在该页面中有安装文件的下载地址，如图 2-7 所示。

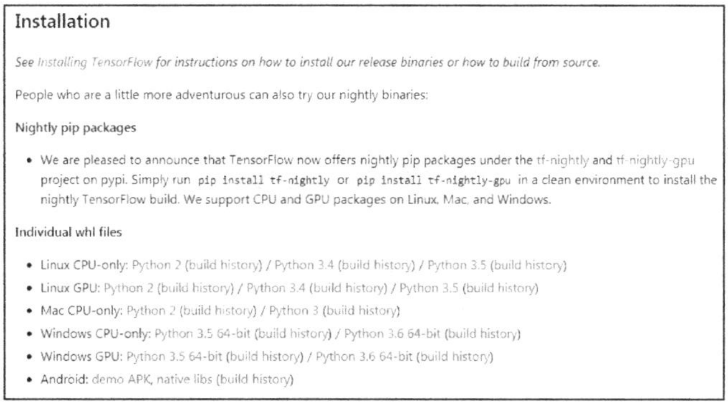
Installation

See Installing TensorFlow for instructions on how to install our release binaries or how to build from source.

People who are a little more adventurous can also try our nightly binaries:

Nightly pip packages

- We are pleased to announce that TensorFlow now offers nightly pip packages under the tf-nightly and tf-nightly-gpu project on pypi. Simply run `pip install tf-nightly` or `pip install tf-nightly-gpu` in a clean environment to install the nightly TensorFlow build. We support CPU and GPU packages on Linux, Mac, and Windows.

Individual whl files

- Linux CPU-only: Python 2 (build history) / Python 3.4 (build history) / Python 3.5 (build history)
- Linux GPU: Python 2 (build history) / Python 3.4 (build history) / Python 3.5 (build history)
- Mac CPU-only: Python 2 (build history) / Python 3 (build history)
- Windows CPU-only: Python 3.5 64-bit (build history) / Python 3.6 64-bit (build history)
- Windows GPU: Python 3.5 64-bit (build history) / Python 3.6 64-bit (build history)
- Android: demo APK, native libs (build history)

图 2-7　TensorFlow 安装文件

1．在线安装nightly包

nightly 安装包是 TensorFlow 团队 2017 年下半年推出的安装模式。适用于在一个全新的环境下进行 TensorFlow 的安装。在安装 TensorFlow 的同时，默认会把需要依赖的库也一起装上，是非常方便、快捷的安装方式。

按照图 2-7 中的方法直接使用命令：

```
pip install tf-nightly
```

即可下载并安装 TensorFlow 的最新 CPU 版本。若要安装最新的 GPU 版本可以使用如下命令：

```
pip install tf-nightly-gpu
```

2．安装纯净的TensorFlow

如果想安装纯净的 TensorFlow 版本，直接输入下面命令即可。

```
pip install tensorflow
```

上面是 CPU 版本，GPU 版本的安装命令如下:

```
pip install tensorflow-gpu
```

注意： 在网速不稳定的情况下，在线安装有时会因为无法成功下载到完整的安装包而导致安装失败。可以通过重复执行安装命令或采用离线安装的方式来解决。

3. 更新安装TensorFlow

如果本地已经装有 TensorFlow，需要升级为新版本的 TensorFlow，只需要将原有版本卸载，再次安装即可。卸载命令如下：

```
pip uninstall <安装时的 TensorFlow 名称>
```

4. 离线安装

有时由于网络环境的因素，无法实现在线安装，需要在网络环境好的地方提前将安装包下载下来进行离线安装。

（1）下载安装包。

可以访问以下网站来查找 TensorFlow 的发布版本：

https://storage.googleapis.com/tensorflow/

该网站内容是以 XML 方式提供的，查找起来不是很方便。可以通过地址加上指定的文件名方式进行下载。例如，一个 TensorFlow 1.4.0 的 CPU 版本安装包下载路径为：

https://storage.googleapis.com/tensorflow/windows/cpu/tensorflow-1.4.0-cp35-cp35m-win_amd64.whl

TensorFlow1.4.0 的 GPU 版本安装包下载路径为：

https://storage.googleapis.com/tensorflow/windows/gpu/tensorflow_gpu-1.4.0-cp35-cp35m-win_amd64.whl

如果要下载 1.3.0 的版本，直接将上面链接中的 1.4.0 改成 1.3.0 即可。

（2）安装安装包。

下载完 TensorFlow 二进制文件后，假设使用 CPU 版本并且安装在 D:\tensorflow 下。选择"开始"|"运行"命令，在弹出的窗口中输入 cmd，打开命令行窗口，然后输入如下命令来安装 TensorFlow 二进制文件。

C:\Users\Administrator>D:

D:\>cd tensorflow

D:\tensorflow>

D:\tensorflow>pip install tensorflow-1.1.0-cp35-cp35m-win_amd64.whl

2.3　GPU 版本的安装方法

如果使用 GPU 版本，在执行 pip 之后，还需要安装 CUDA 和 CuDNN。

2.3.1　安装 CUDA 软件包

首先来到 CUDA 官方网站 https://developer.nvidia.com/cuda-downloads，单击 Windows

按钮后,如图 2-8 所示。

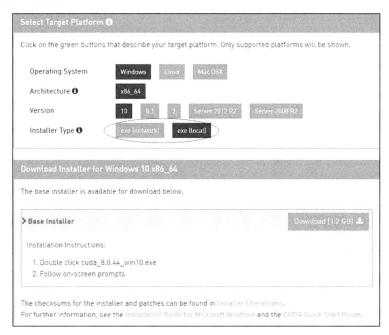

图 2-8 CUDA 页面

根据自己的环境选择对应的版本,.exe 安装文件分为网络版和本地版。网络版安装包比较小,执行安装时再去下载需要的安装包;本地版安装包是直接下载完整的安装包。下载完成后正常安装就可以了。

> **注意**:CUDA 软件包也有很多个版本,必须与 TensorFlow 的版本对应才行。比如 TensorFlow 1.0 以后,直到 TensorFlow 1.5 的版本只支持 CUDA 8.0。在本书中也是使用的 CUDA 8.0 版本来做演示的。可以根据链接 https://developer.nvidia.com/cuda-toolkit-archive 找到更多版本。

2.3.2 安装 cuDNN 库

输入 https://developer.nvidia.com/cudnn 网址来到下载页面,需要注册并填一些问卷才能下载这个安装包。

cuDNN 的版本选择也是有规定的。以 Windows 10 操作系统为例,TensorFlow 1.0 到 TensorFlow 1.2 版本使用的是 cuDNN 的 5.1 版本(安装包文件为 cudnn-8.0-windows10-x64-v5.1.zip),从 TensorFlow 1.3 版本之后使用的是 cuDNN 的 6.0 版本(cudnn-8.0-windows10-x64-v6.0.zip)。

得到相关包后解压，直接复制到 cuda 路径对应的文件夹下面就行，如图 2-9 所示。

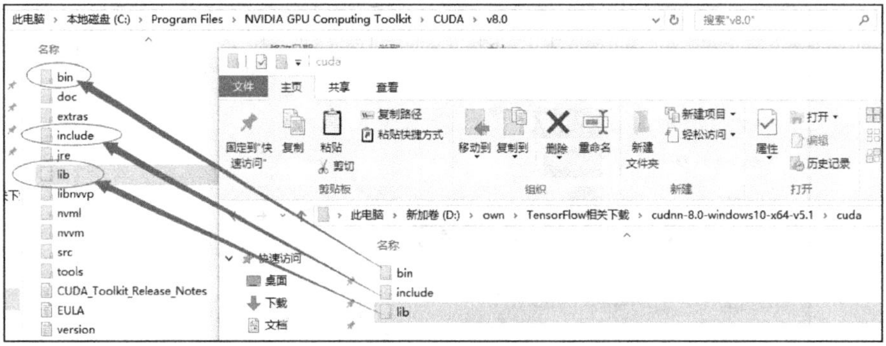

图 2-9 安装 cuDNN

2.3.3 测试显卡

这里再额外介绍两个小命令，它可以检测出在安装过程中产生的问题。

1. 使用 nvidia-smi 命令查看显卡信息

nvidia-smi 指的是 NVIDIA System Management Interface。在安装完成 NVIDIA 显卡驱动之后，对于 Windows 用户而言，cmd 命令行界面还无法识别 nvidia-smi 命令，需要将相关环境变量添加进去。如果将 NVIDIA 显卡驱动安装在默认位置，nvidia-smi 命令所在的完整路径应为：

C:\Program Files\NVIDIA Corporation\NVSMI

将上述路径添加进 Path 系统环境变量中。之后在 cmd 中运行 nvidia-smi 命令，可以看到显卡信息如图 2-10 所示。

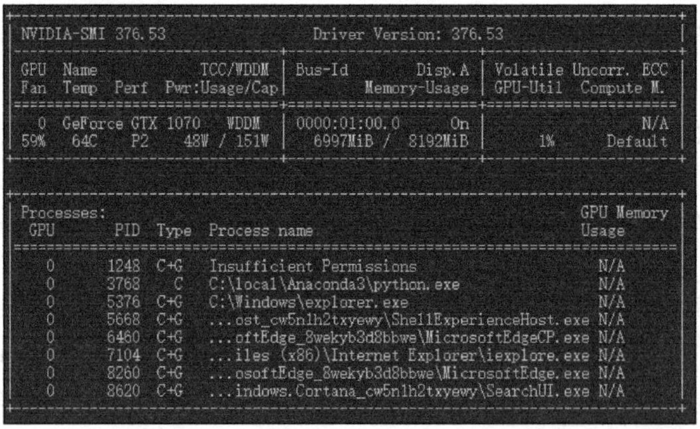

图 2-10 显卡信息

图 2-10 中第 1 行是笔者的驱动信息，第 3 行是笔者的显卡信息 GeForce GTX 1070。第 4 行和第 5 行是当前使用显卡的进程。

这些信息都存在了，表明笔者的安装是正确的。

2．查看CUDA的版本

同样在 cmd 中使用命令 nvcc –V，显示如图 2-11 所示。

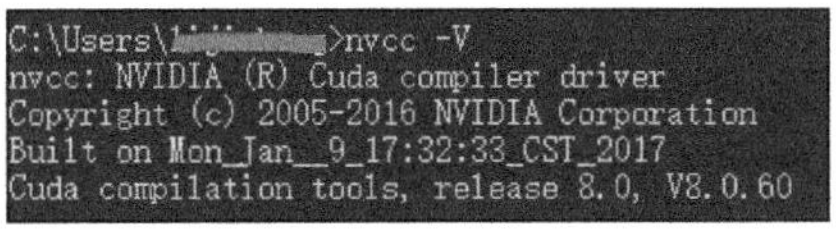

图 2-11　查看 CUDA 版本

3．在Linux和Mac平台上安装

关于在 Linux 和 Mac 上安装 TensorFlow 的方法，可以参考网址 http://www.tensorfly.cn/tfdoc/ get_started/ os_setup.html，这里不再展开讲述。

4．问题处理

如果遇到问题的话，可以尝试下面的解决办法：

在命令行里输入 where MSVCP140.DLL 看看本机是否有 MSVCP140.DLL，如果没有可以按照如下网址安装 Visual C++ Redistributable 2015。

安装 Visual C++ Redistributable 2015 x64（操作系统 Windows10 64 位），下载地址如下：https://www.microsoft.com/en-us/download/details.aspx?id=53587

2.4　熟悉 Anaconda 3 开发工具

在本书中使用到的开发环境是 Anaconda 3，在 Anaconda 3 里常用的有两个工具，即 Spyder 和 Jupyter Notebook，它们的位置在开始菜单的 Anaconda 3（64-bit）目录下，如图 2-12 所示。

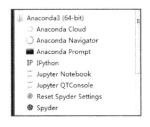

图 2-12　Spyder 和 Jupyter Notebook 的安装目录

2.4.1 快速了解 Spyder

本书推荐使用 Spyder 作为编译器的原因是它比较方便，从安装到使用都做了相关的集成，只下载一个安装包即可，省去了大量的搭建环境时间。另外，Spyder 的 IDE 功能也很强大，基本上可以满足日常需要。下面通过几个常用的功能来介绍下其使用细节。

1. 面板介绍

如图 2-13 所示，Spyder 启动后可以分为 7 个区域。

图 2-13　Spyder 面板

- 菜单栏：放置所有的功能。
- 快捷菜单栏：是菜单栏的快捷方式，其上面需要放置哪些快捷菜单，可以通过菜单栏中 View 的 Toolbars 的复选框来勾选，如图 2-14 所示。
- 工作区：就是代码要写的地方。
- 属性页的标题栏：可以显示当前代码的名字及位置。
- 查看栏：可以查看文件、调试时的对象及变量。
- 输出栏：可以看到程序的输出信息，也可以作为 shell 终端来输入 Python 语句。
- 状态栏：用来显示当前文件权限、编码，光标指向位置和系统内存。

2. 注释功能

注释功能为编写代码中很常用的功能，下面介绍 Spyder 的批量注释功能，在图 2-14 中，勾选 Edit toolbar 复选框，会看到如图 2-15 所示的注释按钮。

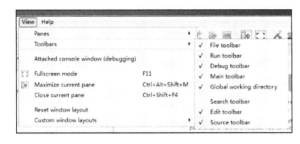
图 2-14 快捷菜单设置

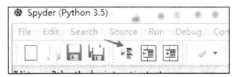
图 2-15 注释按钮

当选中几行代码之后,单击该按钮即可对代码进行注释,再次单击为取消注释。该按钮右边两个按钮是代码缩进与不缩进按钮,不常用。可以通过 Tab 键与 Shift+Tab 键来实现。

3. 运行程序功能

如图 2-16 中,标注 1 按钮为运行当前工作区内的 Python 文件,单击 2 按钮会弹出一个 Run settings 对话框,可以输入启动程序的参数,如图 2-16 中标注框所示。

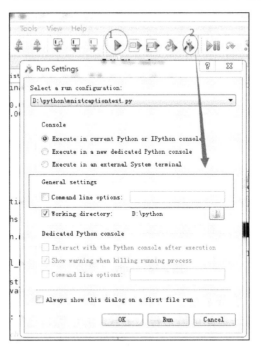

图 2-16 运行程序

4. 调试功能

如图 2-16 中右侧的按钮为调试功能的按钮,Python 在运行中同样可以通过设置断点来进行调试。

5. Source操作

当同时打开多个代码时,有时想回到刚刚看的代码的位置,Spyder 中有一个功能可以实现,在图 2-14 中,勾选 Source toolbar 复选框会看到如图 2-17 所示按钮,左边第一个按钮为建立书签,第二个按钮为回退上次的代码位置,第三个按钮为前进到下次代码位置。

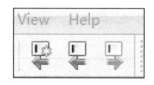

图 2-17 Source

以上都是关于 Spyder 的常用操作。当然 Spyder 还有很多功能这里就不一一介绍了。

2.4.2 快速了解 Jupyter Notebook

在深度学习中,有好多代码都被做成扩展名为 ipynb 的文件,这是一个关于 Jupyter Notebook 的文件,可以既当说明文档,又能运行 Python 代码的文件。Anaconda 中也集成了这个软件。在图 2-12 中找到 Jupyter Notebook 项,单击即可看到如图 2-18 所示界面。

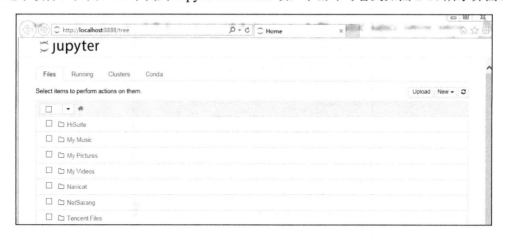

图 2-18 Jupyter 界面

该程序是 B/S 结构,会先启动一个 Web 服务器,然后再启动一个浏览器,通过浏览器来访问本机的服务。在这里面可以上传、下载,并编写自己的 ipynb 文件代码。

关于 Jupyter Notebook 工具的具体使用,这里不做过多介绍。有兴趣的读者可以参考网络上的众多使用教程。

第 3 章 TensorFlow 基本开发步骤——以逻辑回归拟合二维数据为例

环境搭建好之后，读者一定迫不及待地想试试深度学习的程序了吧。本章就直接将一个例子拿出来，在没有任何基础的前提下，一步一步实现一个简单的神经网络。通过这个实例来理解模型，并了解 TensorFlow 开发的基本步骤。

本章含有教学视频共 3 分 51 秒。

作者按照本章的内容，讲解了一个使用神经网络拟合简单算式的例子，并借助这个例子介绍了 TersonFlow 的基本开发步骤（重点为了解基本开发步骤部分）。

3.1 实例1：从一组看似混乱的数据中找出 $y \approx 2x$ 的规律

本节通过一个简单的逻辑回归实例为读者展示深度学习的神奇。通过对代码的具体步骤，让读者对深度学习有一个直观的印象。

实例描述

假设有一组数据集，其 x 和 y 的对应关系为 $y \approx 2x$。

本实例就是让神经网络学习这些样本，并能够找到其中的规律，即让神经网络能够总

结出 $y≈2x$ 这样的公式。

深度学习大概有如下 4 个步骤：

（1）准备数据。

（2）搭建模型。

（3）迭代训练。

（4）使用模型。

准备数据阶段一般就是把任务的相关数据收集起来，然后建立网络模型，通过一定的迭代训练让网络学习到收集来的数据特征，形成可用的模型，之后就是使用模型来为我们解决问题。

3.1.1 准备数据

这里使用 $y=2x$ 这个公式来做主体，通过加入一些干扰噪声让它的"等号"变成"约等于"。

具体代码如下：

- 导入头文件，然后生成-1～1 之间的 100 个数作为 x，见代码第 1～5 行。
- 将 x 乘以 2，再加上一个[-1,1]区间的随机数×0.3。即，$y=2×x+a×0.3$（a 属于[-1,1]之间的随机数），见代码第 6 行。

代码 3-1　线性回归

```
01  import tensorflow as tf
02  import numpy as np
03  import matplotlib.pyplot as plt
04
05  train_X = np.linspace(-1, 1, 100)
06  train_Y = 2 * train_X + np.random.randn(*train_X.shape) * 0.3 # y=2x,
    但是加入了噪声
07  #显示模拟数据点
08  plt.plot(train_X, train_Y, 'ro', label='Original data')
09  plt.legend()
10  plt.show()
```

💡 注意：np.random.randn(*train_X.shape)这个代码如果看起来比较奇怪，现在给出解释——它等同于 np.random.randn(100)

运行上面代码，显示结果如图 3-1 所示。

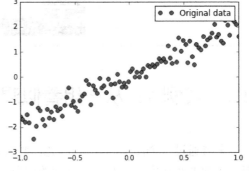

图 3-1　准备好的线性回归数据集

3.1.2 搭建模型

现在开始进行模型搭建。模型分为两个方向：正向和反向。

1. 正向搭建模型

（1）了解模型及其公式

在具体操作之前，先来了解一下模型的样子。神经网络是由多个神经元组成的，单个神经元的网络模型如图3-2所示。

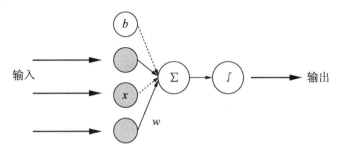

图3-2 神经元模型

其计算公式见式（3-1）：

$$z = \sum_{i=1}^{n} w_i \times x_i + b = w \cdot x + b \qquad 式（3-1）$$

式中，z 为输出的结果，x 为输入，w 为权重，b 为偏执值。

z 的计算过程是将输入的 x 与其对应的 w 相乘，然后再把结果相加上偏执 b。

例如，有3个输入 x_1, x_2, x_3，分别对应 w_1, w_2, w_3，则，$z = x_1 \times w_1 + x_2 \times w_2 + x_3 \times w_3 + b$。这一过程中，在线性代数中正好可以用两个矩阵来表示，于是就可以写成（矩阵 W）×（矩阵 X）+b。矩阵相乘的展开如式（3-2）：

$$\{w_1, w_2, w_3\} \times \begin{Bmatrix} x_1 \\ x_2 \\ x_3 \end{Bmatrix} = x_1 \times w_1 + x_2 \times w_2 + x_3 \times w_3 \qquad 式（3-2）$$

上面的算式（3-2）表明：形状为1行3列的矩阵与3行1列的矩阵相乘，结果的形状为1行1列的矩阵，即（1，3）×（3，1）=（1，1）。

> 💡 **注意**：这里有个小窍门，如果想得到两个矩阵相乘后的形状，可以将第一个矩阵的行与第二个矩阵的列组合起来，就是相乘后的形状。

在神经元中，w 和 b 可以理解为两个变量。模型每次的"学习"都是调整 w 和 b 以得到一个更合适的值。最终,有这个值配合上运算公式所形成的逻辑就是神经网络的模型。

(2)创建模型

下面的代码演示了如何创建图 3-2 中的模型。

代码 3-1　线性回归(续)

```
11  # 创建模型
12  # 占位符
13  X = tf.placeholder("float")
14  Y = tf.placeholder("float")
15  # 模型参数
16  W = tf.Variable(tf.random_normal([1]), name="weight")
17  b = tf.Variable(tf.zeros([1]), name="bias")
18  # 前向结构
19  z = tf.multiply(X, W)+ b
```

下面解说一下代码。

(1)X 和 Y:为占位符,使用了 placeholder 函数进行定义。一个代表 x 的输入,一个代表对应的真实值 y。占位符的意思后面再解释。

(2)W 和 b:就是前面说的参数。W 被初始化成[-1,1]的随机数,形状为一维的数字,b 的初始化为 0,形状也是一维的数字。

(3)Variable:定义变量,在 3.3 节会有详细介绍。

(4)tf.multiply:是两个数相乘的意思,结果再加上 b 就等于 z 了。

2. 反向搭建模型

神经网络在训练的过程中数据的流向有两个方向,即先通过正向生成一个值,然后观察其与真实值的差距,再通过反向过程将里面的参数进行调整,接着再次正向生成预测值并与真实值进行比对,这样循环下去,直到将参数调整为合适值为止。

正向相对比较好理解,反向传播会引入一些算法来实现对参数的正确调整。

下面先看一下反向优化的相关代码。

代码 3-1　线性回归(续)

```
20  #反向优化
21  cost = tf.reduce_mean(tf.square(Y - z))
22  learning_rate = 0.01
23  optimizer = tf.train.GradientDescentOptimizer(learning_rate).minimize
    (cost)                                        #梯度下降
```

代码说明如下:

(1)第 21 行定义一个 cost,它等于生成值与真实值的平方差。

(2)第 22 行定义一个学习率,代表调整参数的速度。这个值一般是小于 1 的。这个值越大,表明调整的速度越大,但不精确;值越小,表明调整的精度越高,但速度慢。这就好比生物课上的显微镜调试,显微镜上有两个调节焦距的旋转钮,分为粗调和细调。

(3)第 23 行 GradientDescentOptimizer 函数是一个封装好的梯度下降算法,里面的参数 learning_rate 叫做学习率，用来指定参数调节的速度。如果将"学习率"比作显微镜上不同档位的"调节钮"，那么梯度下降算法也可以理解成"显微镜筒"，它会按照学习参数的速度来改变显微镜上焦距的大小。

3.1.3 迭代训练模型

迭代训练的代码分成两步来完成：

1. 训练模型

建立好模型后，可以通过迭代来训练模型了。TensorFlow 中的任务是通过 session 来进行的。

下面的代码中，先进行全局初始化，然后设置训练迭代的次数，启动 session 开始运行任务。

代码 3-1　线性回归（续）

```
24  #初始化所有变量
25  init = tf.global_variables_initializer()
26  #定义参数
27  training_epochs = 20
28  display_step = 2
29
30  #启动session
31  with tf.Session() as sess:
32      sess.run(init)
33      plotdata={"batchsize":[],"loss":[]}        #存放批次值和损失值
34      #向模型输入数据
35      for epoch in range(training_epochs):
36          for (x, y) in zip(train_X, train_Y):
37              sess.run(optimizer, feed_dict={X: x, Y: y})
38
39          #显示训练中的详细信息
40          if epoch % display_step == 0:
41              loss = sess.run(cost,feed_dict={X:train_X,Y:train_Y})
42              print ("Epoch:", epoch+1,"cost=", loss,"W=",sess.run(W),
                    "b=", sess.run(b))
43              if not (loss == "NA" ):
44                  plotdata["batchsize"].append(epoch)
45                  plotdata["loss"].append(loss)
46
47      print (" Finished!")
48      print ("cost=", sess.run(cost, feed_dict={X: train_X, Y: train_Y}),
            "W=", sess.run(W), "b=", sess.run(b))
```

上面的代码中迭代次数设置为 20 次，通过 sess.run 来进行网络节点的运算，通过 feed 机制将真实数据灌到占位符对应的位置（feed_dict={X: x, Y: y}），同时，每执行一次都会将网络结构中的节点打印出来。

运行代码，输出信息如下：

```
Epoch: 1 cost= 0.714926 W= [ 0.71911603] b= [ 0.40933588]
Epoch: 3 cost= 0.114213 W= [ 1.63318455] b= [ 0.17000227]
Epoch: 5 cost= 0.0661118 W= [ 1.88165665] b= [ 0.0765276]
Epoch: 7 cost= 0.0633376 W= [ 1.94610846] b= [ 0.05182607]
Epoch: 9 cost= 0.0632785 W= [ 1.96277654] b= [ 0.0454303]
Epoch: 11 cost= 0.0633072 W= [ 1.96708632] b= [ 0.04377643]
Epoch: 13 cost= 0.0633176 W= [ 1.96820116] b= [ 0.04334867]
Epoch: 15 cost= 0.0633205 W= [ 1.96848941] b= [ 0.04323809]
Epoch: 17 cost= 0.0633212 W= [ 1.9685632] b= [ 0.04320973]
Epoch: 19 cost= 0.0633214 W= [ 1.96858287] b= [ 0.04320224]
 Finished!
cost= 0.0633215 W= [ 1.96858633] b= [ 0.04320095]
```

可以看出，cost 的值在不断地变小，w 和 b 的值也在不断地调整。

2. 训练模型可视化

上面的数值信息理解起来还是比较抽象。为了可以得到更直观的表达，下面将模型中的两个信息可视化出来，一个是生成的模型，另一个是训练中的状态值。具体代码如下：

代码 3-1　线性回归（续）

```
49  #图形显示
50      plt.plot(train_X, train_Y, 'ro', label='Original data')
51      plt.plot(train_X, sess.run(W) * train_X + sess.run(b), label
        ='Fittedline')
52      plt.legend()
53      plt.show()
54
55      plotdata["avgloss"] = moving_average(plotdata["loss"])
56      plt.figure(1)
57      plt.subplot(211)
58      plt.plot(plotdata["batchsize"], plotdata["avgloss"], 'b--')
59      plt.xlabel('Minibatch number')
60      plt.ylabel('Loss')
61      plt.title('Minibatch run vs. Training loss')
62
63      plt.show()
```

这段代码中引入了一个变量和一个函数，可以在代码的最顶端定义它们，见如下代码：

```
plotdata = { "batchsize":[], "loss":[] }
def moving_average(a, w=10):
    if len(a) < w:
        return a[:]
    return [val if idx < w else sum(a[(idx-w):idx])/w for idx, val in
    enumerate(a)]
```

现在所有的代码都准备好了，运行程序，生成如图 3-3 和图 3-4 所示两幅图。

图 3-3 中所示的斜线，是模型中的参数 w 和 b 为常量所组成的关于 x 与 y 的直线方程。可以看到是一条几乎 $y=2x$ 的直线（W=1.96858633 接近于 2，b=0.04320095 接近于 0）。

在图 3-4 中可以看到刚开始损失值一直在下降，直到 6 次左右趋近平稳。

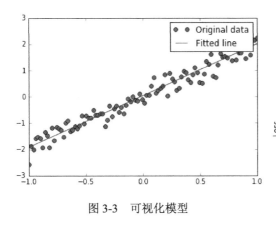

图 3-3　可视化模型

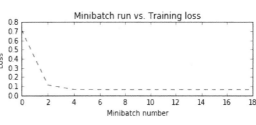

图 3-4　可视化训练 loss

3.1.4　使用模型

模型训练好后，用起来就比较容易了，往里面传一个 0.2（通过 feed_dict={X:0.2}），然后使用 sess.run 来运行模型中的 z 节点，见如下代码第 64 行，看看它生成的值。

代码 3-1　线性回归（续）

```
64  print ("x=0.2, z=", sess.run(z, feed_dict={X: 0.2}))
```

将上述代码加到代码文件"3-1 线性回归.py"的最后一行，运行后可以得到如下信息：

x=0.2, z= [0.4324449]

训练好的模型，可以根据已有数据的规律推算出输入值 0.2 对应的 z 值。

> **注意**：读者在自己的计算机上运行该程序，得到的 z 值与书上的会不一样。这是因为 b 和 w 不一样。神经网络学习的是一种规律，能表示这一种规律的 b 和 w 会有很多值，即模型学出来的并非是唯一值。

3.2　模型是如何训练出来的

在上面的例子中仅仅迭代了 20 次就得到了一个可以拟合 $y≈2x$ 的模型。下面来具体了解一下模型是如何得来的。

3.2.1　模型里的内容及意义

一个标准的模型结构分为输入、中间节点、输出三大部分，而如何让这三个部分连通起来学习规则并可以进行计算，则是框架 TensorFlow 所做的事情。

TensorFlow 将中间节点及节点间的运算关系（OPS）定义在自己内部的一个"图"上，全通过一个"会话（session）"进行图中 OPS 的具体运算。

可以这样理解：
- "图"是静态的，无论做任何加、减、乘、除，它们只是将关系搭建在一起，不会有任何运算。
- "会话"是动态的，只有启动会话后才会将数据流向图中，并按照图中的关系运算，并将最终的结果从图中流出。

TensorFlow 用这种方式分离了计算的定义和执行，"图"类似于施工图（blueprint），而"会话"更像施工地点。

构建一个完整的图一般需要定义 3 种变量，如图 3-5 所示。
- 输入节点：即网络的入口。
- 用于训练的模型参数（也叫学习参数）：是连接各个节点的路径。
- 模型中的节点(OP)：最复杂的就是 OP。OP 可以用来代表模型中的中间节点，也可以代表最终的输出节点，是网络中的真正结构。

如图 3-5 所示为这 3 种变量放在图中所组成的网络静态模型。在实际训练中，通过动态的会话将图中的各个节点按照静态的规则运算起来，每一次的迭代都会对图中的学习参数进行更新调整，通过一定次数的迭代运算之后最终所形成的图便是所要的"模型"。而在会话中，任何一个节点都可以通过会话的 run 函数进行计算，得到该节点的真实数值。

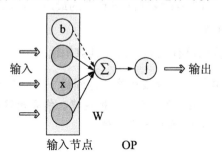

图 3-5　模型中的图

3.2.2　模型内部的数据流向

模型内部的数据流向分为正向和反向。

1．正向

正向，是数据从输入开始，依次进行各节点定义的运算，一直运算到输出，是模型最基本的数据流向。它直观地表现了网络模型的结构,在模型的训练、测试、使用的场景中都会用到。这部分是必须要掌握的。

2. 反向

反向，只有在训练场景下才会用到。这里使用了一个叫做反向链式求导的方法，即先从正向的最后一个节点开始，计算此时结果值与真实值的误差，这样会形成一个用学习参数表示误差的方程，然后对方程中的每个参数求导，得到其梯度修正值，同时反推出上一层的误差，这样就将该层节点的误差按照正向的相反方向传到上一层，并接着计算上一层的修正值，如此反复下去一步一步地进行转播，直到传到正向的第一个节点。

这部分原理 TensorFlow 已经实现好了，读者简单理解即可，应该把重点放在使用什么方法来计算误差，使用哪些梯度下降的优化方法，如何调节梯度下降中的参数（如学习率）问题上。

3.3 了解 TensorFlow 开发的基本步骤

通过上面的例子，现在将 TensorFlow 开发的基本步骤总结如下：
（1）定义 TensorFlow 输入节点。
（2）定义"学习参数"的变量。
（3）定义"运算"。
（4）优化函数，优化目标。
（5）初始化所有变量。
（6）迭代更新参数到最优解。
（7）测试模型。
（8）使用模型。
下面进行逐项介绍。

3.3.1 定义输入节点的方法

TensorFlow 中有如下几种定义输入节点的方法。
- 通过占位符定义：一般使用这种方式。
- 通过字典类型定义：一般用于输入比较多的情况。
- 直接定义：一般很少使用。

本章开篇的第一个例子 "3-1 线性回归.py" 就是通过占位符来定义输入节点的，具体使用了 tf.placeholder 函数，见如下代码。

```
X = tf.placeholder("float")
Y = tf.placeholder("float")
```

下面介绍"通过字典定义"与"直接定义"的方法。

3.3.2 实例2：通过字典类型定义输入节点

实例描述

在代码 "3-1 线性回归.py" 文件的基础上，使用字典占位符来代替用占位符定义的输入。

通过字典定义的方式和第一种比较像，只不过是堆叠到了一起。具体代码如下：

代码3-2　通过字典类型定义输出节点

```
……
# 占位符
inputdict = {
    'x': tf.placeholder("float"),
    'y': tf.placeholder("float")
}
```

3.3.3 实例3：直接定义输入节点

实例描述

在代码 "3-1 线性回归.py" 文件的基础上，使用直接定义法来代替用占位符定义的输入。

直接定义，就是将定义好的 Python 变量直接放到 OP 节点中参与输入的运算，将模拟数据的变量直接放到模型中进行训练。代码如下：

代码3-3　直接定义输入节点

```
……
#生成模拟数据
train_X =np.float32( np.linspace(-1, 1, 100))
train_Y = 2 * train_X + np.random.randn(*train_X.shape) * 0.3 # y=2x,但是加入了噪声
#图形显示
plt.plot(train_X, train_Y, 'ro', label='Original data')
plt.legend()
plt.show()

# 模型参数
W = tf.Variable(tf.random_normal([1]), name="weight")
b = tf.Variable(tf.zeros([1]), name="bias")
# 前向结构
z = tf.multiply(W, train_X)+ b
```

> 提示：上面只列出了3种方法中的关键代码,全部的代码在本书的配套代码可以中找到。

3.3.4 定义"学习参数"的变量

学习参数的定义与输入的定义很像,分为直接定义和字典定义两部分。这两种都是常见的使用方式,只不过在深层神经网络里由于参数过多,普遍都会使用第二种情况。

在前面"3-1 线性回归.py"的例子中使用的就是第一种方法,通过 tf.Variable 可以对参数直接定义。代码如下:

```
# 模型参数
W = tf.Variable(tf.random_normal([1]), name="weight")
b = tf.Variable(tf.zeros([1]), name="bias")
```

下面通过例子演示使用字典定义学习参数。

3.3.5 实例4:通过字典类型定义"学习参数"

实例描述

在代码"3-1 线性回归.py"文件的基础上,使用字典的方式来定义学习参数。

通过字典的方式定义和直接定义比较相似,只不过是堆叠到了一起。修改"3-1 线性回归.py"例子代码如下。

代码 3-4　通过字典类型定义学习参数

```
……

# 模型参数
paradict = {
    'w': tf.Variable(tf.random_normal([1])),
    'b': tf.Variable(tf.zeros([1]))
}
# 前向结构
z = tf.multiply(X, paradict['w'])+ paradict['b']
```

上面代码同样只是列出了关键部分,全部的代码都可以在本书的配套代码中找到。

3.3.6 定义"运算"

定义"运算"的过程是建立模型的核心过程,直接决定了模型的拟合效果,具体的代码演示在前面也介绍过了。这里主要阐述一下定义运算的类型,以及其在深度学习中的作用。

1. 定义正向传播模型

在前面"3-1 线性回归.py"的例子中使用的网络结构很简单,只有一个神经元。在后面会学到多层神经网络、卷积神经网、循环神经网络及更深层的 GoogLeNet、Resnet 等,它们都是由神经元以不同的组合方式组成的网络结构,而且每年还会有很多更高效且拟合性更强的新结构诞生。

2. 定义损失函数

损失函数主要是计算"输出值"与"目标值"之间的误差,是配合反向传播使用的。为了在反向传播中可以找到最小值,要求该函数必须是可导的。

> 提示:损失函数近几年来没有太大变化。读者只需要记住常用的几种,并能够了解内部原理就可以了,不需要掌握太多细节,因为 TensorFlow 框架已经为我们做好了。

3.3.7 优化函数,优化目标

在有了正向结构和损失函数后,就是通过优化函数来优化学习参数了,这个过程也是在反向传播中完成的。

反向传播过程,就是沿着正向传播的结构向相反方向将误差传递过去。这里面涉及的技术比较多,如 L1、L2 正则化、冲量调节、学习率自适应、adm 随机梯度下降算法等,每一个技巧都代表一个时代。

> 提示:随着深度学习的飞速发展,反向传播过程的技术会达到一定程度的瓶颈,更新并不如网络结构变化得那么快,所以读者也只需将常用的几种记住即可。

3.3.8 初始化所有变量

初始化所有变量的过程,虽然只有一句代码,但也是一个关键环节,所以特意将其列出来。

在 session 创建好了之后,第一件事就是需要初始化。还以"3-1 线性回归.py"举例,代码如下:

```
init = tf.global_variables_initializer()
# 启动 Session
with tf.Session() as sess:
    sess.run(init)
```

> 注意:使用 tf.global_variables_initializer 函数初始化所有变量的步骤,必须在所有变量和 OP 定义完成之后。这样才能保证定义的内容有效,否则,初始化之后定义的变量和 OP 都无法使用 session 中的 run 来进行算值。

3.3.9 迭代更新参数到最优解

在迭代训练环节,都是需要通过建立一个 session 来完成的,常用的是使用 with 语法,可以在 session 结束后自行关闭,当然还有其他方法,第 4 章会详细介绍。

```
with tf.Session() as sess:
```

前面说过,在 session 中通过 run 来运算模型中的节点,在训练环节也是如此,只不过 run 里面放的是优化操作的 OP,同时会在外层加上循环次数。

```
for epoch in range(training_epochs):
    for (x, y) in zip(train_X, train_Y):
        sess.run(optimizer, feed_dict={X: x, Y: y})
```

真正使用过程中会引入一个叫做 MINIBATCH 概念进行迭代训练,即每次取一定量的数据同时放到网络里进行训练,这样做的好处和意义会在后面详细介绍。

3.3.10 测试模型

测试模型部分已经不是神经网络的核心环节了,同归对评估节点的输出,得到模型的准确率(或错误率)从而来描述模型的好坏,这部分很简单没有太多的技术,在"3-1 线性回归.py"中可以找到如下代码:

```
print ("cost=", sess.run(cost, feed_dict={X: train_X, Y: train_Y}), "W=", sess.run(W), "b=", sess.run(b))
```

当然这句话还可以改写成以下这样:

```
print ("cost:",cost.eval({X: train_X, Y: train_Y}))
```

3.3.11 使用模型

使用模型也与测试模型类似,只不过是将损失值的节点换成输出的节点即可。在"3-1 线性回归.py"例子中也有介绍。

这里要说的是,一般会把生成的模型保存起来,再通过载入已有的模型来进行实际的使用。关于模型的载入和读取,后面章节会有介绍。

第 4 章　TensorFlow 编程基础

本章主要介绍 TensorFlow 的基础语法及功能函数。学完本章后，TensorFlow 代码对读者来说将不再陌生，读者可以很轻易看懂网上和书中例子的代码，并可以尝试写一些简单的模型或算法。

学习一个开发环境，应先从其内部入手，这样会起到事半功倍的效果。本章先从编程模型开始了解其运行机制，然后再介绍 TensorFlow 常用操作及功能函数，最后是共享变量、图和分布式部署。

本章含有教学视频共 12 分 39 秒。

作者按照本章的内容结构，对主要内容进行了快速讲解，包括基本的模型工作机制、基础类型及操作、共享变量、图、分布式部署等内容（其中，共享变量是本章的重点和难点）。

4.1　编程模型

TensorFlow 的命名来源于本身的运行原理。Tensor（张量）意味着 N 维数组，Flow（流）意味着基于数据流图的计算。TensorFlow 是张量从图像的一端流动到另一端的计算过程，这也是 TensorFlow 的编程模型。

4.1.1 了解模型的运行机制

TensorFlow 的运行机制属于"定义"与"运行"相分离。从操作层面可以抽象成两种：模型构建和模型运行。

在模型构建过程中，需要先了解几个概念，如表 4-1 所示。

表 4-1 模型构建中的概念

名 称	含 义
张量（tensor）	数据，即某一类型的多维数组
变量（Variable）	常用于定义模型中的参数，是通过不断训练得到的值
占位符（placeholder）	输入变量的载体。也可以理解成定义函数时的参数
图中的节点操作（operation，OP）	即一个OP获得0个或多个tensor，执行计算，输出额外的0个或多个tensor

表 4-1 中定义的内容都是在一个叫做"图"的容器中完成的。关于"图"，有以下几点需要理解。

- 一个"图"代表一个计算任务。
- 在模型运行的环节中，"图"会在会话（session）里被启动。
- session 将图的 OP 分发到如 CPU 或 GPU 之类的设备上，同时提供执行 OP 的方法。这些方法执行后，将产生的 tensor 返回。在 Python 语言中，返回的 tensor 是 numpy ndarray 对象；在 C 和 C++语言中，返回的 tensor 是 TensorFlow::Tensor 实例。

如图 4-1 所示为 session 与图的工作关系。

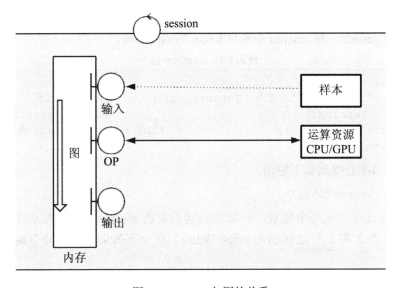

图 4-1 session 与图的关系

在实际环境中，这种运行情况会有 3 种应用场景，分别是训练场景、测试场景与使用场景。在训练场景下图的运行方式与其他两种不同，具体介绍如下。

（1）训练场景：是实现模型从无到有的过程，通过对样本的学习训练，调整学习参数，形成最终的模型。其过程是将给定的样本和标签作为输入节点，通过大量的循环迭代，将图中的正向运算（从输入的样本通过 OP 运算得到输出的方向）得到的输出值，再进行反向运算（从输出到输入的方向），以更新模型中的学习参数，最终使模型产生的正向结果最大化地接近样本标签。这样就得到了一个可以拟合样本规律的模型。

（2）测试场景和使用场景：测试场景是利用图的正向运算得到的结果与真实值进行比较的差别；使用场景也是利用图的正向运算得到结果，并直接使用。所以二者的运算过程是一样的。对于该场景下的模型与正常编程用到的函数特别相似。在函数中，可以分为实参、形参、函数体与返回值。同样在模型中，实参就是输入的样本，形参就是占位符，运算过程就相当于函数体，得到的结果相当于返回值。

另外，session 与图的交互过程中还定义了以下两种数据的流向机制。
- 注入机制（feed）：通过占位符向模式中传入数据。
- 取回机制（fetch）：从模式中得到结果。

下面通过实例逐个演示 session 在各种情况下的用法。先从 session 的建立开始，接着演示 session 与图的交互机制，最后演示如何在 session 中指定 GPU 运算资源。

4.1.2　实例 5：编写 hello world 程序演示 session 的使用

下面先从一个 hello world 开始来理解 session 的作用。

实例描述

建立一个 session，在 session 中输出 hello, TensorFlow。

代码4-1　sessionhello

```
import tensorflow as tf
hello = tf.constant('Hello, TensorFlow!')    #定义一个常量
sess = tf.Session()                          #建立一个session
print (sess.run(hello))                      #通过session里面run函数来运行结果
sess.close()                                 #关闭session
```

运行代码 4-1 会得到如下输出：

b'Hello, TensorFlow!'

tf.constant 定义的是一个常量，hello 的内容只有在 session 的 run 内才可以返回。

可以试着在 2 和 3 行之间加入 print（hello）看一下效果，这时并不能输出 hello 的内容。

接下来换种写法，使用 with 语法来开启 session。

4.1.3 实例6：演示 with session 的使用

with session 的用法是最常见的，它沿用了 Python 中 with 的语法，即当程序结束后会自动关闭 session，而不需要再去写 close。代码如下。

实例描述

使用 with session 方法建立 session，并在 session 中计算两个变量（3 和 4）的相加与相乘值。

代码4-2　with session

```
import tensorflow as tf
a = tf.constant(3)                              #定义常量3
b = tf.constant(4)                              #定义常量4
with tf.Session() as sess:                      #建立session
    print ("相加: %i" % sess.run(a+b))
    print( "相乘: %i" % sess.run(a*b))
```

运行后得到如下输出：

相加：7
相乘：12

4.1.4 实例7：演示注入机制

扩展上面代码：使用注入机制，将具体的实参注入到相应的 placeholder 中。feed 只在调用它的方法内有效，方法结束后 feed 就会消失。

实例描述

定义占位符，使用 feed 机制将具体数值（3 和 4）通过占位符传入，并进行相加和相乘运算。

代码4-3　withsessionfeed

```
01  import tensorflow as tf
02  a = tf.placeholder(tf.int16)
03  b = tf.placeholder(tf.int16)
04  add = tf.add(a, b)
05  mul = tf.multiply(a, b)                     #a 与 b 相乘
06  with tf.Session() as sess:
07      #计算具体数值
08      print ("相加: %i" % sess.run(add, feed_dict={a: 3, b: 4}))
09      print ("相乘: %i" % sess.run(mul, feed_dict={a: 3, b: 4}))
```

运行代码，输出如下：

相加：7
相乘：12

标记的方法是：使用 tf.placeholder 为这些操作创建占位符，然后使用 feed_dict 把具体的值放到占位符里。

注意：关于 feed 中的 feed_dict 还有其他的方法，如 update 等，在后面的例子中用到时还会介绍，这里只是介绍最常用的方法。

4.1.5 建立 session 的其他方法

建立 session 还有以下两种方式。
- 交互式 session 方式：一般在 Jupyter 环境下使用较多，具体用法与前面的 with session 类似。代码如下：

```
sess = tf.InteractiveSession()
```
- 使用 Supervisor 方式：该方式会更高级一些，使用起来也更加复杂，可以自动来管理 session 中的具体任务，例如，载入/载出检查点文件、写入 TensorBoard 等，另外该方法还支持分布式训练的部署（在本书的后面会有介绍）。

4.1.6 实例8：使用注入机制获取节点

在实例 7 中，其实还可以一次将多个节点取出来。例如，在最后一句可以加上以下代码（见代码 4-3）：

实例描述

使用 fetch 机制将定义在图中的节点数值算出来。

代码4-3　withsessionfeed（续）

```
10  ……
11  mul = tf.multiply(a, b)
12  with tf.Session() as sess:
13      #将 op 运算通过 run 打印出来
14      print ("相加: %i" % sess.run(add, feed_dict={a: 3, b: 4}))
        #将 add 节点打印出来
15      print ("相乘: %i" % sess.run(mul, feed_dict={a: 3, b: 4}))
16      print (sess.run([mul, add], feed_dict={a: 3, b: 4}))
```

运行代码，输出如下：

相加: 7
相乘: 12
[12, 7]

4.1.7 指定 GPU 运算

如果下载的是 GPU 版本，在运行过程中 TensorFlow 能自动检测。如果检测到 GPU，TensorFlow 会尽可能地利用找到的第一个 GPU 来执行操作。

如果机器上有超过一个可用的 GPU，除第一个之外的其他 GPU 默认是不参与计算的。为了让 TensorFlow 使用这些 GPU，必须将 OP 明确指派给它们执行。with……device 语句能用来指派特定的 CPU 或 GPU 执行操作：

```
with tf.Session() as sess:
  with tf.device("/gpu:1"):
    a = tf.placeholder(tf.int16)
    b = tf.placeholder(tf.int16)
    add = tf.add(a, b)
    ……
```

设备用字符串进行标识。目前支持的设备包括以下几种。
- cpu:0：机器的 CPU。
- gpu:0：机器的第一个 GPU，如果有的话。
- gpu:1：机器的第二个 GPU，依此类推。

类似的还有通过 tf.ConfigProto 来构建一个 config，在 config 中指定相关的 GPU，并且在 session 中传入参数 config="自己创建的 config"来指定 GPU 操作。

#tf.ConfigProto 函数的参数如下。
- log_device_placement=True：是否打印设备分配日志。
- allow_soft_placement=True：如果指定的设备不存在，允许 TF 自动分配设备。

使用举例：

```
config = tf.ConfigProto(log_device_placement=True,allow_soft_placement=True)
session = tf.Session(config=config, ...)
```

4.1.8 设置 GPU 使用资源

上文的 tf.ConfigProto 函数生成 config 之后，还可以设置其属性来分配 GPU 的运算资源。如下代码就是按需分配的意思：

```
config.gpu_options.allow_growth = True
```

使用 allow_growth option，刚开始会分配少量的 GPU 容量，然后按需慢慢地增加，由于不会释放内存，所以会导致碎片。

同样，上述代码也可以放在 config 创建的时指定，例如：

```
gpu_options = tf.GPUOptions(allow_growth=True)
config=tf.ConfigProto(gpu_options=gpu_options)
```

以下代码还可以给 GPU 分配固定大小的计算资源。

gpu_options = tf.GPUOptions(per_process_gpu_memory_fraction=0.7)

代表分配给 tensorflow 的 GPU 显存大小为：GPU 实际显存×0.7。
（该方法暂时用不到，读者在以后遇到这样的代码时明白是什么意思即可）

4.1.9　保存和载入模型的方法介绍

一般而言，训练好的模型都需要保存。下面将举例演示如何保存和载入模型。

1．保存模型

首先需要建立一个 saver，然后在 session 中通过 saver 的 save 即可将模型保存起来。代码如下：

```
#之前是各种构建模型 graph 的操作(矩阵相乘，sigmoid 等)
saver = tf.train.Saver()                          #生成 saver
with tf.Session() as sess:
    sess.run(tf.global_variables_initializer())   #先对模型初始化
    #然后将数据丢入模型进行训练 blablabla
    #训练完以后，使用 saver.save 来保存
    saver.save(sess, "save_path/file_name")
                                #file_name 如果不存在，会自动创建
```

2．载入模型

将模型保存好以后，载入也比较方便。在 session 中通过调用 saver 的 restore()函数，会从指定的路径找到模型文件，并覆盖到相关参数中。代码如下：

```
saver = tf.train.Saver()

with tf.Session() as sess:
    #参数可以进行初始化，也可不进行初始化。即使初始化了，初始化的值也会被 restore 的
     值给覆盖
    sess.run(tf.global_variables_initializer())
    saver.restore(sess, "save_path/file_name")
                    #会将已经保存的变量值 resotre 到变量中。
```

4.1.10　实例 9：保存/载入线性回归模型

实例描述

在代码"3-1 线性回归.py"文件的基础上，添加模型的保存及载入功能。

通过扩展上一章的例子，来演示一下模型的保存及载入。在代码"3-1 线性回归.py"文件中生成模拟数据之后，加入对图变量的重置，在 session 创建之前定义 saver 及保存路径，在 session 中训练结束后，保存模型。

代码4-4　线性回归模型保存及载入

```
01  import tensorflow as tf
02  import numpy as np
03  import matplotlib.pyplot as plt
04
05  #模拟数据
06  ……
07  plt.plot(train_X, train_Y, 'ro', label='Original data')
08  plt.legend()
09  plt.show()
10
11  #重置图
12  tf.reset_default_graph()
13
14  #初始话等操作
15  ……
16  display_step = 2
17
18  saver = tf.train.Saver()                    #生成saver
19  savedir = "log/"                            #生成模型的路径
20
21  #启动session
22  with tf.Session() as sess:
23      sess.run(init)
24      #在这里添加Sess中的训练代码
25      ……
26      print (" Finished!")
27      saver.save(sess, savedir+"linermodel.cpkt")   #保存模型
28      print ("cost=", sess.run(cost, feed_dict=
          {X: train_X, Y: train_Y}),
          "W=", sess.run(W), "b=", sess.run(b))
29  #其他代码
30  ……
```

运行上面代码可以看到，在代码的同级目录下log文件夹里生成了几个文件，如图4-2所示。

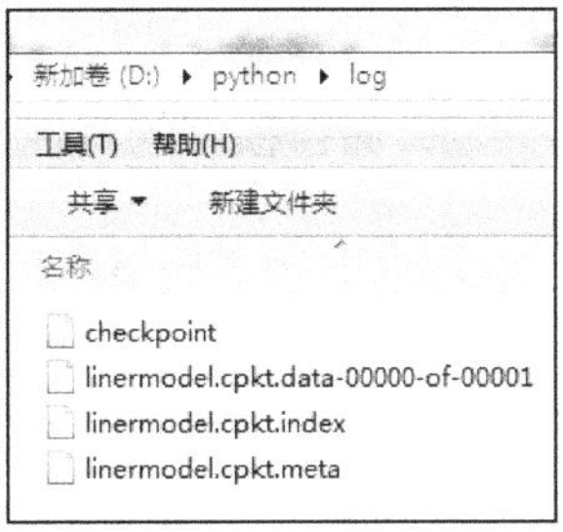

再重启一个session，并命名为sess2，在代码里通过使用saver的restore函数将模型载入。

图4-2　模型文件

代码4-4　线性回归模型保存及载入（续）

```
31  with tf.Session()as sess2:
32      sess2.run(tf.global_variables_initializer())
33      saver.restore(sess2,savedir+"linermodel.cpkt")
34      print ("x=0.2, z=", sess2.run(z, feed_dict={X: 0.2}))
```

为了测试效果，可以将前面一个session注释掉，运行之后可以看到如下输出：

```
INFO:tensorflow:Restoring parameters from log/linermodel.cpkt
x=0.2, z= [ 0.42615247]
```

表明模型已经成功载入，并计算出正确的值了。

4.1.11 实例10：分析模型内容，演示模型的其他保存方法

下面再来详细介绍下关于模型保存的其他细节。

实例描述

将 4.1.10 节生成的模型里面的内容打印出来，观察其存放的具体数据方式。同时演示如何将指定内容保存到模型文件中。

1. 模型内容

虽然模型已经保存了，但是仍然对我们不透明。下面通过编写代码将模型里的内容打印出来，看看到底保存了哪些东西，都是什么样的。

代码4-5　模型内容

```
01  from tensorflow.python.tools.inspect_checkpoint import print_tensors_in_checkpoint_file
02  savedir = "log/"
03  print_tensors_in_checkpoint_file(savedir+"linermodel.cpkt", None, True)
```

运行代码，打印如下信息：

```
tensor_name:  bias
[ 0.01919404]
tensor_name:  weight
[ 2.03479218]
```

可以看到，tensor_name:后面跟的就是创建的变量名，接着是它的数值。

2. 保存模型的其他方法

前面的例子中 Saver 的创建比较简单，其实 tf.train.Saver 函数里面还可以放参数来实现更高级的功能，可以指定存储变量名字与变量的对应关系。可以写成这样：

```
saver = tf.train.Saver({'weight': W, 'bias': b})
```

代表将 w 变量的值放到 weight 名字中。类似的写法还有以下两种：

```
saver = tf.train.Saver([W, b])                              #放到一个list里
saver = tf.train.Saver({v.op.name: v for v in [W, b]})      #将op的名字当作key
```

下面扩展上述的例子，给 b 和 w 分别指定一个固定值，并将它们颠倒放置。

代码4-5　模型内容（续）

```
03  W = tf.Variable(1.0, name="weight")
04  b = tf.Variable(2.0, name="bias")
05
06  #放到一个字典里
07  saver = tf.train.Saver({'weight': b, 'bias': W})
08
09  with tf.Session() as sess:
10      tf.global_variables_initializer().run()
```

```
11        saver.save(sess, savedir+"linermodel.cpkt")
12
13 print_tensors_in_checkpoint_file(savedir+"linermodel.cpkt", None, True)
```

运行上面代码，输出如下信息：

```
tensor_name: bias
1.0
tensor_name: weight
2.0
```

例子中，W 值设为 1.0，b 的值设为 2.0。在创建 saver 时将它们颠倒，保存的模型打印出来之后可以看到，bias 变成了 1.0，而 weight 变成了 2.0。

4.1.12 检查点（Checkpoint）

保存模型并不限于在训练之后，在训练之中也需要保存，因为 TensorFlow 训练模型时难免会出现中断的情况。我们自然希望能够将辛苦得到的中间参数保留下来，否则下次又要重新开始。

这种在训练中保存模型，习惯上称之为保存检查点。

4.1.13 实例11：为模型添加保存检查点

实例描述

为一个线性回归任务的模型添加"保存检查点"功能。通过该功能，可以生成载入检查点文件，并能够指定生成检测点文件的个数。

该例与保存模型的功能类似，只是保存的位置发生了些变化，我们希望在显示信息时将检查点保存起来，于是就将保存位置放在了迭代训练中的打印信息后面。

另外，本例用到了 saver 的另一个参数——max_to_keep=1，表明最多只保存一个检查点文件。在保存时使用了如下代码传入了迭代次数。

saver.save(sess, savedir+"linermodel.cpkt", global_step=epoch)

TensorFlow 会将迭代次数一起放在检查点的名字上，所以在载入时，同样也要指定迭代次数。

saver.restore(sess2, savedir+"linermodel.cpkt-" + str(load_epoch))

完整的代码如下：

代码4-6　保存检查点

```
import tensorflow as tf
import numpy as np
import matplotlib.pyplot as plt

#定义生成loss可视化的函数
plotdata = { "batchsize":[], "loss":[] }
```

```python
def moving_average(a, w=10):
    if len(a) < w:
        return a[:]
    return [val if idx < w else sum(a[(idx-w):idx])/w for idx, val in enumerate(a)]

#生成模拟数据
train_X = np.linspace(-1, 1, 100)
train_Y = 2 * train_X + np.random.randn(*train_X.shape) * 0.3
                                                            # y=2x，但是加入了噪声
#图形显示
plt.plot(train_X, train_Y, 'ro', label='Original data')
plt.legend()
plt.show()

tf.reset_default_graph()

# 创建模型
# 占位符
X = tf.placeholder("float")
Y = tf.placeholder("float")
# 模型参数
W = tf.Variable(tf.random_normal([1]), name="weight")
b = tf.Variable(tf.zeros([1]), name="bias")
# 前向结构
z = tf.multiply(X, W)+ b

#反向优化
cost =tf.reduce_mean( tf.square(Y - z))
learning_rate = 0.01
optimizer = tf.train.GradientDescentOptimizer(learning_rate).minimize(cost)                                                  #梯度下降

# 初始化所有变量
init = tf.global_variables_initializer()
# 定义学习参数
training_epochs = 20
display_step = 2
saver = tf.train.Saver(max_to_keep=1)         # 生成saver
savedir = "log/"
# 启动图
with tf.Session() as sess:
    sess.run(init)

    # 向模型中输入数据
    for epoch in range(training_epochs):
        for (x, y) in zip(train_X, train_Y):
            sess.run(optimizer, feed_dict={X: x, Y: y})

        #显示训练中的详细信息
        if epoch % display_step == 0:
            loss = sess.run(cost,feed_dict={X: train_X,Y:train_Y})
            print ("Epoch:",epoch+1,"cost=",loss,"W=",sess.run(W), "b=",
```

```
            sess.run(b))
        if not (loss == "NA" ):
            plotdata["batchsize"].append(epoch)
            plotdata["loss"].append(loss)
        saver.save(sess, savedir+"linermodel.cpkt", global_step=epoch)

    print (" Finished!")

    print ("cost=",sess.run(cost, feed_dict={X: train_X, Y: train_Y}),
    "W=", sess.run(W), "b=", sess.run(b))

    #显示模型
    plt.plot(train_X, train_Y, 'ro', label='Original data')
    plt.plot(train_X, sess.run(W) * train_X + sess.run(b), label='Fitted Wline')
    plt.legend()
    plt.show()

    plotdata["avgloss"] = moving_average(plotdata["loss"])
    plt.figure(1)
    plt.subplot(211)
    plt.plot(plotdata["batchsize"], plotdata["avgloss"], 'b--')
    plt.xlabel('Minibatch number')
    plt.ylabel('Loss')
    plt.title('Minibatch run vs. Training loss')

    plt.show()

#重启一个session   ，载入检查点
load_epoch=18
with tf.Session() as sess2:
    sess2.run(tf.global_variables_initializer())
    saver.restore(sess2, savedir+"linermodel.cpkt-" + str(load_epoch))
    print ("x=0.2, z=", sess2.run(z, feed_dict={X: 0.2}))
```

上面代码运行完后，会看到在 log 文件夹下多了几个 linermodel.cpkt-18*文件，就是检查点文件。

这里使用 tf.train.Saver(max_to_keep=1)代码创建 saver 时传入的参数 max_to_keep=1 代表：在迭代过程中只保存一个文件。这样，在循环训练过程中，新生成的模型就会覆盖以前的模型。

> 注意：如果觉得通过指定迭代次数比较麻烦，还有一个好方法可以快速获取到检查点文件。示例代码如下：

```
ckpt = tf.train.get_checkpoint_state(ckpt_dir)
if ckpt and ckpt.model_checkpoint_path:
```

```
        saver.restore(sess, ckpt.model_checkpoint_path)
```

还可以再简洁一些，写成以下这样：

```
kpt = tf.train.latest_checkpoint(savedir)
    if kpt!=None:
        saver.restore(sess, kpt)
```

4.1.14 实例12：更简便地保存检查点

本例中介绍另一种更简便地保存检查点功能代码的方法——tf.train.MonitoredTrainingSession 函数。该函数可以直接实现保存及载入检查点模型的文件。与前面的方式不同，本例中并不是按照循环步数来保存，而是按照训练时间来保存的。通过指定 save_checkpoint_secs 参数的具体秒数，来设置每训练多久保存一次检查点。

实例描述

演示使用 MonitoredTrainingSession 函数来自动管理检查点文件。

具体代码如下：

代码4-7　trainMonitored

```
import tensorflow as tf
tf.reset_default_graph()
global_step = tf.train.get_or_create_global_step()
step = tf.assign_add(global_step, 1)
#设置检查点路径为 log/checkpoints
with  tf.train.MonitoredTrainingSession(checkpoint_dir='log/checkpoints',
save_checkpoint_secs  = 2) as sess:
    print(sess.run([global_step]))
    while not sess.should_stop():        #启用死循环，当sess不结束时就不停止
        i = sess.run( step)
        print( i)
```

运行代码，得到如下输出：

```
252 12851
252 12852
252 12853
252 12854
252 12855
252 12856
```

将程序停止，可以看到 log/checkpoints 下面生成了检测点文件 model.ckpt-8968.meta。

再次运行代码，输出如下：

```
252 8969
252 8970
252 8971
```

可见，程序自动载入检查点文件是从第 8969 次开始运行的。

注意：（1）如果不设置 save_checkpoint_secs 参数，默认的保存时间间隔为 10 分钟。这种按照时间保存的模式更适用于使用大型数据集来训练复杂模型的情况。
（2）使用该方法时，必须要定义 global_step 变量，否则会报错误。

4.1.15 模型操作常用函数总结

下面将模型操作的相关函数进行系统的介绍，如表 4-2 所示。

表 4-2 模型操作相关函数

函　　数	说　　明
tf.train.Saver (var_list=None, reshape=False, sharded=False, max_to_keep=5, keep_checkpoint_every_n_hours=10000.0, name=None, restore_sequentially=False, saver_def=None, builder=None)	创建存储器Saver
tf.train.Saver.save(sess, save_path, global_step=None, latest_filename=None, meta_graph_suffix='meta', write_meta_graph=True)	保存
tf.train.Saver.restore(sess, save_path)	恢复
tf.train.Saver.last_checkpoints	列出最近未删除的checkpoint文件名
tf.train.Saver.set_last_checkpoints(last_checkpoints)	设置checkpoint文件名列表
tf.train.Saver.set_last_checkpoints_with_time(last_checkpoints_with_time)	设置checkpoint文件名列表和时间戳

4.1.16 TensorBoard 可视化介绍

TensorFlow 还提供了一个可视化工具 TensorBoard。它可以将训练过程中的各种绘制数据展示出来，包括标量（Scalars）、图片（Images）、音频（Audio）、计算图（Graph）、数据分布、直方图（Histograms）和嵌入式向量。可以通过网页来观察模型的结构和训练过程中各个参数的变化。

当然，TensorBoard 不会自动把代码展示出来，其实它是一个日志展示系统，需要在 session 中运算图时，将各种类型的数据汇总并输出到日志文件中。然后启动 TensorBoard 服务，TensorBoard 读取这些日志文件，并开启 6006 端口提供 Web 服务，让用户可以在浏览器中查看数据。

TensorFlow 提供了一系列 API 来生成这些数据，具体如表 4-3 所示。

表 4-3 模型操作相关函数

函　　数	说　　明
tf.summary.scalar(tags, values, collections=None, name=None)	标量数据汇总，输出protobuf
tf.summary.histogram(tag, values, collections=None, name=None）	记录变量var的直方图，输出带直方图的汇总的protobuf
tf.summary.image(tag, tensor, max_images=3, collections=None, name=None)	图像数据汇总，输出protobuf
tf.summary.merge(inputs, collections=None, name=None)	合并所有的汇总日志
tf.summary.FileWriter	创建一个SummaryWriter
Class SummaryWriter： add_summary(), add_sessionlog(), add_event(), or add_graph()	将protobuf写入文件的类

4.1.17　实例13：线性回归的 TensorBoard 可视化

下面举例演示 TensorBoard 的可视化效果。

实例描述

为"3-1 线性回归.py"代码文件添加支持输出 TensorBoard 信息的功能，演示通过 TensorBoard 来观察训练过程。

本例还是以"3-1 线性回归.py"文件的代码为原型，在上面添加支持 TensorBoard 的功能。该例子中，通过添加一个标量数据和一个直方图数据到 log 里，然后通过 TensorBoard 显示出来。代码改动量非常小，第一步加入到 summary，第二步写入文件。

将模型的生成值加入到直方图数据中，将损失值加入到标量数据中，代码如下：

代码4-8　线性回归的TensorBoard可视化

```
01  import tensorflow as tf
02  import numpy as np
03  import matplotlib.pyplot as plt
04
05  ……
06  # 前向结构
07  z = tf.multiply(X, W)+ b
08  tf.summary.histogram('z',z)                    #将预测值以直方图形式显示
09  #反向优化
20  cost =tf.reduce_mean( tf.square(Y - z))
21  tf.summary.scalar('loss_function', cost)       #将损失以标量形式显示
22  ……
```

给直方图起名仍然叫 z，标量的名字叫 loss_function。

下面的代码是在启动 session 之后加入代码，创建一个 summary_writer，在迭代中将 summary 的值运行生成出来，同时添加到文件里。

代码4-8　线性回归的 TensorBoard可视化（续）

```
23    # 启动 session
24    with tf.Session() as sess:
25      sess.run(init)
26
27      merged_summary_op = tf.summary.merge_all()#合并所有summary
28      #创建summary_writer，用于写文件
29      summary_writer =
30    tf.summary.FileWriter('log/mnist_with_summaries',sess.graph)
31
32      # 向模型中输入数据
33      for epoch in range(training_epochs):
34        for(x, y)in zip(train_X,train_Y):
35          sess.run(optimizer, feed_dict={X: x, Y: y})
36
37      #生成 summary
38      summary_str = sess.run(merged_summary_op,feed_dict={X: x, Y: y});
39      summary_writer.add_summary(summary_str, epoch);#将summary 写入文件
40
41      ……
```

运行代码，显示的内容和以前一样没什么变化，来到生成的路径下可以看到多了一个文件，如图4-3所示。

然后单击"开始"|"运行"，输入 cmd，启动"命令行"窗口。首先来到 summary 日志的上级路径下，输入如下命令：

图4-3　summary 文件

```
tensorboard --logdir D:\python\log/mnist_with_summaries
```

结果如图4-4所示。

图4-4　启动 TensorBoard

接着打开 Chrome 浏览器，输入 http://127.0.0.1:6006，会看到如图4-5 所示界面。单击 SCALARS，会看到之前创建的 loss_fuction。这个 loss_fuction 也是可以点开的，点开后可以看到损失值随迭代次数的变化情况，如图4-6 所示。

在图 4-6 中可以调节平滑数来改变右边标量的曲线。类似的还可以点开图 4-5 中的 GRAPHS 看看神经网络的内部结构，还可以点开图 4-5 中的 HISTOGRAMS 来看例子中的另一个显示值 z。

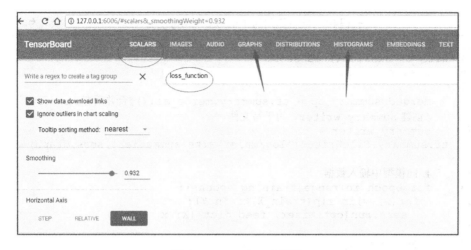

图 4-5　TensorBoard 界面

图 4-6　TensorBoard 标量

注意：在显示 TensorBoard 界面的过程中，下面两点需要强调一下。
- 浏览器最好要使用 Chrome。
- 在命令行里启动 TensorBoard 时，一定要先进入到日志所在的上级路径下，否则打开的页面里找不到创建好的信息。

4.2　TensorFlow 基础类型定义及操作函数介绍

下面介绍 TensorFlow 的基础类型、基础函数。这部分学完，读者将会对 TensorFlow 的基础语法有了系统的了解，为后面学习写代码或读代码扫清障碍。

本节表格中的示例代码前面默认都有以下代码。

```
import numpy as np
import tensorflow as tf
```

代码中的 tf 代表 tensorflow 库，np 代表 numpy 库。

4.2.1 张量及操作

张量可以说是 TensorFlow 的标志，因为整个框架的名称 TensorFlow 就是张量流的意思。下面来一起全面地认识一下张量。

1. 张量介绍

TensorFlow 程序使用 tensor 数据结构来代表所有的数据。计算图中,操作间传递的数据都是 Tensor。

可以把 tensor 看为一个 *n* 维的数组或列表,每个 tensor 中包含了类型（type）、阶（rank）和形状（shape）。

（1）tensor 类型

为了方便理解，这里将 tensor 的类型与 Python 的类型放在一起做个比较，如表 4-4 所示。

表 4-4 张量类型

tensor类型	Python类型	描述
DT_FLOAT	tf.float32	32位浮点数
DT_DOUBLE	tf.float64	64位浮点数
DT_INT64	tf.int64	64位有符号整型
DT_INT32	tf.int32	32位有符号整型
DT_INT16	tf.int16	16位有符号整型
DT_INT8	tf.int8	8位有符号整型
DT_UINT8	tf.uint8	8位无符号整型
DT_STRING	tf.string	可变长度的字节数组.每一个张量元素都是一个字节数组
DT_BOOL	tf.bool	布尔型
DT_COMPLEX64	tf.complex64	由两个32位浮点数组成的复数:实数和虚数

（2）rank（阶）

rank（阶）指的就是维度。但张量的阶和矩阵的阶并不是同一个概念，主要是看有几层中括号。例如，对于一个传统意义上的 3 阶矩阵 a=[[1,2,3],[4,5,6],[7,8,9]]来讲，在张量中的阶数表示为 2 阶（因为它有两层中括号）。

表 4-5 列出了标量、向量、矩阵的阶数。

表 4-5 标量向量和矩阵的阶数

rank	实例	例子
0	标量(只有大小)	a = 1
1	向量(大小和方向)	b = [1,1,1,1]
2	矩阵(数据表)	C=[[1,1],[1,1]]
3	3阶张量(数据立体)	D =[[[1],[1]],[[1],[1]]]
n	n阶	E = [[[[[...[[1],[1],]]]...]]]] （n层中括号）

（3）shape（形状）

shape（形状）用于描述张量内部的组织关系。"形状"可以通过 Python 中的整数列表或元组（int list 或 tuples）来表示，也可以用 TensorFlow 中的相关形状函数来表示。

举例：一个二阶张量 *a* = [[1, 2, 3], [4, 5, 6]]形状是两行三列，描述为（2,3）。

2．张量相关操作

张量的相关操作包括类型转换、数值操作、形状变换和数据操作。

（1）类型转换

类型转换的相关函数如表 4-6 所示。

表 4-6 类型变换相关函数

函数	描述
tf.string_to_number(string_tensor,out_type=None, name=None)	字符串转为数字
tf.to_double(x, name='ToDouble')	转为64位浮点类型
tf.to_float(x, name='ToFloat')	转为32位浮点类型
tf.to_int32(x, name='ToInt32')	转为32位整型
tf.to_int64(x, name='ToInt64')	转为64位整型
tf.cast(x,dtype,name=None)	将x或者x.values转换为dtype所指定的类型。例如： W = tf.Variable(1.0) tf.cast(W, tf.int32) ==> W=1 # dtype=tf.int32

（2）数值操作

数值操作的相关函数如表 4-7 所示。

表 4-7 数值操作相关函数

函数	描述
tf.ones(shape,dtype)	按指定类型与形状生成值为1的张量。例如： tf.ones([2, 3], tf.int32)==> [[1 1 1] [1 1 1]]
tf.zeros(shape,dtype)	按指定类型与形状生成值为0的张量。例如： tf.zeros([2, 3], tf.int32)==> [[0 0 0] [0 0 0]]

(续)

函 数	描 述
tf.ones_like（input）	生成和输入张量一样形状和类型的0。例如： tensor=[[1, 2, 3], [4, 5, 6]] tf.ones_like（tensor）==> [[1 1 1] [1 1 1]]
tf.zeros_like（input）	生成和输入张量一样形状和类型的1。例如： tensor=[[1, 2, 3], [4, 5, 6]] tf.zeros_like（tensor）==>[[0 0 0] [0 0 0]]
tf.fill(shape,value)	为指定形状填值。例如： tf.fill([2,3],1) ==> [[1 1 1] [1 1 1]]
tf.constant(value, shape)	生成常量。例如： tf.constant(1 ,[2,3]) ==> [[1 1 1] [1 1 1]]
tf.random_normal(shape, mean=0.0, stddev=1.0, dtype=tf.float32, seed=None, name=None)	正态分布随机数，均值mean,标准差stddev
tf.truncated_normal(shape, mean=0.0, stddev=1.0, dtype=tf.float32, seed=None, name=None)	截断正态分布随机数，均值mean,标准差stddev,只保留[mean-2*stddev,mean+2*stddev]范围内的随机数
tf.random_uniform(shape,minval=0, maxval= None , dtype=tf.float32, seed=None, name=None)	均匀分布随机数，范围为[minval,maxval]
tf.random_crop(value, size, seed=None, name=None)	将输入值value按照size尺寸随机剪辑
tf.set_random_seed(seed)	设置随机数种子
tf.linspace(start,stop,num,name=None)	在[start,stop]范围内产生num个数的等差数列。注意，start和stop要用浮点数表示，否则会报错。例如： tf.linspace(start=1.0,stop=5.0,num=5,name=None) [1. 2. 3. 4. 5.]
tf.range(start,limit=None,delta=1,name='range')	在[start,limit)范围内以步进值delta产生等差数列。注意，不包括limit在内的。例如： tf.range(start=1,limit=5,delta=1) [1 2 3 4]

（3）形状变换

形状变换的相关函数如表4-8所示。

表4-8 形状变换的相关函数

函 数	描 述
tf.shape(input, name=None)	返回一个张量，其值为输入参数input的shape。这个input可以是个张量，也可以是一个数组或list。例如： t=[1,2,3,4,5,6,7,8,9] print(np.shape(t))　　　　　　#输出（9，） tshape = tf.shape(t)　　　　　#返回一个张量，值为python自有类型t的shape tshape2 = tf.shape(tshape)　　#返回一个张量，值为张量tshape的shape sess = tf.Session()

（续）

函　　数	描　　述
tf.shape(input, name=None)	print(sess.run(tshape))　　　　#输出[9]，表示t的shape的值 print(sess.run(tshape2))　　　#输出[1]，表示tshape的shape的值 t=[[[1, 1, 1], [2, 2, 2]], [[3, 3, 3], [4, 4, 4]]]
tf.size(input, name=None)	返回一个张量，其内容为输入数据的元素数量。例如： t=[[[1, 1, 1], [2, 2, 2]], [[3, 3, 3], [4, 4, 4]]] sizet = tf.size(t) sess = tf.Session() print(sess.run(sizet))　　　　#输出12，表示列表t中的元素个数
tf.rank(input, name=None)	返回一个张量，其内容为输入数据input的rank。注意，此rank不同于矩阵的rank，详见4.2.1节中的rank介绍。例如： t=[[[1, 1, 1], [2, 2, 2]], [[3, 3, 3], [4, 4, 4]]] rankt = tf.rank(t) sess = tf.Session() print(sess.run(rankt))　　#输出4，表示列表t的阶（一共有4层中括号，[[[[]]]]）

tf.reshape(input, shape, name=None)	将原有输入数据的shape按照指定形状进行变化，生成一个新的张量。例如：t=[1,2,3,4,5,6,7,8,9]
	tt=tf.reshape(t,[3,3])
	sess = tf.Session()
	print(sess.run(tt))
	#此时输出的张量如下：
	#[[1, 2, 3],
	#[4, 5, 6],
	#[7, 8, 9]]
	#如果shape有元素[-1]，则表示在该维度下按照原有数据自动计算。见下面的代码：
	ttt=tf.reshape(tt, [1, -1])
	print(ttt.shape)　　　　#输出（1,9）表示ttt的shape，9是自动计算得来的
	print(tt.shape)　　　　#输出（3,3）表示tt并没有被修改

tf.expand_dims(input, dim, name=None)	插入维度1进入一个tensor中。例如：
	t =[[2,3,3],[1,5,5]]
	t1 = tf.expand_dims(t, 0)
	t2 = tf.expand_dims(t, 1)
	t3 = tf.expand_dims(t, 2)
	t4 = tf.expand_dims(t, -1)
	#如果写成t4 = tf.expand_dims(t, 3)，则会出错，因为只有两个维度
	print(np.shape(t))　　　　# 输出(2, 3)
	print(np.shape(t1))　　　# 输出(1, 2, 3)
	print(np.shape(t2))　　　 # 输出(2, 1, 3)
	print(np.shape(t3))　　　 # 输出(2, 3, 1)
	print(np.shape(t4))　　　 # 输出(2, 3, 1)

(续)

函　　数	描　　述

tf.squeeze(input, dim, name=None)	将dim指定的维度去掉（dim所指定的维度必须为1，如果不为1则会报错）。例如：
	t =[[[[2],[1]]]]
	t1 = tf.squeeze(t, 0)
	t2 = tf.squeeze(t, 1)
	t3 = tf.squeeze(t, 3)
	t4 = tf.squeeze(t, -1)
	#如果写成t4 = tf.squeeze(t, 2)会出错，因为2对应的维度为2，不为1
	print(np.shape(t))#(1, 1, 2, 1)
	print(np.shape(t1))#(1, 2, 1)
	print(np.shape(t2))#(1, 2, 1)
	print(np.shape(t3))#(1, 1, 2)
	print(np.shape(t4))#(1, 1, 2)

（4）数据操作

数据操作的相关函数如表4-9所示。

表4-9　数据操作相关函数

函　　数	描　　述
tf.slice(input, begin, size, name=None)	对输入数据input进行切片操作，begin与size可以为list类型。要求begin与size的值必须一一对应，并且begin中每个值都要大于等于0且小于等于size中对应的值。例如： t=[[[1, 1, 1], [2, 2, 2]],[[3, 3, 3], [4, 4, 4]],[[5, 5, 5], [6, 6, 6]]] slicet1 = tf.slice(t, [1, 0, 0], [1, 1, 3]) slicet2 = tf.slice(t, [1, 0, 0], [1, 2, 3]) slicet3 = tf.slice(t, [1, 0, 0], [2, 1, 3]) sess = tf.Session(), print(sess.run(slicet1)) #输出　　[[[3 3 3]]] print(sess.run(slicet2)) #输出　　[[[3 3 3] [4 4 4]]] print(sess.run(slicet3)) #输出　　[[[3 3 3]] [[5 5 5]]]
tf.split(value, num_or_size_splits, axis=0, num=None, name="split")	沿着某一维度将tensor分离为num_or_size_splits Value是一个shape 为[5, 30]的张量 # 沿着第一列将value按[4, 15, 11]分成3个张量 　split0, split1, split2 = tf.split(value, [4, 15, 11], 1) 　tf.shape(split0) ==> [5, 4] 　tf.shape(split1) ==> [5, 15] 　tf.shape(split2) ==> [5, 11]
tf.concat(concat_dim,values, name='concat')	沿着某一维度连接tensor t1 = [[1, 2, 3], [4, 5, 6]] t2 = [[7, 8, 9], [10, 11, 12]] tf.concat([t1, t2]， 0) ==> [[1, 2, 3], [4, 5, 6], [7, 8, 9], [10, 11, 12]]

（续）

函　　数	描　　述
tf.concat(concat_dim,values, name='concat')	tf.concat([t1, t2],1) ==> [[1, 2, 3, 7, 8, 9], [4, 5, 6, 10, 11, 12]] 如果想沿着Tensor一新轴连接打包,则可以: tf.concat(axis, [tf.expand_dims(t, axis) for t in tensors]) 等同于tf. stack (tensors, axis=axis)
tf.stack(input, axis=0)	将两个N维张量列表沿着axis轴组合成一个N+1维的张量 tensor=[[1, 2, 3], [4, 5, 6]] tensor2=[[10, 20, 30],[40, 50, 60]] tf.stack([tensor, tensor2]) =>[[[1 2 3][4 5 6]] [[10 20 30][40 50 60]]] tf.stack([tensor, tensor2], axis=1) ->[[[1 2 3][10 20 30]] [[4 5 6][40 50 60]]]
tf.unstack(value,num=None, axis=0, name="unstack")	将输入value按照指定的行或列进行拆分,并输出含有num个元素的列表（list） axis=0表示按行拆分,axis=1表示按列拆分。 num为输出list的个数,必须与预计输出的个数相等,否则会报错。可忽略这个参数 tensor=[[1, 2, 3], [4, 5, 6]] tf.unstack(tensor) => [array([1, 2, 3]), array([4, 5, 6])] tf.unstack(tensor,axis=1) =>[array([1, 4]), array([2, 5]), array([3, 6])] #tensor.shape=[2,3],axis=0,就是分成2个。axis=1就是分成3个 #ten2.shape=[2,3,4],axit=2　就是分成4个
tf.gather(params,indices, validate_indices=None, name=None)	合并索引indices所指示params中的切片 y= tf.constant([0.,2.,-1.]) t = tf.gather(y, [2,0]) sess=tf.Session() t2 = sess.run([t]) print(t2) #输出[array([-1., 0.], dtype=float32)]
tf.one_hot(indices,depth, on_value= None, off_value =None,axis=None, dtype= None, name=None)	生成符合onehot编码的张量。 ● indices：要生成的张量。 ● depth：在 depth 长度的数组中，哪个索引的值为 onehot 值。 ● on_value：为 onehot 值时，该值为多少。 ● off_value：非 onehot 值时，该值为多少。 Axis为-1时生成的shape为[indices长度，depth]，为0时shape为[depth，indices长度]。还可以是1，是指在类似时间序列（三维度以上）情况下，以时间序列优先而非batch优先，即[depth,batch,indices长度]（这里的indices长度可以当成样本中的feature特征维度），例如： indices = [0, 2, -1, 1]

（续）

函　　数	描　　述
tf.one_hot(indices, depth, on_value=None,off_value=None, axis=None,dtype=None, name=None)	depth=3 on_value=5.0 off_value = 0.0 axis = -1 t=tf.one_hot(indices,depth,on_value,off_value,axis) sess = tf.Session() print(sess.run(t)) 则输出如下： [[5.　0.　0.]　　#0 　[0.　0.　5.]　　#2 　[0.　0.　0.]　　#-1 　[0.　5.　0.]]　#1
tf.count_nonzero (input_tensor, axis=None, keep_dims=False, dtype = dtypes.int64, name = None, reduction_indices= None)	统计非0个数

> 注意：TensorFlow 开头的代码都不能直接运行，必须放到 session 里面才可以。例如：

```
01  import numpy as np
02  import tensorflow as tf
03
04  x = tf.constant(2)
05  y = tf.constant(5)
06  def f1(): return tf.multiply(x, 17)
07  def f2(): return tf.add(y, 23)
08  r = tf.cond(tf.less(x, y), f1, f2)
09  print(r)                    #这样是错的
10
11  #生成两行三列的张量，值为1
12  with tf.Session() as sess:
13      print(sess.run( r ))    #这样才可以
```

4.2.2　算术运算函数

如表 4-10 中列出了 TensorFlow 关于算术运算方面的函数。

表 4-10　算术操作

函　　数	描　　述
tf.assign(x, y, name=None)	令 *x*=*y*
tf.add(x, y, name=None)	求和
tf.subtract (x, y, name=None)	减法

（续）

函　　数	描　　述
tf.multiply (x, y, name=None)	乘法
tf.divide (x, y, name=None)	除法,也可以使用tf.div函数
tf.mod(x, y, name=None)	取模
tf.abs(x, name=None)	求绝对值
tf.negative(x, name=None)	取负 ($y = -x$)
tf.sign(x, name=None)	根据x的符号，返回0或1。如果x小于0，则返回-1；如果$x=0$，则返回0；如果x大于0，则返回1
tf.square(x, name=None)	计算平方 ($y = x * x = x^2$)
tf.round(x, name=None)	舍入最接近的整数。例如： a=[0.9, 2.5, 2.3, 1.5, -4.5] tf.round(a) ==> [1.0, 2.0, 2.0, 2.0, -4.0] 如果需要真正的四舍五入，可以用tf.int32类型强制转换
tf.sqrt(x, name=None)	开根号 ($y = \sqrt{x} = x^{1/2}$).
tf.pow(x, y, name=None)	幂次方计算。例如： x=[[2,2],[3,3]] y=[[8,16],[2,3]] tf.pow(x,y)==> [[256, 65536], [9, 27]]　#[2的2次方，2的16次方]，[3的2次方,3的3次方]
tf.exp(x, name=None)	计算e的次方
tf.log(x, name=None)	计算log，一个输入计算e的ln，两输入以第二输入为底
tf.maximum(x, y, name=None)	返回最大值 (x > y ? x : y)
tf.minimum(x, y, name=None)	返回最小值 (x < y ? x : y)
tf.cos(x, name=None)	三角函数cosine
tf.sin(x, name=None)	三角函数sine
tf.tan(x, name=None)	三角函数tan
tf.atan(x, name=None)	三角函数ctan
tf. cond(pred, true_fn=None, false_fn=None, strict=False, name=None, fn1=None, fn2=None)	满足条件就执行fn1,否则执行fn2。例如： x = tf.constant(2) y = tf.constant(5) def f1(): return tf.multiply(x, 17) def f2(): return tf.add(y, 23) r = tf.cond(tf.less(x, y), f1, f2) 则r的值为34

4.2.3　矩阵相关的运算

矩阵相关的操作函数如表4-11所示。

表4-11 矩阵操作函数

操　作	描　述
tf.diag(diagonal, name=None)	返回一个给定对角值的对角tensor。 diagonal = [1, 2, 3, 4] tf.diag(diagonal) 会得到如下矩阵： [[1, 0, 0, 0] [0, 2, 0, 0] [0, 0, 3, 0] [0, 0, 0, 4]]
tf.diag_part(input, name=None)	功能与上面相反
tf.trace(x, name=None)	求一个二维Tensor足迹，即对角值diagonal之和
tf.transpose(a,perm=None, name='transpose')	让输入a按照参数perm指定的维度顺序进行转置操作。如果不设定perm，默认是一个全转置。例如： t = [[1, 2, 3],[4, 5, 6]] tt = tf.transpose(t)　#等价于tt = tf.transpose(t,[1,0]) sess = tf.Session() print(sess.run(tt))　　#将原有shape[2,3]中的第1和第2维度顺序颠倒，变为新的shape[3,2] 则输出如下： 　　[[1 4] 　　[2 5] 　　[3 6]]

tf.reverse(tensor, dims,name=None)	沿着指定的维度对输入进行反转。其中，dims为列表，元素含义为指向输入shape的索引。例如：
	t= [[[[0, 1, 2, 3], #定义一个4阶的数组
	　　　[4, 5, 6, 7],
	　　　[8, 9, 10, 11]],
	　　　[[12, 13, 14, 15],
	　　　[16, 17, 18, 19],
	　　　[20, 21, 22, 23]]]]
	print(np.shape(t)) #输出[1, 2, 3, 4]
	dim=[3]　　#dim为tshape中的索引,3就代表shape中的最后一个值4。同理，使用-1也可以
	rt = tf.reverse(t, dim) #进行反转操作
	sess = tf.Session()
	print(sess.run(rt)) #输出反转后的结果为：
	　#[[[[3, 2, 1, 0],
	　#[7, 6, 5, 4],
	　#[11, 10, 9, 8]],
	　#[[15, 14, 13, 12],
	　#[19, 18, 17, 16],
	　#[23, 22, 21, 20]]]]
	rt = tf.reverse(t, [1,2]) #也可以同时按照多个轴反转

(续)

操　作	描　述
tf.reverse(tensor, dims,name=None)	print(sess.run(rt))#按照shape中1、2的索引指向的值为2、3，基于这两个维度反转输出的结果为： #[[[[20 21 22 23] #　　[16 17 18 19] #　　[12 13 14 15]] # #　[[8　9 10 11] #　　[4　5　6　7] #　　[0　1　2　3]]]]
tf.matmul(a,b,transpose_a=False, transpose_b=False,a_is_sparse=False, b_is_sparse=False, name=None)	矩阵相乘
tf.matrix_determinant(input, name=None)	返回方阵的行列式
tf.matrix_inverse(input,adjoint=None, name=None)	求方阵的逆矩阵，adjoint为True时，计算输入共轭矩阵的逆矩阵
tf.cholesky(input, name=None)	对输入方阵cholesky分解，即把一个对称正定的矩阵表示成一个下三角矩阵L和其转置的乘积的分解A=LL^T
tf.matrix_solve(matrix, rhs, adjoint=None, name=None)	求解矩阵方程，返回矩阵变量。其中，matrix为矩阵变量的系数，rhs为矩阵方程的结果。例如： 2x+3y = 12 x+y=5 代码可以写为： sess = tf.InteractiveSession() a = tf.constant([[2.,3.], [1.,1.]]) print(tf.matrix_solve(a, [[12.],[5.]]).eval()) 　　#输出方程中x和y的解 　　#[[3.00000024] 　　# [1.99999988]] 　　#即　x=3，y=2

4.2.4 复数操作函数

关于复数的操作函数如表 4-12 所示。

表 4-12 复数操作函数

函　数	描　述
tf.complex(real, imag, name=None)	将两实数转换为复数形式。例如： real = [2.25, 3.25] Imag = [4.75, 5.75] 　　tf.complex(real, imag) ==> [[2.25 + 4.75j], [3.25 + 5.75j]]

(续)

函 数	描 述
tf.complex_abs(x, name=None)	计算复数的绝对值,即长度。例如: x = [[-2.25 + 4.75j], [-3.25 + 5.75j]] tf.complex_abs(x) ==> [5.25594902, 6.60492229]
tf.conj(input, name=None)	计算共轭复数
tf.imag(input, name=None) tf.real(input, name=None)	提取复数的虚部和实部
tf.fft(input, name=None)	计算一维的离散傅里叶变换,输入数据类型为complex64

4.2.5 规约计算

规约计算的操作都会有降维的功能,在所有 reduce_xxx 系列操作函数中,都是以 xxx 的手段降维,每个函数都有 axis 这个参数,即沿某个方向,使用 xxx 方法对输入的 Tensor 进行降维。

提示:axis 的默认值是 None,即把 input_tensor 降到 0 维,即一个数。

对于二维 input_tensor 而言:axis=0,则按列计算;axis=1,则按行计算。

参数 reduction_indices 是为了兼容以前的版本与 axis 保证相同的含义。如表 4-13 所示为规约计算函数及其说明。

表 4-13 规约计算函数

操 作	描 述
tf.reduce_sum(input_tensor, axis=None, keep_dims=False, name=None, reduction_indices=None)	计算输入tensor元素的和,或者按照axis指定的轴进行求和。例如: x = [[1, 1, 1],[1, 1, 1]] tf.reduce_sum(x) ==> 6 tf.reduce_sum(x, 0) ==> [2, 2, 2] tf.reduce_sum(x, 1) ==> [3, 3] tf.reduce_sum(x, 1, keep_dims=True) ==> [[3], [3]] tf.reduce_sum(x, [0, 1]) ==> 6

tf.reduce_prod(input_tensor,axis=None,keep_dims=False,name=None, reduction_indices=None)	计算输入tensor元素的乘积,或者安照axis指定的轴进行求乘积。例如:
	fi=tf.Variable(tf.constant([2,3,4,5]), shape=[2,2]))
	ff=tf.reduce_prod(fi, 0)
	with tf.Session() as sess:
	    sess.run(tf.global_variables_initializer())
	    print(sess.run(fi))
	    print(sess.run(ff))
	运行代码如下:
	[[2 3]
	 [4 5]]
	[8 15]

（续）

操　作	描　述
tf.reduce_min(input_tensor,axis=None,keep_dims=False,name=None, reduction_indices=None)	求tensor中的最小值
tf.reduce_max(input_tensor, axis=None, keep_dims=False,name=None,reduction_indices=None)	求tensor中的最大值
tf.reduce_mean(input_tensor, axis = None , keep_dims=False,name=None, reduction_indices=None)	求tensor中的平均值
tf.reduce_all(input_tensor,axis=None,keep_dims=False,name=None,reduction_indices=None)	对tensor中的各个元素求逻辑'与'。例如： x = [[True, True],[False, False]] tf.reduce_all(x) ==> False tf.reduce_all(x, 0) ==> [False, False] tf.reduce_all(x, 1) ==> [True, False]
tf.reduce_any(input_tensor,axis=None,keep_dims=False,name=None,reduction_indices=None)	对tensor中各个元素求逻辑'或'

4.2.6　分割

分割操作是TensorFlow不常用的操作，在复杂的网络模型里偶尔才会用到。如表4-14所示为分割操作的相关函数。

表4-14　分割相关函数

操　作	描　述
tf.segment_sum(data,segment_ids,name=None)	按照segment_ids指定的维度，分割张量data中的值，还可以返回data中指定片段的累加和。例如： c = tf.constant([[1,2,3,4], [-1,-2,-3,-4], [5,6,7,8]]) tf.segment_sum(c, tf.constant([0, 0, 1])) 其输出如下： [[0 0 0 0] [5 6 7 8]] 这个例子表明：将c按照 [0, 0, 1]的维度来分割，并将c中的头两行加起来作为结果的第1行，将c中的第3行作为结果的第2行
tf.segment_prod(data, segment_ids,name=None)	根据segment_ids的分段计算各个片段的积
tf.segment_min(data, segment_ids, name=None)	根据segment_ids的分段计算各个片段的最小值
tf.segment_max(data,segment_ids, name=None)	根据segment_ids的分段计算各个片段的最大值
tf.segment_mean(data,segment_ids,name=None)	根据segment_ids的分段计算各个片段的平均值
tf.unsorted_segment_sum(data, segment_ids, num_segments, name=None)	与tf.segment_sum函数类似，不同在于segment_ids中id顺序可以是无序的

（续）

操　　作	描　　述
tf.sparse_segment_sum(data, indices, segment_ids, name=None)	输入进行稀疏分割求和。例如： c = tf.constant([[1,2,3,4], [-1,-2,-3,-4], [5,6,7,8]]) #取c的头两行，并将返回的结果[1,2,3,4],[-1,-2,-3,-4] 中的第1行和第2行相加作为最终结果的第一行返回 tf.sparse_segment_sum(c,tf.constant([0,1]),tf.constant([0,0]))
tf.sparse_segment_sum(data, indices, segment_ids, name=None)	则输出如下：[[0 0 0 0]] 对原data的indices为[0,1]位置的进行分割，并按照segment_ids的分组进行求和

4.2.7　序列比较与索引提取

对于序列和数组的操作，是本书中常用的方法，具体的函数如表4-15所示。

表4-15　序列比较与索引提取相关函数

操　　作	描　　述
tf.argmin(input,axis, name=None)	返回input最小值的索引index
tf.argmax(input,axis, name=None)	返回input最大值的索引index。axis:0表示按列，axis:1表示按行
tf. setdiff1d (x, y, name=None)	返回x，y中不同值的索引
tf.where(condition, x=None, y=None, name=None)	根据指定条件，返回对应的值或坐标。若x、y都为None，返回condition值为True的坐标，若x、y都不为None，返回condition值为True的坐标在x内的值，condition值为False的坐标在y内的值。例如： cond=[True, False, False, True] x=[1, 2, 3, 4] y=[5, 6, 7, 8] tf.where(cond)= =>[[0] [3]] tf.where(cond, x, y)= =>[1 6 7 4]
tf.unique(x, name=None)	返回一个元组tuple(y,idx)。其中，y为x列表的唯一化数据列表，idx为x数据对应y元素的index。例如： x = [1, 1, 2, 4, 4, 4, 7, 8, 8] y, idx = unique(x) y ==> [1, 2, 4, 7, 8] idx ==> [0, 0, 1, 2, 2, 2, 3, 4, 4]
tf.invert_permutation(x, name=None)	将x中元素的值当做索引，返回新的张量。例如： x = [3, 4, 0, 2, 1] invert_permutation(x) ==> [2, 4, 3, 0, 1]
tf.random_shuffle（input）	沿着input的第一维进行随机重新排列

4.2.8 错误类

作为一个完整的框架，有它自己的错误处理。TensorFlow 中的错误类如表 4-16 所示，该部分不常用，可以作为工具，使用时查询一下即可。

表 4-16 错误类

操作	描述
class tf.OpError	一个基本的错误类型，在当TF执行失败时报错
tf.OpError.op	返回执行失败的操作节点 有的操作如Send或Recv可能不会返回，则要用到node_def方法
tf.OpError.node_def	以NodeDef proto形式表示失败的OP
tf.OpError.error_code	描述该错误的整数错误代码
tf.OpError.message	返回错误信息
class tf.errors.CancelledError	当操作或者阶段呗取消时报错
class tf.errors.UnknownError	未知错误类型
class tf.errors.InvalidArgumentError	在接收到非法参数时报错
class tf.errors.NotFoundError	当发现不存在所请求的一个实体时，比如文件或目录
class tf.errors.AlreadyExistsError	当创建的实体已经存在时报错
class tf.errors.PermissionDeniedError	没有执行权限做某操作时报错
class tf.errors.ResourceExhaustedError	资源耗尽时报错
class tf.errors.FailedPreconditionError	系统没有条件执行某个行为时报错
class tf.errors.AbortedError	操作中止时报错，常常发生在并发情形
class tf.errors.OutOfRangeError	超出范围报错
class tf.errors.UnimplementedError	某个操作没有执行时报错
class tf.errors.InternalError	当系统经历了一个内部错误时报出
class tf.errors.DataLossError	当出现不可恢复的错误，例如在运行 tf.WholeFileReader.read 读取整个文件的同时文件被删减
tf.errors.XXXXX.__init__(node_def,op, message)	使用该方式创建以上各种错误类

4.3 共享变量

下面来到本章的重点——共享变量。共享变量在复杂的网络中用处非常之广泛，所以读者一定要学好。

4.3.1 共享变量用途

在构建模型时，需要使用 tf.Variable 来创建一个变量（也可以理解成节点）。例如代码：

```
biases = tf.Variable(tf.zeros([2]), name=" biases")
                        #创建一个偏置的学习参数,在训练时,这个变量不断地更新
```

但在某种情况下,一个模型需要使用其他模型创建的变量,两个模型一起训练。比如,对抗网络中的生成器模型与判别器模型(后文 12 章会有详细讲解)。如果使用 tf.Variable,将会生成一个新的变量,而我们需要的是原来的那个 biases 变量。这时怎么办呢?

这时就是通过引入 get_variable 方法,实现共享变量来解决这个问题。这个种方法可以使用多套网络模型来训练一套权重。

4.3.2 使用 get-variable 获取变量

get_variable 一般会配合 variable_scope 一起使用,以实现共享变量。variable_scope 的意思是变量作用域。在某一作用域中的变量可以被设置成共享的方式,被其他网络模型使用。后文的 4.3.4 节中会有共享变量的实例。下面先介绍下 get_variable 的详细使用。

get_variable 函数的定义如下:

```
tf.get_variable(<name>, <shape>, <initializer>)
```

在 TensorFlow 里,使用 get_variable 生成的变量是以指定的 name 属性为唯一标识,并不是定义的变量名称。使用时一般通过 name 属性定位到具体变量,并将其共享到其他模型中。

下面通过两个例子来深入介绍。

4.3.3 实例 14:演示 get_variable 和 Variable 的区别

实例描述

分别使用 Variable 定义变量和使用 get_variable 来定义变量。请读者仔细观察它们的用法区别。

1. Variable的用法

首先先来看一下 Variable 的用法。

代码4-9 get_variable和Variable的区别

```
01  import tensorflow as tf
02
03  var1 = tf.Variable(1.0 , name='firstvar')
04  print ("var1:",var1.name)
05  var1 = tf.Variable(2.0 , name='firstvar')
06  print ("var1:",var1.name)
07  var2 = tf.Variable(3.0 )
08  print ("var2:",var2.name)
09  var2 = tf.Variable(4.0 )
```

```
10    print ("var1:",var2.name)
11
12    with tf.Session() as sess:
13        sess.run(tf.global_variables_initializer())
14        print("var1=",var1.eval())
15        print("var2=",var2.eval())
```

上面的代码运行后输出如下:

```
var1: firstvar:0
var1: firstvar_1:0
var2: Variable:0
var1: Variable_1:0
var1= 2.0
var2= 4.0
```

上面代码中定义了两次 var1,可以看到在内存中生成了两个 var1(因为它们的 name 不一样),对于图来讲后面的 var1 是生效的(var1=2.0)。

var2 表明了:Variable 定义时没有指定名字,系统会自动给加上一个名字 Variable:0。

2. get_variable用法演示

接着上面的代码,使用 get_variable 添加 get_var1 变量。

代码4-9   get_variable和Variable的区别(续)

```
16    get_var1 = tf.get_variable("firstvar",[1], initializer=tf.constant_
      initializer(0.3))
17    print ("get_var1:",get_var1.name)
18
19    get_var1 = tf.get_variable("firstvar",[1], initializer=tf.constant_
      initializer(0.4))
20    print ("get_var1:",get_var1.name)
```

代码运行之后结果如下:

```
var1: firstvar:0
var1: firstvar_1:0
var2: Variable:0
var1: Variable_1:0
var1= 2.0
var2= 4.0
get_var1: firstvar_2:0
Traceback (most recent call last):
......
```

可以看到,程序在定义第 2 个 get_var1 时发生崩溃了。这表明,使用 get_variable 只能定义一次指定名称的变量。同时由于变量 firstvar 在前面使用 Variable 函数生成过一次,所以系统自动变成了 firstvar_2:0。

如果将崩溃的句子改成下面的样子:

代码4-9　get_variable和Variable的区别（续）

```
21  get_var1 = tf.get_variable("firstvar",[1], initializer=tf.constant_
    initializer(0.3))
22  print ("get_var1:",get_var1.name)
23
24  get_var1 = tf.get_variable("firstvar1",[1], initializer=tf.constant_
    initializer(0.4))
25  print ("get_var1:",get_var1.name)
26
27  with tf.Session() as sess:
28      sess.run(tf.global_variables_initializer())
29      print("get_var1=",get_var1.eval())
```

运行代码，输出如下：（部分内容）

```
……
get_var1: firstvar_2:0
get_var1: firstvar1:0
get_var1= [ 0.40000001]
```

可以看到，这次仍然是又定义了一个 get_var1，不同的是改变了它的名字 firstvar1,这样就没有问题了。同样，新的 get_var1 会在图中生效，所以它的输出值是 0.4 而不是 0.3。

4.3.4　实例15：在特定的作用域下获取变量

实例描述

在作用域下，使用 get_variable，以及嵌套 variable_scope。

在前面的例子中，大家已经知道使用 get_variable 创建两个同样名字的变量是行不通的，如下代码会报错。

```
var1 = tf.get_variable("firstvar",shape=[2],dtype=tf.float32)
var2 = tf.get_variable("firstvar",shape=[2],dtype=tf.float32)
```

如果真的想要那么做，可以使用 variable_scope 将它们隔开，代码如下。

代码4-10　get_variable配合variable_scope

```
import tensorflow as tf
with tf.variable_scope("test1", ):      #定义一个作用域test1
    var1 = tf.get_variable("firstvar",shape=[2],dtype=tf.float32)

with tf.variable_scope("test2"):
    var2 = tf.get_variable("firstvar",shape=[2],dtype=tf.float32)

print ("var1:",var1.name)
print ("var2:",var2.name)
```

运行代码，输出结果如下：

```
var1: test1/firstvar:0
var2: test2/firstvar:0
```

var1 和 var2 都使用 firstvar 的名字来定义。通过输出可以看出，其实生成的两个变量 var1 和 var2 是不同的，它们作用在不同的 scope 下，这就是 scope 的作用。

scope 还支持嵌套，将上面代码中的第二个 scope 缩进一下，得到如下代码：

代码4-11　get_variable配合variable_scope2

```
01  ……
02
03  with tf.variable_scope("test1", ):
04      var1 = tf.get_variable("firstvar",shape=[2],dtype=tf.float32)
05
06      with tf.variable_scope("test2"):
07          var2 = tf.get_variable("firstvar",shape=[2],dtype=tf.float32)
08
09  print ("var1:",var1.name)
10  print ("var2:",var2.name)
```

运行代码，输出结果如下：

```
var1: test1/firstvar:0
var2: test1/test2/firstvar:0
```

4.3.5　实例16：共享变量功能的实现

实例描述

使用作用域中的 reuse 参数来实现共享变量功能。

费了这么大的劲来使用 get_variable，目的其实是为了要通过它实现共享变量的功能。

variable_scope 里面有个 reuse=True 属性，表示使用已经定义过的变量。这时 get_variable 将不会再创建新的变量，而是去图（一个计算任务）中 get_variable 所创建过的变量中找与 name 相同的变量。

在上文代码中再建立一个同样的 scope，并且设置 reuse=True，实现共享 firstvar 变量。

代码4-11　get_variable配合variable_scope2（续）

```
11  with tf.variable_scope("test1",reuse=True ):
12      var3= tf.get_variable("firstvar",shape=[2],dtype=tf.float32)
13      with tf.variable_scope("test2"):
14          var4 = tf.get_variable("firstvar",shape=[2],dtype=tf.float32)
15
16  print ("var3:",var3.name)
17  print ("var4:",var4.name)
```

运行上面代码，输出如下：

```
var1: test1/firstvar:0
var2: test1/test2/firstvar:0
var3: test1/firstvar:0
var4: test1/test2/firstvar:0
```

var1 和 var3 的输出名字是一样的，var2 和 var4 的名字也是一样的。这表明 var1 和 var3 共用了一个变量，var2 和 var4 共用了一个变量，这就实现了共享变量。在实际应用中，可以把var1和var2放到一个网络模型里去训练，把var3和var4放到另一个网络模型里去训练，而两个模型的训练结果都会作用于一个模型的学习参数上。

> **注意**：如果读者使用的是Anaconda工具包里面的Spyder工具（第2章介绍过）运行，该代码只能运行一次，第二次会报错。
> 解决办法：需要在Anacondad的Consoles菜单里退出当前的kernel，再重新进入一下。再运行才不会报错。否则会提示已经有这个变量了。
> 为什么会这样呢？
> tf.get_variable在创建变量时，会去检查图（一个计算任务）中是否已经创建过该变量。如果创建过并且本次调用时没有被设为共享方式，则会报错。
> 明白原理后可以加一条语句tf.reset_default_graph()，将图（一个计算任务）里面的变量清空，就可以解决这个问题了。图（一个计算任务）的更多内容将在后面章节介绍。

4.3.6 实例17：初始化共享变量的作用域

实例描述

演示variable_scope中get_variable初始化的继承功能，以及嵌套variable_scope的继承功能。

variable_scope和get_variable都有初始化的功能。在初始化时，如果没有对当前变量初始化，则TensorFlow会默认使用作用域的初始化方法对其初始化，并且作用域的初始化方法也有继承功能。下面演示代码。

代码4-12　共享变量的作用域与初始化

```
01  import tensorflow as tf
02
03  with tf.variable_scope("test1", initializer=tf.constant_initializer(0.4) ):
04    var1 = tf.get_variable("firstvar",shape=[2],dtype=tf.float32)
05
06    with tf.variable_scope("test2"):
07      var2 = tf.get_variable("firstvar",shape=[2],dtype=tf.float32)
08      var3 = tf.get_variable("var3",shape=[2],initializer=tf.constant_initializer (0.3))
09
10  with tf.Session() as sess:
11    sess.run(tf.global_variables_initializer())
12    print("var1=",var1.eval())      #作用域test1下的变量
13    print("var2=",var2.eval())      #作用域test2下的变量，继承test1初始化
14    print("var3=",var3.eval())      #作用域test2下的变量
```

上述代码大致操作如下：

- 将 test1 作用域进行初始化为 4.0，见代码第 3 行。
- var1 没有初始化，见代码第 4 行。
- 嵌套的 test2 作用域也没有初始化，见代码第 6 行。
- test2 下的 var3 进行了初始化，见代码第 8 行。

运行代码，输出如下：

```
var1= [ 0.40000001  0.40000001]
var2= [ 0.40000001  0.40000001]
var3= [ 0.30000001  0.30000001]
```

var1 数组值为 0.4，表明继承了 test1 的值；var2 数组值为 0.4，表明其所在的作用域 test2 也继承了 test1 的初始化；变量 var3 在创建时同步指定了初始化操作，所以数组值为 0.3。

> 注意：在多模型训练中，常常会使用 variable_scope 对模型间的张量进行区分。同时，统一为学习参数进行默认的初始化。在变量共享方面，还可以使用 tf.AUTO_REUSE 来为 reuse 属性赋值。tf.AUTO_REUSE 可以实现第一次调用 variable_scope 时，传入的 reuse 值是 False；再次调用 variable_scope 时，传入 reuse 的值就会自动变为 True。

4.3.7 实例 18：演示作用域与操作符的受限范围

实例描述

演示 variable_scope 的 as 用法，以及对应的作用域。

variable_scope 还可以使用 with variable_scope（"name"）as xxxscope 的方式定义作用域，当使用这种方式时，所定义的作用域变量 xxxscope 将不再受到外围的 scope 所限制。看下面的例子。

代码4-13　作用域与操作符的受限范围

```
01  import tensorflow as tf
02
03  with tf.variable_scope("scope1") as sp:
04      var1 = tf.get_variable("v", [1])
05
06  print("sp:",sp.name)                    #作用域名称
07  print("var1:",var1.name)
08
09  with tf.variable_scope("scope2"):
10      var2 = tf.get_variable("v", [1])
11
12      with tf.variable_scope(sp) as sp1:
13          var3 = tf.get_variable("v3", [1])
14
15  print("sp1:",sp1.name)
```

```
16    print("var2:",var2.name)
17    print("var3:",var3.name)
```

例子中定义了作用域 scope1 as sp（见代码第 3 行），然后将 sp 放在作用域 scope2 中，并 as 成 sp1（见代码第 12 行）。运行代码输出如下：

```
sp: scope1
var1: scope1/v:0
sp1: scope1
var2: scope2/v:0
var3: scope1/v3:0
```

sp 和 var1 的输出前面已经交代过。sp1 在 scope2 下，但是输出仍是 scope1，没有改变。在它下面定义的 var3 的名字是 scope1/v3:0，表明也在 scope1 下，再次说明 sp 没有受到外层的限制。

另外再介绍一个操作符的作用域 tf.name_scope，如下所示。操作符不仅受到 tf.name_scope 作用域的限制，同时也受到 tf.variable_scope 作用域的限制。

代码4-13　作用域与操作符的受限范围（续）

```
18    with tf.variable_scope("scope"):
19        with tf.name_scope("bar"):
20            v = tf.get_variable("v", [1])     #v 为一个变量
21            x = 1.0 + v                        # x 为一个op，实现1.0+v 操作
22    print("v:",v.name)
23    print("x.op:",x.op.name)
)
```

上面的代码运行后输出如下：

```
v: scope/v:0
x.op: scope/bar/add
```

可以看到，虽然 v 和 x 都在 scope 的 bar 下面，但是 v 的命名只受到 scope 的限制，tf.name_scope 只能限制 op，不能限制变量的命名。

在 tf.name_scope 函数中，还可以使用空字符将作用域返回到顶层。

下面举例来比较 tf.name_scope 与 variable_scope 在空字符情况下的处理：

- 在代码第 28 行 var3 的定义之后添加空字符的 variable_scope。
- 定义 var4，见代码第 31 行。

代码4-13　作用域与操作符的受限范围（续）

```
24    with tf.variable_scope("scope2"):
25        var2 = tf.get_variable("v", [1])
26
27        with tf.variable_scope(sp) as sp1:
28            var3 = tf.get_variable("v3", [1])
29
30            with tf.variable_scope("") :
31                var4 = tf.get_variable("v4", [1])
```

在 x = 1.0 + v 之后添加空字符的 tf.name_scope，并定义 y。代码如下：

代码4-13 作用域与操作符的受限范围（续）

```
32  with tf.variable_scope("scope"):
33      with tf.name_scope("bar"):
34          v = tf.get_variable("v", [1])
35          x = 1.0 + v
36      with tf.name_scope(""):
37          y = 1.0 + v
```

将 var4 和 y 的值打印出来，得出如下信息：

```
var4: scope1//v4:0
y.op: add
```

可以看到，y 变成顶层了，而 var4 多了一个空层。

4.4 实例 19：图的基本操作

前面接触了一些图（一个计算任务）的概念，这里来系统地了解一下 TensorFlow 中的图可以做哪些事情。

实例描述

（1）本例演示使用 3 种方式来建立图，并依次设置为默认图，使用 get_default_graph() 方法来获取当前默认图，验证默认图的设置生效。

（2）演示获取图中相关内容的操作。

一个 TensorFlow 程序默认是建立一个图的，除了系统自动建图以外，还可以手动建立，并做一些其他的操作。

4.4.1 建立图

可以在一个 TensorFlow 中手动建立其他的图，也可以根据图里的变量获得当前的图。

下面代码演示了使用 tf.Graph 函数建立图，使用 tf.get_default_graph 函数获得图，以及使用 reset_default_graph 的过程来重置图的过程。

代码4-14 图的基本操作

```
01  import numpy as np
02  import tensorflow as tf
03  c = tf.constant(0.0)
04
05  g = tf.Graph()
06  with g.as_default():
07      c1 = tf.constant(0.0)
08      print(c1.graph)
09      print(g)
10      print(c.graph)
11
```

```
12  g2 = tf.get_default_graph()
13  print(g2)
14
15  tf.reset_default_graph()
16  g3 = tf.get_default_graph()
17  print(g3)
```

代码运行结果如下:

```
<tensorflow.python.framework.ops.Graph object at 0x000000000B854940>
<tensorflow.python.framework.ops.Graph object at 0x000000000B854940>
<tensorflow.python.framework.ops.Graph object at 0x000000000923CCF8>
<tensorflow.python.framework.ops.Graph object at 0x000000000923CCF8>
<tensorflow.python.framework.ops.Graph object at 0x000000000B8546D8>
```

可以看出:

(1) c 是在刚开始的默认图中建立的,所以图的打印值就是原始的默认图的打印值 923CCF8。

(2) 然后使用 tf.Graph 函数建立了一个图 B854940(见代码第 5 行),并且在新建的图里添加变量,可以通过变量的".graph"获得所在的图。

(3) 在新图 B854940 的作用域外,使用 tf.get_default_graph 函数又获得了原始的默认图 923CCF8(见代码第 12 行)。接着又使用 tf.reset_default_graph 函数(见代码第 15 行),相当于重新建了一张图来代替原来的默认图,这时默认的图变成了 B8546D8。

> **注意**:在使用 tf.reset_default_graph 函数时必须保证当前图的资源已经全部释放,否则会报错。例如,在当前图中使用 tf.InteractiveSession 函数建立了一个会话,在会话结束时却没有调用 close 进行关闭,那么再执行 tf.reset_default_graph 函数时,就会报错。

4.4.2 获取张量

在图里面可以通过名字得到其对应的元素,例如,get_tensor_by_name 可以获得图里面的张量。在上个实例中添加如下代码。

代码4-14 图的基本操作(续)

```
18  print(c1.name)
19  t = g.get_tensor_by_name(name = "Const:0")
20  print(t)
```

该部分代码运行结果如下:

```
Const:0
Tensor("Const:0", shape=(), dtype=float32)
```

常量 c1 是在一个子图 g 中建立的。with tf.Graph().as_default()代码表示使用 tf.Graph 函数来创建一个图,并在其上面定义 OP,见代码第 5、6 行。

接着演示了如何访问该图中的变量：将 c1 的名字放到 get_tensor_by_name 里来反向得到其张量（见代码第 19 行），通过对 t 的打印可以看到所得的 t 就是前面定义的张量 c1。

> **注意**：不必花太多精力去关注 TensorFlow 中默认的命名规则。一般在需要使用名字时，都会在定义的同时为它指定好固定的名字。如果真的不清楚某个元素的名字，可将其打印出来，回填到代码中，再次运行即可。

4.4.3 获取节点操作

获取节点操作 OP 的方法和获取张量的方法非常类似，使用的方法是 get_operation_by_name。下面将获取张量和获取 OP 的例子放在一起比较一下，具体代码如下。

代码4-14　图的基本操作（续）

```
21  a = tf.constant([[1.0, 2.0]])
22  b = tf.constant([[1.0], [3.0]])
23
24  tensor1 = tf.matmul(a, b, name='exampleop')
25  print(tensor1.name,tensor1)
26  test = g3.get_tensor_by_name("exampleop:0")
27  print(test)
28
29  print(tensor1.op.name)
30  testop = g3.get_operation_by_name("exampleop")
31  print(testop)
32
33  with tf.Session() as sess:
34      test = sess.run(test)
35      print(test)
36      test = tf.get_default_graph().get_tensor_by_name("exampleop:0")
37      print (test)
```

上面示例中，先将张量及其名字打印出来，然后使用 g3 图的 get_tensor_by_name 函数又获得了该张量，此时 test 和 tensor1 是一样的。为了证明这一点，直接把 test 放到 session 的 run 里，发现它运行后也能得到正确的结果。

> **注意**：使用默认的图时，也可以用上述代码中的 tf.get_default_graph 函数获取当前图，然后可以调用 get_tensor_by_name 函数获取元素。

上面代码运行后会显示如下信息：

```
exampleop:0 Tensor("exampleop:0", shape=(1, 1), dtype=float32)
Tensor("exampleop:0", shape=(1, 1), dtype=float32)
exampleop
name: "exampleop"
op: "MatMul"
input: "Const"
input: "Const_1"
```

```
  attr {
    key: "T"
    value {
      type: DT_FLOAT
    }
  }
  attr {
    key: "transpose_a"
    value {
      b: false
    }
  }
  attr {
    key: "transpose_b"
    value {
      b: false
    }
  }
[[ 7.]]
Tensor("exampleop:0", shape=(1, 1), dtype=float32)
```

再仔细看上例中的 OP，通过打印 tensor1.op.name 的信息，获得了 OP 的名字，然后通过 get_operation_by_name 函数获得了相同的 OP，可以看出 OP 与 tensor1 之间的对应关系。

💡 **注意**：这里之所以要放在一起举例，原因就是 OP 和张量在定义节点时很容易被混淆。上例中的 tensor1 = tf.matmul(a, b, name='exampleop')并不是 OP，而是张量。OP 其实是描述张量中的运算关系，是通过访问张量的属性找到的。

4.4.4　获取元素列表

如果想看一下图中的全部元素，可以使用 get_operations 函数来实现。具体代码如下。

代码4-14　图的基本操作（续）

```
38    tt2 = g.get_operations()
39    print(tt2)
```

运行后显示如下信息：

`[<tf.Operation 'Const' type=Const>]`

由于 g 里面只有一个常量，所以打印了一条信息。

4.4.5　获取对象

前面是根据名字来获取元素，还可以根据对象来获取元素。使用 tf.Graph.as_graph_element(obj,allow_tensor=True, allow_operation=True)函数，即传入的是一个对象，返回一个张量或是一个 OP。该函数具有验证和转换功能，在多线程方面会偶尔用到。举例如下。

代码4-14 图的基本操作（续）

```
40    tt3 = g.as_graph_element(c1)
41    print(tt3)
```

运行代码，输出结果如下：

```
Tensor("Const:0", shape=(), dtype=float32)
```

上述代码通过对 tt3 的打印可以看到，变量 tt3 所指的张量名字为 Const0，而在 4.4.2 节中可以看到量名 c1 所指向的真实张量名字也为 Const0。这表明：函数 as_graph_element 获得了 c1 的真实张量对象，并赋给了变量 tt3。

> **备注**：这里只是介绍了图中比较简单的操作，图的操作还有很多，有的还很常用。但考虑到初学者的接受程度，更复杂的图操作（如冻结图，将一个图导入另一个图中等）将会在后面的章节中进行介绍。

4.4.6 练习题

试试将 tf.get_default_graph 函数放在 with tf.Graph().as_default():作用域里，看看会得到什么，是全局的默认图，还是 tf.Graph 函数新建的图？（示例代码在"代码 4-14 图的基本操作"中）

4.5 配置分布式 TensorFlow

在大型的数据集上进行神经网络的训练，往往需要更大的运算资源，而且还要耗费若干天才能完成运算量。

TensorFlow 提供了一个可以分布式部署的模式，将一个训练任务拆成多个小任务，分配到不同的计算机上来完成协同运算，这样使用计算机群运算来代替单机计算，可以使训练时间大大缩短。

4.5.1 分布式 TensorFlow 的角色及原理

要想配置 TensorFlow 为分布训练，需要先了解 TensorFlow 中关于分布式的角色分配。
- ps：作为分布式训练的服务端，等待各个终端（supervisors）来连接。
- worker：在 TensorFlow 的代码注释中被称为 supervisors，作为分布式训练的运算终端。
- chief supervisors：在众多运算终端中必须选择一个作为主要的运算终端。该终端是在运算终端中最先启动的，它的功能是合并各个终端运算后的学习参数，将其保存或载入。

每个具体角色网络标识都是唯一的，即分布在不同 IP 的机器上（或者同一个机但不同的端口）。

在实际运行中，各个角色的网络构建部分代码必须 100%的相同。三者的分工如下：
- 服务端作为一个多方协调者，等待各个运算终端来连接。
- chief supervisors 会在启动时统一管理全局的学习参数，进行初始化或从模型载入。
- 其他的运算终端只是负责得到其对应的任务并进行计算，并不会保存检查点，用于 TensorBoard 可视化中的 summary 日志等任何参数信息。

整个过程都是通过 RPC 协议来通信的。

4.5.2 分布部署 TensorFlow 的具体方法

配置过程中，首先需要建一个 server，在 server 中会将 ps 及所有 worker 的 IP 端口准备好。接着，使用 tf.train.Supervisor 中的 managed_session 来管理一个打开的 session。session 中只是负责运算，而通信协调的事情就都交给 supervisor 来管理了。

4.5.3 实例 20：使用 TensorFlow 实现分布式部署训练

下面开始实现一个分布式训练的网络模型。本例以"代码 4-8 线性回归的 TensorBoard 可视化.py"为原型，在其中添加代码将其改成分布式。

实例描述

在本机通过 3 个端口来建立 3 个终端，分别是一个 ps，两个 worker，实现 TensorFlow 的分布式运算。

具体步骤如下。

1. 为每个角色添加IP地址和端口，创建server

在一台机器上开 3 个不同的端口，分别代表 ps、chief supervisors 和 worker。角色的名称用 strjob_name 表示。以 ps 为例，代码如下：

代码4-15　ps

```
01  ……
02  #定义IP和端口
03  strps_hosts="localhost:1681"
04  strworker_hosts="localhost:1682,localhost:1683"
05
06  #定义角色名称
07  strjob_name = "ps"
08  task_index = 0
09  #将字符串转成数组
10  ps_hosts = strps_hosts.split(',')
11  worker_hosts = strworker_hosts.split(',')
```

```
12    cluster_spec = tf.train.ClusterSpec({'ps': ps_hosts,'worker': worker_
      hosts})
13    #创建server
14    server = tf.train.Server(
15                    {'ps': ps_hosts,'worker': worker_hosts},
16                    job_name=strjob_name,
17                    task_index=task_index)
```

> 注意：没有网络基础的读者可能看不明白 localhost，说好的 IP 地址呢？localhost 即是本机域名的写法，等同于 127.0.0.1（本机 IP）。如果是跨机器来做分布式训练，直接写成对应机器的 IP 地址即可。

2. 为ps角色添加等待函数

ps 角色使用 server.join 函数进行线程挂起，开始接收连接消息。

代码4-15　ps（续）

```
18    #ps角色使用join进行等待
19    if strjob_name == 'ps':
20      print("wait")
21      server.join()
```

3. 创建网络结构

与正常的程序不同，在创建网络结构时，使用 tf.device 函数将全部的节点都放在当前任务下。

在 tf.device 函数中的任务是通过 tf.train.replica_device_setter 来指定的。

在 tf.train.replica_device_setter 中使用 worker_device 来定义具体任务名称；使用 cluster 的配置来指定角色及对应的 IP 地址，从而实现管理整个任务下的图节点。代码如下：

代码4-15　ps（续）

```
22    with tf.device(tf.train.replica_device_setter(
23              worker_device="/job:worker/task:%d" % task_index,
24              cluster=cluster_spec)):
25      X = tf.placeholder("float")
26      Y = tf.placeholder("float")
27      # 模型参数
28      W = tf.Variable(tf.random_normal([1]), name="weight")
29      b = tf.Variable(tf.zeros([1]), name="bias")
30
31      global_step = tf.train.get_or_create_global_step()   #获得迭代次数
32
33      # 前向结构
34      z = tf.multiply(X, W)+ b
35      tf.summary.histogram('z',z)                #将预测值以直方图显示
36      #反向优化
37      cost =tf.reduce_mean( tf.square(Y - z))
38      tf.summary.scalar('loss_function', cost)   #将损失以标量显示
39      learning_rate = 0.01
```

```
40      optimizer = tf.train.GradientDescentOptimizer(learning_rate).
        minimize(cost,global_step=global_step)          #梯度下降
41
42      saver = tf.train.Saver(max_to_keep=1)
43      merged_summary_op = tf.summary.merge_all()  #合并所有summary
44
45      init = tf.global_variables_initializer()
```

为了使载入检查点文件时能够同步循环次数,这里加了一个global_step变量,并将其放到优化器中。这样,每次运行一次优化器,global_step就会自动获得当期迭代的次数。

注意:init = tf.global_variables_initializer()这个代码是将其前面的变量全部初始化,如果后面再有变量,则不会被初始化。所以,一般要将 init = tf.global_variables_initializer()这个代码放在最后。这是个很容易出错的地方,常常令开发者找不到头绪。读者也可以试着在最前面运行,看看会发生什么。

4. 创建Supervisor,管理session

代码4-15　ps(续)

```
46      # 定义参数
47      training_epochs = 2200
48      display_step = 2
49
50      sv = tf.train.Supervisor(is_chief=(task_index == 0),#0号worker为chief
51                              logdir="log/super/",
52                              init_op=init,
53                              summary_op=None,
54                              saver=saver,
55                              global_step=global_step,
56                              save_model_secs=5)
57
58      #连接目标角色创建session
59      with sv.managed_session(server.target) as sess:
```

在 tf.train.Supervisor 函数中,is_chief 表明了是否为 chief supervisors 角色。这里将 task_index=0 的 worker 设置成 chief supervisors。

logdir 为检查点文件和 summary 文件保存的路径。

init_op 表示使用初始化变量的函数。

saver 需要将保存检查点的 saver 对象传入,supervisor 就会自动保存检查点文件。如果不想自动保存,可以设为 None。

同理,summary_op 也是自动保存 summary 文件。这里设为 None,表示不自动保存。

save_model_secs 为保存检查点文件的时间间隔。这里设为5,表示每5秒自动保存一次检查点文件。以上代码,为了让分布运算的效果明显一些,将迭代次数改成了 2200,

5. 迭代训练

session 中的内容与以前一样,直接迭代训练即可。由于使用了 supervisor 管理 session,将使用 sv.summary_computed 函数来保存 summary 文件。同样,如想要手动保存检测点文件,也可以使用 sv.saver.save。代码如下:

代码4-15 ps(续)

```
60      print("sess ok")
61      print(global_step.eval(session=sess))
62
63      for epoch in range(global_step.eval(session=sess),training_
        epochs*len(train_X)):
64
65          for (x, y) in zip(train_X, train_Y):
66              _, epoch = sess.run([optimizer,global_step] ,feed_dict={X:
                x, Y: y})
67              #生成summary
68              summary_str = sess.run(merged_summary_op,feed_dict={X: x,
                Y: y});
69              #将 summary 写入文件
70              sv.summary_computed(sess, summary_str,global_step=epoch)
71              if epoch % display_step == 0:
72                  loss = sess.run(cost, feed_dict={X: train_X, Y:train_Y})
73                  print ("Epoch:", epoch+1, "cost=", loss,"W=", sess.run(W),
                    "b=", sess.run(b))
74                  if not (loss == "NA" ):
75                      plotdata["batchsize"].append(epoch)
76                      plotdata["loss"].append(loss)
77
78      print (" Finished!")
79      sv.saver.save(sess,"log/mnist_with_summaries/"+"sv.cpk",global_
        step=epoch)
80
81  sv.stop()
```

> 💡 **注意**:(1)在设置自动保存检查点文件后,手动保存仍然有效。
> (2)在运行一半后终止,再运行 supervisor 时会自动载入模型的参数,不需要手动调用 saver.restore。
> (3)在 session 中,不需要再运行 tf.global_variables_initializer 函数。原因是 supervisor 在建立时会调用传入的 init_op 进行初始化,如果加了 sess.run(tf.global_variables_initializer()),则会导致所载入模型的变量被二次清空。

6. 建立worker文件

将文件复制两份，分别起名为"4-16 worker.py"与"4-17 worker2.py"，将角色名称修改成 worker，并将"4-16 worker2.py"中的 task_index 设为 1。

代码4-16　worker

```
……
#定义角色名称
strjob_name = "worker"
task_index = 0
……
```

代码4-17　worker2

```
……
#定义角色名称
strjob_name = "worker"
task_index = 1
……
```

注意：这个例子中使用了 summary 的一些方法将运行时态的数据保存起来，以便于使用 TensorBoard 进行查看（见4.1.16节）。但在分布式部署时，使用该功能还需要注意以下几点：

（1）worker2 不能使用 sv.summary_computed，因为 worker2 不是 chief supervisors，在 worker2 中是不会为 supervisor 对象构造默认 summary_writer 的（所有的 summary 信息都要通过该对象进行写入），所以即使调用 summary_computed 也无法执行下去，程序会报错。

（2）手写控制 summary 与检查点文件保存时，需要将 chief supervisors 以外的 worker 全部去掉才可以。可以使用 supervisor 按时间间隔保存的形式来管理，这样用一套代码就可以解决了。

7. 部署运行

（1）在 Spyder 中先将"4-15 ps.py"文件运行起来，选择菜单 Consoles|Open an IPython console 命令，新打开一个 Consoles，如图 4-7 所示。

（2）在 Spyder 面板的右下角（见图 2-13 中的输出栏），可以看到在原有标题为"Console 1/A"标签旁边又多了一个"Console 2/A"标签（如图 4-8 所示），单击该标签，使其处于激活状态。

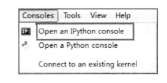

图 4-7　Consoles 菜单

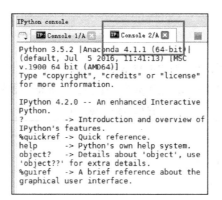

图 4-8　Consoles 2/A 标签

(3) 运行 4-17 worker2.py 文件。最后按照 "4-17worker2.py" 文件启动的方式，启动 4-16 worker.py" 文件，这时 3 个窗口的显示内容分别如下：

- "4-16worker.py" 文件对应窗口显示正常的训练信息。

```
……
Epoch: 8000 cost= 0.0754263 W= [ 2.01029539] b= [-0.00388618]
Epoch: 8002 cost= 0.074845 W= [ 2.00651097] b= [ 0.00453186]
Epoch: 8003 cost= 0.0748089 W= [ 2.00529122] b= [ 0.00281144]
Epoch: 8005 cost= 0.0747555 W= [ 2.00324082] b= [ 0.00635108]
Epoch: 8007 cost= 0.075026 W= [ 2.00662613] b= [-0.00956773]
Epoch: 8009 cost= 0.0749311 W= [ 2.00585985] b= [-0.006533]
Epoch: 8010 cost= 0.0748186 W= [ 2.00469637] b= [-0.00152527]
Epoch: 8011 cost= 0.0750369 W= [ 2.0065136] b= [-0.02676161]
Epoch: 8012 cost= 0.0758979 W= [ 2.0068512] b= [-0.02852018]
Epoch: 8013 cost= 0.0759059 W= [ 2.00671506] b= [-0.02870713]
Epoch: 8015 cost= 0.0753608 W= [ 2.0055182] b= [-0.01959283]
Epoch: 8018 cost= 0.0760464 W= [ 2.00559783] b= [-0.03230772]
Epoch: 8021 cost= 0.0758819 W= [ 2.00522184] b= [-0.02836083]
Epoch: 8023 cost= 0.0758949 W= [ 2.00778055] b= [-0.01191433]
Epoch: 8026 cost= 0.0752242 W= [ 2.00646138] b= [-0.01574964]
Epoch: 8028 cost= 0.0751021 W= [ 2.00708318] b= [-0.01172168]
Epoch: 8030 cost= 0.0749788 W= [ 2.0083425] b= [-0.00503741]
Epoch: 8034 cost= 0.0750521 W= [ 2.00837708] b= [-0.0084667]
Epoch: 8035 cost= 0.0750075 W= [ 2.01157689] b= [ 0.00467709]
Epoch: 8037 cost= 0.0751661 W= [ 2.01191807] b= [ 0.0159377]
Epoch: 8038 cost= 0.0750556 W= [ 2.01164842] b= [ 0.01059892]
Epoch: 8040 cost= 0.0753085 W= [ 2.01313496] b= [ 0.01954099]
Epoch: 8042 cost= 0.0753466 W= [ 2.01260543] b= [ 0.02123925]
……
```

可以看到循环的次数并不是连续的，跳过的步骤被分配到 worker2 中去运算了。

- "4-17worker2.py" 文件对应窗口显示的信息如下：

```
INFO:tensorflow:Waiting for model to be ready. Ready_for_local_init_op: None, ready: Variables not initialized: weight, bias, global_step
INFO:tensorflow:Starting queue runners.

Epoch: 8003 cost= 0.0977818 W= [ 2.00529122] b= [ 0.00281144]
```

```
Epoch: 8005 cost= 0.0979236 W= [ 2.00324082] b= [ 0.00635108]
Epoch: 8007 cost= 0.0978101 W= [ 2.0065136]  b= [-0.01009204]
Epoch: 8012 cost= 0.0985371 W= [ 2.00671506] b= [-0.02870713]
Epoch: 8015 cost= 0.0981559 W= [ 2.0055182]  b= [-0.01959283]
Epoch: 8017 cost= 0.0986897 W= [ 2.00519013] b= [-0.02992464]
Epoch: 8018 cost= 0.0987787 W= [ 2.00559783] b= [-0.03128441]
Epoch: 8020 cost= 0.0988223 W= [ 2.00550485] b= [-0.02906012]
Epoch: 8022 cost= 0.0985962 W= [ 2.00522184] b= [-0.02918861]
Epoch: 8024 cost= 0.0982481 W= [ 2.00616717] b= [-0.02256276]
Epoch: 8025 cost= 0.0977918 W= [ 2.00778055] b= [-0.01191433]
Epoch: 8026 cost= 0.0979684 W= [ 2.00646138] b= [-0.01574964]
Epoch: 8028 cost= 0.0978234 W= [ 2.00708318] b= [-0.01172168]
Epoch: 8030 cost= 0.0976372 W= [ 2.00842071] b= [-0.00485691]
Epoch: 8031 cost= 0.0976208 W= [ 2.00859952] b= [-0.00408681]
Epoch: 8032 cost= 0.0976431 W= [ 2.0083425]  b= [-0.00503741]
Epoch: 8034 cost= 0.097557  W= [ 2.01164842] b= [ 0.01059892]
Epoch: 8039 cost= 0.0975473 W= [ 2.01065278] b= [ 0.00720035]
Epoch: 8040 cost= 0.0977502 W= [ 2.01313496] b= [ 0.01954099]
Epoch: 8042 cost= 0.0978443 W= [ 2.01260543] b= [ 0.02123925]
……
```

显示结果中有警告输出，这是因为在构建 supervisor 时没有填写 local_init_op 参数，该参数的意思是在创建 worker 实例时，初始化本地变量。由于例子中没有填，系统就会自动初始化，并给出警告提示。

从日志中可以看到 worker2 与 chief supervisors 的迭代序号近似互补，为什么没有绝对互补呢？可能与 supervisor 中的同步算法有关。

分布运算目的是为了提高整体运算速度，如果同步 epoch 的准确度需要以牺牲总体运算速度为代价，自然很不合适。所以更合理的推断是因为单机单次的运算太快迫使算法使用了更宽松的同步机制。

重要的一点是对于指定步数的学习参数 b 和 w 是一致的（如第 8040 步，学习参数是相同的，都为 W= [2.01313496] b= [0.01954099]），这表明两个终端是在相同的起点上进行运算的。

- 对于 4-15ps.py 文件，其对应窗口则是一直静默着只显示打印的那句 wait，因为它只负责连接不参与运算。

4.6 动态图（Eager）

动态图是相对于静态图而言的。所谓的动态图是指在 Python 中代码被调用后，其操作立即被执行的计算。其与静态图最大的区别是不需要使用 session 来建立会话了。即，在静态图中，需要在会话中调用 run 方法才可以获得某个张量的具体值；而在动态图中，直接运行就可以或得到具体值了。

动态图是在 TensorFlow 1.3 版本之后出现的。它使 TensorFlow 的入门变得更简单，也使研发更直观。

启用动态图只需要在程序的最开始处加上两行代码:

```
import tensorflow.contrib.eager as tfe
tfe.enable_eager_execution()
```

这两行代码的作用就是开启动态图计算功能。例如,调用 tf.matmul 时,将会立即计算两个数相乘的值,而不是一个 op。

Eager 还处于一个试用阶段,也是 TensorFlow 大力推广的新特性,未来或许会成为趋势。想了解更多内容,可以参考如下网址:

https://github.com/tensorflow/tensorflow/tree/master/tensorflow/contrib/eager。

在创建动态图的过程中,默认也建立了一个 session。所有的代码都在该 session 中进行,而且该 session 具有进程相同的生命周期。这表明一旦使用动态图就无法实现静态图中关闭 session 的功能。这便是动态图的不足之处:无法实现多 session 操作。如果当前代码只需要一个 session 来完成的话,建议优先选择动态图 Eager 来实现。

4.7 数据集(tf.data)

TensorFlow 中有 3 种数据输入模式:
- 直接使用 feed_dict 利用注入模式进行数据输入(见 4.1.4 节),适用于少量的数据集输入;
- 使用队列式管道(见 11.5.3 节),适用于大量的数据集输入;
- 性能更高的输入管道,适用于 TensorFlow 1.4 之后的版本,是为动态图(见 4.6 节)功能提供的大数据集输入方案(动态图的数据集输入只能使用该方法),当然也支持静态图。

关于第 3 种方式的更多介绍,请参考以下链接:

https://www.tensorflow.org/versions/master/api_docs/python/tf/data/Dataset

第 5 章　识别图中模糊的手写数字（实例 21）

本章中将训练一个能够识别图片中手写数字的机器学习模型。这个模型很简单,仅使用了一个神经元——Softmax Regression。

学完本章,读者一方面可以巩固第 4 章所学的 TensorFlow 编程基础知识,另一方面对神经网络也有了一个大体的了解,还掌握了最简单的图像识别方法。

本章含有教学视频共 13 分 14 秒。

作者按照本章的内容结构,对主要内容进行了快速讲解,详细讲解了一个识别模糊手写数字图片的完整例子(重点是能够理解例子中的全部代码)。

本章实例中所用的图片来源于一个开源的训练数据集——MNIST。

实例描述

从 MNIST 数据集中选择一幅图,这幅图上有一个手写的数字,让机器模拟人眼来区分这个手写数字到底是几。

首先来介绍一下编写代码的相关步骤。

（1）导入 NMIST 数据集。

（2）分析 MNIST 样本特点定义变量。

(3）构建模型。

(4）训练模型并输出中间状态参数。

(5）测试模型。

(6）保存模型。

(7）读取模型。

下面我们就来一一操作。

5.1 导入图片数据集

首先来看看数据集是什么样的。

MNIST 是一个入门级的计算机视觉数据集。当我们开始学习编程时，第一件事往往是学习打印 Hello World。在机器学习入门的领域里，我们会用 MNIST 数据集来实验各种模型。

5.1.1 MNIST 数据集介绍

MNIST 里包含各种手写数字图片，如图 5-1 所示。

它也包含每一张图片对应的标签，告诉我们这个是数字几。例如，上面这 4 张图片的标签分别是 5、0、4、1。

图 5-1 MNIST 中的数字

MNIST 数据集的官网是 http://yann.lecun.com/exdb/mnist/，读者可以在这里面手动下载数据集，如图 5-2 所示。

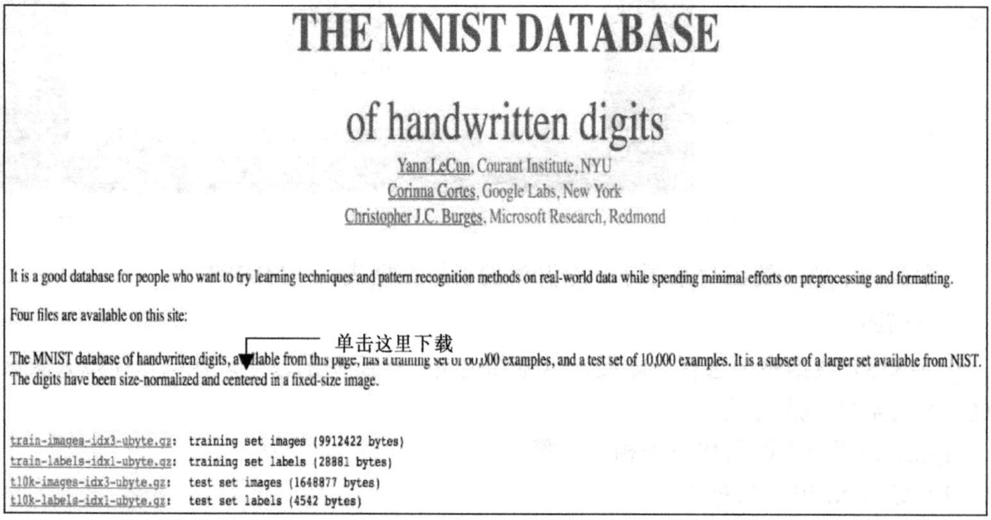

图 5-2 MNIST 数据集下载

5.1.2 下载并安装 MNIST 数据集

介绍完 MNIST 数据集后，下面来演示一下如何通过代码来对其操作。

1. 利用TensorFlow代码下载MNIST

TensorFlow 提供了一个库，可以直接用来自动下载与安装 MNIST，见如下代码：

代码5-1　MNIST数据集

```
01  from tensorflow.examples.tutorials.mnist import input_data
02  mnist = input_data.read_data_sets("MNIST_data/", one_hot=True)
```

运行上面的代码，会自动下载数据集并将文件解压到当前代码所在同级目录下的 MNIST_data 文件夹下。

> 注意：代码中的 one_hot=True，表示将样本标签转化为 one_hot 编码。
> 举例来解释one_hot编码：假如一共 10 类。0 的 one_hot 为 1000000000，1 的 one_hot 为 0100000000，2 的 one_hot 为 0010000000，3 的 one_hot 为 0001000000……依此类推。只有一个位为 1，1 所在的位置就代表着第几类。

MNIST 数据集中的图片是 28×28 Pixel，所以，每一幅图就是 1 行 784（28×28）列的数据，括号中的每一个值代表一个像素。

- 如果是黑白的图片，图片中黑色的地方数值为 0；有图案的地方，数值为 0~255 之间的数字，代表其颜色的深度。
- 如果是彩色的图片，一个像素会由 3 个值来表示 RGB（红、黄、蓝）。在后面讲解其他数据集时会具体讲到。

接下来通过几行代码将 MNIST 里面的信息打印出来，看看它的具体内容。

代码5-1　MNIST数据集（续）

```
03  print ('输入数据:',mnist.train.images)
04  print ('输入数据打印shape:',mnist.train.images.shape)
05  import pylab
06  im = mnist.train.images[1]
07  im = im.reshape(-1,28)
08  pylab.imshow(im)
09  pylab.show()
```

运行上面的代码，输出信息如下：

```
Extracting MNIST_data/train-images-idx3-ubyte.gz
Extracting MNIST_data/train-labels-idx1-ubyte.gz
Extracting MNIST_data/t10k-images-idx3-ubyte.gz
Extracting MNIST_data/t10k-labels-idx1-ubyte.gz
输入数据: [[ 0. 0. 0. ..., 0. 0. 0.]
```

```
[ 0. 0. 0. ..., 0. 0. 0.]
[ 0. 0. 0. ..., 0. 0. 0.]
......
[ 0. 0. 0. ..., 0. 0. 0.]
[ 0. 0. 0. ..., 0. 0. 0.]
[ 0. 0. 0. ..., 0. 0. 0.]]
输入数据打印 shape: (55000, 784)
```

输出结果如图 5-3 所示

刚开始的打印信息是解压数据集的意思。如果是第一次运行，还会显示下载数据的相关信息。

接着打印出来的是训练集的图片信息，是一个 55000 行、784 列的矩阵。即，训练集里有 55000 张图片。

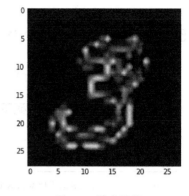

图 5-3 输出结果

2．MNIST数据集组成

在 MNIST 训练数据集中，mnist.train.images 是一个形状为[55000,784]的张量。其中，第 1 个维度数字用来索引图片，第 2 个维度数字用来索引每张图片中的像素点。此张量里的每一个元素，都表示某张图片里的某个像素的强度值，值介于 0～255 之间。

MNIST 里包含 3 个数据集：第一个是训练数据集，另外两个分别是测试数据集（mnist.test）和验证数据集（mnist.validation）。可使用如下命令查看里面的数据信息：

代码5-1　MNIST数据集（续）

```
10  print ('输入数据打印 shape:',mnist.test.images.shape)
11  print ('输入数据打印 shape:',mnist.validation.images.shape)
```

运行完上面的命令，可以发现在测试数据集里有 10000 条样本图片，验证数据集里有 5000 个图片。

在实际的机器学习模型设计时，样本一般分为 3 部分：
- 一部分用于训练；
- 一部分用于评估训练过程中的准确度（测试数据集）；
- 一部分用于评估最终模型的准确度（验证数据集）。

训练过程中，模型并没有遇到过验证数据集中的数据，所以利用验证数据集可以评估出模型的准确度。这个准确度越高，代表模型的泛化能力越强。

另外，这 3 个数据集还有分别对应的 3 个文件（标签文件），用来标注每个图片上的数字是几。把图片和标签放在一起，称为"样本"。通过样本来就可以实现一个有监督信号的深度学习模型。

相对应的，MNIST 数据集的标签是介于 0～9 之间的数字，用来描述给定图片里表示的数字。标签数据是"one-hot vectors"：一个 one-hot 向量，除了某一位的数字是 1 外，其余各维度数字都是 0。例如，标签 0 将表示为([1,0,0,0,0,0,0,0,0,0])。因此，mnist.train.labels 是一个[55000,10]的数字矩阵。

5.2 分析图片的特点，定义变量

由于输入图片是个 550000×784 的矩阵，所以先创建一个[None,784]的占位符 x 和一个[None,10]的占位符 y，然后使用 feed 机制将图片和标签输入进去。具体代码如下。

代码5-2　MNIST分类

```
01  import tensorflow as tf                              # 导入tensorflow库
02  from tensorflow.examples.tutorials.mnist import input_data
03  mnist = input_data.read_data_sets("MNIST_data/", one_hot=True)
04  import pylab
05
06  tf.reset_default_graph()
07  # 定义占位符
08  x = tf.placeholder(tf.float32, [None, 784])          # MNIST 数据集的维度是
                                                          28×28=784
09  y = tf.placeholder(tf.float32, [None, 10])           # 数字0～9，共10个类别
```

代码中第 8 行的 None，表示此张量的第一个维度可以是任何长度的。x 就代表能够输入任意数量的 MNIST 图像，每一张图展平成 784 维的向量。

5.3 构建模型

样本完成后就可以构建模型了。下面列出了构建模型的相关步骤。

5.3.1 定义学习参数

模型也需要权重值和偏置量，它们被统一叫做学习参数。在 TensorFlow 里，使用 Variable 来定义学习参数。

一个 Variable 代表一个可修改的张量，定义在 TensorFlow 的图（一个执行任务）中，其本身也是一种变量。使用 Variable 定义的学习参数可以用于计算输入值，也可以在计算中被修改。

代码5-2　MNIST分类（续）

```
10  W = tf.Variable(tf.random_normal([784,10]))
11  b = tf.Variable(tf.zeros([10]))
```

在这里赋予 tf.Variable 不同的初值来创建不同的参数。一般将 W 设为一个随机值，将 b 设为 0。

> 注意：W 的维度是[784，10]，因为想要用 784 维的图片向量乘以它，以得到一个 10 维的证据值向量，每一位对应不同数字类。b 的形状是[10]，所以可以直接把它加到输出上面。

5.3.2 定义输出节点

有了输入和模型参数，接着便可以将它们串起来构建成真正的模型。

代码5-2　MNIST分类（续）

```
12  pred = tf.nn.softmax(tf.matmul(x, W) + b)         # Softmax 分类
```

首先，用 tf.matmul(x, W)表示 *x* 乘以 W，这里 *x* 是一个二维张量，拥有多个输入。然后再加上 b，把它们的和输入到 tf.nn.softmax 函数里。

至此就构建好了正向传播的结构。也就是表明，只要模型中的参数合适，通过具体的数据输入，就能得到我们想要的分类。

5.3.3 定义反向传播的结构

下面定义一个反向传播的结构，编译训练模型，以得到合适的参数。

这里涉及一个"学习率"的概念。学习率，是指每次改变学习参数的大小。在这里读者只要先有个概念即可，后面章节还会详细介绍。

先看下面代码。

代码5-2　MNIST分类（续）

```
13  # 损失函数
14  cost=tf.reduce_mean(-tf.reduce_sum(y*tf.log(pred),reduction_indices=1))
15
16  # 定义参数
17  learning_rate = 0.01
18  # 使用梯度下降优化器
19  optimizer=tf.train.GradientDescentOptimizer(learning_rate).minimize(cost)
```

上面的代码可以这样来理解：

（1）将生成的 pred 与样本标签 y 进行一次交叉熵的运算，然后取平均值。

（2）将这个结果作为一次正向传播的误差，通过梯度下降的优化方法找到能够使这个误差最小化的 b 和 W 的偏移量。

（3）更新 b 和 W，使其调整为合适的参数。

整个过程就是不断地让损失值（误差值 cost）变小。因为损失值越小，才能表明输出的结果跟标签数据越相近。当 cost 小到我们的需求时，这时的 b 和 W 就是训练出来的合适值。

5.4 训练模型并输出中间状态参数

现在开始真正地训练模型了，先定义训练相关的参数。

下面代码中，第 20 行中，training_epochs 代表要把整个训练样本集迭代 25 次；第 21 行中，batch_size 代表在训练过程中一次取 100 条数据进行训练；第 22 行中，display_step 代表每训练一次就把具体的中间状态显示出来。

> 注意：batch_size 参数代表的意义很关键，在深度学习中，都是将数据按批次地向里面放的。在后面章节中还会详细介绍这么做的目的。

参数定义好后，启动一个 session 就可以开始训练过程了。session 中有两个 run，第一个 run 是运行初始化，第二个 run 是运行具体的运算模型。模型运算之后便将里面的状态打印出来。

代码5-2 MNIST分类（续）

```
20  training_epochs = 25
21  batch_size = 100
22  display_step = 1
23
24  # 启动session
25  with tf.Session() as sess:
26      sess.run(tf.global_variables_initializer())# Initializing OP
27
28      # 启动循环开始训练
29      for epoch in range(training_epochs):
30          avg_cost = 0.
31          total_batch = int(mnist.train.num_examples/batch_size)
32          # 循环所有数据集
33          for i in range(total_batch):
34              batch_xs, batch_ys = mnist.train.next_batch(batch_size)
35              # 运行优化器
36              _, c = sess.run([optimizer, cost], feed_dict={x: batch_xs,
37                                                  y: batch_ys})
38              # 计算平均loss值
39              avg_cost += c / total_batch
40          # 显示训练中的详细信息
41          if (epoch+1) % display_step == 0:
42              print ("Epoch:", '%04d' % (epoch+1), "cost=", "{:.9f}".
                        format(avg_cost))
43
44      print( " Finished!")
```

执行上面的代码，会输出如下信息：

```
Epoch: 0001 cost= 9.923389743
Epoch: 0002 cost= 4.695022035
Epoch: 0003 cost= 3.076164273
Epoch: 0004 cost= 2.417567778
Epoch: 0005 cost= 2.052902991
Epoch: 0006 cost= 1.816404106
Epoch: 0007 cost= 1.649224558
Epoch: 0008 cost= 1.523894480
Epoch: 0009 cost= 1.425924496
Epoch: 0010 cost= 1.346838083
Epoch: 0011 cost= 1.281203090
Epoch: 0012 cost= 1.225851107
Epoch: 0013 cost= 1.178292338
Epoch: 0014 cost= 1.136689923
Epoch: 0015 cost= 1.100095906
Epoch: 0016 cost= 1.067396342
Epoch: 0017 cost= 1.038121746
Epoch: 0018 cost= 1.011435861
Epoch: 0019 cost= 0.987299248
Epoch: 0020 cost= 0.965228878
Epoch: 0021 cost= 0.944723253
Epoch: 0022 cost= 0.925947570
Epoch: 0023 cost= 0.908483106
Epoch: 0024 cost= 0.892120825
Epoch: 0025 cost= 0.877055534
Finished!
```

这里输出的中间状态是 cost 损失值。读者也可以把自己关心的内容打印出来。可以看到，从第 1 次迭代到第 25 次迭代的损失值在逐渐减小，最终的误差只有 0.8。

5.5 测试模型

还记得 MNIST 里面有测试数据吗？现在我们使用测试数据来测试一下训练完的模型吧。

与前面的过程类似，也是先将计算测试的网络结构建立起来，然后通过最终节点的 eval 将测试值运算出来。

注意：这个过程仍然是在 session 里进行的。

测试错误率的算法是：直接判断预测的结果与真实的标签是否相同，如是相同的就表明是正确的，如是不相同的就表示是错误的。然后将正确的个数除以总个数，得到的值即为正确率。由于是 onehot 编码，这里使用了 tf.argmax 函数返回 onehot 编码中数值为 1 的那个元素的下标。下面是具体代码。

代码5-2　MNIST分类（续）

```
45    # 测试 model
46        correct_prediction = tf.equal(tf.argmax(pred, 1), tf.argmax(y, 1))
```

```
47        # 计算准确率
48        accuracy = tf.reduce_mean(tf.cast(correct_prediction, tf.float32))
49        print ("Accuracy:", accuracy.eval({x: mnist.test.images, y: mnist.
          test.labels}))
```

上面代码执行后，显示信息如下：

`Accuracy: 0.8316`

测试正确率的算法与损失值的算法略有差别，但代表的意义却很类似。当然，也可以直接拿计算损失值的交叉熵结果来代表模型测试的错误率。

> **注意**：（1）并不是所有模型的测试错误率和训练时的最后一次损失值都很接近，这取决于训练样本和测试样本的分布情况，也取决于模型本身的拟合质量。关于拟合质量问题，将在后面章节详细介绍。
> （2）读者自己运行时，得到的值可能和本书中的值不一样。甚至每次运行时，得到的值也不一样。原因是每次初始的权重 w 都是随机的。由于初始权重不同，而且每次训练的批次数据也不同，所以最终生成的模型也不会完全相同。但如果核心算法保持一致，则会保证最终的结果不会有太大的偏差。

5.6 保存模型

下面开始讲解如何保存模型。

首先要建立一个 saver 和一个路径，然后通过调用 save，自动将 session 中的参数保存起来，见如下代码。

代码5-2　MNIST分类（续）

```
50        # 保存模型
51        save_path = saver.save(sess, model_path)
52        print("Model saved in file: %s" % save_path)
```

上面代码的作用是保存模型，并将模型保存的路径打印出来。当然，在这段代码运行之前，需要添加 saver 和 model_path 的定义。来到前面代码段的第 30 行（也就是 session 创建之前）添加如下代码：

代码5-2　MNIST分类（续）

```
53    saver = tf.train.Saver()
54    model_path = "log/521model.ckpt"
```

执行上述的全部代码后，会在代码文件的同级目录下找到 log 文件夹，其中有 4 个文件，如图 5-4 所示。

图 5-4　模型文件位置

5.7 读取模型

将模型存储好后,下面来做一个实验:读取模型并将两张图片放进去让模型预测结果,然后将两张图片极其对应的标签一并显示出来。

在整个代码执行过程中,对于网络模型的定义不变,只是重新建立一个 session 而已,所有的操作都在这个新的 session 中完成。具体细节见代码。

代码5-2 MNIST分类(续)

```
55  print("Starting 2nd session...")
56  with tf.Session() as sess:
57      # 初始化变量
58      sess.run(tf.global_variables_initializer())
59      # 恢复模型变量
60      saver.restore(sess, model_path)
61
62      # 测试 model
63      correct_prediction = tf.equal(tf.argmax(pred, 1), tf.argmax(y, 1))
64      # 计算准确率
65      accuracy = tf.reduce_mean(tf.cast(correct_prediction, tf.float32))
66      print ("Accuracy:", accuracy.eval({x: mnist.test.images, y: mnist.
        test.labels}))
67
68      output = tf.argmax(pred, 1)
69      batch_xs, batch_ys = mnist.train.next_batch(2)
70      outputval,predv = sess.run([output,pred], feed_dict={x: batch_xs})
71      print(outputval,predv,batch_ys)
72
73      im = batch_xs[0]
74      im = im.reshape(-1,28)
75      pylab.imshow(im)
76      pylab.show()
77
78      im = batch_xs[1]
79      im = im.reshape(-1,28)
80      pylab.imshow(im)
81      pylab.show()
```

以上代码可以替代原来的 session(从第 30 行到最后),也可以直接放到代码后面,将前面的 session 注释掉。

运行后可以看到如下信息,结果如图 5-5 所示。

```
Accuracy: 0.8316
[5 3]
[[   3.26058798e-05   3.89398069e-09   2.60637262e-06   2.67529134e-02
     6.77738354e-09   9.70463872e-01   1.54175677e-08   6.38231169e-04
     1.79426873e-03   3.15453537e-04]
 [   3.65457054e-10   9.57760785e-04   5.34406379e-02   8.83626580e-01
     5.11178478e-05   1.06539410e-05   7.34308742e-06   1.40240220e-02
```

```
    1.56633689e-07   4.78818417e-02]]
[[ 0.  0.  0.  0.  0.  1.  0.  0.  0.  0.]
 [ 0.  0.  0.  1.  0.  0.  0.  0.  0.  0.]]
```

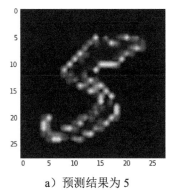
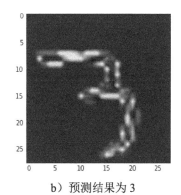

a）预测结果为 5　　　　　　　　　b）预测结果为 3

图 5-5　运行结果

第一行是模型的准确率，接下来是 3 个数组。
- 第一个数组是输出的预测结果。
- 第二个大的数组比较大，是预测出来的真实输出值。
- 第三个大的数组元素都是 0 和 1，是标签值 onehot 编码表示的 5 和 3。

注意：这里是恰巧举了一个全部正确的例子，因为还有 0.17 的错误率，所以有时也会有预测错误的情况。

到此我们已经通过两个模型的例子，大体了解了神经网络的作用。那么为什么神经网络会产生这样的效果呢？具体的原理将在后面的章节中一一介绍。

第 2 篇
深度学习基础——神经网络

本篇将从神经网络中的最基础单元——单个神经元开始,由浅入深地分别介绍各种类型的神经网络,包括多层神经网络、卷积神经网络、循环神经网络和自编码网络。

▶▶ 第 6 章　单个神经元

▶▶ 第 7 章　多层神经网络——解决非线性问题

▶▶ 第 8 章　卷积神经网络——解决参数太多问题

▶▶ 第 9 章　循环神经网络——具有记忆功能的网络

▶▶ 第 10 章　自编码网络——能够自学习样本特征的网络

第 6 章 单个神经元

前面的章节中介绍了 TensorFlow 框架的基本使用方法。从本章开始，我们将真正进入深度学习理论知识系统。神经网络是由多个神经元组成，所以本章先从一个神经元开始讲起。一个神经元由以下几个关键知识点组成：
- 激活函数；
- 损失函数；
- 梯度下降。

本章含有教学视频共 14 分 56 秒。

作者按照本章的内容结构，对主要内容进行了快速讲解，特别是对单个神经元的各个组成部分，以及每个部分的具体实现方法进行了重点讲解（掌握二分类、多分类及非互斥的多分类的实现方法为本章的重点）。

在详细介绍之前，有必要先讲讲神经元的拟合原理。

6.1 神经元的拟合原理

在第 5 章的代码 "5-2 MNIST 分类.py" 文件中，建立的模型是一个单个神经元组成的网络模型。单个神经元的网络模型如图 6-1 所示。

第 6 章 单个神经元

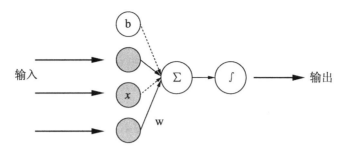

图 6-1 单个神经元网络模型

其计算公式如式（6-1）所示。

$$z = \sum_{i=1}^{n} w_i \times x_i + b = w \cdot x + b \qquad 式（6-1）$$

式（6-1）中：z 为输出的结果；x 为输入；w 为权重；b 为偏置值。w 和 b 可以理解为两个变量。

模型每次的学习都是为了调整 w 和 b 从而得到一个合适的值，最终由这个值配合运算公式所形成的逻辑就是神经网络的模型。

其实这个模型是根据仿生学得来的。我们看一下大脑细胞里的神经突出如图 6-2 所示。

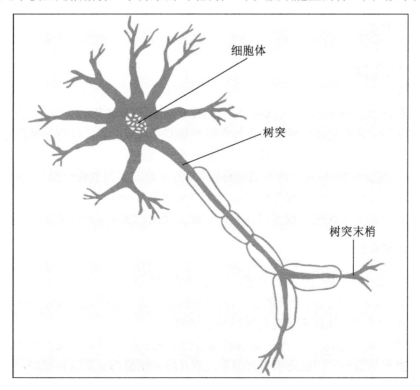

图 6-2 神经细胞

是不是与我们建立的模型有点神似？

（1）大脑神经细胞是靠生物电来传递信号的，可以理解成经过模型里的具体数值。

（2）仔细观察发现神经细胞相连的连接树突有粗有细，显然通过不同粗细连接的生物电信号，也会有不同的影响。这就好比权重 w，因为每个输入节点都会与相关连接的 w 相乘，也就实现了对信号的放大、缩小处理。

（3）这里唯独不透明的就是中间的细胞体，于是我们将所有输入的信号经过 w 变换之后，再添加一个额外的偏执量 b，把它们加在一起求合，然后再选择一个模拟细胞体处理的函数来实现整个过程的仿真。这个函数称其为激活函数。

我们把 w 和 b 赋予合适的值时，再配合合适的激活函数，就会发现它可以产生很好的拟合效果。

6.1.1 正向传播

前文描述的过程叫做正向传播，数据是从输入到输出的流向传递过来的。当然，它是在一个假设有合适的 w 和 b 的基础上，才可以实现对现实环境的正确拟合。但是，在实际过程中我们无法得知 w 和 b 的值具体是多少才算是正常的。

于是我们加入了一个训练过程，通过反向误差传递的方法让模型自动来修正，最终产生一个合适的权重。

6.1.2 反向传播

反向传播的意义很明确——告诉模型我们需要将 w 和 b 调整到多少。在刚开始没有得到合适的权重时，正向传播生成的结果与实际的标签是有误差的，反向传播就是要把这个误差传递给权重，让权重做适当地调整来达到一个合适的输出。

在实际训练过程中，很难一次将其调整到位，而是通过多次迭代一点一点的将其修正，最终直到模型的输出值与实际标签值的误差小于某个阀值为止。

如何将输出的误差转化为权重的误差，这里面使用的就是 BP 算法。

1．BP算法介绍

本书不阐述过多的算法，只讲原理，读者理解道理即可。

BP 算法又称"误差反向传播算法"。我们最终的目的，是要让正向传播的输出结果与标签间的误差最小化，这就是反向传播的核心思想。

正向传播的模型是清晰的，所以很容易得出一个关于由 b 和 w 组成的对于输出的表达式。接着，也可以得出一个描述损失值的表达式（将输出值与标签直接相减，或是做平方差等运算）。

为了要让这个损失值变得最小化，我们运用数学知识，选择一个损失值的表达式让这个表达式有最小值，接着通过对其求导的方式，找到最小值时刻的函数切线斜率（也就是梯度），从而让 w 和 b 的值沿着这个梯度来调整。

至于每次调整多少，我们引入一个叫做"学习率"的参数来控制，这样通过不断的迭代，使误差逐步接近最小值，最终达到我们的目标。

6.2 激活函数——加入非线性因素，解决线性模型缺陷

激活函数的主要作用就是用来加入非线性因素的，以解决线性模型表达能力不足的缺陷，在整个神经网络里起到至关重要的作用。

因为神经网络的数学基础是处处可微的，所以选取的激活函数要能保证数据输入与输出也是可微的。

在神经网络里常用的激活函数有 Sigmoid、Tanh 和 relu 等，下面逐一介绍。

6.2.1 Sigmoid 函数

Sigmoid 是常见的激活函数，一起看看它的样子。

1．函数介绍

Sigmoid 是常用的非线性的激活函数，其数学形式见式（6-2）。

$$f(x) = \frac{1}{1+e^{-x}} \qquad 式（6-2）$$

Sigmoid 函数曲线如图 6-3 所示，其中，x 可以是正无穷到负无穷，但是对应的 y 却只有 0~1 的范围，所以，经过 Sigmoid 函数输出的函数都会落在 0~1 的区间里，即 Sigmoid 函数能够把输入的值"压缩"到 0~1 之间。

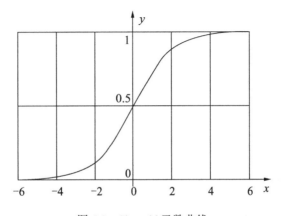

图 6-3　Sigmoid 函数曲线

2. 在TensorFlow中对应的函数

在 TensorFlow 中对应的函数为：

tf.nn.sigmoid(x, name=None)

从图像上看，随着 x 趋近正负无穷大，y 对应的值越来越接近 1 或 0，这种情况叫做饱和。处于饱和态的激活函数意味着，当 $x=100$ 和 $x=1000$ 时的反映都是一样的，这样的特性转换相当于将 1000 大于 100 十倍这个信息给丢失了。

所以，为了能有效使用 Sigmoid 函数，从图 6-3 中看其横轴的取值极限也只能是-6～6 之间，而在-3～3 之间应该会有比较好的效果。

6.2.2 Tanh 函数

Tanh 函数可以说是 Sigmoid 函数的值域升级版，由 Sigmoid 函数的 0～1 之间升级到-1～1。但是 Tanh 函数也不能完全替代 Sigmoid 函数，在某些输出需要大于 0 的情况下，还是要用 Sigmoid 函数。

1. 函数介绍

Tanh 函数也是常用的非线性激活函数，其数学形式见式（6-3）。

$$\tanh(x) = 2sigmoid(2x) - 1 \qquad 式（6-3）$$

Tanh 函数曲线如图 6-4 所示，其 x 取值也是从正无穷到负无穷，对应的 y 值变为-1～1 之间，相对于 Sigmoid 函数有更广的值域。

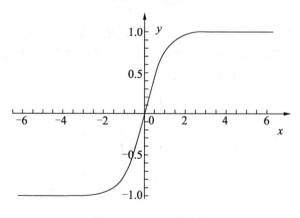

图 6-4 Tanh 函数曲线

2. 在TensorFlow中对应的函数

在 TensorFlow 中对应的函数

```
tf.nn.tanh(x, name=None)
```

显而易见,Tanh 函数跟 Sigmoid 函数有一样的缺陷,也是饱和问题,所以在使用 Tanh 函数时,要注意输入值的绝对值不能过大,否则模型无法训练。

6.2.3 ReLU 函数

1. 函数介绍

除了前面介绍的 Sigmoid 函数和 Tanh 函数之外,还有一个更为常用的激活函数(也称为 Rectifier)。其数学形式见式(6-4)。

$$f(x)=\max(0,x) \qquad 式(6-4)$$

该式非常简单,大于 0 的留下,否则一律为 0,具体的图像如图 6-5 所示。ReLU 函数应用的广泛性与它的优势是分不开的,这种对正向信号的重视,忽略了负向信号的特性,与我们人类神经元细胞对信号的反映极其相似。所以在神经网络中取得了很好的拟合效果。

另外由于 ReLU 函数运算简单,大大地提升了机器的运行效率,也是 Relu 函数一个很大的优点。

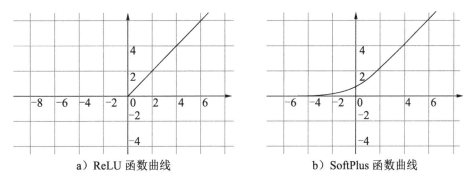

a) ReLU 函数曲线　　　　　　b) SoftPlus 函数曲线

图 6-5　ReLU 函数和 SoftPlus 函数曲线

与 ReLU 函数类似的还有 Softplus 函数,如图 6-5 所示。二者的区别在于:Softplus 函数会更加平滑,但是计算量很大,而且对于小于 0 的值保留的相对更多一点。Softplus 函数公式见式(6-5)。

$$f(x) = \ln(1 + e^x) \qquad 式(6-5)$$

虽然 ReLU 函数在信号响应上有很多优势,但这仅仅在正向传播方面。由于其对负值的全部舍去,因此很容易使模型输出全零从而无法再进行训练。例如,随机初始化的 w 加入值中有个值是负值,其对应的正值输入值特征也就被全部屏蔽了,同理,对应负值输入值反而被激活了。这显然不是我们想要的结果。于是在基于 ReLU 的基础上又演化出了一些变种函数，举例如下：

- Noisy relus：为 max 中的 x 加了一个高斯分布的噪声，见式（6-6）。

$$f(x) = \max(0, x+Y), Y \in N(0, \sigma(x)) \qquad 式（6-6）$$

- Leaky relus：在 ReLU 基础上，保留一部分负值，让 x 为负时乘 0.01，即 Leaky relus 对负信号不是一味地拒绝，而是缩小。其数学形式见式（6-7）。

$$f(x) = \begin{cases} x & (x>0) \\ 0.01x & (otherwise) \end{cases} \qquad 式（6-7）$$

- 再进一步让这个 0.01 作为参数可调，于是，当 x 小于 0 时，乘以 a，a 小于等于 1。其数学形式见式（6-8）。

$$f(x) = \begin{cases} x & (x>0) \\ ax & (otherwise) \end{cases} \rightarrow f(x) = \max(x, ax) \qquad 式（6-8）$$

得到 Leaky relus 的公式 max（x，ax）

- Elus：当 x 小于 0 时，做了更复杂的变换，见式（6-9）。

$$f(x) = \begin{cases} x & (x \geqslant 0) \\ a(e^x - 1) & (otherwise) \end{cases} \qquad 式（6-9）$$

Elus 函数激活函数与 ReLU 函数一样都是不带参数的，而且收敛速度比 ReLU 函数更快，使用 Elus 函数时，不使用批处理比使用批处理能够获得更好的效果，同时 Elus 函数不使用批处理的效果比 ReLU 函数加批处理的效果要好。

2. 在TensorFlow中对应的函数

在 TensorFlow 中，关于 ReLU 函数的实现，有以下两个对应的函数：

- tf.nn.relu(features,name=None)：是一般的 ReLU 函数，即 max(features,0)；
- tf.nn.relu6(features,name=None)：是以 6 为阈值的 ReLU 函数，即 min(max(features, 0),6)。

> **注意**：relu6 存在的原因是防止梯度爆炸，当节点和层数特别多而且输出都为正时，它们的加和会是一个很大的值，尤其在经历几层变换之后，最终的值可能会离目标值相差太远。误差太大，会导致对参数调整修正值过大，这会导致网络抖动得较厉害，最终很难收敛。

在 TensorFlow 中，Softplus 函数对应的函数如下：

```
tf.nn.softplus(features, name=None);
```

在 TensorFlow 中，Elus 函数对应的函数如下：

```
tf.nn.elu(features, name=None)
```

在 TensorFlow 中，Leaky relus 公式没有专门的函数，不过可以利用现有函数组成而得到：

```
tf.maximum(x, leak*x, name = name)   #leak 为传入的参数，可以设为 0.01 等
```

6.2.4 Swish 函数

Swish 函数是谷歌公司发现的一个效果更优于 Relu 的激活函数。经过测试，在保持所有的模型参数不变的情况下，只是把原来模型中的 ReLU 激活函数修改为 Swish 激活函数，模型的准确率均有提升。其公式见式 6-10

$$f(x)=x\times \text{sigmoid}(\beta x) \qquad 式（6-10）$$

其中 β 为 x 的缩放参数，一般情况取默认值 1 即可。在使用了 BN 算法（见 8.9.3 节）的情况下，还需要对 x 的缩放值 β 进行调节。

在 TensorFlow 的低版本中，没有单独的 Swish 函数，可以手动封装，代码如下：

```
def Swish(x, beta=1):
    return x * tf.nn.sigmoid(x*beta)
```

6.2.5 激活函数总结

神经网络中，运算特征是不断进行循环计算，所以在每代循环过程中，每个神经元的值也是在不断变化的。这就导致了 Tanh 函数在特征相差明显时的效果会很好，在循环过程中其会不断扩大特征效果并显示出来。

但有时当计算的特征间的相差虽比较复杂却没有明显区别，或是特征间的相差不是特别大时，就需要更细微的分类判断，这时 Sigmoid 函数的效果就会更好一些。

后来出现的 ReLU 激活函数的优势是，经过其处理后的数据有更好的稀疏性。即，将数据转化为只有最大数值，其他都为 0。这种变换可以近似程度地最大保留数据特征，用大多数元素为 0 的稀疏矩阵来实现。

实际上，神经网络在不断反复计算中，就变成了 ReLU 函数在不断尝试如何用一个大多数为 0 的矩阵来表达数据特征。以稀疏性数据来表达原有数据特征的方法，使得神经网络在迭代运算中能够取得又快又好的效果，所以目前大多用 max(0,x) 来代替 Sigmod 函数。

6.3 softmax 算法——处理分类问题

softmax 基本上可以算是分类任务的标配。在本节中需要学会 softmax 为什么能分类，以及如何使用 softmax 来分类。如果需要比较哪个更重要，当然是学会如何使用会更重要。

6.3.1　什么是 softmax

对于前面讲的激活函数，其输出值只有两种（0、1，或-1、1，或0、x），而现实生活中需要对某一问题进行多种分类,例如前面的图片分类例子,这时就需要使用 softmax 算法。

softmax，看名字就知道，就是如果判断输入属于某一个类的概率大于属于其他类的概率，那么这个类对应的值就逼近于 1，其他类的值就逼近于 0。该算法的主要应用就是多分类，而且是互斥的，即只能属于其中的一个类。与 sigmoid 类的激活函数不同的是，一般的激活函数只能分两类，所以可以理解成 Softmax 是 Sigmoid 类的激活函数的扩展，其算法见式（6-11）。

$$\text{soft max} = \exp(logits) / reduce\_sum(\exp(logits), \dim) \qquad 式（6-11）$$

把所有值用 e 的 n 次方计算出来，求和后算每个值占的比率，保证总和为 1，一般就可以认为 softmax 得出的就是概率。

这里的 exp（$logits$）指的就是 e^{logits}。

> 注意：对于要生成的多个类任务中不是互斥关系的任务，一般会使用多个二分类来组成。

6.3.2　softmax 原理

softmax 原理很简单，如图 6-6 所示为一个简单的 Softmax 网络模型，输入 X_1 和 X_2，要准备生成 Y_1、Y_2 和 Y_3 三个类。

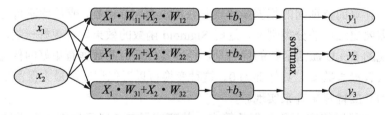

图 6-6　softmax 网络模型

对于属于 y_1 类的概率，可以转化成输入 x_1 满足某个条件的概率，与 x_2 满足某个条件的概率的乘积。

在网络模型里把等式两边都取 ln。这样，ln 后的属于 y1 类的概率就可以转化成，ln 后的 x_1 满足某个条件的概率加上 ln 后的 x_2 满足某个条件的概率。这样 $y_1=x_1w_{11}+x_2w_{12}=$ln 后 y_1 的概率了。这也是 softmax 公式中要进行一次 e 的 logits 次方的原因。

> 注意：等式两边取 ln 是神经网络中常用的技巧，主要用来将概率的乘法转变成加法，即 ln（$x*y$）=ln$x$+ln$y$。然后在后续计算中再将其转为 e 的 x 次方，还原成原来的值。

了解完 e 的 n 次方的意义后，softmax 就变得简单至极了。

举例：某个样本经过生成的值 y_1 为 5, y_2 为 3, y_3 为 2。那么对应的概率就为 y_1=5/10=0.5，y_2=3/10，y_3=2/10，于是取最大的值 y_1 为最终的分类。

softmax 在机器学习中有非常广泛的应用，前面介绍过 MNIST 的每一张图片都表示一个数字，从 0 到 9。我们希望得到给定图片代表每个数字的概率。例如，训练的模型可能推测一张包含 9 的图片代表数字 9 的概率是 80%，但是判断它是 8 的概率是 5%（因为 8 和 9 都有上半部分相似的小圆），判断它代表其他数字的概率值更小。于是取最大概率的对应数值，就是这个图片的分类了。这是一个使用 softmax 回归（softmax regression）模型的经典案例。

> 注意：在实际使用中，softmax 伴随的分类标签都为 one_hot 编码，而且这里还有个小技巧，在 softmax 时需要将目标分成几类，就在最后这层放几个节点。

6.3.3 常用的分类函数

如表 6-1 中列出了常用的分类函数。

表 6-1 常用的分类函数

操作	描述
tf.nn.softmax(logits, name=None)	计算softmax
tf.nn.log_softmax(logits, name=None)	对softmax取对数 logsoftmax[i, j] = logits[i, j] - log(sum(exp(logits[i])))

6.4 损失函数——用真实值与预测值的距离来指导模型的收敛方向

损失函数是绝对网络学习质量的关键。在学到后面章节就会发现，无论什么样的网络结构，如果使用的损失函数不正确，最终都将难以训练出正确的模型。这里先介绍几个常见的 loss 函数，针对不同的网络结构还会有更多的 loss 函数，在后面章节会伴随不同的网络模型来介绍。

6.4.1 损失函数介绍

损失函数的作用前面已经说过了，用于描述模型预测值与真实值的差距大小。一般有两种比较常见的算法——均值平方差（MSE）和交叉熵。下面来分别介绍每个算法的具体内容。

1. 均值平方差

均值平方差（Mean Squared Error，MSE），也称"均方误差"，在神经网络中主要是表达预测值与真实值之间的差异，在数理统计中，均方误差是指参数估计值与参数真值之差平方的期望值。公式定义见式（6-12），主要是对每一个真实值与预测值相减的平方取平均值：

$$MSE = \frac{1}{n}\sum_{t=1}^{n}(observde_t - predicted_t)^2 \qquad 式（6-12）$$

均方误差的值越小，表明模型越好。类似的损失算法还有均方根误差 RMSE（将 MSE 开平方）、平均绝对值误差 MAD（对一个真实值与预测值相减的绝对值取平均值）等。

> **注意**：在神经网络计算时，预测值要与真实值控制在同样的数据分布内，假设将预测值经过 Sigmoid 激活函数得到取值范围在 0~1 之间，那么真实值也归一化成 0~1 之间。这样在做 loss 计算时才会有较好的效果。

2. 交叉熵

交叉熵（crossentropy）也是 loss 算法的一种，一般用在分类问题上，表达的意思为预测输入样本属于某一类的概率。其表达式见式（6-13），其中 y 代表真实值分类（0 或 1），a 代表预测值。

$$c = -\frac{1}{n}\sum_{x}[y\ln a + (1-y)\ln(1-a)] \qquad 式（6-13）$$

交叉熵也是值越小，代表预测结果越准。

> **注意**：这里用于计算的 a 也是通过分布统一化处理的（或者是经过 Sigmoid 函数激活的），取值范围在 0~1 之间。如果真实值和预测值都是 1，前面一项 y*ln(a) 就是 1*ln(1) 等于 0，后一项(1-y)*ln(1-a)也就是 0*ln(0)等于 0，loss 为 0，反之 loss 函数为其他数。

3. 总结：损失算法的选取

损失函数的选取取决于输入标签数据的类型：如果输入的是实数、无界的值，损失函数使用平方差；如果输入标签是位矢量（分类标志），使用交叉熵会更适合。

6.4.2 TensorFlow 中常见的 loss 函数

下面看看 TensorFlow 中都有哪些常见的 loss 函数。

1. 均值平方差

在 TensorFlow 没有单独的 MSE 函数，不过由于公式比较简单，往往开发者都会自己组合，而且也可以写出 n 种写法，例如：

```
MSE=tf.reduce_mean(tf.pow(tf.sub(logits, outputs), 2.0))
MSE=tf.reduce_mean(tf.square(tf.sub(logits, outputs)))
MSE=tf.reduce_mean(tf.square(logits- outputs))
```

代码中 logits 代表标签值，outputs 代表预测值。

同样也可以组合其他类似 loss，例如：

```
Rmse= tf.sqrt(tf.reduce_mean(tf.pow(tf.sub(logits, outputs), 2.0)))
mad= tf.reduce_mean (tf.complex_abs(tf.sub(logits, outputs))
```

2. 交叉熵

在 TensorFlow 中常见的交叉熵函数有：
- Sigmoid 交叉熵；
- softmax 交叉熵；
- Sparse 交叉熵；
- 加权 Sigmoid 交叉熵。

在 TensorFlow 里常用的损失函数如表 6-2 所示。

表 6-2　TensorFlow中的交叉熵

操　　作	描　　述
tf.nn.sigmoid_cross_entropy_with_logits (logits,targets , name=None)	计算输入logits和targets的交叉熵
tf.nn.softmax_cross_entropy_with_logits (logits, labels, name=None)	计算logits和labels的softmax交叉熵 Logits和labels必须为相同的shape与数据类型
tf.nn.sparse_softmax_cross_entropy_with_logits (logits, labels, name=None)	计算 logits 和 labels 的 softmax 交叉熵，与softmax_cross_entropy_with_logits功能一样，区别在于sparse _softmax_cross_entropy_with_logits的样本真实值与预测结果不需要one-hot编码，但是要求分类的个数一定要从0开始。假如分2类，那么标签的预测值只有0和1这两个数。如果是5类，就是0 1 2 3 4这5个数
tf.nn.weighted_cross_entropy_with_logits (logits, targets, pos_weight, name=None)	在交叉熵的基础上给第一项乘以一个系数（加权），是增加或减少正样本在计算交叉熵时的损失值

当然，也可以像 MSE 那样使用自己组合的公式计算交叉熵，举例，对于 softmax 后的结果 logits 我们可以对其使用公式-tf.reduce_sum(labels*tf.log(logits),1)，就等同于 softmax_cross_entropy_with_logits 得到的结果。

6.5 softmax 算法与损失函数的综合应用

在神经网络中使用 softmax 计算 loss 时对于初学者常常会犯很多错误，下面通过具体的实例代码来演示需要注意的关键地方与具体的用法。

6.5.1 实例22：交叉熵实验

交叉熵这个比较生僻的术语，在深度学习领域中却是最常见的。由于其常用性，在 TensorFlow 中会被封装成多个版本，有的公式里直接带了交叉熵，有的需要自己单独求出，而在构建模型时，如果读者对这块知识不扎实，出现问题时会很难分析是模型的问题还是交叉熵的使用问题。因此这里有必要通过几个小实例将其弄得更明白一些。

实例描述

下面一段代码，假设有一个标签 labels 和一个网络输出值 logits。

这个实例就是以这两个值来进行以下 3 次实验。

（1）两次 softmax 实验：将输出值 logits 分别进行 1 次和 2 次 softmax，观察两次的区别及意义。

（2）观察交叉熵：将步骤（1）中的两个值分别进行 softmax_cross_entropy_with_logits，观察它们的区别。

（3）自建公式实验：将做两次 softmax 的值放到自建组合的公式里得到正确的值。

代码6-1 softmax应用

```
01  import tensorflow as tf
02
03  labels = [[0,0,1],[0,1,0]]
04  logits = [[2,  0.5,6],
05           [0.1,0,  3]]
06  logits_scaled = tf.nn.softmax(logits)
07  logits_scaled2 = tf.nn.softmax(logits_scaled)
08
09  result1 = tf.nn.softmax_cross_entropy_with_logits(labels=labels,
        logits=logits)
10  result2 = tf.nn.softmax_cross_entropy_with_logits(labels=labels,
        logits=logits_scaled)
11  result3 = -tf.reduce_sum(labels*tf.log(logits_scaled),1)
12
13  with tf.Session() as sess:
14      print ("scaled=",sess.run(logits_scaled))
15      print ("scaled2=",sess.run(logits_scaled2))
                            #经过第二次的softmax后，分布概率会有变化
16
17      print ("rel1=",sess.run(result1),"\n")   #正确的方式
```

```
18      print ("rel2=",sess.run(result2),"\n")
        #如果将softmax变换完的值放进去会,就相当于算第二次softmax的loss,所以会出错
19      print ("rel3=",sess.run(result3))
```

运行上面代码,输出结果如下:

```
scaled= [[ 0.01791432  0.00399722  0.97808844]
 [ 0.04980332  0.04506391  0.90513283]]
scaled2= [[ 0.21747023  0.21446465  0.56806517]
 [ 0.2300214   0.22893383  0.54104471]]
rel1= [ 0.02215516  3.09967351]
rel2= [ 0.56551915  1.47432232]
rel3= [ 0.02215518  3.09967351]
```

可以看到:logits 里面的值原本加和都是大于 1 的,但是经过 softmax 之后,总和变成了 1。样本中第一个是跟标签分类相符的,第二与标签分类不符,所以第一个的交叉熵比较小,是 0.02215516,而第二个比较大,是 3.09967351。

下面开始验证下前面所说的实验:
- 比较 scaled 和 scaled2 可以看到:经过第二次的 softmax 后,分布概率会有变化,而 scaled 才是我们真实转化的 softmax 值。
- 比较 rel1 和 rel2 可以看到:传入 softmax_cross_entropy_with_logits 的 logits 是不需要进行 softmax 的。如果将 softmax 后的值 scaled 传入 softmax_cross_entropy_with_logits 就相当于进行了两次的 softmax 转换。

对于已经用 softmax 转换过的 scaled,在计算 loss 时就不能在用 TensorFlow 里面的 softmax_cross_entropy_with_logits 了。读者可以自己写一个 loss 函数,参见 rel3 的生成,通过自己组合的函数实现了 softmax_cross_entropy_with_logits 一样的结果。

6.5.2 实例 23:one_hot 实验

输入的标签也可以不是标准的 one-hot。下面用一组总和也是 1 但是数组中每个值都不等于 0 或 1 的数组来代替标签,看看效果。

实例描述

对非 one-hot 编码为标签的数据进行交叉熵的计算,比较其与 one-hot 编码的交叉熵之间的差别。

接上述代码,将标签换为[[0.4,0.1,0.5],[0.3,0.6,0.1]]与原始的[[0,0,1], [0,1,0]]代表的分类意义等价,将这个标签代入交叉熵。

代码6-1 softmax应用(续)

```
20  #标签总概率为1
21  labels = [[0.4,0.1,0.5],[0.3,0.6,0.1]]
22  result4 = tf.nn.softmax_cross_entropy_with_logits(labels=labels,
    logits=logits)
23  with tf.Session() as sess:
24      print ("rel4=",sess.run(result4),"\n")
```

运行上面的代码，生成结果如下：

rel4= [2.17215538 2.76967359]

比较前面的 rel1 发现，对于正确分类的交叉熵和错误分类的交叉熵，二者的结果差别没有标准 one-hot 那么明显。

6.5.3 实例24：sparse 交叉熵的使用

下面再举个例子看一下 sparse_softmax_cross_entropy_with_logits 函数的用法，它需要使用非 one-hot 的标签，所以，要把前面的标签换成具体数值[2,1]，具体代码如下。

实例描述

使用 sparse_softmax_cross_entropy_with_logits 函数，对非 one-hot 的标签进行交叉熵计算，比较其与 one-hot 标签在使用上的区别。

代码6-1 softmax应用（续）

```
25  #sparse 标签
26  labels = [2,1] #表明 labels 中总共分为 3 个类：0、1、2。[2,1]等价于 onehot
    编码中的 001 与 010
27  result5 = tf.nn.sparse_softmax_cross_entropy_with_logits(labels=labels,
    logits=logits)
28  with tf.Session() as sess:
29      print ("rel5=",sess.run(result5),"\n")
```

运行代码，生成结果如下：

rel5= [0.02215516 3.09967351]

发现 rel5 与前面的 rel1 结果完全一样。

6.5.4 实例25：计算 loss 值

在真正的神经网络中，得到代码 6-1 中的一个数组并不能满足要求，还需要对其求均值，使其最终变成一个具体的数值。

实例描述

演示通过分别对前面交叉熵结果 result1 与 softmax 后的结果 logits_scaled 计算 loss 总和，验证如下结论：

（1）对于 softmax_cross_entropy_with_logits 后的结果求 loss 直接取均值。

（2）对于 softmax 后的结果使用-tf.reduce_sum(labels * tf.log(logits_scaled))求 loss 总和。

（3）对于 softmax 后的结果使用-tf.reduce_sum(labels*tf.log(logits_scaled),1)等同于 softmax_cross_entropy_with_logits 结果。

（4）由（1）和（3）可以推出对（3）进行求均值也可以得出正确的 loss 值，合并起来的公式为：tf.reduce_mean(-tf.reduce_sum(labels*tf.log(logits_scaled),1))=loss。（该结论

是由前面的验证推导出来，有兴趣的读者可以自行验证）

代码6-1　softmax应用（续）

```
30  loss=tf.reduce_mean(result1)
31  with tf.Session() as sess:
32      print ("loss=",sess.run(loss))
```

运行上面的代码，生成结果如下：

`loss= 1.5609143`

这便是我们最终要得到的损失值了。

而对于 rel3 这种已经求得 softmax 的情况求 loss，可以把公式进一步简化成：

`loss2 = -tf.reduce_sum(labels * tf.log(logits_scaled))`

接着添加示例代码。

代码6-1　softmax应用（续）

```
33  labels = [[0,0,1],[0,1,0]]
34  loss2 = tf.reduce_mean(-tf.reduce_sum(labels * tf.log(logits_scaled),1))
35  with tf.Session() as sess:
36      print ("loss2=",sess.run(loss2))
```

运行上面代码，输出结果如下：

`loss2= 1.5609143`

与 loss 的值完全吻合。

6.5.5　练习题

试着将上一章的代码（5-2minist 分类.py）改成使用 sparse_softmax_cross_entropy_with_logits 函数来运算交叉熵。

答案请参考本书源代码中的代码"6-2 sparesoftmaxwithminist.py"。

6.6　梯度下降——让模型逼近最小偏差

前面的例子中都提到了梯度下降，但不系统。本节将更详细地介绍梯度下降的作用及常用技巧。

6.6.1　梯度下降的作用及分类

梯度下降法是一个最优化算法，通常也称为最速下降法，常用于机器学习和人工智能中递归性地逼近最小偏差模型，梯度下降的方向也就是用负梯度方向为搜索方向，沿着梯度下降的方向求解极小值。

在训练过程中，每次的正向传播后都会得到输出值与真实值的损失值，这个损失值越小，代表模型越好，于是梯度下降的算法就用在这里，帮助寻找最小的那个损失值，从而可以反推出对应的学习参数 b 和 w，达到优化模型的效果。

常用的梯度下降方法可以分为：批量梯度下降、随机梯度下降和小批量梯度下降。

- 批量梯度下降：遍历全部数据集算一次损失函数，然后算函数对各个参数的梯度和更新梯度。这种方法每更新一次参数，都要把数据集里的所有样本看一遍，计算量大，计算速度慢，不支持在线学习，称为 Batch gradient descent，批梯度下降。
- 随机梯度下降：每看一个数据就算一下损失函数，然后求梯度更新参数，这称为 stochastic gradient descent，随机梯度下降。这个方法速度比较快，但是收敛性能不太好，可能在最优点附近晃来晃去，命中不到最优点。两次参数的更新也有可能互相抵消，造成目标函数震荡比较剧烈。
- 小批量梯度下降：为了克服上面两种方法的缺点，一般采用一种折中手段——小批量的梯度下降。这种方法把数据分为若干个批，按批来更新参数，这样一批中的一组数据共同决定了本次梯度的方向，下降起来就不容易跑偏，减少了随机性。另一方面因为批的样本数与整个数据集相比小了很多，计算量也不是很大。

6.6.2 TensorFlow 中的梯度下降函数

下面重点介绍在 TensorFlow 中进行随机梯度下降优化的函数。

在 TensorFlow 中是通过一个叫做 Optimizer 的优化器类进行训练优化的。对于不同算法的优化器，在 TensorFlow 中会有不同的类，如表 6-3 所示。

表 6-3 梯度下降优化器

操 作	描 述
tf.train.GradientDescentOptimizer(learning_rate,use_locking=False, name='GradientDescent')	一般的梯度下降算法的Optimizer
tf.train.AdadeltaOptimizer(learning_rate=0.001,rho=0.95, epsilon=1e-08, use_locking=False, name='Adadelta')	创建Adadelta优化器
tf.train.AdagradOptimizer(learning_rate,initial_accumulator_value=0.1, use_locking=False, name='Adagrad')	创建Adagrad优化器
tf.train.MomentumOptimizer(learning_rate,momentum,use_locking=False,name='Momentum',use_nesterov=False)	创建momentum优化器 momentum：动量，一个Tensor或者浮点值
tf.train.AdamOptimizer(learning_rate=0.001,beta1=0.9, beta2=0.999, epsilon=1e-08, use_locking=False, name='Adam')	创建Adam优化器
tf.train.FtrlOptimizer(learning_rate,learning_rate_power=-0.5, initial_accumulator_value=0.1,l1_regularization_strength=0.0, l2_regularization_strength=0.0, use_locking=False, name='Ftrl')	创建FTRL算法优化器
tf.train.RMSPropOptimizer(learning_rate,decay=0.9,momentum=0.0, epsilon=1e-10, use_locking=False, name='RMSProp')	创建RMSProp算法优化器

在训练过程中，先实例化一个优化函数如 tf.train.GradientDescentOptimizer，并基于一定的学习率进行梯度优化训练：

```
optimizer = tf.train.GradientDescentOptimizer(learning_rate)
```

接着使用一个 minimize() 的操作，里面传入损失值节点 loss，再启动一个外层的循环，优化器就会按照循环的次数一次次沿着 loss 最小值的方向优化参数了。

整个过程中的求导和反向传播操作，都是在优化器里自动完成的。目前比较常用的优化器为 Adam 优化器。关于 Adam 的算法不在本书的介绍范围之内，有兴趣的读者可以参考相关资料扩充知识。

6.6.3 退化学习率——在训练的速度与精度之间找到平衡

前面介绍的每个优化器的第一个参数 learning_rate 就是代表学习率。

设置学习率的大小，是在精度和速度之间找到一个平衡：
- 如果学习率的值比较大，则训练速度会提升，但结果的精度不够；
- 如果学习率的值比较小，精度虽然提升了，但训练会耗费太多的时间。

下面就来介绍设置学习率的方法——退化学习率。

退化学习率又叫学习率衰减，它的本意是希望在训练过程中对于学习率大和小的优点都能够为我们所用，也就是当训练刚开始时使用大的学习率加快速度，训练到一定程度后使用小的学习率来提高精度，这时可以使用学习率衰减的方法：

```
def exponential_decay(learning_rate,global_step, decay_steps, decay_rate,
                     staircase=False, name=None):
```

学习率的衰减速度是由 global_step 和 decay_steps 来决定的。具体的计算公式如下：

```
decayed_learning_rate = learning_rate *decay_rate ^ (global_step / decay_steps)
```

staircase 值默认为 False。当为 True 时，将没有衰减功能，只是使用上面的公式初始化一个学习率的值而已。

例如下面的代码：

```
learning_rate = tf.train.exponential_decay(starter_learning_rate, global_step,100000, 0.96)
```

这种方式定义的学习率就是退化学习率，它的意思是当前迭代到 global_step 步，学习率每一步都按照每 10 万步缩小到 0.96% 的速度衰退。

有时还需要对已经训练好的模型进行微调，可以指定不同层使用不同的学习率，这个在后面章节中会详细介绍。

> 💡 注意：通过增大批次处理样本的数量也可以起到退化学习率的效果。但是这种方法要求训练时的最小批次要与实际应用中的最小批次一致。一旦满足该条件时，建议优先选择增大批次数量的方法，因为这样会省去一些开发量和训练中的计算量。

6.6.4 实例26：退化学习率的用法举例

本例主要是演示学习率衰减的使用方法。

本例中使用迭代循环计数变量 global_step 来标记循环次数，初始学习率为 0.1，令其以每 10 次衰减 0.9 的速度来进行退化。

实例描述

定义一个学习率变量，将其衰减系数设置好，并设置好迭代循环的次数，将每次迭代运算的次数与学习率打印出来，观察学习率按照次数退化的现象。

代码6-3　退化学习率

```
import tensorflow as tf
global_step = tf.Variable(0, trainable=False)
initial_learning_rate = 0.1              #初始学习率
learning_rate = tf.train.exponential_decay(initial_learning_rate,
                                global_step=global_step,
                                decay_steps=10,decay_rate=0.9)
opt = tf.train.GradientDescentOptimizer(learning_rate)
add_global = global_step.assign_add(1) #定义一个op，令global_step加1完成记步
with tf.Session() as sess:
    tf.global_variables_initializer().run()
    print(sess.run(learning_rate))
    for i in range(20):
        g, rate = sess.run([add_global, learning_rate])
                            #循环20步，将每步的学习率打印出来
        print(g,rate)
```

上面代码运行如下：

0.1
1 0.1
2 0.0989519
3 0.0979148
4 0.0968886
5 0.0958732
6 0.0948683
7 0.093874
8 0.0928902
9 0.0919166
10 0.0909533
11 0.09
12 0.0890567
13 0.0881234
14 0.0871998
15 0.0862858

```
16 0.0853815
17 0.0844866
18 0.0836011
19 0.082725
20 0.0818579
```

第 1 个数是迭代的次数，第 2 个输出是学习率。可以看到学习率在逐渐变小，在第 11 次由原来的 0.1 变为了 0.09。

> **注意**：这是一种常用的训练策略，在训练神经网络时，通常在训练刚开始时使用较大的 learning rate，随着训练的进行，会慢慢减小 learning rate。在使用时，一定要把当前迭代次数 global_step 传进去，否则不会有退化的功能。

6.7 初始化学习参数

在定义学习参数时可以通过 get_variable 和 Variable 两个方式，对于一个网络模型，参数不同的初始化情况，对网络的影响会很大，所以在 TensorFlow 提供了很多具有不同特性的初始化函数。在使用 get_variable 时，get_variable 的定义如下：

```
def get_variable(name,
                 shape=None,
                 dtype=None,
                 initializer=None,
                 regularizer=None,
                 trainable=True,
                 collections=None,
                 caching_device=None,
                 partitioner=None,
                 validate_shape=True,
                 use_resource=None,
                 custom_getter=None)
```

其中，参数 initializer 就是初始化参数，可以取表 6-4 中列出的相关函数。

表6-4 初始化函数

操 作	描 述
tf.constant_initializer(value)	初始化一切所提供的值
tf.random_uniform_initializer(a, b)	从a到b均匀初始化
tf.random_normal_initializer(mean, stddev)	用所给平均值和标准差初始化均匀分布
tf.constant_initializer(value=0, dtype=tf.float32)	初始化常量

(续)

操作	描述
tf.random_normal_initializer(mean=0.0,stddev=1.0, seed=None, dtype=tf.float32)	正太分布随机数，均值mean,标准差stddev
tf.truncated_normal_initializer(mean=0.0,stddev=1.0, seed=None, dtype=tf.float32)	截断正态分布随机数,均值mean,标准差stddev, 不过只保留[mean-2*stddev,mean+2*stddev]范围内的随机数
tf.random_uniform_initializer(minval=0,maxval=None, seed=None, dtype=tf.float32)	均匀分布随机数，范围为[minval,maxval]
tf.uniform_unit_scaling_initializer(factor=1.0, seed=None, dtype=tf.float32)	满足均匀分布，但不影响输出数量级的随机值
tf.zeros_initializer(shape,dtype=tf.float32, partition_info=None)	初始化为0
tf.ones_initializer(dtype=tf.float32,partition_info=None)	初始化为1
tf.orthogonal_initializer(gain=1.0,dtype=tf.float32, seed=None)	生成正交矩阵的随机数 当需要生成的参数是二维时，这个正交矩阵是由均匀分布的随机数矩阵经过SVD分解而来

另外，在 tf.contrib.layers 函数中还有个 tf.contrib.layers.xavier_initializer 初始化函数，用来在所有层中保持梯度大体相同。尤其在深度神经网络里会经常使用（后面卷积内容的章节中还会提到该函数）。

对于 Variable 定义的变量，可以使用表 4-7 中的相关函数进行初始化。

注意：一般常用的初始化函数为 tf.truncated_normal 函数，因为该函数有截断功能，可以生成相对比较温和的初始值。

6.8 单个神经元的扩展——Maxout 网络

在早期，单个神经元出现之后，为了得到更好的拟合效果，又出现了一种 Maxout 网络，下面具体介绍。

6.8.1 Maxout 介绍

Maxout 网络可以理解为单个神经元的扩展，主要是扩展单个神经元里面的激活函数，正常的单个神经元如图 6-7 所示。

Maxout 是将激活函数变成一个网络选择器，原理就是将多个神经元并列地放在一起，从它们的输出结果中找到最大的那个，代表对特征响应最敏感，然后取这个神经元的结果参与后面的运算，如图 6-8 所示。

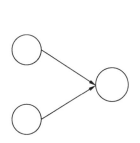

图 6-7 单个神经元

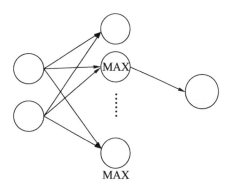

图 6-8 Maxout 网络

它的公式可以理解成：

```
z1=w1*x+b1
z2=w2*x+b2
z3=w3*x+b3
z4=w4*x+b4
z5=w5*x+b5
……
out=max(z1,z2,z3,z4,z5……)
```

为什么要这样做呢？在前面我们学习了一个神经元的作用，类似人类的神经细胞，不同的神经元会因为输入的不同而产生不同的输出，即不同的细胞关心的信号不同。依赖于这个原理，现在的做法就是相当于同时使用多个神经元放在一起，哪个有效果就用哪个。所以这样的网络会有更好的拟合效果。

6.8.2 实例 27：用 Maxout 网络实现 MNIST 分类

本例主要是演示 Maxout 网络的构建方法。

本例中以 6.5 节的练习题答案来修改代码，在本书源代码中的代码"6-2 sparesoftmaxwithminist.py"文件里做如下改动。

实例描述

Maxout 网络的构建方法：通过 reduce_max 函数对多个神经元的输出来计算 Max 值，将 Max 值当作输入按照神经元正反传播方向进行计算。

通过上述方法构建 Maxout 网络，实现 MNIST 分类。

代码6-4　Maxout网络实现MNIST分类

```
……
z= tf.matmul(x, W) + b

maxout = tf.reduce_max(z,axis= 1,keep_dims=True)
# 设置学习参数
W2 = tf.Variable(tf.truncated_normal([1, 10], stddev=0.1))
```

```
b2 = tf.Variable(tf.zeros([10]))
# 构建模型
pred = tf.nn.softmax(tf.matmul(maxout, W2) + b2)
……
learning_rate = 0.04
#使用一般梯度下降方法的优化器
optimizer = tf.train.GradientDescentOptimizer(learning_rate).minimize
(cost)

training_epochs = 200
batch_size = 100
display_step = 1
……
```

在网络模型部分，添加一层 Maxout，然后将 Maxout 作为 softmax 的交叉熵输入。学习率设为 0.04，迭代次数设为 200。运行代码，得到如下结果：

```
Epoch: 0001 cost= 5.160553925
Epoch: 0002 cost= 1.797463597
……
Epoch: 0198 cost= 0.290569865
Epoch: 0199 cost= 0.290143878
Epoch: 0200 cost= 0.289847674
 Finished!
```

可以看到损失值下降到 0.28，随着迭代次数的增加还会继续下降。有兴趣的读者可以自己接着优化。

Maxout 的拟合功能很强大，但是也会有节点过多、参数过多、训练过慢的缺点。在第 7 章中还会学习一种类似于 Maxout 的全连接网络，会更深刻地讨论拟合的方法及意义。

6.9 练习题

在了解这么多比较零散的知识点以后，最重要的是熟练掌握它们，读者可以将前面讲过的例子拿出来，通过调节学习率、改变激活函数、调节最小批次的方法，试着去改变模型，看看会得到什么不同的结果。

第7章 多层神经网络——解决非线性问题

第6章通过实验验证了单层神经网络的拟合功能。但是在实际环境中,发现这种拟合的效果极其有限。对于某些样本,即便是 Maxout 也无法解决问题。追究根本,源于样本本身的特性,即单层神经网络只能解决对线性可分的问题。

本章将介绍如何使用多层神经网络来解决非线性问题。

本章含有教学视频共 6 分 35 秒。

作者按照本章的内容结构,对主要内容进行了快速讲解,包括多层神经网络与单层神经网络的结构区分及功能能区分、线性与非线性的概念、拟合与过拟合的效果(重点掌握多层网络的拟合原理及训练方法)等。

7.1 线性问题与非线性问题

"线性问题"与"非线性问题"是神经网络中的常用术语。为了能够更准确地解释它们,咱们先从一个例子入手。

7.1.1 实例28:用线性单分逻辑回归分析肿瘤是良性还是恶性的

在介绍线性逻辑回归例子之前,我们先利用第6章所学的知识,做下面的这个分类任务。

实例描述

假设某肿瘤医院想用神经网络对已有的病例数据进行分类，数据的样本特征包括病人的年龄和肿瘤的大小，对应的标签为该病例是良性肿瘤还是恶性肿瘤。

1. 生成样本集

对于这个任务，大家可能迫不及待地想用我们所学的模型试试了吧。这里因为没有医院的病例数据，为了方便演示，先用 Python 生成一些模拟数据来代替样本，它应该是个二维的数组"病人的年纪，肿瘤的大小"。代码 7-1 中，generate 为生成模拟样本的函数，意思是按照指定的均值和方差生成固定数量的样本。

代码7-1　线性逻辑回归

```
01  def generate(sample_size, mean, cov, diff,regression):
02      num_classes = 2
03      samples_per_class = int(sample_size/2)
04
05      X0 = np.random.multivariate_normal(mean, cov, samples_per_class)
06      Y0 = np.zeros(samples_per_class)
07
08      for ci, d in enumerate(diff):
09          X1 = np.random.multivariate_normal(mean+d, cov, samples_per_class)
10          Y1 = (ci+1)*np.ones(samples_per_class)
11
12          X0 = np.concatenate((X0,X1))
13          Y0 = np.concatenate((Y0,Y1))
14
15      if regression==False: #one-hot 编码，将 0 转成 1 0
16          class_ind = [Y0==class_number for class_number in range(num_classes)]
17          Y = np.asarray(np.hstack(class_ind), dtype=np.float32)
18      X, Y = shuffle(X0, Y0)
19
20      return X,Y
```

下面代码是调用 generate 函数生成 1000 个数据，并将它们图示化。

- 定义随机数的种子值（这样可以保证每次运行代码时生成的随机值都一样），见代码 21 行。
- 定义生成类的个数 num_classes=2，见代码 22 行。
- 代码 25 行中的 3.0 是表明两类数据的 x 和 y 差距 3.0。传入的最后一个参数 regression=True 表明使用非 one-hot 的编码标签。

代码7-1　线性逻辑回归（续）

```
21  np.random.seed(10)
22  num_classes =2
23  mean = np.random.randn(num_classes)
24  cov = np.eye(num_classes)
25  X, Y = generate(1000, mean, cov, [3.0],True)
26  colors = ['r' if l == 0 else 'b' for l in Y[:]]
```

```
27  plt.scatter(X[:,0], X[:,1], c=colors)
28  plt.xlabel("Scaled age (in yrs)")
29  plt.ylabel("Tumor size (in cm)")
30  plt.show()
31  lab_dim = 1
```

运行上面的代码，得到的结果如图 7-1 所示。

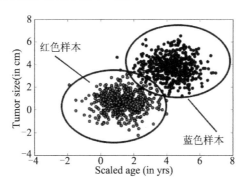

图 7-1　模拟数据集

图 7-1 中左下是红色的样本数据，右上是蓝色的样本数据。

2．构建网络结构

下面开始构建网络模型，见下方代码。

使用前面刚刚学过的一个神经元，先定义输入、输出两个占位符，然后是 w 和 b 的权重。

- 激活函数使用的是 Sigmoid，见代码第 38 行。
- 损失函数 loss 仍然使用交叉熵，见代码第 41 行，里面又加了一个平方差函数，用来评估模型的错误率。
- 优化器使用 AdamOptimizer，见代码第 43 行。

代码7-1　线性逻辑回归（续）

```
32  input_features = tf.placeholder(tf.float32, [None, input_dim])
33  input_labels = tf.placeholder(tf.float32, [None, lab_dim])
34  # 定义学习参数
35  W = tf.Variable(tf.random_normal([input_dim,lab_dim]), name="weight")
36  b = tf.Variable(tf.zeros([lab_dim]), name="bias")
37
38  output =tf.nn.sigmoid( tf.matmul(input_features, W) + b)
39  cross_entropy = -(input_labels * tf.log(output) + (1 - input_labels)
        * tf.log(1 - output))
40  ser= tf.square(input_labels - output)
41  loss = tf.reduce_mean(cross_entropy)
42  err = tf.reduce_mean(ser)
43  optimizer = tf.train.AdamOptimizer(0.04)
    #尽量用这个，因其收敛快，会动态调节梯度
44  train = optimizer.minimize(loss)
```

3. 设置参数进行训练

令整个数据集迭代 50 次，每次的 minibatchsize 取 25 条。

代码7-1　线性逻辑回归（续）

```
45  maxEpochs = 50
46  minibatchSize = 25
47
48  # 启动session
49  with tf.Session() as sess:
50      sess.run(tf.global_variables_initializer())
51
52      # 向模型输入数据
53      for epoch in range(maxEpochs):
54          sumerr=0
55          for i in range(np.int32(len(Y)/minibatchSize)):
56              x1 = X[i*minibatchSize:(i+1)*minibatchSize,:]
57              y1 = np.reshape(Y[i*minibatchSize:(i+1)*minibatchSize],
                     [-1,1])
58              tf.reshape(y1,[-1,1])
59              _,lossval, outputval,errval = sess.run([train,loss,output,
                     err], feed_dict={input_features: x1, input_labels:y1})
60              sumerr =sumerr+errval
61
62          print ("Epoch:", '%04d' % (epoch+1), "cost=","{:.9f}".format
                 (lossval), \
63              "err=",sumerr/np.int32(len(Y)/minibatchSize)
```

每一次的计算都会将 err 错误值累加起来，数据集迭代完一次会将 err 的错误率进行一次平均，平均值再输出来。运行上面的代码，生成如下信息：

```
Epoch: 0001 cost= 0.937670827 err= 0.857066742182
Epoch: 0002 cost= 0.576581895 err= 0.474182988405
Epoch: 0003 cost= 0.326138794 err= 0.273106197715
……
Epoch: 0048 cost= 0.028127037 err= 0.019222549072
Epoch: 0049 cost= 0.027764326 err= 0.0191760268845
Epoch: 0050 cost= 0.027415426 err= 0.0191324938528
```

经过 50 次的迭代，得到了错误率为 0.019 的模型。

4. 数据可视化

为了直观地解释线性可分，下面将模型结果和样本以可视化的方式显示出来，前一部分是先取 100 个测试点，在图像上显示出来，接着将模型以一条直线的方式显示出来。

代码7-1　线性逻辑回归（续）

```
64      train_X, train_Y = generate(100, mean, cov, [3.0],True)
65      colors = ['r' if l == 0 else 'b' for l in train_Y[:]]
66      plt.scatter(train_X[:,0], train_X[:,1], c=colors)
67      x = np.linspace(-1,8,200)
68      y=-x*(sess.run(W)[0]/sess.run(W)[1])-sess.run(b)/sess.run(W)[1]
69      plt.plot(x,y, label='Fitted line')
70      plt.legend()
71      plt.show()
```

如上代码，模型生成的 z 用公式可以表示为 z= x1w1+x2*w2+b，如果将 x1 和 x2 映射到直角坐标系中的 x 和 y 坐标，那么 z 就可以被分为小于 0 和大于 0 两部分。当 z=0 时，就代表直线本身，令上面的公式中 z 等于零，就可以将模型转化成如下直线方程：

x2=-x1* w1/w2-b/w2，即：y=-x* (w1/w2)-(b/w2)

其中，w1、w2、b 都是模型中的学习参数，带到公式中用 plot 显示出来。运行代码，生成结果如图 7-2 所示。

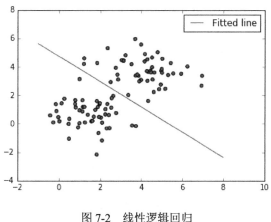

图 7-2　线性逻辑回归

5．线性可分概念

如图 7-2 所示这种情况，可以用直线分割的方式解决问题，则可以说这个问题是线性可分的。同理，类似这样的数据集就可以被称为线性可分数据集合。凡是使用这种方法来解决的问题就叫做线性问题。

7.1.2　实例29：用线性逻辑回归处理多分类问题

还是接着前面的例子，这次在数据集中再添加一类样本，可以使用多条直线将数据分成多类。

实例描述

构建网络模型完成将 3 类样本分开的任务。

在实现过程中先生成 3 类样本模拟数据，构造神经网络，通过 softmax 分类的方法计算神经网络的输出值，并将其分开。

1．生成样本集

这里使用配套代码中的 generate 函数，这次不同的是生成了 2000 个点、3 类数据，并且使用 one_hot 编码。

代码7-2　线性多分类

```
01  np.random.seed(10)
02
03  input_dim = 2
04  num_classes =3
05  X, Y = generate(2000,num_classes, [[3.0],[3.0,0]],False)
06  aa = [np.argmax(l) for l in Y]
07  colors =['r' if l == 0 else 'b' if l==1 else 'y' for l in aa[:]]
08  #将具体的点依照不同的颜色显示出来
09  plt.scatter(X[:,0], X[:,1], c=colors)
10  plt.xlabel("Scaled age (in yrs)")
11  plt.ylabel("Tumor size (in cm)")
12  plt.show()
```

进行上面的代码，生成的结果如图 7-3 所示。

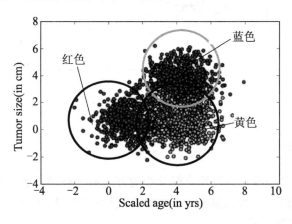

图 7-3　三分类模拟数据集

在图 7-3 中，红色是原始的点，黄色点是在红色点的基础上将 x+3.0 后的变化，而蓝色的点是在红色点的基础上将 x 和 y 各加 3.0。

2．构建网络结构

下面开始构建网络模型，这次使用了 softmax 分类，损失函数 loss 仍然使用交叉熵,对于错误率评估部分换成了取 one_hot 结果里面不相同的个数,优化器使用 AdamOptimizer。

代码7-2　线性多分类(续)

```
13  lab_dim = num_classes
14  # 定义占位符
15  input_features = tf.placeholder(tf.float32, [None, input_dim])
16  input_lables = tf.placeholder(tf.float32, [None, lab_dim])
17  # 定义学习参数
18  W = tf.Variable(tf.random_normal([input_dim,lab_dim]), name="weight")
19  b = tf.Variable(tf.zeros([lab_dim]), name="bias")
20  output = tf.matmul(input_features, W) + b
21
22  z = tf.nn.softmax( output )
23
24  a1 = tf.argmax(tf.nn.softmax( output ), axis=1)
                                    #按行找出最大索引,生成数组
25  b1 = tf.argmax(input_lables, axis=1)
26  err = tf.count_nonzero(a1-b1)    #两个数组相减,不为0的就是错误个数
27
28  cross_entropy = tf.nn.softmax_cross_entropy_with_logits( labels=
    input_lables,logits=output)
29  loss = tf.reduce_mean(cross_entropy)    #对交叉熵取均值很有必要
30
31  optimizer = tf.train.AdamOptimizer(0.04)
             #尽量用 Adam 算法的优化器函数,因其收敛快,会动态调节梯度
32  train = optimizer.minimize(loss)
```

3. 设置参数进行训练

本次同样设置数据集迭代 50 次,每次的 minibatchSize 取 25 条。

代码7-2　线性多分类(续)

```
33  maxEpochs = 50
34  minibatchSize = 25
35
36  # 启动 session
37  with tf.Session() as sess:
38      sess.run(tf.global_variables_initializer())
39
40      for epoch in range(maxEpochs):
41          sumerr=0
42          for i in range(np.int32(len(Y)/minibatchSize)):
43              x1 = X[i*minibatchSize:(i+1)*minibatchSize,:]
44              y1 = Y[i*minibatchSize:(i+1)*minibatchSize,:]
45
46              _,lossval, outputval,errval = sess.run([train,loss,output,
                    err], feed_dict={input_features: x1, input_lables:y1})
47              sumerr =sumerr+(errval/minibatchSize)
48
```

```
49          print ("Epoch:", '%04d' % (epoch+1), "cost=","{:.9f}".format
            (lossval),"err=",sumerr/np.int32(len(Y)/minibatchSize))
```

在迭代训练时对错误率的收集与前面的代码一致，每一次的计算都会将 err 错误值累加起来，数据集迭代完一次会将 err 的错误率进行一次平均，然后再输出平均值。运行上面的代码生成如下信息：

```
Epoch: 0001 cost= 0.408920079 err= 0.8544
Epoch: 0002 cost= 0.337683767 err= 0.3648
Epoch: 0003 cost= 0.321038276 err= 0.3328
Epoch: 0004 cost= 0.319500208 err= 0.32
……
Epoch: 0048 cost= 0.422929078 err= 0.2784
Epoch: 0049 cost= 0.423131853 err= 0.2784
Epoch: 0050 cost= 0.423317522 err= 0.2784
```

4．数据可视化

接下来一起看看对于三分类问题，线性可分是怎么分的。先取 200 个测试的点，在图像上显示出来，接着将模型中 $x1$、$x2$ 的映射关系以一条直线的方式显示出来。因为输出端有 3 个节点，所以相当于是 3 条直线。

代码7-2　线性多分类（续）

```
50      train_X, train_Y = generate(200,num_classes, [[3.0],[3.0,0]],
        False)
51      aa = [np.argmax(l) for l in train_Y]
52      colors =['r' if l == 0 else 'b' if l==1 else 'y' for l in aa[:]]
53      plt.scatter(train_X[:,0], train_X[:,1], c=colors)
54
55      x = np.linspace(-1,8,200)
56
57      y=-x*(sess.run(W)[0][0]/sess.run(W)[1][0])-sess.run(b)[0]/sess.
        run(W)[1][0]
58      plt.plot(x,y, label='first line',lw=3)
59
60      y=-x*(sess.run(W)[0][1]/sess.run(W)[1][1])-sess.run(b)[1]/sess.
        run(W)[1][1]
61      plt.plot(x,y, label='second line',lw=2)
62
63      y=-x*(sess.run(W)[0][2]/sess.run(W)[1][2])-sess.run(b)[2]/sess.
        run(W)[1][2]
64      plt.plot(x,y, label='third line',lw=1)
65
66      plt.legend()
67      plt.show()
68      print(sess.run(W),sess.run(b))
```

运行上面的代码，输出如下，得到结果如图 7-4 所示。

```
[[-1.29152238  1.68322766  1.79681265]
 [-0.55652267  2.47718096 -0.54918939]] [ 6.61509657 -8.44192219 -1.66505146]
```

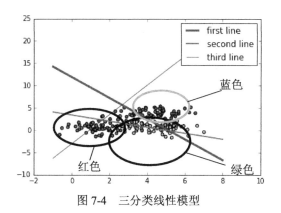

图7-4 三分类线性模型

图7-4中，3个权重分别代表了3条线。还原成模型就是模型里3个输出的分类节点：
- 第1个输出节点代表分类0，红色，蓝线（first line）。
- 第2个输出节点代表分类1，蓝色，绿线（second line）。
- 第3个输出节点代表分类2，黄色，红线（third line）。

这3条直线的斜率和截距是由神经网络的学习参数转化而来的。在神经网络里，一个样本通过这3个公式会得到3个结果，这3个结果可以理解成3个类的特征值。其中哪个值最大，则表示该样本具有哪种类别的特征最强烈，即属于哪一类。可以在横轴随便找一个值，分别带到3条直线的公式里，哪条直线得出的 y 值最大，则说明该点属于哪一类。这3条线也没有把集合点分开，这是因为它们的分类规则是不一样的。下面回顾一下直线公式：

$$y = -x * (w1/w2) - (b/w2)$$

正常来讲：如果一个点在直线上，等式成立；如果点在直线的上方，那么左边的 y 值就大；如果点在直线的下方，那么右边的算式值就大。

但放到模型里对应的图像上并不是这样的，还取决于 $w1$ 的正负取值，当 $w1$ 为负时正好是相反的情况。从上例中的输出结果里可以看到，只有第一条线（蓝线）的 $w1$ 是负数，所以蓝线是取其下面的点，红线和绿线是取其上方的点。举例：取一点红色的数据，如图7-5所示。

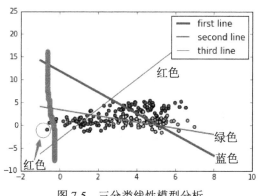

图7-5 三分类线性模型分析

沿着 y 轴的方向平行画一条线经过该点，可以看到它在第一条线（蓝线）的下方，并且离蓝线的距离是最远的，所以它就属于第一条线对应的红色分类。说明对于这类的数据集，仍然可以使用线性可分的方法将其分开。本例也展示了线性可分在多分类问题上的应用与原理。

5．模型可视化

前面介绍了线性与模型的关系，现在把整个坐标系放到模型里，会得到一个更直观的模型分类可视化。

为了方便演示，还是在图像上生成 200 个点并显示出来。然后按照坐标系的排列，把 x_1,x_2 放到模型里，见如下代码。

代码7-2 线性多分类（续）

```
69      train_X, train_Y = generate(200,num_classes, [[3.0],[3.0,0]],
        False)
70      aa = [np.argmax(l) for l in train_Y]
71      colors =['r' if l == 0 else 'b' if l==1 else 'y' for l in aa[:]]
72      plt.scatter(train_X[:,0], train_X[:,1], c=colors)
73
74      nb_of_xs = 200
75      xs1 = np.linspace(-1, 8, num=nb_of_xs)
76      xs2 = np.linspace(-1, 8, num=nb_of_xs)
77      xx, yy = np.meshgrid(xs1, xs2) # 创建网格
78      # 初始化和填充 classification plane
79      classification_plane = np.zeros((nb_of_xs, nb_of_xs))
80      for i in range(nb_of_xs):
81          for j in range(nb_of_xs):
82
83              classification_plane[i,j] = sess.run(a1, feed_dict={input_
                features: [[ xx[i,j], yy[i,j] ]]} )
84
85      # 创建 color map 用于显示
86      cmap = ListedColormap([
87          colorConverter.to_rgba('r', alpha=0.30),
88          colorConverter.to_rgba('b', alpha=0.30),
89          colorConverter.to_rgba('y', alpha=0.30)])
90      # 图示各个样本边界
91      plt.contourf(xx, yy, classification_plane, cmap=cmap)
92      plt.show()
```

上面代码的运行结果如图 7-6 所示。

图 7-6 中将三分类模型用了不同的颜色区域进行区分，这样就是符合人眼规律的一个比较直观的可视化图样了。

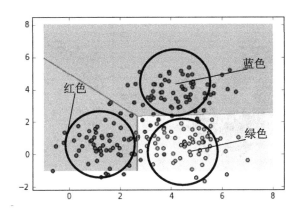

图 7-6　三分类模型可视化

7.1.3　认识非线性问题

在明白了线性问题之后，接着介绍非线性问题。

非线性问题，就是用直线分不开的问题。为了解释这个概念，先来看一个数据集异或形态的数据，如图 7-7 所示。

图 7-7 中只有 4 个点，蓝色为一类，红色为一类，蓝色两个点的连线与红色两个点的连线会相交。对于这样的数据，你会发现无法使用一条直线将红色和蓝色两种类型的点分开，这就是非线性数据。

对于这样的数据，有一种笨方法，即对原始数据变形，使其变为线性分布。例如，将数据 $x1$、$x2$ 进行一次绝对值运算，这时数据就会变为如图 7-8 所示的样子。

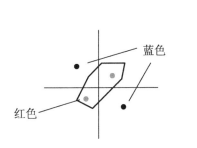
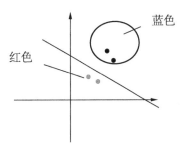

图 7-7　异或形态的数据　　　　图 7-8　改变输入数据

类似图 7-8 的方法有很多种，还可以将其进行一次平方运算。但这一切都是在人们肉眼看到模型分布后，通过分析得来的。而实际应用中会遇到更复杂的非线性数据集（如图 7-9 所示），或者有时数据维度太大，根本无法可视化。这时就需要用一种新方法——多层神经网络来解决问题了。

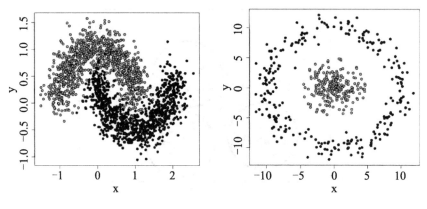

图 7-9 非线性数据集

7.2 使用隐藏层解决非线性问题

多层神经网络非常好理解,就是在输入和输出中间多加些神经元,每一层可以加多个,也可以加很多层。下面通过一个例子将前面的异或数据进行分类。

7.2.1 实例30:使用带隐藏层的神经网络拟合异或操作

实例描述

通过构建符合异或规律的数据集作为模拟样本,构建一个简单的多层神经网络来拟合其样本特征完成分类任务。

1. 数据集介绍

所谓的"异或数据"是来源于异或操作,如图 7-10 所示。图 7-10a 为 0、1 操作,图 7-10b 为数据在直角坐标系上的展示。

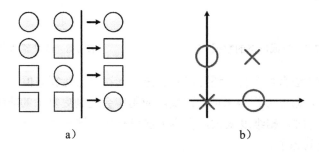

图 7-10 异或数据介绍

从图 7-10a 中可以看出，当两个数相同时，输出为 0，不相同时输出为 1，这就是异或的规则。表示为两类数据就是（0,0）和（1,1）为一类，（0,1）和（1,0）为一类。

2. 网络模型介绍

本例中使用了一个隐藏层来解决这个问题，如图 7-11 所示为要实现的网络结构。

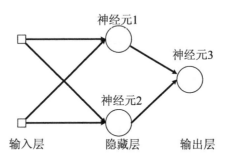

图 7-11 隐藏层

3. 定义变量

下面开始编写代码。第一步定义变量，在网络参数的定义中，输入是"2"代表两个数，输出是"1"代表最终的结果，再放一个隐藏层，该隐藏层里有两个节点。输入占位符为 x，输出为 y，学习率为 0.0001。

代码7-3 异或操作

```
01  import tensorflow as tf
02  import numpy as np
03
04  learning_rate = 1e-4
05  n_input = 2                        #输入层节点个数
06  n_label = 1
07  n_hidden = 2                       #隐藏层节点个数
08
09  x = tf.placeholder(tf.float32, [None,n_input])
10  y = tf.placeholder(tf.float32, [None, n_label])
```

4. 定义学习参数

这里以字典的方式定义权重 w 和 b，里面的 h1 代表隐藏层，h2 代表最终的输出层。

代码7-3 异或操作（续）

```
11  weights = {
12      'h1': tf.Variable(tf.truncated_normal([n_input, n_hidden],
            stddev=0.1)),
13      'h2': tf.Variable(tf. truncated_normal ([n_hidden, n_label],
            stddev=0.1))
```

```
14    }
15  biases = {
16      'h1': tf.Variable(tf.zeros([n_hidden])),
17      'h2': tf.Variable(tf.zeros([n_label]))
18    }
```

5. 定义网络模型

该例中模型的正向结构入口为 x,经过与第一层的 w 相乘再加上 b,通过 Relu 函数进行激活转化,最终生成 layer_1,再将 layer_1 代入第二层,使用 Tanh 激活函数生成最终的输出 y_pred。

代码7-3　异或操作(续)

```
19  layer_1 = tf.nn.relu(tf.add(tf.matmul(x, weights['h1']), biases
    ['h1']))
20  y_pred = tf.nn.tanh(tf.add(tf.matmul(layer_1, weights['h2']),
    biases['h2']))
21
22  loss=tf.reduce_mean((y_pred-y)**2)
23  train_step = tf.train.AdamOptimizer(learning_rate).minimize(loss)
```

模型的反向使用均值平方差(即对预测值与真实值的差取平均值)计算 loss,最终使用 AdamOptimizer 进行优化。

6. 构建模拟数据

代码7-3　异或操作(续)

```
24  #生成数据
25  X=[[0,0],[0,1],[1,0],[1,1]]
26  Y=[[0],[1],[1],[0]]
27  X=np.array(X).astype('float32')
28  Y=np.array(Y).astype('int16')
```

手动建立 X 和 Y 数据集,形成对应的异或关系。

7. 运行session,生成结果

首先通过迭代 10000 次,将模型训练出来,然后将做好的 X 数据集放进去生成结果,接着再生成第一层的结果。

代码7-3　异或操作(续)

```
29  #加载 session
30  sess = tf.InteractiveSession()
31  sess.run(tf.global_variables_initializer())
32
33  #训练
34  for i in range(10000):
35      sess.run(train_step,feed_dict={x:X,y:Y} )
36
```

```
37  #计算预测值
38  print(sess.run(y_pred,feed_dict={x:X}))
39  #输出：已训练100000次
40
41  #查看隐藏层的输出
42  print(sess.run(layer_1,feed_dict={x:X}))
```

运行上面的程序，得到如下结果：

```
[[ 0.10773809]
 [ 0.60417336]
 [ 0.76470393]
 [ 0.26959091]]
[[ 0.00000000e+00   2.32602470e-05]
 [ 7.25074887e-01   0.00000000e+00]
 [ 0.00000000e+00   9.64471161e-01]
 [ 2.06250161e-01   1.69421546e-05]]
```

第一个是 4 行 1 列的数组，用四舍五入法来取值，与我们定义的输出 Y 完全吻合。第二个为 4 行 2 列的数组，为隐藏层的输出。

7.2.2 非线性网络的可视化及其意义

接上例中的第二个输出是 4 行 2 列数组，其中第一列为隐藏层第一个节点的输出，第二列为隐藏层第二个节点的输出，将它们四舍五入取整显示如下：

```
[[ 0  0]
 [ 1  0]
 [ 0  1]
 [ 0  0]]
```

可以很明显地看出，最后一层其实是对隐藏层的 AND 运算，因为最终结果为[0,1,1,0]。也可以理解成第一成将数据转化为线性可分的数据集，然后在输出层使用一个神经元将其分开。

1. 隐藏层神经网络相当于线性可分的高维扩展

在几何空间里，两个点可以定位一条直线，两条直线可以定位一个平面，两个平面可以定位一个三维空间，两个三维空间可以定位更高维的空间……

在线性可分问题上也可以这样扩展，线性可分是在一个平面里，通过一条线来分类，那么同理，如果线所在的平面升级到了三维空间，则需要通过一个平面将问题分类。如图 7-12 所示，把异或数据集的输入 x_1、x_2 当成平面的两个点，输出 y 当作三维空间里的 z 轴上的坐标，那么所绘制的图形就是这样的（见图 7-12）。

很明显，这样的数据集是很好分开的。图 7-12 中，右面的比例尺指示的是纵坐标。0 刻度往下，颜色由浅蓝逐渐变为深蓝；0 刻度往上，颜色由浅红逐渐变为深红。作一个平行于底平面、高度为 0 的平面，即可将数据分开，如图 7-12 中的虚平面。我们前面使用的隐藏层的两个节点，可以理解成定位中间平面的两条直线。其实，一个隐藏层的作用，就是将线性可分问题转化成平面可分问题。更多的隐藏层，就相当于转化成更高维度的空间可分问题。所以理论上通过升级空间可分的结构，是可以将任何问题分开的。

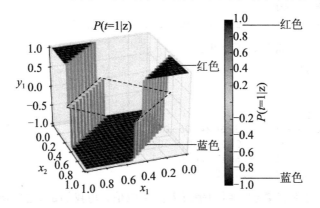

图 7-12 异或集高维展示

2. 从逻辑门的角度来理解多层网络

对于多层网络，还可以通过逻辑门的角度来理解，如图 7-13 所示。将数据集映射到直角坐标系中，通过可视化图形可以看到，在直角坐标系中有两条直线将其分开，对于两条直线的结果，可以再通过神经网络构建一个逻辑运算，即可将它们融合在一起并产生最终想要的结果。

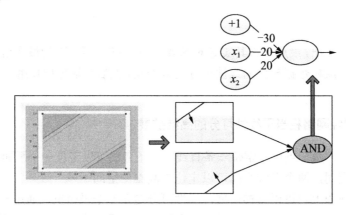

图 7-13 隐藏层的意义

图 7-13 中，对两条直线的结果取 AND 运算，即可实现异或的效果，而构建 AND 逻辑的权重很容易实现，图中使用 w[-30,20],b[20]即实现了 AND 的逻辑。

类似这样的逻辑门还有很多，如图 7-14 中举例了神经元实现的 AND、OR、NOT

逻辑，最终通过这些逻辑门的运算，甚至不需要训练就可以搭建出一个异或的模型（如图 7-14 所示部分）。

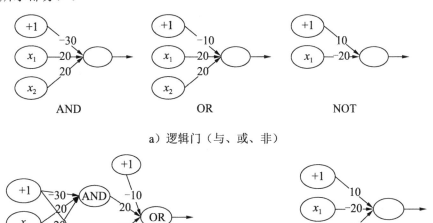

a xNOR b=NOT(a XOR b)=(a AND b) OR((NOT a)AND(NOT b))

a）逻辑门（与、或、非）

b）利用"与、或、非"门搭出异或模型

图 7-14　逻辑门

看到这里，了解计算机原理的读者都知道，CPU 的基础运算都是在构建逻辑门基础之上完成的，例如，用逻辑门组成最基本的加减乘除四则运算，再用四则运算组成更复杂的功能操作，最终可以实现操作系统并在其上进行各种操作。

神经网络的结构和功能，使其具有编程和实现各种高级功能的能力，只不过这个编程不需要人脑通过学习算法来拟合现实，而是使用模型学习的方式，直接从现实的表象中优化成需要的结构。

所以说，这种多层的结构只要层数足够多，每层的节点足够多，参数合理，就可以拟合世界上的任何问题，而放在神经网络里考验的则是，模型的自学习功能是否足够高效和精准。

7.2.3　练习题

（1）试着修改 7.2.1 节中的例子，调整最后一层的激活函数为 Relu 或是 Sigmoid，看看会有什么结果（Sigmoid 可以，但是 Relu 陷入了局部最优解，如果迭代次数增到 20000，全 0，即梯度丢失。于是可以使用 Leaky relus，发现在 10000、20000、30000 时都会进入局部最优解，但再也不会出现梯度消失，将迭代次数变为 40000 时，得到了正确的模型）。

（2）试着将 7.2.1 节中的例子的数据集修改成 one_hot 编码来进行拟合，利用所学的知识看看可以用几种方法来实现（可参考本书源代码中的代码"7-4 异或 one_hot.py"文件）。

7.3 实例31：利用全连接网络将图片进行分类

本例使用全连接网络，将第 5 章中的例子重新实现一遍，将 MNIST 图像用多层神经网络来分类。

实例描述

构建一个简单的多层神经网络，以拟合 MNIST 样本特征完成分类任务。

1. 定义网络参数

在输入和输出之间使用两个隐藏层，每层各 256 个节点，学习率使用 0.001。

代码7-5　MNIST多层分类

```
01  # 定义参数
02  learning_rate = 0.001
03  training_epochs = 25
04  batch_size = 100
05  display_step = 1
06
07  # 设置网络模型参数
08  n_hidden_1 = 256           # 第一个隐藏层节点个数
09  n_hidden_2 = 256           # 第二个隐藏层节点个数
10  n_input = 784              # MNIST 共 784 (28×28) 维
11  n_classes = 10             # MNIST 共 10 个类别（0～9）
```

2. 定义网络结构

multilayer_perceptron 函数为封装好的网络模型函数，第一层与第二层均使用 Relu 激活函数，loss 使用 softmax 交叉熵。具体代码如下。

代码7-5　MNIST多层分类（续）

```
12  #定义占位符
13  x = tf.placeholder("float", [None, n_input])
14  y = tf.placeholder("float", [None, n_classes])
15
16  # 创建 model
17  def multilayer_perceptron(x, weights, biases):
18      # 第一层隐藏层
19      layer_1 = tf.add(tf.matmul(x, weights['h1']), biases['b1'])
20      layer_1 = tf.nn.relu(layer_1)
21      # 第二层隐藏层
22      layer_2 = tf.add(tf.matmul(layer_1, weights['h2']), biases['b2'])
23      layer_2 = tf.nn.relu(layer_2)
24      # 输出层
```

```
25      out_layer = tf.matmul(layer_2, weights['out']) + biases['out']
26      return out_layer
27
28  # 学习参数
29  weights = {
30      'h1': tf.Variable(tf.random_normal([n_input, n_hidden_1])),
31      'h2': tf.Variable(tf.random_normal([n_hidden_1, n_hidden_2])),
32      'out': tf.Variable(tf.random_normal([n_hidden_2, n_classes]))
33  }
34  biases = {
35      'b1': tf.Variable(tf.random_normal([n_hidden_1])),
36      'b2': tf.Variable(tf.random_normal([n_hidden_2])),
37      'out': tf.Variable(tf.random_normal([n_classes]))
38  }
39
40  # 输出值
41  pred = multilayer_perceptron(x, weights, biases)
42
43  # 定义loss和优化器
44  cost = tf.reduce_mean(tf.nn.softmax_cross_entropy_with_logits
    (logits=pred, labels=y))
45  optimizer = tf.train.AdamOptimizer(learning_rate=learning_rate).
    minimize(cost)
```

3. 运行session输出结果

session运行的代码参见第5章实例，运行结果如下：

```
Epoch: 0001 cost= 166.257328408
Epoch: 0002 cost= 39.961055286
……
Epoch: 0023 cost= 0.335092138
Epoch: 0024 cost= 0.289653350
Epoch: 0025 cost= 0.286943634
 Finished!
Accuracy: 0.957
```

全连接网络可以成功地将图片进行分类，并且随着层数的增加和节点的增多，还能够得到更好的拟合效果。

注意：由于神经网络的学习算法限制，在实际情况中并不是层数越多、节点越多，效果就越好，因为在训练过程中使用的BP算法，会随着层数的逐渐增大其算出来的调整值会逐渐变小，直到其他层都感觉不到变化，即梯度消失的情况。

7.4　全连接网络训练中的优化技巧

随着科研人员在使用神经网络训练时不断的尝试，为我们留下了好多有用的技巧，合理地运用这些技巧可以使自己的模型得到更好的拟合效果。本节就来介绍下全连接网络在训练过程中的一些常用技巧。

7.4.1 实例32：利用异或数据集演示过拟合问题

全连接网络虽然在拟合问题上比较强大，但太强大的拟合效果也带来了其他的麻烦，这就是过拟合问题。什么是过拟合呢？

首先来看一个例子，这次将原有的 4 个异或数据扩充成上百个具有异或特征的数据集，通过全连接网络将它们进行分类。具体步骤如下：

实例描述

构建异或数据集模拟样本，再构建一个简单的多层神经网络来拟合其样本特征，观察其出现欠拟合的现象，接着通过增大网络复杂性的方式来优化欠拟合问题，使其出现过拟合现象。

1．构建异或数据集

参照代码"7-2 线性多分类.py"文件中的生成模拟数据代码，调用 generate 函数生成 4 类数据，然后将其中的两类数据合并。

代码7-6　异或集的过拟合

```
01  np.random.seed(10)
02
03  input_dim = 2
04  num_classes =4
05  X, Y = generate(320,num_classes,  [[3.0,0],[3.0,3.0],[0,3.0]],True)
06  Y=Y%2
07
08  xr=[]
09  xb=[]
10  for(l,k) in zip(Y[:],X[:]):
11      if l == 0.0 :
12          xr.append([k[0],k[1]])
13      else:
14          xb.append([k[0],k[1]])
15  xr =np.array(xr)
16  xb =np.array(xb)
17  plt.scatter(xr[:,0], xr[:,1], c='r',marker='+')
18  plt.scatter(xb[:,0], xb[:,1], c='b',marker='o')
19  plt.show()
```

运行上面的代码，可以看到数据集的结构如图 7-15 所示。

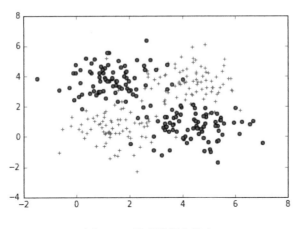

图 7-15 异或数据集输出

可以看到，图 7-15 中的数据分为两类，其中左下和右上是一类（红色用+表示），左上和右下是另一类（蓝色用•表示）。

2．修改定义网络模型

这里还沿用代码"7-3 异或.py"文件里的代码，不用改动，只需要把原来的异或数据集注释掉即可（代码略）。

3．添加可视化

这里生成 120 个点并放到模型里，然后将其在直角坐标系中显示出来。

代码7-6　异或集的过拟合（续）

```
20  xTrain, yTrain = generate(120,num_classes, [[3.0,0],[3.0,3.0],[0,3.0]],
    True)
21  yTrain=yTrain%2
22  xr=[]
23  xb=[]
24  for(l,k) in zip(yTrain[:],xTrain[:]):
25      if l == 0.0 :
26          xr.append([k[0],k[1]])
27      else:
28          xb.append([k[0],k[1]])
29  xr =np.array(xr)
30  xb =np.array(xb)
31  plt.scatter(xr[:,0], xr[:,1], c='r',marker='+')
32  plt.scatter(xb[:,0], xb[:,1], c='b',marker='o')
33  yTrain=np.reshape(yTrain,[-1,1])
34  print ("loss:\n", sess.run(loss, feed_dict={x: xTrain, y: yTrain}))
35
36  nb_of_xs = 200
37  xs1 = np.linspace(-1, 8, num=nb_of_xs)
38  xs2 = np.linspace(-1, 8, num=nb_of_xs)
```

```
39    xx, yy = np.meshgrid(xs1, xs2)            # 创建 grid
40    # 初始和填充 classification plane
41    classification_plane = np.zeros((nb_of_xs, nb_of_xs))
42    for i in range(nb_of_xs):
43        for j in range(nb_of_xs):
44            classification_plane[i,j] = sess.run(y_pred, feed_dict={x:
              [[ xx[i,j], yy[i,j] ]]} )
45            classification_plane[i,j] = int(classification_plane[i,j])
46
47    # 创建一个 color map 用来显示每一个格子的分类颜色
48    cmap = ListedColormap([
49            colorConverter.to_rgba('r', alpha=0.30),
50            colorConverter.to_rgba('b', alpha=0.30)])
51    # 图示样本的分类边界
52    plt.contourf(xx, yy, classification_plane, cmap=cmap)
53    plt.show()
```

运行上面的代码，得到如下信息：

```
Step: 0 Current loss: 0.50001
Step: 1000 Current loss: 0.359438
……
Step: 10000 Current loss: 0.204833
Step: 11000 Current loss: 0.204797
Step: 12000 Current loss: 0.204775
Step: 13000 Current loss: 0.204766
Step: 14000 Current loss: 0.204765
Step: 15000 Current loss: 0.204765
Step: 16000 Current loss: 0.204765
Step: 17000 Current loss: 0.204765
Step: 18000 Current loss: 0.204765
Step: 19000 Current loss: 0.204765
loss:
 0.204765
```

可视化后生成的数据集结构如图 7-16 所示。

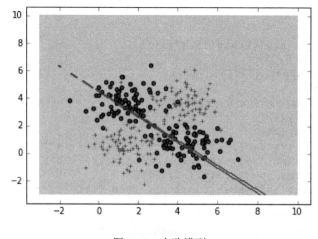

图 7-16　失败模型

可以看到，模型在迭代训练 10000 次之后停止了梯度，而且 loss 值约为 20%，准确率不高，所可视化的图片也没有将数据完全分开。

4. 欠拟合定义

如图 7-16 所示的这种效果就叫做欠拟合，即没有完全拟合到想要得到的真实数据情况。

5. 修正模型提高拟合度

欠拟合的原因并不是模型不行，而是我们的学习方法无法更精准地学习到适合的模型参数。模型越薄弱，对训练的要求就越高。但是可以采用增加节点或增加层的方式，让模型具有更高的拟合性，从而降低模型的训练难度。

将隐藏层的节点提高到 200，代码如下：

```
n_hidden = 200
```

运行代码后显示如下结果：

```
Step: 0 Current loss: 0.510105
Step: 1000 Current loss: 0.0951028
……
Step: 15000 Current loss: 0.0477655
Step: 16000 Current loss: 0.0463676
Step: 17000 Current loss: 0.0451465
Step: 18000 Current loss: 0.043569
Step: 19000 Current loss: 0.0421998
```

可视化后生成的数据集结构如图 7-17 所示。

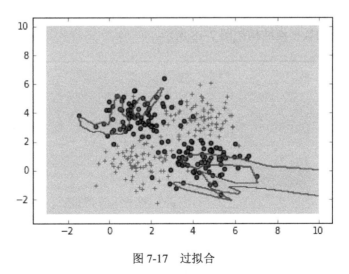

图 7-17 过拟合

从 7-17 中可以看到强大的全连接网络，仅仅通过一个隐藏层，使用 200 个点就可以将数据划分得这么细致。而 loss 值也在逐渐变小，20000 次之后变为 0.04。

6. 验证过拟合

那么对于上面的模型好不好呢？我们再取少量的数据（12个）放到模型里验证一下，然后用同样的方式在坐标系中可视化（可视化代码部分同上）。

代码7-6　异或集的过拟合（续）

```
54  xTrain, yTrain = generate(12,num_classes, [[3.0,0],[3.0,3.0],[0,3.0]], True)
55  yTrain=yTrain%2
56  xr=[]
57  xb=[]
58  for(l,k) in zip(yTrain[:],xTrain[:]):
59      if l == 0.0 :
60          xr.append([k[0],k[1]])
61      else:
62          xb.append([k[0],k[1]])
63  xr =np.array(xr)
64  xb =np.array(xb)
65  plt.scatter(xr[:,0], xr[:,1], c='r',marker='+')
66  plt.scatter(xb[:,0], xb[:,1], c='b',marker='o')
67  yTrain=np.reshape(yTrain,[-1,1])
68  print ("loss:\n", sess.run(loss, feed_dict={x: xTrain, y: yTrain}))
69  #可视化部分
70  ……
```

运行上面的代码，生成如下信息：

```
loss:
 0.149396
```

可视化后生成的数据集结构如图 7-18 所示。

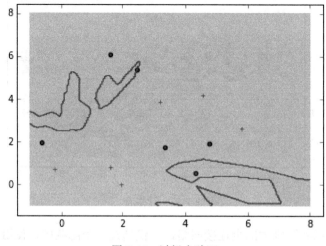

图 7-18　过拟合验证

由图 7-18 可以看出，loss 飙到了 14%，并没有原来训练时那么好（4%），模型还是原来的模型，但是这次却框住了少量的样本。这种现象就是过拟合。它与欠拟合一样都是我们在训练模型中不愿意看到的现象，我们要的是真正的拟合在测试情况下能够表现出训练时的良好效果。

避免过拟合的方法有很多：常用的方法有 early stopping、数据集扩增、正则化、dropout 等。

- early stopping：在发生过拟合之前提前结束训练。理论上是可以的，但是这个点不好把握。
- 数据集扩增（data augmentation）：就是让模型见到更多的情况，可以最大化地满足全样本，但实际应用中对于未来事件的预测却显得鞭长莫及。
- 正则化（regularization）：是通过引入范数的概念，增强模型的泛化能力，包括 L1、L2（L2 regularization 也叫 weight decay）。
- dropout：是网络模型中的一种方法，每次训练时舍去一些节点来增强泛化能力。

下面重点介绍一下后两种方法。

7.4.2 正则化

本节将开始学习正则化技巧。

1. 什么是正则化

所谓的正则化，其实就是在神经网络计算损失值的过程中，在损失后面再加一项。这样损失值所代表的输出与标准结果间的误差就会受到干扰，导致学习参数 w 和 b 无法按照目标方向来调整，实现模型无法与样本完全拟合的结果，从而达到防止过拟合的效果。

理解了原理之后，现在就来介绍如何添加这个干扰项。干扰项一定要有这样的特性：

- 当欠拟合时，希望它对模型误差的影响越小越好，以便让模型快速拟合实际。
- 如果是过拟合时，希望它对模型误差的影响越大越好，以便让模型不要产生过拟合的情况。

由此引入了两个范数 L1 和 L2：

- L1：所有学习参数 w 的绝对值的和。
- L2：所有学习参数 w 的平方和然后求平方根。

如果放到损失函数的公式里，会将其变形一下，如式（7-1）和式（7-2）所示，其中式（7-1）为 L1，式（7-2）为 L2。

$$less = less(0) + \lambda \sum_{W}^{n} |W| \qquad 式（7-1）$$

$$less = less(0) + \frac{\lambda}{2} \sum_{W}^{n} W^2 \qquad 式（7-2）$$

最终的 loss 为等式左边的结果，less(0)代表真实的 loss 值，less(0)后面的那一项就代表正则化了，λ 为一个可以调节的参数，用来控制正则化对 loss 的影响。

对于 L2，将其乘以 1/2 是为了反向传播时对其求导正好可以将数据规整。

2．TensorFlow中的正则化

对于上面的公式，读者了解一下就可以了。因为 TensorFlow 中已经有封装好的函数可以拿来直接使用。

L2 的正则化函数为：

```
tf.nn.l2_loss(t, name=None)
```

L1 的正则化函数目前在 TensorFlow 中没有现成的，可以自己组合为：

```
tf.reduce_sum( tf.abs(w) )
```

7.4.3 实例33：通过正则化改善过拟合情况

了解完过拟合的解决方法后，现在就来给前面的代码"7-6 异或集的过拟合.py"文件添加正则化的处理。代码非常简单，只需要在计算损失值时加上 loss 的正则化，例子中，使用的 λ 为 0.01，添加的是 L2_loss，代码如下。

实例描述

构建异或数据集模拟样本，使用多层神经网络将其分类，并使用正则化技术来改善过拟合情况。

代码7-7　异或集的L2_loss

```
01  ……
02  reg = 0.01                    #l2_loss参数
03  loss=tf.reduce_mean((y_pred-y)**2)+tf.nn.l2_loss(weights['h1'])
    *reg+tf.nn.l2_loss(weights['h2'])*reg
04  ……
```

其他的地方都不用动，运行代码，结果如下：

```
Step: 0 Current loss: 0.520193
……
Step: 16000 Current loss: 0.0913737
Step: 17000 Current loss: 0.0913519
Step: 18000 Current loss: 0.0913312
Step: 19000 Current loss: 0.0913115

loss:
 0.10637
```

可以看出，虽然训练的 loss 值增加了一些，变成了 0.09，但是模型的测试 loss 却由 0.15 降到了 0.1，比以前进步了不少。可视化后生成的模型如图 7-19 所示。

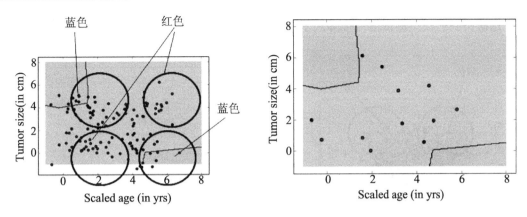

图 7-19 正则化模型

图 7-19 中，左边为模型在训练时的结果，右边为测试时的结果。图中的蓝色区域比起前面的例子不再是单独封闭的区间了。

7.4.4 实例 34：通过增大数据集改善过拟合

下面再试试通过增大数据集的方式来改善过拟合情况，这里不再生成一次样本，而是每次循环都生成 1000 个数据，来看看会发生什么。修改代码如下。

实例描述

构建异或数据集模拟样本，使用多层神经网络将其分类，并使用增大数据集的方法来改善过拟合情况。

在循环训练中，在 for 循环里的 sess.run 之前添加生成数据的代码，每次取 1000 个点。

代码7-7 异或集的L2_loss（续）

```
05    for i in range(20000):#生成异或数据集
06
07        X, Y = generate(1000,num_classes, [[3.0,0],[3.0,3.0],[0,3.0]],
      True)
08        Y=Y%2
09        Y=np.reshape(Y,[-1,1])
10
11        _, loss_val = sess.run([train_step, loss], feed_dict={x: X, y: Y})
```

其他地方都不用动，运行代码，生成如下信息：

```
Step: 0 Current loss: 0.399712
Step: 1000 Current loss: 0.141141
……
Step: 17000 Current loss: 0.0992013
Step: 18000 Current loss: 0.0991972
Step: 19000 Current loss: 0.0991939
loss:
 0.09075
```

这次得到的模型测试值直接降到了 0.9，比训练时还低。所生成的模型可视化如图 7-20 所示。

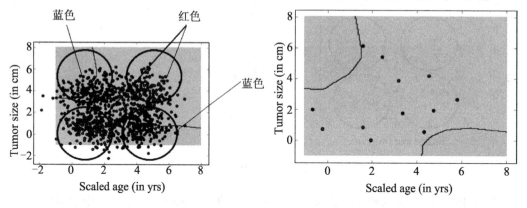

图 7-20　增大数据集

如图 7-20 所示增加数据集之后，发现蓝色区域比之前变得更大了，泛化效果也有了明显的提示。

7.4.5　练习题

试着使用 L1_loss 来改善过拟合现象，看看效果。

7.4.6　dropout——训练过程中，将部分神经单元暂时丢弃

还有一种常用的手段叫做 dropout，也是用来防止过拟合的。

1．dropout原理

还有一种常用的改善过拟合的方法 dropout。dropout 的意思是，在训练过程中，每次随机选择一部分节点不要去"学习"。

这样做的原理是什么呢？

因为从样本数据的分析来看，数据本身是不可能很纯净的，即任何一个模型不能 100% 把数据完全分开，在某一类中一定会有一些异常数据，过拟合的问题恰恰是把这些异常数据当成规律来学习了。对于模型来讲，我们希望它能够有一定的"智商"，把异常数据过滤掉，只关心有用的规律数据。

异常数据的特点是，它与主流样本中的规律都不同，但是量非常少，相当于在一个样本中出现的概率比主流数据出现的概率低很多。我们就是利用这个特性，通过在每次模型中忽略一些节点的数据学习，将小概率的异常数据获得学习的机会降低，这样这些异常数

据对模型的影响就会更小了。

> 注意：由于 dropout 让一部分节点不去"学习"，所以在增加模型的泛化能力的同时，会使学习速度降低，使模型不太容易"学成"，所以在使用的过程中需要合理地调节到底丢弃多少节点，并不是丢弃的节点越多越好。

2．TensorFlow中的dropout

在 TensorFlow 中 dropout 的函数原型如下：

`def dropout(x, keep_prob, noise_shape=None, seed=None, name=None)`

其中的参数意义如下。
- X：输入的模型节点。
- keep_prob：保持率。如果为1，则代表全部进行学习；如果为0.8，则代表丢弃20%的节点，只让80%的节点参与学习。
- noise_shape：代表指定 x 中，哪些维度可以使用 dropout 技术。为 None 时，表示所有维度都使用 dropout 技术。也可以将某个维度标志为1，来代表该维度使用 dropout 技术。例如：x 的形状为[n, len, w, ch]，使用 noise_shape 为[n, 1, 1, ch]，这表明会对 x 中的第二维度 len 和第三维度 w 进行 dropout。
- seed：随机选取节点的过程中随机数的种子值。

> 注意：dropout 改变了神经网络的网络结构，它仅仅是属于训练时的方法，所以一般在进行测试时要将 dropout 的 keep_prob 变为 1，代表不需要进行丢弃，否则会影响模型的正常输出。

7.4.7 实例35：为异或数据集模型添加 dropout

本例在代码"7-7 异或集的 L2_loss.py"文件的基础上进行修改，为了体现效果，把原来的 l2_loss 去掉（实际过程中可以两个方法一起使用）。

实例描述

构建异或数据集模拟样本，使用多层神经网络将其分类，并使用 dropout 技术来改善过拟合情况。

如下代码，在 layer_1 后面添加一个 dropout 层，将 dropout 的 keep_prob 设为占位符，这样可以在运行时随时指定 keep_prob，在 session 的 run 中指定 keep_prob 为 0.6，这意味着每次训练将仅允许 0.6 的节点参与学习运算。由于学习速度慢了，所以要将学习率调大一些，变成 0.01，加快训练。

另外，在测试时别忘了一定要将 keep_prob 调成 1。

代码7-8 异或集dropout

```
01  ……
02  learning_rate = 0.01#1e-4
03  ……
04  layer_1 = tf.nn.relu(tf.add(tf.matmul(x, weights['h1']), biases['h1']))
05
06  keep_prob = tf.placeholder("float")
07  layer_1_drop = tf.nn.dropout(layer_1, keep_prob)
08
09  #Leaky relus 激活函数
10  layer2 =tf.add(tf.matmul(layer_1_drop, weights['h2']),biases['h2'])
11  y_pred = tf.maximum(layer2,0.01*layer2)
12  ……
13  for i in range(20000):
14
15      X, Y = generate(1000,num_classes, [[3.0,0],[3.0,3.0],[0,3.0]], True)
16      Y=Y%2
17      Y=np.reshape(Y,[-1,1])
18
19      _, loss_val = sess.run([train_step, loss], feed_dict={x: X, y: Y, keep_prob:0.6})
20
21      if i % 1000 == 0:
22          print ("Step:", i, "Current loss:", loss_val)
23  ……
24  yTrain=np.reshape(yTrain,[-1,1])
25  print ("loss:\n", sess.run(loss, feed_dict={x: xTrain, y: yTrain,keep_prob:1.0}))
26  ……
```

运行代码，输出如下：

```
Step: 0 Current loss: 0.503951
Step: 1000 Current loss: 0.0896698
Step: 2000 Current loss: 0.0923921
Step: 3000 Current loss: 0.0912758
Step: 4000 Current loss: 0.0885499
Step: 5000 Current loss: 0.0899685
Step: 6000 Current loss: 0.0923872
Step: 7000 Current loss: 0.0922362
Step: 8000 Current loss: 0.0920109
Step: 9000 Current loss: 0.0918544
Step: 10000 Current loss: 0.0894592
Step: 11000 Current loss: 0.0899565
Step: 12000 Current loss: 0.0939654
Step: 13000 Current loss: 0.0950037
Step: 14000 Current loss: 0.0922148
Step: 15000 Current loss: 0.0934821
Step: 16000 Current loss: 0.093902
Step: 17000 Current loss: 0.0913219
Step: 18000 Current loss: 0.0939114
Step: 19000 Current loss: 0.0912721
```

```
loss:
 0.0604928
```

测试效果很不错！这次的模型测试 loss 比训练的 loss 值还要低，而且达到了 0.06。这就是 dropout 的效果。

7.4.8 实例36：基于退化学习率dropout技术来拟合异或数据集

从上面的结果可以看到，损失值在 10000 时是 0.08，后来又涨到了 0.09，尤其在最后几次，出现了抖动的现象，这表明后期的学习率有点大了。读者还记得前面学过的退化学习率吗？下面我们就在上面的例子中添加退化学习率，让开始的学习率很大，后面逐渐变小。

实例描述

构建异或数据集模拟样本，使用多层神经网络将其分类，并使用 dropout 配合退化学习率的技术来改善过拟合情况。

在使用优化器的代码部分添加 decaylearning_rate，设置总步数为 20000，每执行 1000 步，学习率衰减 0.9，见如下代码。

代码7-8 异或集dropout（续）

```
27  global_step = tf.Variable(0, trainable=False)
28  decaylearning_rate = tf.train.exponential_decay(learning_rate,
    global_step,1000, 0.9)
29  #train_step = tf.train.AdamOptimizer(learning_rate).minimize(loss)
30  train_step = tf.train.AdamOptimizer(decaylearning_rate).minimize
    (loss,global_step=global_step)
```

运行上面代码，输出如下：

```
Step: 0 Current loss: 0.42503
Step: 1000 Current loss: 0.0930188
Step: 2000 Current loss: 0.0894333
Step: 3000 Current loss: 0.0918793
Step: 4000 Current loss: 0.0913094
Step: 5000 Current loss: 0.0913863
Step: 6000 Current loss: 0.0875175
Step: 7000 Current loss: 0.0903373
Step: 8000 Current loss: 0.0899588
Step: 9000 Current loss: 0.0899196
Step: 10000 Current loss: 0.0901761
Step: 11000 Current loss: 0.0887947
Step: 12000 Current loss: 0.0891289
Step: 13000 Current loss: 0.0883277
Step: 14000 Current loss: 0.0908775
Step: 15000 Current loss: 0.0866709
Step: 16000 Current loss: 0.0907037
Step: 17000 Current loss: 0.0897186
Step: 18000 Current loss: 0.0889717
Step: 19000 Current loss: 0.0901095
loss: 0.0568894
```

可以看到，整个 loss 的趋势是在减小的，而且 loss 值变成了 0.56，比原来更低了，虽然也有些波动，但那是因为 dropout 随机时受到了异常数据运算结果的影响。

来看一下最终这次模型的可视化效果，如图 7-21 所示，红色用+表示，蓝色用·表示。

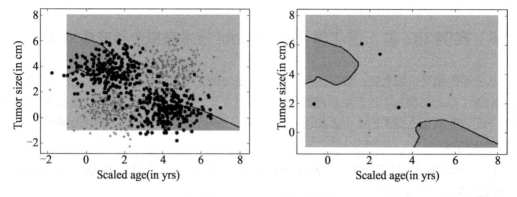

图 7-21 dropout+退化学习率

7.4.9 全连接网络的深浅关系

全连接神经网络是一个通用的近似框架。只要有足够多的神经元，即使只有一层隐藏层的神经网络，利用常用的 Sigmoid、reLU 等激活函数，就可以无限逼近任何连续函数。

在实际中，如果想使用浅层神经网络来拟合复杂非线性函数，就需要靠增加的神经元个数来实现。神经元过多意味着需要训练的参数过多，这会增加网络的学习难度，并影响网络的泛化能力。因此，在搭建网络结构时，一般倾向于使用更深的模型，来减少网络中所需要神

经元的数量，使网络有更好的泛化能力。

7.5 练习题

在本书的源代码里有 3 个关于异或问题的代码文件 "7-9 xorerr1.py、7-10 xorerr2.py、7-11 xorerr3.py"，分别存在着不同的错误，试着修正它们，生成正确的模型。

第8章 卷积神经网络——解决参数太多问题

卷积神经网络是深度学习中最经典的模型之一。当今所有的深度学习经典模型中都能找到卷积神经网络的身影。它巧妙地利用很少的权重却达了全连接网络实现不了的效果。本章将进入卷积神经网络的学习。先看看与全连接网络相比，它能够解决哪些问题。

本章含有教学视频 18 分 04 秒。

作者按照本章的内容结构，对主要内容体系进行了概括性的讲解，包括卷积神经网络的作用，卷积操作和反卷积操作的实现及作用，以及关于卷积神经网络在训练中的一些优化技巧等（重点是对卷积及池化中的输入输出对应规则，以及卷积网络的优化技巧）。

8.1 全连接网络的局限性

在第 7 章的代码 "7-5 mnist 多层分类.py" 的实例中，仅使用了一个 28×28 像素的小图片数据集就完成了分类任务。但在实际应用中要处理的图片像素一般都是 1024，甚至更大。这么大的图片输入到全连接网络中后会有什么效果呢？我们可以分析一下。

如果只有两个隐藏层，每层各用了 256 个节点，则 MNIST 数据集所需要的参数是（28×28×256+256×256+256×10）个 w，再加上（256+256+10）个 b。

1. 图像变大导至色彩数变多，不好解决

如果换为 1000 像素呢？仅一层就需要 1000×1000×256≈2 亿个 w（可以把 b 都忽略）。

这只是灰度图，如果是 RGB 的真彩色图呢？再乘上 3 后则约等于 6 亿。如果想要得到更好的效果，再加几个隐藏层……可以想象，需要的学习参数量将是非常多的，不仅消耗大量的内存，同时也需要大量的运算，这显然不是我们想要的结果。

2．不便处理高维数据

对于比较复杂的高维数据，如按照全连接的方法，则只能通过增加节点、增加层数的方式来解决。而增加节点会引起参数过多的问题。因为由于隐藏层神经网络使用的是 Sigmoid 或 Tanh 激活函数，其反向传播的有效层数也只能在 4~6 层左右。所以，层数再多只会使反向传播的修正值越来越小，网络无法训练。

而卷积神经网络使用了参数共享的方式，换了一个角度来解决问题，不仅在准确率上大大提升，也把参数降了下来。下面就来学习一下卷积神经网络。

8.2　理解卷积神经网络

卷积神经网络避免了对参数的过度依赖，相比全连接神经网络，能更好地识别高维数据（即超大图片）。它是什么样的一个东西呢？ 先来理解一下 sobel 算子吧。如图 8-1 这就是 sobel 算子对图片处理后的效果，它可以把图片的轮廓显示出来。

a)　　　　　　　　　　　　b)

图 8-1　sobel 算子示例

不要被它的名字吓到,它其实是个很简单的矩阵计算,其方法见图 8-2 所示的卷积过程。
图 8-2a 的 5×5 矩阵可以理解为图 8-1a（即原始图片），经过卷积操作后，变为图 8-2b 对应图 8-1b（即轮廓图）。

整个过程如图 8-2 所示，具体步骤如下。

（1）在外面补了一圈 0，这个过程叫做 pading，目的是为了变换后生成同样大小的矩阵。

（2）将图 8-2a 左上角的 3×3 矩阵中的每个元素分别与中间的 3×3 矩阵对应位置上的元素相乘，然后再相加，这样得到的值作为图 8-2b 的第一个元素。

（3）中间的3×3矩阵就是sobel算子。
（4）把图8-2a中左上角的3×3矩阵向右移动一个格，这可以理解为步长为1。
（5）将图8-2a矩阵中的每个元素分别与中间的3×3矩阵对应位置上的元素相乘然后进行加和运算，算出的值填到图8-2b的第二个元素里。
（6）一直重复上述操作，直到将图8-2b中的值都填满，整个这个过程就叫做卷积。

sobel矩阵可以理解为卷积神经网络里的卷积核（也可以叫"滤波器"，filter），它里面的值也可以理解为权重w。在sobel中，这些w是固定的，就相当于一个训练好的模型，只要通过里面的值变换后的图片，就会产生具有轮廓的效果。这个变换后的图片，在卷积神经网络里称为feature map。

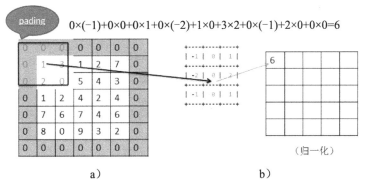

图8-2 卷积过程

> 注意：新生成的图片里面的每个像素值并不能保证在0~256之间。对于在区间外的像素点会导致灰度图无法显示，所以还需要做一次归一化，然后每个值都乘以256，再将所有的值映射到这个区间内。
> 归一化算法：$x=(x-Min)/(Max-Min)$。
> 其中，Max与Min为整体数据里的最大值和最小值，x是当前要转换的像素值。归一化之后可以保证每个x都在[0,1]的区间内。

8.3 网络结构

卷积神经网络的结构与全连接网络相比复杂得多。它的网络结构主要包括卷积层、池化层。细节又可以分为滤波器、步长、卷积操作、池化操作等。

8.3.1 网络结构描述

前面讲述的是一个基本原理，实际的卷积操作会复杂一些，对于一幅图片一般会使用多个卷积核（滤波器），将它们统一放到卷积层里来操作，这一层中有几个滤波器，就会得出几个 feature map，接着还要经历一个池化层（pooling），将生成的 feature map 缩小（降维），池化层会在下面的文章中介绍。图 8-3 所示为神经网络中一个标准的卷积操作组合。

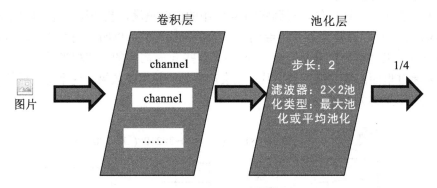

图 8-3　卷积结构

图 8-3 中卷积层里面 channel 的个数代表卷积层的深度。池化层中则只有一个滤波器（fileter），主要参数是尺寸大小（即步长大小）。

下面先来看一个卷积网络的完整结构，如图 8-4 所示。

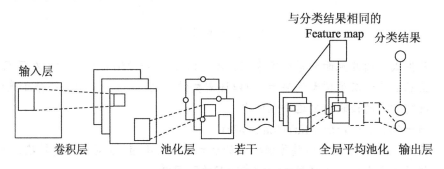

图 8-4　卷积网络的完整结构

一个卷积神经网络里包括 5 部分——输入层、若干个卷积操作和池化层结合的部分、全局平均池化层、输出层：

- 输入层：将每个像素代表一个特征节点输入进来。
- 卷积操作部分：由多个滤波器组合的卷积层。
- 池化层：将卷积结果降维。
- 全局平均池化层：对生成的 feature map 取全局平均值。
- 输出层：需要分成几类，相应的就会有几个输出节点。每个输出节点都代表当前样本属于的该类型的概率。

输入层、输出层在前面章节已有介绍，下面重点讲讲卷积操作和池化层。

> **注意**：全局平均池化层是后出的新技术，在以前的大部分教材里，这个位置通过是使用1～3个全连接层来代替的。全连接层的劣势在于会产生大量的计算，需要大量的参数，但在效果上却和全局平均池化层一样。所以，在这里请读者忘掉全连接层，直接使用效率更高的全局平均池化层。

8.3.2 卷积操作

前面的 8.2 节中采用 soble 因子对图片的操作，可以理解成一次卷积操作。下面来系统地了解卷积操作。卷积分为窄卷积、全卷积和同卷积。

在一一介绍这些卷积类型之前，首先介绍一下步长的概念。

1. 步长

步长是卷积操作的核心。通过步长的变换，可以得到想要的不同类型的卷积操作。先以窄卷积为例，看看它的操作及相关术语，如图 8-5 所示。

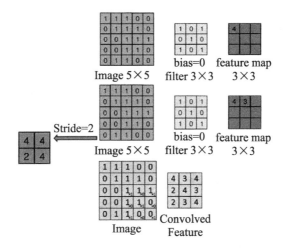

图 8-5 卷积细节

图 8-5 中，5×5 大小的矩阵代表图片，每个图片右侧的 3×3 矩阵代表卷积核，最右侧的 3×3 矩阵为计算完的结果 feature map。

卷积操作仍然是将卷积核（filter）对应的图片（image）中的矩阵数据一一相乘，再相加。图 8-5 中，第一行 feature map 中的第一个元素，是由 image 块中前 3 行 3 列中的每个元素与 filter 中的对应元素相乘再相加得到的（4=1×1+1×0+1×1+0×0+1×1+1×0+0×1+0×0+1×1）。

步长（stride）表示卷积核在图片上移动的格数。

- 当步长为 1 的情况下，如图 8-5 中，第二行右边的 feature map 块里的第二个元素 3，是由卷积核计算完第一个元素 4，右移一格后计算得来的，相当于图片中的前 3 行和第 1 到第 4 列围成的 3×3 矩阵与卷积核各对应元素进行相乘相加操作（3= 1×1+1×0+0×1+1×0+1×1+1×0+0×1+1×0+1×1）。
- 当步长为 2 的情况下，就代表每次移动 2 个格，最终会得到一个如图 8-5 中第二行左边的 2×2 矩阵块的结果。

2. 窄卷积

窄卷积（valid 卷积），从字面上也可以很容易理解，即生成的 feature map 比原来的原始图片小，它的步长是可变的。假如滑动步长为 S，原始图片的维度为 $N1 \times N1$，那么卷积核的大小为 $N2 \times N2$，卷积后的图像大小为 $[(N1-N2)/(S+1)] \times [(N1-N2)/(S+1)]$。

3. 同卷积

同卷积（same 卷积），代表的意思是卷积后的图片尺寸与原始图片的尺寸一样大，同卷积的步长是固定的，滑动步长为 1。一般操作时都要使用 padding 技术（外围补一圈 0，以确保生成的尺寸不变）。

4. 全卷积

全卷积（full 卷积），也叫反卷积，就是把原始图片里的每个像素点都用卷积操作展开。如图 8-6 所示，白色的块是原始图片，浅色的是卷积核，深色的是正在卷积操作的像素点。反卷积操作的过程中，同样需要对原有图片进行 padding 操作，生成的结果会比原有的图片尺寸大。

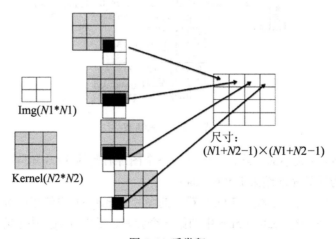

图 8-6 反卷积

全卷积的步长也是固定的，滑动步长为 1，假如原始图片的维度为 $N1 \times N1$，那么卷积核的大小为 $N2 \times N2$，卷积后的图像大小，即 $(N1+N2-1) \times (N1+N2-1)$

前面的窄卷积和同卷积都是卷积网络里常用的技术,然而全卷积(full 卷积)却相反,它更多地用在反卷积网络中,关于反卷积网络的内容,将在后面的章节进行介绍。

5. 反向传播

因为反向传播在框架里已经封装好,不需要对其进行编码修改,所以对于反向传播方面的知识,这里只简单介绍下基本原理,读者知道大概意思即可。

反向传播的核心步骤主要有两步:
(1)反向将误差传到前面一层。
(2)根据当前的误差对应的学习参数表达式,计算出其需要更新的差值。

对于第(2)步,与前面的反向求导是一样的,仍然使用链式求导法则,找到使误差最小化的梯度,再配合学习率算出更新的差值。将生成的 feature map 做一次 padding 后,与转置后的卷积核做一次卷积操作即可得到输入端的误差,从而实现误差的反向传递。

这里只介绍个概念,具体的计算规则请读者参看后面的反卷积部分,这里不再赘述。

6. 多通道的卷积

通道(Channel),是指图片中每个像素由几个数来表示,这几个数一般指的就是色彩。比如一个灰度图的通道就是 1,一个彩色图的通道就是 3(红、黄、蓝)。前面介绍的都是单通道的卷积计算,那么对于多通道的卷积计算是什么样的呢?

在卷积神经网络里,通道又分输入通道和输出通道。

- 输入通道:就是前面刚介绍的图片的通道。如是彩色图片,起始的输入通道就是 3。如是中间层的卷积,输入通道就是上一层的输出通道个数,计算方法是,每个输入通道的图片都使用同一个卷积核进行卷积操作,生成与输入通道匹配的 feature map(比如彩色图片就是 3 个),然后再把这几张 feature map 相同位置上的值加起来,生成一张 feature map。
- 输出通道:很好理解了,想要输出几个 feature map,就放几个卷积核,就是几个输出通道。

8.3.3 池化层

池化的主要目的是降维,即在保持原有特征的基础上最大限度地将数组的维数变小。

池化的操作外表跟卷积很像,只是算法不同:
- 卷积是将对应像素上的点相乘,然后再相加。
- 池化中只关心滤波器的尺寸,不考虑内部的值。算法是,滤波器映射区域内的像素点取取平均值或最大值。

池化步骤也有步长,这一点与卷积是一样的。

1. 均值池化

这个很好理解，就是在图片上对应出滤波器大小的区域，对里面的所有不为 0 的像素点取均值。这种方法得到的特征数据会对背景信息更敏感一些。

注意：一定是不为 0 的像素点，这个很重要。如果把带 0 的像素点加上，则会增加分母，从而使整体数据变低。

2. 最大池化

同理，最大池化就是在图片上对应出滤波器大小的区域，将里面的所有像素点取最大值。这种方法得到的特征数据会对纹理特征的信息更敏感一些。

3. 反向传播

池化的反向传播要比卷积容易理解。对于最大池化，直接将其误差还原到对应的位置，其他用 0 填入；对于均值池化，则是将其误差全部填入该像素对应的池化区域。该部分的详细算法也与反池化算法完全相同，读者可以参看反池化部分的介绍。

8.4 卷积神经网络的相关函数

在 TensorFlow 中，使用 tf.nn.conv2d 来实现卷积操作，使用 tf.nn.max_pool 进行最大池化操作。通过传入不同的参数，来实现各种不同类型的卷积与池化操作。下面介绍这两个函数中各参数的具体意义。

8.4.1 卷积函数 tf.nn.conv2d

TensorFlow 里使用 tf.nn.conv2d 函数来实现卷积，其格式如下。

```
tf.nn.conv2d(input, filter, strides, padding, use_cudnn_on_gpu=None, name=None)
```

除去参数 name 参数用以指定该操作的 name，与方法有关的共有 5 个参数。
- input：指需要做卷积的输入图像，它要求是一个 Tensor，具有[batch, in_height, in_width, in_channels]这样的形状（shape），具体含义是"训练时一个 batch 的图片数量，图片高度，图片宽度，图像通道数"，注意这是一个四维的 Tensor，要求类型为 float32 和 float64 其中之一。
- filter：相当于 CNN 中的卷积核，它要求是一个 Tensor，具有[filter_height, filter_width, in_channels, out_channels]这样的 shape，具体含义是"卷积核的高度，滤波器的宽

度，图像通道数，滤波器个数"，要求类型与参数 input 相同。有一个地方需要注意，第三维 in_channels，就是参数 input 的第四维。
- strides：卷积时在图像每一维的步长，这是一个一维的向量，长度为 4。
- padding：定义元素边框与元素内容之间的空间。string 类型的量，只能是 SAME 和 VALID 其中之一，这个值决定了不同的卷积方式，padding 的值为'VALID'时，表示边缘不填充，当其为'SAME'时，表示填充到滤波器可以到达图像边缘。
- use_cudnn_on_gpu：bool 类型，是否使用 cudnn 加速，默认为 true。
- 返回值：tf.nn.conr2d 函数结果返回一个 Tensor，这个输出就是常说的 feature map。

> 注意：在卷积函数中，padding 参数是最容易引起歧义的，该参数仅仅决定是否要补 0，因此一定要清楚 padding 设为 SAME 的真正含义。在设为 SAME 的情况下，只有在步长为 1 时生成的 feature map 才会与输入值相等。

8.4.2 padding 规则介绍

padding 属性的意义是定义元素边框与元素内容之间的空间。

在 tf.nn.conv2d 函数中，当变量 padding 为 VALID 和 SAME 时，函数具体是怎么计算的呢？其实是有公式的。为了方便演示，先来定义几个变量：

- 输入的尺寸中高和宽定义成 in_height、in_width。
- 卷积核的高和宽定义成 filter_height、filter_width。
- 输出的尺寸中高和宽定义成 output_height、output_width。
- 步长的高宽方向定义成 strides_height、strides_width。

1. VALID情况

输出宽和高的公式代码分别为：

```
output_width=(in_width-filter_width + 1)/strides_ width（结果向上取整）
output_height=(in_height-filter_height+1)/strides_height（结果向上取整）
```

2. SAME情况

输出的宽和高将与卷积核没有关系，具体公式代码如下：

```
out_height = in_height / strides_height（结果向上取整）
out_width  = in_width / strides_ width（结果向上取整）
```

这里有一个很重要的知识点——补零的规则，见如下代码：

```
pad_height=max((out_height-1)×strides_height +filter_height-in_height,0)
pad_width = max((out_width-1)×strides_ width +filter_width - in_width, 0)
pad_top = pad_height / 2
pad_bottom = pad _height - pad_top
```

```
pad_left = pad _width / 2
pad_right = pad _width - pad_left
```

上面代码中

- pad_height：代表高度方向要填充 0 的行数。
- pad_width：代表宽度方向要填充 0 的列数。
- pad_top、pad_bottom、pad_left、pad_right：分别代表上、下、左、右这 4 个方向填充 0 的行、列数。

3．规则举例

下面通过例子来理解一下 padding 规则。

假设用`一个一维数据来举例，输入是 13，filter 是 6，步长是 5，对于 padding 的取值有如下表示：

'VALID'相当于 padding，生成的宽度为（13-6+1）/5 = 2（向上取整）个数字。

```
inputs:         1  2  3  4  5  6  7  8  9  10  11  (12 13)
               |_____|                    dropped
                          |_____|
```

'SAME'=相当于 padding，生成的宽度为 13/5=3（向上取整）个数字。

Padding 的方式可以如下计算：

```
Pad_width = (3-1) ×5+6-13 = 3
Pad_left = pad_width/2= 3/2 = 1
Pad_rigth = pad_width-pad_left = 2
```

在左边补一个 0，右边补 2 个 0。

```
                       pad|                                      | pad
inputs:         0 | 1  2  3  4  5  6  7  8  9  10  11  12  13 | 0  0
               |_____|
                          |_____|
                                     |_____|
```

8.4.3 实例 37：卷积函数的使用

下面通过一个例子来介绍卷积函数的用法。

实例描述

通过手动生成一个 5×5 的矩阵来模拟图片，定义一个 2×2 的卷积核，来测试 tf.nn.conv2d 函数里的不同参数，验证其输出结果。

在这个例子中，分为如下几个步骤来写代码。

（1）定义输入变量。
（2）定义卷积核变量。
（3）定义卷积操作。
（4）运行卷积操作。

下面就来一一操作。

1. 定义输入变量

定义3个输入变量用来模拟输入图片，分别是5×5大小1个通道的矩阵、5×5大小2个通道的矩阵、4×4大小1个通道的矩阵，并将里面的值统统赋为1。

代码8-1 卷积函数使用

```
01  import tensorflow as tf
02
03  # [batch, in_height, in_width, in_channels] [训练时一个批次的图片数量,
        图片高度, 图片宽度, 图像通道数]
04  input = tf.Variable(tf.constant(1.0,shape = [1, 5, 5, 1]))
05  input2 = tf.Variable(tf.constant(1.0,shape = [1, 5, 5, 2]))
06  input3 = tf.Variable(tf.constant(1.0,shape = [1, 4, 4, 1]))
```

2. 定义卷积核变量

定义5个卷积核，每个卷积核都是2×2的矩阵，只是输入、输出的通道数有差别，分别为1ch输入、1ch输出，1ch输入、2ch输出，1ch输入、3ch输出，2ch输入、2ch输出，2ch输入、1ch输出，并分别在里面填入指定的数值：

代码8-1 卷积函数使用（续）

```
07  # [filter_height, filter_width, in_channels, out_channels]
      （卷积核的高度，卷积核的宽度，图像通道数，卷积核个数）
08  filter1 = tf.Variable(tf.constant([-1.0,0,0,-1],shape = [2, 2, 1, 1]))
09  filter2 = tf.Variable(tf.constant([-1.0,0,0,-1,-1.0,0,0,-1],shape =
      [2, 2, 1, 2]))
10  filter3 = tf.Variable(tf.constant([-1.0,0,0,-1,-1.0,0,0,-1,-1.0,
      0,0,-1],shape = [2, 2, 1, 3]))
11  filter4 = tf.Variable(tf.constant([-1.0,0,0,-1,
12                                     -1.0,0,0,-1,
13                                     -1.0,0,0,-1,
14                                     -1.0,0,0,-1],shape = [2, 2, 2, 2]))
15  filter5 = tf.Variable(tf.constant([-1.0,0,0,-1,-1.0,0,0,-1],shape =
      [2, 2, 2, 1]))
```

3. 定义卷积操作

将步骤1的输入与步骤2的卷积核组合起来，建立8个卷积操作，看看生成的内容与前面所讲述的规则是否一致。

代码8-1 卷积函数使用（续）

```
16  # padding 的值为'VALID',表示边缘不填充； 当其为'SAME'时,表示填充到卷积核可以到
      达图像边缘
17  op1 = tf.nn.conv2d(input, filter1, strides=[1, 2, 2, 1], padding='SAME')
                      #1个通道输入,生成1个feature ma
18  op2 = tf.nn.conv2d(input, filter2, strides=[1, 2, 2, 1], padding='SAME')
```

```
19  op3 = tf.nn.conv2d(input, filter3, strides=[1, 2, 2, 1], padding='SAME')
                           #1 个通道输入，生成 2 个 feature map
                           #1 个通道输入，生成 3 个 feature map
20
21  op4 = tf.nn.conv2d(input2, filter4, strides=[1, 2, 2, 1], padding=
    'SAME')                # 2 个通道输入，生成 2 个 feature
22  op5 = tf.nn.conv2d(input2, filter5, strides=[1, 2, 2, 1], padding=
    'SAME')                # 2 个通道输入，生成 1 个 feature map
23
24  vop1 = tf.nn.conv2d(input, filter1, strides=[1, 2, 2, 1], padding=
    'VALID')               # 5*5 对于 pading 不同而不同
25  op6 = tf.nn.conv2d(input3, filter1, strides=[1, 2, 2, 1], padding=
    'SAME')
26  vop6 = tf.nn.conv2d(input3, filter1, strides=[1, 2, 2, 1], padding=
    'VALID')               #4*4 与 pading 无关
```

这么多卷积操作看着有点混乱，按照演示的目的将其分类一下，分别介绍。

（1）演示 padding 补 0 的情况

如上文代码，op1 使用了 padding=SAME 的一个通道输入、一个通道输出的卷积操作，步长为 2×2，按前面的函数介绍，这种情况 TensorFlow 会对 input 补 0。通过前面的公式计算，会生成 3×3 大小的矩阵，并且在右侧和下侧各补一圈 0，由 5×5 矩阵变成 6×6 矩阵，如图 8-7 所示。

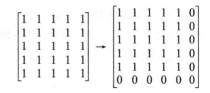

图 8-7　padding 例子

（2）演示多通道输出时的内存排列

op2 示例了 1 个通道生成 2 个输出，oP3 示例了 1 个通道生成 3 个输出，可以看下它们在内存中的排列样子。

（3）演示卷积核对多通道输入的卷积处理

op4 示例了 2 个通道生成 2 个输出，op5 示例了 2 个通道生成 1 个输出，比较下对于 2 个通道的卷积结果，观察是多通道的结果叠加，还是每个通道单独对应一个卷积核进行输出。

（4）验证不同尺寸下的输入受到 padding 为 SAME 和 VALID 的影响

op1 和 vop1 示例了 5×5 尺寸输入在 padding 为 SAME 和 VALID 时的变化情况，op6 和 vop6 示例了 4×4 尺寸输入在 padding 为 SAME 和 VALID 下的变化情况。

4．运行卷积操作

在本步操作之前，读者可以把前面的规则熟记一下，然后试着自己推导一下，比较得到的输出结果。下面把这些结果打印出来，看看与你推导的是否一致。

代码8-1　卷积函数使用（续）

```
27  init = tf.global_variables_initializer()
28  with tf.Session() as sess:
```

```
29        sess.run(init)
30
31        print("op1:\n",sess.run([op1,filter1]))       #1-1  后面补0
32        print("------------------")
33
34        print("op2:\n",sess.run([op2,filter2]))       #1-2 多卷积核，按列取
35        print("op3:\n",sess.run([op3,filter3]))       #1-3 一个输入，3个输出
36        print("------------------")
37
38        print("op4:\n",sess.run([op4,filter4]))       #2-2 通道叠加
39        print("op5:\n",sess.run([op5,filter5]))       #2-1 两个输入，一个输出
40        print("------------------")
41
42        print("op1:\n",sess.run([op1,filter1]))       #1-1 一个输入，一个输出
43        print("vop1:\n",sess.run([vop1,filter1]))
44        print("op6:\n",sess.run([op6,filter1]))
45        print("vop6:\n",sess.run([vop6,filter1]))
```

下面分别是介绍这段代码的执行结果。

（1）执行代码8-1中的31和32行代码，对应的输出如下：（为了看起来方便，将格式进行了整理）

```
op1:
 [array([[[[-2.],[-2.], [-1.]],
        [[-2.],[-2.],[-1.]],
        [[-1.],[-1.],[-1.]]]], dtype=float32),
 array([[[[-1.]],[[ 0.]]],
   [[[ 0.]],[[-1.]]]], dtype=float32)]
```

上面输出中5×5矩阵通过卷积操作生成了3×3矩阵，对padding的补0情况是在后面和下面补0，所以会在矩阵的右边和下边生成-1。

（2）执行代码8-1中的34～36行，对应的输出如下：

```
op2:
 [array([[[[-2.,-2.],[-2.,-2.],[-2.,0.]],
        [[-2.,-2.],[-2.,-2.],[-2.,0.]],
        [[-1.,-1.],[-1.,-1.],[-1.,0.]]]],dtype=float32),
array([[[[-1.,0.]],[[0.,-1.]]],
 [[[-1.,0.]],[[0.,-1.]]]],dtype=float32)]
op3:
 [array([[[[-2.,-2.,-2.],[-2.,-2.,-2.],[-1.,-1.,-1.]],
        [[-2.,-2.,-2.],[-2.,-2.,-2.],[-1.,-1.,-1.]],
        [[-2.,-1.,0.],[-2.,-1.,0.],[-1.,0.,0.]]]],dtype=float32),
array([[[[-1.,0.,0.]],[[-1.,-1.,0.]]],
  [[[ 0.,-1.,-1.]],[[0.,0.,-1.]]]],dtype=float32)]
```

上面输出中，生成的多通道的输出，是按列排列的（每一个feature map为一列）。为了方便理解，以op2为例，其剖析图如图8-8所示。

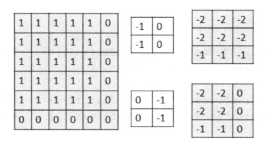

图 8-8 卷积示例

（3）执行代码 8-1 中的 37～39 行，对应的输出如下：

```
op4:
[array([[[[-4.,-4.],[-4.,-4.],[-2.,-2.]],
        [[-4.,-4.],[-4.,-4.],[-2.,-2.]],
        [[-2.,-2.],[-2.,-2.],[-1.,-1.]]]],dtype=float32),
array([[[[-1.,0.],[0.,-1.]],[[-1.,0.],[0.,-1.]]],
 [[[-1.,0.],[0.,-1.]],[[-1.,0.],[0.,-1.]]]],dtype=float32)]
op5:
[array([[[[-4.],[-4.],[-2.]],
        [[-4.],[-4.],[-2.]],
        [[-2.],[-2.],[-1.]]]],dtype=float32),
array([[[[-1.],[0.]],[[0.],[-1.]]],
 [[[-1.],[0.]],[[0.],[-1.]]]],dtype=float32)]
```

卷积核对多通道输入的卷积处理，是多通道的结果叠加。以 op5 为例展开。图 8-9 所示为将每个通道的 feature map 叠加生成了最终的结果。

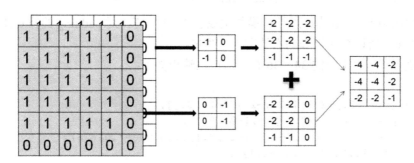

图 8-9 多通道卷积

（4）执行代码 8-1 中的 42～45 行，对应的输出如下，是不同尺寸输入分别为 SAME 和 VALID 时的比较。

```
op1:
[array([[[[-2.],[-2.],[-1.]],
        [[-2.],[-2.],[-1.]],
        [[-1.],[-1.],[-1.]]]],dtype=float32),
```

```
array([[[[-1.]],[[0.]]],
    [[[0.]],[[-1.]]]],dtype=float32)
vop1:
 [array([[[[-2.],[-2.]],
    [[-2.],[-2.]]]],dtype=float32),
array([[[[-1.]],[[0.]]],
    [[[0.]],[[-1.]]]],dtype=float32)]
op6:
 [array([[[[-2.],[-2.]],
    [[-2.],[-2.]]]],dtype=float32),
array([[[[-1.]],[[0.]]],
    [[[0.]],[[-1.]]]],dtype=float32)]
vop6:
 [array([[[[-2.],[-2.]],
    [[-2.],[-2.]]]],dtype=float32),
array([[[[-1.]],[[0.]]],
    [[[0.]],[[-1.]]]],dtype=float32)]
```

通过上面的结果可以看出：

- 对于 op1 和 vop1 的比较可以看出 5×5 矩阵在 padding 为'SAME'时生成的是 3×3 矩阵，而在'VALID'时生成的是 2×2。
- 而在 op6 和 vop6 的例子中，对于 4×4 矩阵在 padding 为'SAME'和'VALID'下都会生成 2×2 的矩阵，这是因为 4×4 的输入对于 2×2 的卷积核步长为 2 的情况下，正好可以把所有数据处理完，本身在'SAME'的情况下就不需要补 0。

通过卷积函数可以实现 8.4.2 节卷积操作中的窄卷积和同卷积（步长唯一并且补零操作的卷积），但不能实现全卷积。TensorFlow 中有单独的反卷积函数，会在后面会讲到。

> 注意：本节特意用了很多篇幅来解释卷积的操作细节，表明这部分内容非常重要，是卷积神经网络的重点。将卷积操作的细节理解透彻，会使你在实际编程过程中少走弯路。因为在自己搭建网络的过程中，必须对输入、输出的具体维度有个清晰的计算，这样才能保证网络结构的正确性，才能使网络运行下去。

8.4.4 实例 38：使用卷积提取图片的轮廓

通过 8.4.3 节的练习，相信读者已经掌握了卷积操作的细节。下面来做一个实际的例子，通过卷积操作来实现本章开篇所讲的 sobel 算子。

实例描述

通过卷积操作来实现本章开篇所讲的 sobel 算子，将彩色的图片生成带有边缘化信息的图片。

本例中先载入一个图片，然后使用一个"3 通道输入，1 通道输出的 3×3 卷积核"（即 sobel 算子），最后使用卷积函数输出生成的结果。

1. 载入图片并显示

首先将图片放到代码的同级目录下，通过 imread 载入，然后将其显示并打印出来。

代码8-2　sobel

```
01  import matplotlib.pyplot as plt        # plt 用于显示图片
02  import matplotlib.image as mpimg       # mpimg 用于读取图片
03  import numpy as np
04  import tensorflow as tf
05
06  myimg = mpimg.imread('img.jpg')        # 读取和代码处于同一目录下的图片
07  plt.imshow(myimg)                      # 显示图片
08  plt.axis('off')                        # 不显示坐标轴
09  plt.show()
10  print(myimg.shape)
```

运行上面代码，得到输出如下，输出图片如图 8-10 所示。

(3264, 2448, 3)

可以看到，载入的图片维度为 3264×2448 大小，3 个通道。

2. 定义占位符、卷积核、卷积op

这里需要手动将 sobel 算子填入到卷积核里。使用 tf.constant 函数可以将常量直接初始化到 Variable 中，因为是 3 通道，所以 sobel 卷积核的每个元素都扩成了 3 个。

图 8-10　图片显示

> 注意：sobel 算子处理过的图片不保证每个像素都在 0~255 之间，所以要做一次归一化操作（即用每个值减去最小值的结果，再除以最大值与最小值的差），让生成的值都在[0,1]之间，然后再乘以 255。

代码8-2　sobel（续）

```
11  full=np.reshape(myimg,[1,3264,2448,3])
12  inputfull = tf.Variable(tf.constant(1.0,shape = [1, 3264, 2448, 3]))
13
14  filter = tf.Variable(tf.constant([[-1.0,-1.0,-1.0], [0,0,0], [1.0,1.0,1.0],
15                                    [-2.0,-2.0,-2.0], [0,0,0], [2.0,2.0,2.0],
16                                    [-1.0,-1.0,-1.0],[0,0,0],[1.0,1.0,1.0]],
                                      shape = [3, 3, 3, 1]))
17
18  op= tf.nn.conv2d(inputfull, filter, strides=[1, 1, 1, 1], padding='SAME')
    #3 个通道输入，生成 1 个 feature ma
19  o=tf.cast( ((op-tf.reduce_min(op))/(tf.reduce_max(op)-tf.reduce_min(op)) ) *255 ,tf.uint8)
```

上面的代码中，卷积 op 的步长为 1×1，padding 为 SAME 表明这是个同卷积的操作。

3. 运行卷积操作并显示

现在就可以建立 session 然后运行程序了。具体代码如下。

代码8-2 sobel（续）

```
20  with tf.Session() as sess:
21      sess.run(tf.global_variables_initializer() )
22
23      t,f=sess.run([o,filter],feed_dict={ inputfull:
        full})
24
25      t=np.reshape(t,[3264,2448])
26
27      plt.imshow(t,cmap='Greys_r')     #显示图片
28      plt.axis('off')                  #不显示坐标轴
29      plt.show()
```

上述代码执行后输出结果如图 8-11 所示。

可以看出，sobel 的卷积操作之后，提取到了一张含有轮廓特征的图像。

图 8-11 边缘化

8.4.5 池化函数 tf.nn.max_pool（avg_pool）

TensorFlow 里的池化函数如下：

```
tf.nn.max_pool(input, ksize, strides, padding, name=None)
tf.nn.avg_pool(input, ksize, strides, padding, name=None)
```

这两个函数中的 4 个参数和卷积参数很类似，具体说明如下。

- value：需要池化的输入，一般池化层接在卷积层后面，所以输入通常是 feature map，依然是[batch, height, width, channels]这样的 shape。
- ksize：池化窗口的大小，取一个四维向量，一般是[1, height, width, 1]，因为我们不想在 batch 和 channels 上做池化，所以这两个维度设为了 1。
- strides：和卷积参数含义类似，窗口在每一个维度上滑动的步长，一般也是[1, stride,stride, 1]。
- padding：和卷积参数含义一样，也是取 VALID 或者 SAME，VALID 是不 padding 操作，SAME 是 padding 操作。
- 返回一个 Tensor，类型不变，shape 仍然是[batch, height, width, channels]这种形式。

8.4.6 实例 39：池化函数的使用

下面通过一个例子来介绍池化函数的用法。

实例描述

通过手动生成一个 4×4 的矩阵来模拟图片,定义一个 2×2 的滤波器,通过几个在卷积神经网络中常用的池化操作来测试池化函数里的参数,并验证输出结果。

1. 定义输入变量

定义 1 个输入变量用来模拟输入图片、4×4 大小的 2 通道矩阵,并将其赋予指定的值。2 个通道分别为:4 个 0 到 3 3 3 3 组成的矩阵,4 个 4 到 7 7 7 7 组成的矩阵。

代码8-3 池化函数使用

```
01  import tensorflow as tf
02
03  img=tf.constant([
04          [[0.0,4.0],[0.0,4.0],[0.0,4.0],[0.0,4.0]],
05          [[1.0,5.0],[1.0,5.0],[1.0,5.0],[1.0,5.0]],
06          [[2.0,6.0],[2.0,6.0],[2.0,6.0],[2.0,6.0]],
07          [[3.0,7.0],[3.0,7.0], [3.0,7.0],[3.0,7.0]]
08      ])
09  img=tf.reshape(img,[1,4,4,2])
```

2. 定义池化操作

这里定义了 4 个池化操作和一个取均值操作。前两个操作是最大池化操作,接下来是两个均值池化操作,最后一个是取均值操作。

代码8-3 池化函数使用(续)

```
10  pooling=tf.nn.max_pool(img,[1,2,2,1],[1,2,2,1],padding='VALID')
11  pooling1=tf.nn.max_pool(img,[1,2,2,1],[1,1,1,1],padding='VALID')
12  pooling2=tf.nn.avg_pool(img,[1,4,4,1],[1,1,1,1],padding='SAME')
13  pooling3=tf.nn.avg_pool(img,[1,4,4,1],[1,4,4,1],padding='SAME')
14  nt_hpool2_flat = tf.reshape(tf.transpose(img), [-1, 16])
15  pooling4=tf.reduce_mean(nt_hpool2_flat,1) #1表示对行求均值(1表示轴是列),
    0 表示对列求均值
```

3. 运行池化操作

在本步骤操作之前,读者可以把前面的规则熟记一下,然后试着自己推导一下,比较得到的输出结果。下面把这些结果打印出来,看看与你推导的是否一致。

代码8-3 池化函数使用(续)

```
16  with tf.Session() as sess:
17      print("image:")
18      image=sess.run(img)
19      print (image)
20      result=sess.run(pooling)
21      print ("reslut:\n",result)
22      result=sess.run(pooling1)
23      print ("reslut1:\n",result)
```

```
24      result=sess.run(pooling2)
25      print ("reslut2:\n",result)
26      result=sess.run(pooling3)
27      print ("reslut3:\n",result)
28      flat,result=sess.run([nt_hpool2_flat,pooling4])
29      print ("reslut4:\n",result)
30      print("flat:\n",flat)
```

执行上面的代码，得到如下输出（为了方便读者观看，这里将格式进行了整理）：

```
image:
[[[[ 0.  4.]
   [ 0.  4.]
   [ 0.  4.]
   [ 0.  4.]]

  [[ 1.  5.]
   [ 1.  5.]
   [ 1.  5.]
   [ 1.  5.]]

  [[ 2.  6.]
   [ 2.  6.]
   [ 2.  6.]
   [ 2.  6.]]

  [[ 3.  7.]
   [ 3.  7.]
   [ 3.  7.]
   [ 3.  7.]]]]
```

通过上面的输出可以看出，img 与我们设置的初始值是一样的，即第一个通道为[[0 0 0 0], [1 1 1 1], [2 2 2 2], [3 3 3 3]]；第二个通道为[[4 4 4 4], [5 5 5 5], [6 6 6 6], [7 7 7 7]]。

```
reslut:
[[[[ 1.  5.]
   [ 1.  5.]]

  [[ 3.  7.]
   [ 3.  7.]]]]
```

这个操作在卷积神经网络中是最常用的，一般步长都会设成与池化滤波器尺寸一致（池化的卷积尺寸为2×2，所以步长也是2），生成2个通道的2×2矩阵。矩阵的内容是从原始输入中取最大值，由于池化 filter 中对应通道的维度是1，所以结果仍然保持源通道数。

```
reslut1:
[[[[ 1.  5.]
   [ 1.  5.]
   [ 1.  5.]]

  [[ 2.  6.]
   [ 2.  6.]
   [ 2.  6.]]
```

```
    [[ 3.    7. ]
     [ 3.    7. ]
     [ 3.    7. ]]]]
reslut2:
[[[[ 1.    5. ]
   [ 1.    5. ]
   [ 1.    5. ]
   [ 1.    5. ]]

  [[ 1.5   5.5]
   [ 1.5   5.5]
   [ 1.5   5.5]
   [ 1.5   5.5]]

  [[ 2.    6. ]
   [ 2.    6. ]
   [ 2.    6. ]
   [ 2.    6. ]]

  [[ 2.5   6.5]
   [ 2.5   6.5]
   [ 2.5   6.5]
   [ 2.5   6.5]]]]
```

result1 和 result2 分别演示了 VALID 和 SAME 的两种 pading 的取值。

- VALID 中使用的 filter 为 2×2，步长为 1×1，生成了 2×2 大小的矩阵。
- 在 SAME 中使用 4×4 的 filter，步长仍然为 1×1，生成了 4×4 的矩阵，padding 之后在计算 avg_pool 时，是将输入矩阵与 filter 对应尺寸内的元素总和除以这些元素中非零的个数（而不是 filter 的总个数）。

```
reslut3:
[[[[ 1.5   5.5]]]]
reslut4:
[ 1.5   5.5]
flat:
[[ 0.  1.  2.  3.  0.  1.  2.  3.  0.  1.  2.  3.  0.  1.  2.  3.]
 [ 4.  5.  6.  7.  4.  5.  6.  7.  4.  5.  6.  7.  4.  5.  6.  7.]]
```

result3 是常用的操作手法，也叫全局池化法，就是使用一个与原有输入同样尺寸的 filter 进行池化，一般放在最后一层，用于表达图像通过卷积网络处理后的最终特征。而 result4 是一个均值操作，可以看到将数据转置后的均值操作得到的值与全局池化平均值是一样的结果。

8.5　使用卷积神经网络对图片分类

本节练习使用卷积网络对 CIFAR 数据集进行分类。在前面接触到了 MNIST 数据集，它是一堆手写图片，CIFAR 也是一堆图片，会比 MNIST 更为复杂。卷积神经网络最擅长的就是图像数据的处理，所以在 CIFAR 数据集上做图像识别的练习会更有意思。下面就先从 CIFAR 开始介绍。

8.5.1　CIFAR 介绍

CIFAR 由 Alex Krizhevsky、Vinod Nair 和 Geoffrey Hinton 收集而来，起初的数据集共分为 10 类，分别为飞机、汽车、鸟、猫、鹿、狗、青蛙、马、船、卡车，所以 CIFAR 数据集常以 CIFAR-10 命名。CIFAR 共包含 60 000 张 32×32 的彩色图像（包含 50 000 张训练图片，10 000 张测试图片），其中没有任何类型重叠的情况。

因为是彩色图像，所以这个数据集是三通道的，分别是 R，G，B 3 个通道。后来 CIFAR 又出了一个分类更多的版本叫 CIFAR-100，从名字也可以看出共有 100 类，将图片分得更细，当然对神经网络图像识别是更大的挑战了。有了这些数据，我们可以把精力全部投在网络优化上。

CIFAR 的官网为 http://www.cs.toronto.edu/~kriz/cifar.html，不同于 MNIST 数据集，它的数据集是已经打包好的文件（如图 8-12 所示），分别为 Python、MATLAB、二进制 bin 文件包，以方便不同的程序读取。

图 8-12　CIFAR 数据集

8.5.2 下载 CIFAR 数据

与 MNIST 类似，TensorFlow 中同样有一个下载和导入 CIFAR 数据集的代码文件，不同的是，自从 TensorFlow1.0 之后，将里面的 Models 模块分离了出来。下载和导入 CIFAR 数据集的代码在 models 里面，所以要先去 TensorFlow 的 GitHub 网站将其下载下来。

如果你使用 Git，可以直接用下面的命令下载：

```
git clone https://github.com/tensorflow/models.git
```

如果没有使用 Git，可直接复制上面的网址，在右下角单击 clone or download 按钮，在下方在单击 Download ZIP 按钮下载代码的压缩包，如图 8-13 所示。

图 8-13 model 代码下载

代码下载后，将其解压，将里面 models/tutorials/image/路径下的 CIFAR10 复制到本地的 Python 工作区即可。

现在可以在 CIFAR10 文件夹下新建 Python 文件，用来下载和导入 CIFAR10 图片了。与 MNIST 不同的是，CIFAR 数据集代码不是很方便，下载和导入时都需要单独调用，所以本节的例子代码第一个步会有一个独立的代码文件。

将如下代码文件放到 cifar10 文件夹下（确保 import cifar10 能找到对应文件），引入 CIFAR10，使用函数 maybe_download_and_extract 即可完成数据的下载和解压。

代码8-4　CIFAR下载

```
import cifar10
cifar10.maybe_download_and_extract()
```

上面的代码会自动将 CIFAR10 的 bin 文件 ZIP 包下载到\tmp\cifar10_data 路径下（如果是 Windows 就是本地磁盘下的这个路径，如 D:\tmp\cifar10_data），然后自动解压到\tmp\cifar10_data\cifar-10-batches-bin 路径下。

以上这个环节也可以手动下载，然后解压到指定路径里。

注意：cifar10.py 也可以单独运行，但主要功能并不是下载和解压，所以以库的形式引入到代码里，在 Anaconda 里面不是太友好，运行第二次时会报错，需要重启 console 才可以。不过好在我们只运行一次，下载并解压后就不需要了。

在两行代码之后，会看到对应路径下生成的相关文件，如图 8-14 所示。
其中
- batches.meta.txt：标签说明文件。
- data_batch_x.bin：是训练文件，一共有 5 个，每个 10 000 条。
- test.batch.bin：10 000 条测试文件。

图 8-14　生成 CIFAR 文件

8.5.3　实例 40：导入并显示 CIFAR 数据集

这里通过 import cifar10_input 来导入 CIFAR 数据集，cifar10_input.py 里定义了这获取数据的函数，具体调用见代码。

代码8-5　CIFAR

```
01  import cifar10_input
02  import tensorflow as tf
03  import pylab
04
05  #取数据
06  batch_size = 128
07  data_dir = '/tmp/cifar10_data/cifar-10-batches-bin'
08  images_test, labels_test = cifar10_input.inputs(eval_data = True, data_
    dir = data_dir, batch_size = batch_size)
```

cifar10_input.inputs 是专门获取数据的函数，返回数据集和对应的标签，但是 cifar10_input.inputs 函数会将图片裁剪好，由原来的 32×32×3，变成了 24×24×3。该函数默认是使用测试数据集，如果使用训练数据集，可以将第一个参数传入 eval_data=False。
另外，再将 batch_size 和 dir 传入，就可以得到 dir 下面的 batch_size 个数据了。

• 173 •

> **注意**：这里所获得的图片并不是原始图片，是经过了两次变换，首先将 32×32 尺寸裁剪成了 24 尺寸，然后又进行了一次图片标准化（减去均值像素，并除以像素方差）。这样做的好处是，使所有的输入都在一个有效的数据分布之内，便于特征的分类处理，会使梯度下降算法的收敛更快。

cifar10_input.py 中除了对图像进行了一些预处理，还提供了一个读取大数据的方法示例，即使用 queue 的方法示例。queue 是 TesonFlow 里常用的方法，尤其是在使用大数据样本做训练时。

关于队列方面的内容会在 8.5.8 节详细介绍。现在我们将 cifar10_input.inputs 函数得到的内容显示出来。

代码8-5　CIFAR（续）

```
09  sess = tf.InteractiveSession()
10  tf.global_variables_initializer().run()
11  tf.train.start_queue_runners()
12  image_batch, label_batch = sess.run([images_test, labels_test])
13  print("__\n",image_batch[0])
14  print("__\n",label_batch[0])
15  pylab.imshow(image_batch[0])
16  pylab.show()
```

运行上面的代码，主要显示内容如下：（部分内容略去）

```
[[[ 1.24836731  0.04940184 -1.49835348]
  [ 1.117571    0.02760247 -1.56375158]
  [ 1.24836731  0.18019807 -1.41115606]
  ……
  [-1.58555102 -0.40838495  0.5943861 ]
  [-1.82534409 -0.58277994  0.46358991]
  [-1.56375158 -0.23398998  0.89957732]]]
```

3

代码中，session 用的是 tf.InteractiveSession 函数，原因在后面讲队列时会讲，又额外使用了一个 train.start_queue_runners 函数，是运行队列的意思。上面代码的输出是图片像素数据和标签数据。可以看到，读取的数据都是进过标准化处理的（变成了均值为 0，方差为 1 的数据分布），所以输出的图片就是乱的（如图 8-15 所示）。

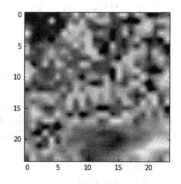

图 8-15　CIFAR 归一化输出

8.5.4　实例 41：显示 CIFAR 数据集的原始图片

如果希望看到正常的数据怎么办呢？有两种方式：
- 修改 cifar10_input.py 文件，先让它不去标准化。
- 手动读取数据并显示。

先来看第一种方式。直接在 cifar10_input.py 文件里做如下修改：在 240 行后添加一行代码，并随后将 243 行代码的内容改为注释。

......
```
float_image = resized_image
  # Subtract off the mean and divide by the variance of the pixels.
  #float_image = tf.image.per_image_standardization(resized_image)
```

再次运行代码"8-5 cifar.py"文件，输出如图 8-16 所示。

可以看出是一只松鼠，但图片仍然是被裁剪过的尺寸 24×24×3。

另一种方式是自己手动编写代码，参见下面的具体内容：

代码8-6　cifar手动读取

```
import numpy as np
from scipy.misc import imsave

filename = '/tmp/cifar10_data/cifar-10-batches-bin/test_batch.bin'

bytestream = open(filename, "rb")
buf = bytestream.read(10000 * (1 + 32 * 32 * 3))
bytestream.close()

data = np.frombuffer(buf, dtype=np.uint8)
data = data.reshape(10000, 1 + 32*32*3)
labels_images = np.hsplit(data, [1])
labels = labels_images[0].reshape(10000)
images = labels_images[1].reshape(10000, 32, 32, 3)

img = np.reshape(images[0], (3, 32, 32))           #导出第一幅图
img = img.transpose(1, 2, 0)

import pylab
print(labels[0])
pylab.imshow(img)
pylab.show()
```

运行上面的代码，显示内容如图 8-17 所示。

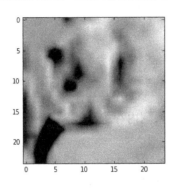

图 8-16　CIFAR 图片输出 1

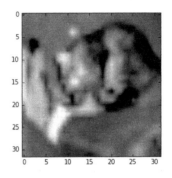

图 8-17　CIFAR 图片输出 2

这次得到的是真实的原始图片，尺寸为 32×32×3。

8.5.5　cifar10_input 的其他功能

cifar10_input.py 文件里还有个功能更强大的数据——distorted_inputs，可以在代码里找到其实现。它是针对 train 数据的，对 train 数据进行了变形处理，起到一个数据增广的作用。在数据集比较小、数据量远远不够的情况下，可以对图片进行翻转、随机剪切等操作以增加数据，制造出更加多的样本，提高对图片的利用率。

这部分功能的核心代码在 cifar10_input.py 文件的第 169~183 行。具体代码如下：

```
# Randomly crop a [height, width] section of the image.
distorted_image = tf.random_crop(reshaped_image, [height, width, 3])

# Randomly flip the image horizontally.
distorted_image = tf.image.random_flip_left_right(distorted_image)

# Because these operations are not commutative, consider randomizing
# the order their operation.
distorted_image = tf.image.random_brightness(distorted_image,
                                             max_delta=63)
distorted_image = tf.image.random_contrast(distorted_image,
                                           lower=0.2, upper=1.8)

# Subtract off the mean and divide by the variance of the pixels.
float_image = tf.image.per_image_standardization(distorted_image)
```

上述代码中分别调用了不同的函数对图片进行不同的变换，具体解释如下。

- tf.random_crop：为图片随机裁剪。
- tf.image.random_flip_left_right：随机左右翻转。
- tf.image.random_brightness：随机亮度变化。
- tf.image.random_contrast：随机对比度变化。
- tf.image.per_image_standardization：减去均值像素，并除以像素方差（图片标准化）。

注意：这些函数都是增加数据的好方法，读者可以积累起来，在自己的训练样本中使用。

8.5.6　在 TensorFlow 中使用 queue

TensorFlow 提供了一个队列机制，通过多线程将读取数据与计算数据分开。因为在处理海量数据集的训练时，无法把数据集一次全部载入到内存中，需要一边从硬盘中读取，一边进行训练计算。

对于建立队列读取文件部分的代码，已经在 cifar10_input.py 里实现了。因为这部分不是本书的重点，所以不做太多介绍，有兴趣的读者可以看下 cifar10_input.py 里面的源码。

在这里主要讲解内部机制及如何使用，这里分为以下3个知识点。

1. 队列线程启动及挂起机制

还记得8.5.4节中的例子代码("8-5 CIFAR.py")，在session里面有这么一句：

```
tf.train.start_queue_runners()
```

可以试着将其注释掉，然后运行一下看下效果——程序不动了，这时处于一个挂起状态，start_queue_runners的作用是启动线程，向队列里面读数据。那么为什么会挂起呢？源于下面的这句代码：

```
image_batch, label_batch = sess.run([images_test, labels_test])
```

这句话的意思是从队列里拿出指定批次的数据。但是队列里没有数据，所以程序进入挂起等待状态。

2. 在session内部的退出机制

接下来可以把代码"8-5 CIFAR.py"文件中的session部分改成with语法，如下：

```
with tf.Session() as sess:
   tf.global_variables_initializer().run()
   tf.train.start_queue_runners()
   image_batch, label_batch = sess.run([images_test, labels_test])
   print("__\n",image_batch[0])
   
   print("__\n",label_batch[0])
   pylab.imshow(image_batch[0])
   pylab.show()
```

再次运行程序，发现虽然程序能够正常运行，但是结束后会报错，输出如下信息：

```
ERROR:tensorflow:Exception in QueueRunner: Run call was cancelled
ERROR:tensorflow:Exception in QueueRunner: Run call was cancelled
ERROR:tensorflow:Exception in QueueRunner: Run call was cancelled
ERROR:tensorflow:Exception in QueueRunner: Session has been closed.
ERROR:tensorflow:Exception in QueueRunner: Run call was cancelled
ERROR:tensorflow:Exception in QueueRunner: Run call was cancelled
ERROR:tensorflow:Exception in QueueRunner: Enqueue operation was cancelled
……
```

原因就是带with语法的session是自动关闭的。当运行结束后session自动关闭的同时会把里面所有的操作都关掉，而此时的队列还在等待另一个进程往里写数据，所以就会出现错误。最简单的解决方法就是如代码"8-5 CIFAR.py"文件中的session创建方式，使用sess = tf.InteractiveSession来实现。或者，也可以在原来代码中去掉with语句（将上面代码的第1行改后下面代码的第1行），但后面的操作都要指定属于哪个session（将上一段代码的第1~3行改后下面代码的第1~3行）。改完之后的代码如下：

```
sess = tf.Session()
tf.global_variables_initializer().run(session=sess)
tf.train.start_queue_runners(sess=sess)
```

```
image_batch, label_batch = sess.run([images_test, labels_test])
print("__\n",image_batch[0])

print("__\n",label_batch[0])
pylab.imshow(image_batch[0])
pylab.show()
```

上面的代码在单例程序中没什么问题,资源会随着程序关闭而整体销毁。但如果在复杂的代码中,需要某个线程自动关闭,而不是依赖进程的结束而销毁,这种情况下需要使用 tf.train.Coordinator 函数来创建一个协调器,以信号量的方式来协调线程间的关系,完成线程间的同步。

8.5.7 实例42:协调器的用法演示

下面来看一下协调器的用法。

在本例子中,先建立一个 100 大小的队列。主线程使用计数器不停地加 1,队列线程再把主线程里的计数器放到队列里。当队列为空时,主线程在 sess.run(queue.dequeue())语句位置挂起,当队列线程写入对列中时,主线程的计数器同步开始工作。整个操作都是在使用 with 语法的 session 中进行的,由于使用了 Coordinator,当 session 要关闭之前会进行 coord.request_stop 函数将所有线程关闭,之后才会关闭 session。

代码8-7 queue

```
import tensorflow as tf

#创建长度为100 的队列
queue = tf.FIFOQueue(100,"float")

c = tf.Variable(0.0)                                    #计数器
#加1 操作
op = tf.assign_add(c,tf.constant(1.0))
#操作:将计数器的结果加入队列
enqueue_op = queue.enqueue(c)

#创建一个队列管理器 QueueRunner,用这两个操作向 q 中添加元素。目前我们只使用一个线程
qr = tf.train.QueueRunner(queue,enqueue_ops=[op,enqueue_op])

with tf.Session() as sess:
    sess.run(tf.global_variables_initializer())

    coord = tf.train.Coordinator()

    # 启动入队线程,Coordinator 是线程的参数
    enqueue_threads = qr.create_threads(sess, coord = coord,start=True)
                                        # 启动入队线程


    # 主线程
```

```
for i in range(0, 10):
    print ("------------------------")
    print(sess.run(queue.dequeue()))

coord.request_stop()    #通知其他线程关闭 其他所有线程关闭之后,这一函数才能返回
```

运行以上代码,输出如下信息:(可以看到并没有报错)

```
3.0
------------------------
405.0
------------------------
410.0
------------------------
413.0
------------------------
420.0
------------------------
475.0
------------------------
478.0
------------------------
896.0
------------------------
902.0
------------------------
904.0
```

这里还可以使用 coord.join(enqueue_threads)指定等待某个进程结束。

8.5.8 实例43:为session中的队列加上协调器

这里将上例中的coord放到启动队列里即可。

实例描述

在with tf.Session函数中加入启动队列,并通过加入coord协调器的方式使session close 时同步内部线程一起退出。

修改"8-5cifar"代码如下。

代码8-8　cifar队列协调器(部分代码)

```
with tf.Session() as sess:
    tf.global_variables_initializer().run()
    #定义协调器
    coord = tf.train.Coordinator()
    threads = tf.train.start_queue_runners(sess, coord)
    
    image_batch, label_batch = sess.run([images_test, labels_test])
    print("__\n",image_batch[0])
    
    print("__\n",label_batch[0])
```

```
pylab.imshow(image_batch[0])
pylab.show()
coord.request_stop()
```

8.5.9 实例44：建立一个带有全局平均池化层的卷积神经网络

现在正式开始卷积神经网络的示例。在本示例中，使用了全局平均池化层来代替传统的全连接层，使用了 3 个卷积层的同卷积操作，滤波器为 5×5，每个卷积层后面都会跟个步长为 2×2 的池化层，滤波器为 2×2。2 层的卷积加池化后是输出为 10 个通道的卷积层，然后对这 10 个 feature map 进行全局平均池化，得到 10 个特征，再对这 10 个特征进行 softmax 计算，其结果来代表最终分类。

实例描述

通过一个带有全局平均池化层的卷积神经网络对 CIFAR 数据集分类。

具体步骤如下：

1. 导入头文件引入数据集

这步骤与前面的代码相似，还是使用 cifar10_input 里面的代码，导入这种被切割后的 24×24 尺寸图片。每次取 128 个图片进行运算。在"cifar10"文件夹下建立"8-9cifar 卷积.py"文件，编写如下代码。

代码8-9 cifar卷积

```
01  import cifar10_input
02  import tensorflow as tf
03  import numpy as np
04
05  batch_size = 128
06  data_dir = '/tmp/cifar10_data/cifar-10-batches-bin'
07  print("begin")
08  images_train, labels_train = cifar10_input.inputs(eval_data = False,
    data_dir = data_dir, batch_size = batch_size)
09  images_test, labels_test = cifar10_input.inputs(eval_data = True, data_
    dir = data_dir, batch_size = batch_size)
10  print("begin data")
```

2. 定义网络结构

对于权重 w 的定义，统一使用函数 truncated_normal 来生成标准差为 0.1 的随机数为其初始化。对于权重 b 的定义，统一初始化为 0.1。

卷积操作的函数中，统一进行同卷积操作，即步长为 1，padding='SAME'。

池化层有两个函数：

- 一个是放在卷积后面，取最大值的方法，步长为 2，padding='SAME'，即将原尺寸的长和宽各除以 2。

- 另一个是用来放在最后一层,取均值的方法,步长为最终生成的特征尺寸 6×6(24×24 经过两次池化变成了 6×6),filter 也为 6×6。

倒数第二层是没有最大池化的卷积层,因为共有 10 类,所以卷积输出的是 10 个通道,并使其全局平均池化为 10 个节点。

代码8-9　cifar卷积(续)

```
11  def weight_variable(shape):
12    initial = tf.truncated_normal(shape, stddev=0.1)
13    return tf.Variable(initial)
14
15  def bias_variable(shape):
16    initial = tf.constant(0.1, shape=shape)
17    return tf.Variable(initial)
18
19  def conv2d(x, W):
20    return tf.nn.conv2d(x, W, strides=[1, 1, 1, 1], padding='SAME')
21
22  def max_pool_2x2(x):
23    return tf.nn.max_pool(x, ksize=[1, 2, 2, 1],
24                          strides=[1, 2, 2, 1], padding='SAME')
25
26  def avg_pool_6x6(x):
27    return tf.nn.avg_pool(x, ksize=[1, 6, 6, 1],
28                          strides=[1, 6, 6, 1], padding='SAME')
29
30  #定义占位符
31  x = tf.placeholder(tf.float32, [None, 24,24,3])
                                                  # cifar data 的 shape 24*24*3
32  y = tf.placeholder(tf.float32, [None, 10])  # 0~9 数字分类=> 10 classes
33
34  W_conv1 = weight_variable([5, 5, 3, 64])
35  b_conv1 = bias_variable([64])
36
37  x_image = tf.reshape(x, [-1,24,24,3])
38
39  h_conv1 = tf.nn.relu(conv2d(x_image, W_conv1) + b_conv1)
40  h_pool1 = max_pool_2x2(h_conv1)
41
42  W_conv2 = weight_variable([5, 5, 64, 64])
43  b_conv2 = bias_variable([64])
44
45  h_conv2 = tf.nn.relu(conv2d(h_pool1, W_conv2) + b_conv2)
46  h_pool2 = max_pool_2x2(h_conv2)
47
48  W_conv3 = weight_variable([5, 5, 64, 10])
49  b_conv3 = bias_variable([10])
50  h_conv3 = tf.nn.relu(conv2d(h_pool2, W_conv3) + b_conv3)
51
52  nt_hpool3=avg_pool_6x6(h_conv3)#10
53  nt_hpool3_flat = tf.reshape(nt_hpool3, [-1, 10])
54  y_conv=tf.nn.softmax(nt_hpool3_flat)
```

```
55
56   cross_entropy = -tf.reduce_sum(y*tf.log(y_conv))
57
58   train_step = tf.train.AdamOptimizer(1e-4).minimize(cross_entropy)
59
60   correct_prediction = tf.equal(tf.argmax(y_conv,1), tf.argmax(y,1))
61   accuracy = tf.reduce_mean(tf.cast(correct_prediction, "float"))
```

对于梯度优化算法,还是和多分类问题一样,我们使用 AdamOptimizer 函数,学习率使用 0.0001。

3. 运行session进行训练

启动 session,迭代 15000 次数据集,这里记着要启动队列,同时读出来的 label 还要转成 onehot 编码。

代码8-9　cifar卷积(续)

```
62   sess = tf.Session()
63   sess.run(tf.global_variables_initializer())
64   tf.train.start_queue_runners(sess=sess)
65   for i in range(15000):#20000
66     image_batch, label_batch = sess.run([images_train, labels_train])
67     label_b = np.eye(10,dtype=float)[label_batch]          #one hot 编码
68
69     train_step.run(feed_dict={x:image_batch, y: label_b},session=sess)
70
71     if i%200 == 0:
72       train_accuracy = accuracy.eval(feed_dict={
73           x:image_batch, y: label_b},session=sess)
74       print( "step %d, training accuracy %g"%(i, train_accuracy))
75
```

4. 评估结果

从测试数据集里将数据取出,放到模型里运行,查看模型的正确率。

代码8-9　cifar卷积(续)

```
76   image_batch, label_batch = sess.run([images_test, labels_test])
77   label_b = np.eye(10,dtype=float)[label_batch]          #one hot 编码
78   print ("finished! test accuracy %g"%accuracy.eval(feed_dict={
79       x:image_batch, y: label_b},session=sess))
```

运行代码后,输出如下:

```
#begin
#begin data
#step 0, training accuracy 0.15625
#step 200, training accuracy 0.3125
#step 400, training accuracy 0.359375
#step 600, training accuracy 0.3125
#step 800, training accuracy 0.382812
#step 1000, training accuracy 0.273438
```

```
......
#step 14400, training accuracy 0.554688
#step 14600, training accuracy 0.601562
#step 14800, training accuracy 0.5625
#finished!  test accuracy 0.632812
```

可以看出，识别效果得到了收敛，正确率在 0.6 左右，这个正确率不算很高，因为模型相对简单，只是用了两层的卷积操作。接下来还将介绍更多的优化方法来提升准确率。

> 注意：例子中对于卷积和池化的使用也表明了一种习惯，一般在卷积过程中都会设为步长为 1 的 same 卷积，即大小不变，需要降维时则是全部通过池化来完成的。

8.5.10 练习题

（1）使用前面所学的知识，试着将 MNIST 图片集进行分类（见代码"8-10 MNIST 卷积.py"文件）。

（2）将 CIFAR 卷积分类的例子中最后一层改成全连接网络，试试看会有什么效果（见代码"8-11 Cifar 全连接卷积.py"）

8.6 反卷积神经网络

反卷积是指，通过测量输出和已知输入重构未知输入的过程。在神经网络中，反卷积过程并不具备学习的能力，仅仅是用于可视化一个已经训练好的卷积网络模型，没有学习训练的过程。

如图 8-18 所示为 VGG 16 反卷积神经网络的结构，展示了一个卷积网络与反卷积网络结合的过程。VGG 16 是一个深度神经网络模型，在后面会专门介绍。它的反卷积就是将中间的数据，按照前面卷积、池化等变化的过程，完全相反地做一遍，从而得到类似原始输入的数据。

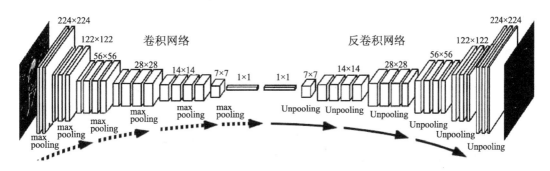

图 8-18　VGG 16 反卷积结构

8.6.1 反卷积神经网络的应用场景

由于反卷积网络的特性,导致它有许多特别的应用,一般可以用于信道均衡、图像恢复、语音识别、地震学、无损探伤等未知输入估计和过程辨识方面的问题。

在神经网络的研究中,反卷积更多的是充当可视化的作用。对于一个复杂的深度卷积网络,通过每层若干个卷积核的变换,我们无法知道每个卷积核关注的是什么,变换后的特征是什么样子。通过反卷积的还原,可以对这些问题有个清晰的可视化,以各层得到的特征图作为输入,进行反卷积,得到反卷积结果,用以验证显示各层提取到的特征图。

8.6.2 反卷积原理

反卷积,可以理解为卷积操作的逆操作。这里千万不要当成反卷积操作可以复原卷积操作的输入值,反卷积并没有那个功能,它仅仅是将卷积变换过程中的步骤反向变换一次而已,通过将卷积核转置,与卷积后的结果再做一遍卷积,所以它还有个名字叫是转置卷积。

虽然它不能还原出原来卷积的样子,但是在作用上具有类似的效果,可以将带有小部分缺失的信息最大化地恢复,也可以用来恢复被卷积生成后的原始输入。

反卷积的具体操作比较复杂,具体步骤如下。

(1)首先是将卷积核反转(并不是线性代数中的转置操作,而是上下左右方向进行递序操作)。

(2)再将卷积结果作为输入,做补 0 的扩充操作,即往每一个元素后面补 0。这一步是根据步长来的,对每一个元素沿着步长的方向补(步长-1)个 0。例如,步长为 1 就不用补 0 了。

(3)在扩充后的输入基础上再对整体补 0。以原始输入的 shape 作为输出,按照前面介绍的卷积 padding 规则,计算 pading 的补 0 位置及个数,得到的补 0 位置要上下和左右各自颠倒一下。

(4)将补 0 后的卷积结果作为真正的输入,反转后的卷积核为 filter,进行步长为 1 的卷积操作。

注意:计算 padding 按规则补 0 时,统一按照 padding='SAME'、步长为 1×1 的方式来计算。

如图 8-19 所示,以一个[1,4,4,1]的矩阵为例,进行 filter 为 2×2,步长为 2×2 的卷积操作(如图 8-19a 所示),其对应的反卷积操作步骤如图 8-19b 所示。

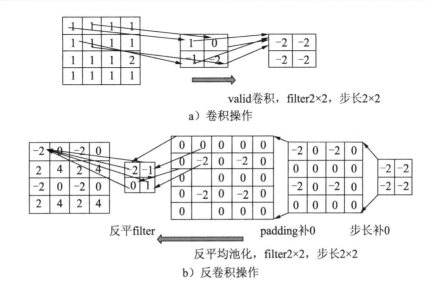

图 8-19 卷积与反卷积操作

在反卷积过程中，首先将 2×2 矩阵通过步长补 0 的方式变成 4×4，再通过 padding 反方向补 0，然后与反转后的 filter 使用步长为 1×1 的卷积操作，最终得出了结果。但是这个结果已经与原来的全 1 矩阵不等了，说明转置卷积只能恢复部分特征，无法百分百地恢复原始数据。

8.6.3 实例45：演示反卷积的操作

在编写反卷积代码时，心中想着一个正向的卷积过程会很有帮助。在 TensorFlow 中反卷积是通过函数 tf.nn.conv2d_transpose 来实现的，其定义如下：

```
def conv2d_transpose(value,
                filter,
                output_shape,
                strides,
                padding="SAME",
                data_format="NHWC",
                name=None):
```

具体参数说明如下。
- value：代表通过卷积操作之后的张量，一般用 NHWC 类型。
- filter：代表卷积核。
- output_shape：代表输出的张量形状也是个四维张量。
- strides：代表步长。
- padding：代表原数据生成 value 时使用的补 0 的方式，是用来检查输入形状和输出形状是否合规的。

- return：反卷积后的结果，按照 output_shape 指定的形状。

> 注意：NHWC 类型是神经网络中在处理图像方面常用的类型，4 个字母分别代表 4 个意思，即 N-个数、H-高、W-宽、C-通道数。也就是我们常见的四维张量。

> 注意：output_shape 并不是一个随便填写的形状，它必须是能够生成 value 参数的原数据的形状，如果输出形状不对，函数会报错。

跟进 TensorFlow 的源码中可以看到，反卷积操作其实是使用了 gen_nn_ops.conv2d_backprop_input 函数来最终实现的，相当于 TensorFlow 中利用了卷积操作在反向传播的处理函数中做反卷积操作，即卷积操作的反向传播就是反卷积操作。

下面通过例子将前面图示的数据演示出来，并且比较一下 SAME 和 VALID 下对应卷积和反卷积的影响。

实例描述

通过对模拟数据进行卷积与反卷积的操作，来比较卷积与反卷积中 padding 在 SAME、VALID 下的变化。

代码8-12　反卷积操作

```
import numpy as np
import tensorflow as tf
#模拟数据
img = tf.Variable(tf.constant(1.0,shape = [1, 4, 4, 1]))

filter =  tf.Variable(tf.constant([1.0,0,-1,-2],shape = [2, 2, 1, 1]))
#分别进行 VALID 与 SAME 操作
conv = tf.nn.conv2d(img, filter, strides=[1, 2, 2, 1], padding='VALID')
cons = tf.nn.conv2d(img, filter, strides=[1, 2, 2, 1], padding='SAME')
print(conv.shape)
print(cons.shape)
#再进行反卷积
contv= tf.nn.conv2d_transpose(conv, filter, [1,4,4,1],strides=[1, 2, 2, 1], padding='VALID')
conts = tf.nn.conv2d_transpose(cons, filter, [1,4,4,1],strides=[1, 2, 2, 1], padding='SAME')

with tf.Session() as sess:
    sess.run(tf.global_variables_initializer() )
    
    print("conv:\n",sess.run([conv,filter]))
    print("cons:\n",sess.run([cons]))
    print("contv:\n",sess.run([contv]))
    print("conts:\n",sess.run([conts]))
```

先定义一个[1,4,4,1]的矩阵,矩阵里的值全为 1，进行 filter 为 2×2、步长为 2×2 的卷积操作，分别使用 padding 为 SAME 和 VALID 的两种情况生成卷积数据，然后将结果放到_tf.nn.conv2d_transpose 里，再次使用 padding 为 SAME 和 VALID 的两种情况生成数据，运行上面代码，输出如下：

```
(1, 2, 2, 1)
(1, 2, 2, 1)
conv:
 [array([[[[-2.],
     [-2.]],
    [[-2.],
     [-2.]]]], dtype=float32), array([[[[ 1.]],
    [[ 0.]]],
   [[[-1.]],
    [[-2.]]]], dtype=float32)]
cons:
 [array([[[[-2.],
     [-2.]],
    [[-2.],
     [-2.]]]], dtype=float32)]
contv:
 [array([[[[-2.],
     [ 0.],
     [-2.],
     [ 0.]],
    [[ 2.],
     [ 4.],
     [ 2.],
     [ 4.]],
    [[-2.],
     [ 0.],
     [-2.],
     [ 0.]],
    [[ 2.],
     [ 4.],
     [ 2.],
     [ 4.]]]], dtype=float32)]
conts:
 [array([[[[-2.],
     [ 0.],
     [-2.],
     [ 0.]],
    [[ 2.],
     [ 4.],
     [ 2.],
     [ 4.]],
    [[-2.],
     [ 0.],
     [-2.],
     [ 0.]],
    [[ 2.],
     [ 4.],
     [ 2.],
     [ 4.]]]], dtype=float32)]
```

可以看到，输出的结果与图 8-19 是一样的，并且也验证了当 panding 为 SAME 并且不需要补 0 时，卷积和反卷积对于 panding 是 SAME 和 VALID 都是相同的。

8.6.4 反池化原理

反池化是属于池化的逆操作，是无法通过池化的结果还原出全部的原始数据。因为池化的过程就是只保留主要信息，舍去部分信息。如想从池化后的这些主要信息恢复出全部信息，则存在着信息缺失，这时只能通过补位来实现最大程度的信息完整。

池化有两种最大池化和平均池化，其反池化也需要与其对应。

- 平均池化的操作比较简单。首先还原成原来的大小，然后将池化结果中的每个值都填入其对应于原始数据区域中的相应位置即可，如图 8-20 所示。

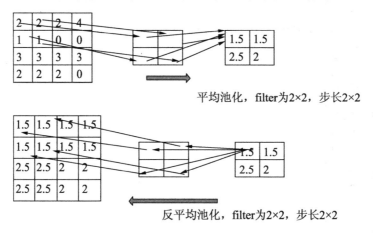

图 8-20　反平均池化

- 最大池化的反池化会复杂一些。要求在池化过程中记录最大激活值的坐标位置，然后在反池化时，只把池化过程中最大激活值所在位置坐标的值激活，其他的值置为 0。当然，这个过程只是一种近似。因为在池化的过程中，除了最大值所在的位置，其他的值也是不为 0 的。如图 8-21 所示。

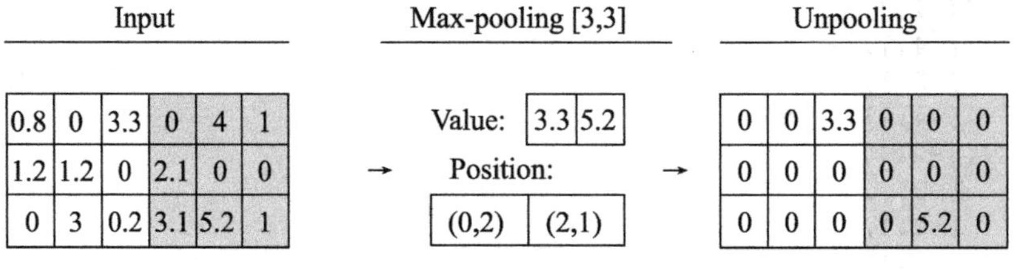

图 8-21　反最大池化

8.6.5 实例46：演示反池化的操作

TensorFlow中目前还没有反池化操作的函数。对于最大池化，也不支持输出最大激活值的位置，但是同样有个池化的反向传播函数tf.nn.max_pool_with_argmax。该函数可以输出位置，需要开发者利用这个函数做一些改动，自己封装一个最大池化操作，然后再根据mask写出反池化函数，下面以反最大池化为例。

实例描述

定义一个数组作为模拟图片，将其进行最大池化，接着再进行反池化，比较原始数据与反池化后的数据。

首先重新定义最大池化函数，代码如下。

代码8-13 反池化操作

```
01  def max_pool_with_argmax(net, stride):
02      _, mask = tf.nn.max_pool_with_argmax( net,ksize=[1, stride, stride,
            1], strides=[1, stride, stride, 1],padding='SAME')
03      mask = tf.stop_gradient(mask)
04      net = tf.nn.max_pool(net, ksize=[1, stride, stride, 1],strides=[1,
            stride, stride, 1], padding='SAME')
05      return net, mask
```

在上面代码里，先调用tf.nn.max_pool_with_argmax函数获得每个最大值的位置mask，再将反向传播的 mask 梯度计算停止（后面会有关于梯度停止的介绍），接着再用tf.nn.max_pool函数计算最大池化操作，然后将mask和池化结果一起返回。

> **注意**：tf.nn.max_pool_with_argmax的方法只支持GPU操作，所以利用这个方法目前还不能在CPU机器上使用。

接下来定义一个数组，并使用最大池化函数对其进行池化操作，比较一下与自带的tf.nn.max_pool函数是否一样，看看输出的mask是什么效果。

代码8-13 反池化操作（续）

```
06  img=tf.constant([
07          [[0.0,4.0],[0.0,4.0],[0.0,4.0],[0.0,4.0]],
08          [[1.0,5.0],[1.0,5.0],[1.0,5.0],[1.0,5.0]],
09          [[2.0,6.0],[2.0,6.0],[2.0,6.0],[2.0,6.0]],
10          [[3.0,7.0],[3.0,7.0], [3.0,7.0],[3.0,7.0]]
11      ])
12
13  img=tf.reshape(img,[1,4,4,2])
14  pooling2=tf.nn.max_pool(img,[1,2,2,1],[1,2,2,1],padding='SAME')
15  encode, mask = max_pool_with_argmax(img, 2)
16  with tf.Session() as sess:
17      print("image:")
18      image=sess.run(img)
```

```
19      print (image)
20      result=sess.run(pooling2)
21      print ("pooling2:\n",result)
22      result,mask2=sess.run([encode, mask])
23      print ("encode:\n",result,mask2)
```

代码运行后，输出如下：

```
image:
[[[[ 0.  4.]
   [ 0.  4.]
   [ 0.  4.]
   [ 0.  4.]]

  [[ 1.  5.]
   [ 1.  5.]
   [ 1.  5.]
   [ 1.  5.]]

  [[ 2.  6.]
   [ 2.  6.]
   [ 2.  6.]
   [ 2.  6.]]

  [[ 3.  7.]
   [ 3.  7.]
   [ 3.  7.]
   [ 3.  7.]]]]
pooling2:
[[[[ 1.  5.]
   [ 1.  5.]]

  [[ 3.  7.]
   [ 3.  7.]]]]
encode:
[[[[ 1.  5.]
   [ 1.  5.]]

  [[ 3.  7.]
   [ 3.  7.]]]] [[[[ 8  9]
   [12 13]]

  [[24 25]
   [28 29]]]]
```

可以看到，定义的最大池化与原来的版本输出是一样的。mask 的值是将整个数组 flat（扁平化）后的索引，但却保持与池化结果一致的 shape。

了解这些信息后，就可以接着写代码，定义一个反最大池化的操作了。

代码8-13　反池化操作（续）

```
24  def unpool(net, mask, stride):
25
26      ksize = [1, stride, stride, 1]
```

```
27        input_shape = net.get_shape().as_list()
28        # 计算new shape
29        output_shape = (input_shape[0], input_shape[1] * ksize[1], input_
          shape[2] * ksize[2], input_shape[3])
30        # 计算索引
31        one_like_mask = tf.ones_like(mask)
32        batch_range = tf.reshape(tf.range(output_shape[0], dtype=tf.
          int64), shape=[input_shape[0], 1, 1, 1])
33        b = one_like_mask * batch_range
34        y = mask // (output_shape[2] * output_shape[3])
35        x = mask % (output_shape[2] * output_shape[3]) // output_shape[3]
36        feature_range = tf.range(output_shape[3], dtype=tf.int64)
37        f = one_like_mask * feature_range
38        # 转置索引
39        updates_size = tf.size(net)
40        indices = tf.transpose(tf.reshape(tf.stack([b, y, x, f]), [4,
          updates_size]))
41        values = tf.reshape(net, [updates_size])
42        ret = tf.scatter_nd(indices, values, output_shape)
43        return ret
```

上面代码的大概思路是找到mask对应的索引，将max的值填到指定地方。这里不做过多解释，读者可以将反向传播函数当成一个工具，以后直接使用即可。

下面调用反池化函数，并将结果打印出来。

代码8-13　反池化操作（续）

```
44  img2 = unpool(encode,mask,2)
45  with tf.Session() as sess:
46      ……
47      print ("encode:\n",result,mask2)
48      result=sess.run(img2)
49      print ("reslut:\n",result)
```

代码运行后，输出结果如下：

```
reslut:
 [[[[ 0.  0.]
   [ 0.  0.]
   [ 0.  0.]
   [ 0.  0.]]

  [[ 1.  5.]
   [ 0.  0.]
   [ 1.  5.]
   [ 0.  0.]]

  [[ 0.  0.]
   [ 0.  0.]
   [ 0.  0.]
   [ 0.  0.]]

  [[ 3.  7.]
   [ 0.  0.]
```

```
   [ 3.  7.]
   [ 0.  0.]]]]
```

可以看到,最大值已经填入对应的位置,其他地方的值为 0。

8.6.6 实例 47:演示 gradients 基本用法

这部分内容本来是要放在前面章节讲的,考虑到读者直接了解梯度相关的知识有些生硬,而且一时也用不上,所以就将这部分内容移到了本节中,这样,通过例子中引出的知识点,会使读者学习起来更加通顺。

实例描述

通过定义两个矩阵变量相乘来演示使用 gradients 求梯度。

在反向传播过程中,神经网络需要对每一个 loss 对应的学习参数求偏导,算出的这个值也叫梯度,用来乘以学习率然后更新学习参数使用的。它是通过 tf.gradients 函数来实现的。tf.gradients 函数里第一个参数为求导公式的结果,第二个参数为指定公式中的哪个变量来求偏导。下面通过例子介绍 tf.gradients 函数的用法。

代码8-14 gradients0

```
import tensorflow as tf

w1 = tf.Variable([[1,2]])
w2 = tf.Variable([[3,4]])

y = tf.matmul(w1, [[9],[10]])
grads = tf.gradients(y,[w1])                    #求 w1 的梯度

with tf.Session() as sess:
    sess.run(tf.global_variables_initializer())
    gradval = sess.run(grads)
    print(gradval)
```

运行后输出结果如下:

`[array([[ 9, 10]])]`

上面例子中,由于 y 是由 w1 与[[9],[10]]相乘而来,所以其导数也就是[[9],[10]](即斜率)。

> **注意**:如果求梯度的式子中没有要求偏导的变量,系统会报错。例如,写成 grads = tf.gradients(y,[w1,w2])。

8.6.7 实例 48:使用 gradients 对多个式子求多变量偏导

tf.gradients 函数还可以同时对多个式子求关于多个变量的偏导,见如下代码

第 8 章 卷积神经网络——解决参数太多问题

实例描述

有两个 OP，4 个参数，演示使用 gradients 同时为两个式子 4 个参数求梯度。

代码8-15　gradients1

```
import tensorflow as tf

tf.reset_default_graph()
w1 = tf.get_variable('w1', shape=[2])
w2 = tf.get_variable('w2', shape=[2])

w3 = tf.get_variable('w3', shape=[2])
w4 = tf.get_variable('w4', shape=[2])

y1 = w1 + w2+ w3
y2 = w3 + w4
# grad_ys 求梯度的输入值
gradients = tf.gradients([y1,y2],[w1,w2,w3,w4],grad_ys=[tf. convert_to_
tensor([1.,2.]),tf.convert_to_tensor([3.,4.])])

with tf.Session() as sess:
    sess.run(tf.global_variables_initializer())
    print(sess.run(gradients))
```

运行代码，输出结果如下：

```
[array([1.,2.], dtype=float32), array([1.,2.], dtype=float32), array([ 4.,
6.], dtype=float32),array([ 3., 4.], dtype=float32)]
```

这里使用了 tf.gradients 函数的第三个参数，即给定公式结果的值，来求参数偏导，这里相当于 y1 为[1.,2.]、y2 为[3.,4.]。对于 y1 来讲，求关于 w1 的偏导时，会认为 w2 和 w3 为常数，所以 w1 和 w2 的导数为 0，即 w1 的梯度就为[1.,2.]。同理可以得出 w2 和 w3 均为[1.,2.]，接着求 y2 的偏导数，得到 w3 与 w4 均为[3.,4.]。然后将两个式子中的 w3 结果累加起来，所以 w3 就为[4.,6.]。

8.6.8　实例 49：演示梯度停止的实现

实例描述

演示梯度停止的用法，并观察当变量设置梯度停止后，对其求梯度的结果。

对于反向传播过程中某种特殊情况需要停止梯度的运算时，在 TensorFlow 中提供了一个 tf.stop_gradient 函数，被它定义过的节点将没有梯度运算功能。

例如，在前面代码中加入 y3 结点。通过 gradients2 来计算其相关变量的梯度。

代码8-16　gradients2

```
01  ……
02  a = w1+w2
03  a_stoped = tf.stop_gradient(a)          #令 a 梯度停止
```

```
04    y3= a_stoped+w3
05
06    gradients = tf.gradients([y1,y2],[w1,w2,w3,w4], grad_ys=[tf.convert_
      to_tensor([1.,2.]),
07    tf.convert_to_tensor([3.,4.])])
08
09    gradients2 = tf.gradients(y3,[w1,w2,w3], grad_ys=tf.convert_to_tensor
      ([1.,2.]))
10    print(gradients2)
11
12    with tf.Session() as sess:
13        sess.run(tf.global_variables_initializer())
14        print(sess.run(gradients))
15        print(sess.run(gradients2))
```

运行代码，结果如下：

[None, None, <tf.Tensor 'gradients_1/add_4_grad/Reshape_1:0' shape=(2,) dtype=float32>]
Traceback (most recent call last):
……

可以看到程序运行出错，并且在出错前显示了 gradients2 的内容，w1 和 w2 对应的位置都为 None，这是由于梯度被停止了。后面的程序试图去求一个 None 的梯度，所以报错了。

再定义一个 gradients3，只求存在的梯度，同时将 print(sess.run(gradients2)) 注释掉，代码如下。

代码8-16　gradients2（续）

```
16    gradients3 = tf.gradients(y3, [ w3], grad_ys=tf.convert_to_tensor
      ([1.,2.]))
17
18    with tf.Session() as sess:
19        sess.run(tf.global_variables_initializer())
20        print(sess.run(gradients))
21        #print(sess.run(gradients2))        #程序试图去求一个None的梯度，所以报错
22        print(sess.run(gradients3))
```

运行代码，输出结果如下：

[None, None, <tf.Tensor 'gradients_1/add_4_grad/Reshape_1:0' shape=(2,) dtype=float32>]
[array([1., 2.], dtype=float32), array([1., 2.], dtype=float32), array([4., 6.], dtype=float32), array([3., 4.], dtype=float32)]
[array([1., 2.], dtype=float32)]

这时就可以正常运算了。

8.7 实例50：用反卷积技术复原卷积网络各层图像

在了解了反卷积神经网络之后，下面通过一个例子将前面的卷积神经网络里的卷积层可视化出来，看看每一层到底学到了什么信息。

实例描述

将代码"8-9 cifar卷积.py"文件中的每层卷积结果进行反卷积并输出，通过tensorboard观察其结果。

改写代码代码"8-9 cifar卷积.py"，将每层的卷积内容可视化并在tensroboard中查看，具体步骤如下。

1．替换Maxpool池化函数

这里不再使用自己定义的 max_pool_2x2 池化函数，改成新加入的带 mask 返回值的 max_pool_with_argmax 函数，具体代码如下。

代码8-17　cifar反卷积

```
01  ……
02  x_image = tf.reshape(x, [-1,24,24,3])
03
04  h_conv1 = tf.nn.relu(conv2d(x_image, W_conv1) + b_conv1)
05  h_pool1, mask1 = max_pool_with_argmax(h_conv1, 2)
06
07  W_conv2 = weight_variable([5, 5, 64, 64])
08  b_conv2 = bias_variable([64])
09
10  h_conv2 = tf.nn.relu(conv2d(h_pool1, W_conv2) + b_conv2)
11  ############################################################
12  h_pool2, mask = max_pool_with_argmax(h_conv2, 2)#(128, 6, 6, 64)
13  print(h_pool2.shape)
```

> 注意：上面代码的最后一行是将 h_pool2 的形状打印出来，这也是在组建网络结构时常用的一种调试方法。反卷积和反池化对形状都很敏感（尤其层数太多时），这种方法可以让我们不用花费太多精力来推导到底当前的输入是什么形状。

2．反卷积第二层卷积结果

以第二池化输出的变量 h_pool2 为开始部分，沿着 h_pool2 生成的方式反向操作一层一层推导，直到生成原始图 t1_x_image。

如图 8-22 所示，上半部分是 h_pool2 卷积的过程，下半部分为反卷积过程。为了便于分析，下半部分的名字与代码中的变量一致。

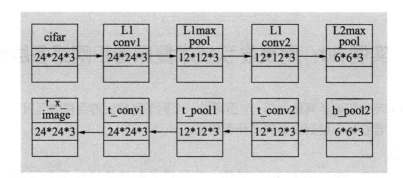

图 8-22 反卷积例子

因为在卷积过程中，每个卷积后都要加上权重 b，所以在反卷积过程中就要将 b 减去。由于 Relu 函数基本上是恒等变化（除了小于 0 的部分），所以在反向时不需要可逆操作，可以直接略去。

代码8-17　cifar反卷积（续）

```
14  t_conv2 = unpool(h_pool2, mask, 2)#(128, 12, 12, 64)
15  t_pool1 = tf.nn.conv2d_transpose(t_conv2-b_conv2, W_conv2, h_pool1.
    shape,[1,1,1,1])#(128, 24, 24, 64)
16  print(t_conv2.shape,h_pool1.shape,t_pool1.shape)
17  t_conv1 = unpool(t_pool1, mask1, 2)
18  t_x_image = tf.nn.conv2d_transpose(t_conv1-b_conv1, W_conv1, x_image.
    shape,[1,1,1,1])
```

3. 反卷积第一层卷积结果

参考第二层的反卷积，第一层会更为简单，代码如下。

代码8-17　cifar反卷积（续）

```
19  #第一层卷积还原
20  t1_conv1 = unpool(h_pool1, mask1, 2)
21  t1_x_image = tf.nn.conv2d_transpose(t1_conv1-b_conv1, W_conv1, x_
    image.shape,[1,1,1,1])
```

4. 合并还原结果，并输出给TensorBoard输出

这次是将结果通过 TensorBoard 进行展示，所以将生成的第一层图片和第二层图片与原始图片合在一起，统一放入 tf.summary.image 里，这样在 TensorBoard 的 image 里就能看到了。

代码8-17　cifar反卷积（续）

```
22  # 生成最终图像
23  stitched_decodings = tf.concat((x_image, t1_x_image,t_x_image), axis=2)
24  decoding_summary_op = tf.summary.image('source/cifar', stitched_
    decodings)
```

5. session中写入log

按照前面介绍过的 TensorBoard 步骤，在 session 中建立一个 summary_writer，然后在代码结尾处通过 session.run 运行前面的 tf.summary.image 操作，使用 summary_writer 将得出的结果写入 log。

代码8-17　cifar反卷积（续）

```
25  ……
26  cross_entropy = -tf.reduce_sum(y*tf.log(y_conv)) +(tf.nn.l2_loss
    (W_conv1)+tf.nn.l2_loss(W_conv2)+tf.nn.l2_loss(W_conv3))
27
28  train_step = tf.train.AdamOptimizer(1e-4).minimize(cross_entropy)
29
30  correct_prediction = tf.equal(tf.argmax(y_conv,1), tf.argmax(y,1))
31  accuracy = tf.reduce_mean(tf.cast(correct_prediction, "float"))
32  sess = tf.Session()
33  sess.run(tf.global_variables_initializer())
34  summary_writer = tf.summary.FileWriter('./log/', sess.graph)
35  ……
36  decoding_summary = sess.run(decoding_summary_op,feed_dict={x:image_
    batch, y: label_b})
37  summary_writer.add_summary(decoding_summary)
```

这里在计算 cross_entropy 时，对所有的 w 权重用了一次 Loss2 正则化。

6. Tensorboard中查看结果

运行以上代码后，就可以在 TensorBoard 中查看结果了。

上面的 log 是写在本代码同级目录下的 log 文件夹内，启动 TensorBoard 的步骤可以参考前面的介绍，这里不再多讲（一定要把路径要找对）。

上面的代码中，image 定义的路径是 source/cifar，所以在 TensorBoard 中单击 image 就会看到 source，点开后就能看到如图 8-23 所示的图片。

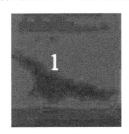

a）原始图　　　　b）第1个卷积还原的图　　c）最后1个卷积还原的图

图 8-23　反卷积结果 1

图 8-23 中的数字是后面标注的。第 1 幅是原始图片,其很不清晰的原因是在 cifar10_input.inputs 代码中,将图片做的归一化(变成-1～1 之间的数)。第 2 幅是第一个卷积层还原的图片,第 3 幅是最后一个卷积层还原的图片。可以看到,最后的卷积输出对图像的主要特征响应应更强烈。

为了让图片看得更清晰,我们去掉归一化的操作,使用原始图片在模型中"跑"一下。来到"cifar10_input.py"文件中将第 241 行代码修改如:

```
float_image = resized_image
# Subtract off the mean and divide by the variance of the pixels.
#float_image = tf.image.per_image_standardization(resized_image)
```

再次运行代码,在 TensorBoard 中如图 8-24 所示。这时 1、2、3 分别代表原图、1 层卷积后和 2 层卷积后的图片。

与归一化的效果对比,显然归一化后的图片卷积效果特征会更加明显,这也是为什么做归一化的原因。

  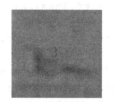

a)原始图　　　　b)第 1 层卷积后的图　　　c)第 2 层卷积后的图

图 8-24　反卷积结果 2

8.8　善用函数封装库

本节讲一下 TensorFlow 中的一个封装好的高级库,里面有前面讲过的很多函数的高级封装,使用这个高级库来开发程序将会提高效率。那么这个高级库具体好在哪里?请看下面的例子。

8.8.1　实例 51:使用函数封装库重写 CIFAR 卷积网络

改写代码代码"8-9 cifar 卷积.py",将网络结构中的全连接、卷积和池化全部用 tensorflow.contrib.layers 改写。

实例描述

将"代码 8-9:cifar 卷积.py"中的代码使用 tf.contrib.layers 重构。

1. 改写代码

卷积函数使用 tf.contrib.layers.conv2d，池化使用 tf.contrib.layers.max_pool2d 和 tf.contrib.layers.avg_pool2d，这次使用全连接来作为输出层，并演示全连接函数 tf.contrib.layers.fully_connected 的使用。

代码8-18　cifar简洁代码

```
……
#定义占位符
x = tf.placeholder(tf.float32,[None, 24,24,3])    #CIFAR 数据集的 shape 24*24*3
y = tf.placeholder(tf.float32,[None, 10])         # 0-9 数字分类=> 10 类

x_image = tf.reshape(x, [-1,24,24,3])

h_conv1  =tf.contrib.layers.conv2d(x_image,64,5,1,'SAME',activation_fn=tf.
nn.relu)
h_pool1 = tf.contrib.layers.max_pool2d(h_conv1,[2,2],stride=2, padding=
'SAME')

h_conv2=tf.contrib.layers.conv2d(h_pool1,64,[5,5],1,'SAME',activation_
fn=tf.nn.relu)
h_pool2 = tf.contrib.layers.max_pool2d(h_conv2,[2,2],stride=2,padding=
'SAME')

nt_hpool2 = tf.contrib.layers.avg_pool2d(h_pool2,[6,6],stride=6,padding=
'SAME')

nt_hpool2_flat = tf.reshape(nt_hpool2, [-1, 64])

y_conv = tf.contrib.layers.fully_connected(nt_hpool2_flat,10,activation_
fn=tf.nn.softmax)

cross_entropy = -tf.reduce_sum(y*tf.log(y_conv))
train_step = tf.train.AdamOptimizer(1e-4).minimize(cross_entropy)

correct_prediction = tf.equal(tf.argmax(y_conv,1), tf.argmax(y,1))
accuracy = tf.reduce_mean(tf.cast(correct_prediction, "float"))

sess = tf.Session()
……
```

这里只修改"8-9　cifar卷积.py"中间的代码，代码的运行不会受到影响。可以看到整个代码段变得简洁了，这就是使用 tf.contrib.layers 的好处。尤其在深层网络结构中，大量的重复代码会使代码可读性越来越差，所以使用 tf.contrib.layers 不失为一个好办法。

2. tf.contrib.layers中的具体函数介绍

看似简单的函数，幕后却做了很多事情，在上面的代码中，没有定义权重，没有初始

化,没有过多的参数,这些都是 tf.contrib.layers 帮我们封装好的。

下面以最复杂的卷积为例进行介绍,其他函数与之相似,不再展开介绍。

tf.contrib.layers.conv2d 的函数定义如下:

```
def convolution(inputs,
                num_outputs,
                kernel_size,
                stride=1,
                padding='SAME',
                data_format=None,
                rate=1,
                activation_fn=nn.relu,
                normalizer_fn=None,
                normalizer_params=None,
                weights_initializer=initializers.xavier_initializer(),
                weights_regularizer=None,
                biases_initializer=init_ops.zeros_initializer(),
                biases_regularizer=None,
                reuse=None,
                variables_collections=None,
                outputs_collections=None,
                trainable=True,
                scope=None):
```

常用的参数说明如下。

- inputs:代表输入。
- num_outputs:代表输出几个 channel。这里不需要再指定输入的 channel 了,因为函数会自动根据 inputs 的 shape 去判断。
- kernel_size:卷积核大小,不需要带上 batch 和 channel,只需输入尺寸即可。[5,5] 就代表 5×5 大小的卷积核。如果长、宽都一样,也可以直接写一个数 5。
- stride:步长,默认是长、宽都相等的步长。卷积时,一般都用 1,所以默认值也是 1,如果长、宽的步长都不同,也可以用一个数组[1,2]。
- padding:与前面的 padding 规则一样。
- activation_fn:输出后的激活函数。
- weights_initializer:权重的初始化,默认为 initializers.xavier_initializer 函数,参见第 6 章的说明。biases_initializer 同理,不再赘述。
- weights_regularizer:正则化项。可以加入正则函数,biases_regularizer 同理,不再赘述。
- trainable:是否可训练,如作为训练节点,必须设为 True。默认即可。

对于全连接层等其他函数的使用,会在后续代码中找到相应的演示例子,这里就不在一一介绍了。

8.8.2 练习题

任选一个前面章节的例子，将其该成使用 tf.contrib.layers 库来实现。

8.9 深度学习的模型训练技巧

下面看看卷积神经网络的训练有哪些技巧。

8.9.1 实例52：优化卷积核技术的演示

在实际的卷积训练中，为了加快速度，常常把卷积核裁开。比如一个3×3的过滤器，可以裁成3×1和1×3两个过滤器，分别对原有输入做卷积操作，这样可以大大提升运算的速度。

原理：在浮点运算中乘法消耗的资源比较多，我们目的就是尽量减小乘法运算。

- 比如对一个5×2的原始图片进行一次3×3的同卷积，相当于生成的5×2像素中每一个都要经历3×3次乘法，那么一共是90次。
- 同样是这个图片，如果先进行一次3×1的同卷积需要30次运算，再进行一次1×3的同卷积还是30次，一共才60次。

这仅仅是一个很小的数据张量，而且随着张量维度的增大，层数的增多，减少的运算会更多。那么运算量减少了，运算效果会等价吗？答案是肯定的。因为有公式来做保证3×1的矩阵乘上1×3的矩阵会正好生成3×3的矩阵。所以这个技巧在卷积网络中很常见。

下面我们把这个技巧用在实例中，改写代码"代码8-9　cifar卷积.py"如下。

实例描述

使用优化卷积核技术将代码"8-9　cifar卷积.py"中的代码重构，并观察效果。

代码8-19　cifar卷积核优化（片段）

```
......
x_image = tf.reshape(x, [-1,24,24,3])

h_conv1 = tf.nn.relu(conv2d(x_image, W_conv1) + b_conv1)
h_pool1 = max_pool_2x2(h_conv1)
W_conv21 = weight_variable([5, 1, 64, 64])
b_conv21 = bias_variable([64])
h_conv21 = tf.nn.relu(conv2d(h_pool1, W_conv21) + b_conv21)

W_conv2 = weight_variable([1, 5, 64, 64])
b_conv2 = bias_variable([64])
h_conv2 = tf.nn.relu(conv2d(h_conv21, W_conv2) + b_conv2)
```

```
h_pool2 = max_pool_2x2(h_conv2)
......
```

上面代码中,将原来的第二层 5×5 的卷积操作 conv2 注释掉,换成两个 5×1 和 1×5 的卷积操作,代码运行后可以看到准确率没有变化,但是速度快了一些。

8.9.2 实例53:多通道卷积技术的演示

这里介绍的多通道卷积,可以理解为一种新型的 CNN 网络模型,在原有的卷积模型基础上的扩展。

- 原有的卷积层中是使用单个尺寸的卷积核对输入数据卷积操作(如图 8-25 中的上半部分),生成若干个 feature map。
- 而多通道卷积的变化就是,在单个卷积层中加入若干个不同尺寸的过滤器(如图 8-25 中的下半部分),这样会使生成的 feature map 特征更加多样性。

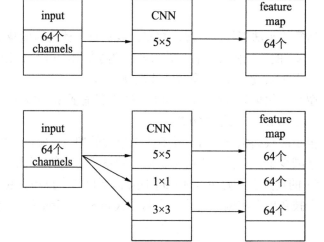

图 8-25 多通道卷积

同样还是在代码"8-9 cifar 卷积.py"中修改,为网络的卷积层增加不同尺寸的卷积核。这里将原有的 5×5 卷积,扩展到 7×7 卷积、1×1 卷积、3×3 卷积,并将它们的输出通过 concat 函数并在一起。

实例描述

使用多通道技术将代码"8-9 cifar 卷积.py"中的代码重构,并观察效果。

代码8-20 cifar多通道卷积

```
......
x_image = tf.reshape(x, [-1,24,24,3])
```

```
h_conv1 = tf.nn.relu(conv2d(x_image, W_conv1) + b_conv1)
h_pool1 = max_pool_2x2(h_conv1)
#########################################################多卷积核
W_conv2_5x5 = weight_variable([5, 5, 64, 64])
b_conv2_5x5 = bias_variable([64])
W_conv2_7x7 = weight_variable([7, 7, 64, 64])
b_conv2_7x7 = bias_variable([64])

W_conv2_3x3 = weight_variable([3, 3, 64, 64])
b_conv2_3x3 = bias_variable([64])

W_conv2_1x1 = weight_variable([1, 1, 64, 64])
b_conv2_1x1 = bias_variable([64])

h_conv2_1x1 = tf.nn.relu(conv2d(h_pool1, W_conv2_1x1) + b_conv2_1x1)
h_conv2_3x3 = tf.nn.relu(conv2d(h_pool1, W_conv2_3x3) + b_conv2_3x3)
h_conv2_5x5 = tf.nn.relu(conv2d(h_pool1, W_conv2_5x5) + b_conv2_5x5)
h_conv2_7x7 = tf.nn.relu(conv2d(h_pool1, W_conv2_7x7) + b_conv2_7x7)
h_conv2 = tf.concat([h_conv2_5x5,h_conv2_7x7,h_conv2_3x3,h_conv2_1x1],3)

h_pool2 = max_pool_2x2(h_conv2)
########################################################
W_conv3 = weight_variable([5, 5, 256, 10])
b_conv3 = bias_variable([10])
h_conv3 = tf.nn.relu(conv2d(h_pool2, W_conv3) + b_conv3)

nt_hpool3=avg_pool_6x6(h_conv3)#10
nt_hpool3_flat = tf.reshape(nt_hpool3, [-1, 10])
y_conv=tf.nn.softmax(nt_hpool3_flat)
……
```

上面代码中，1×1、3×3、5×5、7×7的卷积操作输入都是h_pool1，每个卷积操作后都生成了64个feature map，再用concat函数将它们合在一起变成一个[batch、12,12,256]大小的数据（4个64channels=256个channels）。

代码运行后输出如下：

```
step 0, training accuracy 0.0859375
step 200, training accuracy 0.296875
step 400, training accuracy 0.445312
step 600, training accuracy 0.414062
step 800, training accuracy 0.4375
step 1000, training accuracy 0.484375
step 1200, training accuracy 0.5
……
step 14000, training accuracy 0.671875
step 14200, training accuracy 0.671875
step 14400, training accuracy 0.59375
step 14600, training accuracy 0.695312
step 14800, training accuracy 0.609375
finished! test accuracy 0.664062
```

如果上面的concat函数会让你迷惑的话，可以参考第4章中关于concat的说明。

8.9.3 批量归一化

还有一种应用十分广泛的优化方法——批量归一化（简称 BN 算法）。一般用在全连接或卷积神经网络中。这个里程碑式技术的问世，使得整个神经网络的识别准确度上升了一个台阶，下面就来介绍下其具体内容。

1. 批量归一化介绍

先来看下面的例子：

假如有一个极简的网络模型，每一层只有一个节点，没有偏置。那么如果这个网络有三层的话，可以用如下式子表示其输出值：

$$Z = x \times w1 \times w2 \times w3$$

假设有两个神经网络，学习出了两套权重（$w1:1, w2:1, w3:1$）和（$w1:0.01, w2:10000, w3:0.01$），它们对应的输出 z 都是相同的。现在让它们训练一次，看看会发生什么。

（1）反向传播：假设反向传播时计算出的损失值 Δy 为 1，那么对于这两套权重的修正值将变为（$\Delta w1:1, \Delta w2:1, \Delta w3:1$）和（$\Delta w1:100, \Delta w2:0.0001, \Delta w3:100$）。

（2）更新权重：这时更新过后的两套权重就变成了（$w1:2, w2:2, w3:2$）和（$w1:100.01, w2:10000.0001, w3:100.01$）。

（3）第二次正向传播：假设输入样本是 1，第一个神经网络的值为：

$Z = 1 \times 2 \times 2 \times 2 = 8$

第二个神经网络的值为：

$Z = 1 \times 100.01 \times 10000.0001 \times 100.01 = 100000000$

看到这里，读者是不是已经感觉到两个网络的输出值差别巨大？如果再往下进行，这时计算出的 loss 值会变得更大，使得网络无法计算，这种现象也叫做梯度爆炸。产生梯度爆炸的原因就是因为网络的内部协变量转移（Internal Covariate Shift），即正向传播时的不同层的参数会将反向训练计算时所参照的数据样本分布改变。

这就是引入批量正则化的目的。它的作用是要最大限度地保证每次的正向传播输出在同一分布上，这样反向计算时参照的数据样本分布就会与正向计算时的数据分布一样了。保证了分布统一，对权重的调整才会更有意义。

了解了原理之后，再来看批量正则化的做法就会变得很简单，即将每一层运算出来的数据都归一化成均值为 0 方差为 1 的标准高斯分布。这样就会在保留样本分布特征的同时，又消除了层与层间的分布差异。

> 💡 提示：在实际应用中，批量归一化的收敛非常快，并且具有很强的泛化能力，某种情况下可以完全代替前面讲过的正则化、Dropout。

2. 批量归一化定义

先来看看 TensorFlow 中自带的 BN 函数定义：

```
tf.nn.batch_normalization(x,mean,variance,offset,scale,variance_epsilon,
name=None)
```

它的参数很简单，各参数说明如下。
- x：代表输入。
- mean：代表样本的均值。
- variance：代表方差。
- offset：代表偏移，即相加一个转化值，后面我们会用激活函数来转换，所以这里不需要再转化，直接使用 0。
- scale：代表缩放，即乘以一个转化值，同理，一般都用 1。
- variance_epsilon: 是为了避免分母为 0 的情况，给分母加一个极小值。默认即可。

要想使用这个函数，必须由另一个函数配合——tf.nn.moments，由它来计算均值和方差，然后就可以使用 BN 了。tf.nn.moments 定义如下：

```
tf.nn.moments(x, axes, name=None, keep_dims=False)
```

axes 主要是指定哪个轴来求均值与方差。

> 🔔注意：axes 在使用过程中经常容易犯错。这里提供一个小技巧，为了求样本的均值和方差，一般都会设为保留最后一个维度，对于 x 来讲可以直接使用公式 axis = list(range(len(x.get_shape()))－1))即可。例如，[128,3,3,12] axes 就为[0,1,2]，输出的均值方差维度为[12]

有了上面的两个函数还不够，为了有更好的效果，我们希望使用平滑指数衰减的方法来优化每次的均值与方差，于是就用到了 tf.train.ExponentialMovingAverage 函数。它的作用是让上一次的值对本次的值有个衰减后的影响，从而使每次的值连起来后会相对平滑一些。展开后可以用下面的代码来表示：

```
shadow_variable = decay * shadow_variable + (1 - decay) * variable
```

各参数说明如下。
- decay：代表衰减指数，是在 ExponentialMovingAverage 中指定的，比如 0.9。
- variable：代表本批次样本中的值。
- 等式右边的 shadow_variable：代表上次总样本的值。
- 等式左边 shadow_variable：代表计算出来的本次总样本的值。

3. 批量归一化的简单用法

上面的函数虽然参数不多，但需要几个函数联合起来使用，于是 TensorFlow 中的 layers 模块里又实现了一次 BN 函数，相当于把几个函数合并到了一起，使用起来更加简单。下面来介绍一下，在使用时需要引入头文件：

```
from tensorflow.contrib.layers.python.layers import batch_norm
```

函数的定义如下：

```
def batch_norm(inputs,
            decay=0.999,
            center=True,
            scale=False,
            epsilon=0.001,
            activation_fn=None,
            param_initializers=None,
            param_regularizers=None,
            updates_collections=ops.GraphKeys.UPDATE_OPS,
            is_training=True,
            reuse=None,
            variables_collections=None,
            outputs_collections=None,
            trainable=True,
            batch_weights=None,
            fused=False,
            data_format=DATA_FORMAT_NHWC,
            zero_debias_moving_mean=False,
            scope=None,
            renorm=False,
            renorm_clipping=None,
            renorm_decay=0.99):
```

虽然使用简单，但由于其中的参数较多，也增大了学习难度，因此这里列出一些常用的参数及使用习惯。

- inputs：代表输入。
- decay：代表移动平均值的衰败速度，是使用了一种叫做平滑指数衰减的方法更新均值方差，一般会设为 0.9；值太小会导致均值和方差更新太快，而值太大又会导致几乎没有衰减，容易出现过拟合，这种情况一般需要把值调小点。
- scale：是否进行变化（通过乘一个 gamma 值进行缩放），我们常习惯在 BN 后面接着一个线性的变化，如 Relu。所以 scale 一般都会设为 False。因为后面有对数据的转化处理，因此这里就不用再处理了。
- epsilon：是为了避免分母为 0 的情况，给分母加一个极小值。一般默认即可。
- is_training：当它为 True 时，代表是训练过程，这时会不断更新样本集的均值与方差。当测试时，要设成 False，这样就会使用训练样本集的均值与方差。
- updates_collections：其变量默认是 tf.GraphKeys.UPDATE_OPS，在训练时提供了一种内置的均值方差更新机制，即通过图（一个计算任务）中的 tf.GraphKeys.UPDATE_OPS 变量来更新。但它是在每次当前批次训练完成后才更新均值和方差，这样导致当前数据总是使用前一次的均值和方差，没有得到最新的更新。所以一般都会将其设成 None，让均值和方差即时更新。这样做虽然相比默认值在性能上稍慢点，但是对模型的训练还是有很大帮助的。

- reuse：支持共享变量，与下面的 scope 参数联合使用
- scope：指定变量的作用域 variable_scope。

8.9.4 实例54：为 CIFAR 图片分类模型添加 BN

本例将演示 BN 函数的使用方法，同样是在原有的代码"8-9 cifar 卷积.py"例子中修改，具体步骤如下。

实例描述

使用 BN 算法将代码"8-9 cifar 卷积.py"中的代码重构，并观察其效果。

1. 添加BN函数

改写代码"8-9 cifar 卷积.py"，在池化函数后面加入 BN 函数。

代码8-21　cifarBN

```
01  ……
02  def avg_pool_6x6(x):
03    return tf.nn.avg_pool(x, ksize=[1, 6, 6, 1],
04                    strides=[1, 6, 6, 1], padding='SAME')
05  def batch_norm_layer(value,train = None, name = 'batch_norm'):
06    if train is not None:
07        return batch_norm(value, decay = 0.9,updates_collections=None,
          is_training = True)
08    else:
09        return batch_norm(value, decay = 0.9,updates_collections=None,
          is_training = False)
```

2. 为BN函数添加占位符参数

由于 BN 里面需要设置是否为训练状态，所以这里定义一个 train 将训练状态当成一个占位符来传入。

代码8-21　cifarBN（续）

```
10  x = tf.placeholder(tf.float32, [None, 24,24,3])    #CIFAR数据集的shape
                                                        为24×24×3
11  y = tf.placeholder(tf.float32, [None, 10])         # 10 类
12  train = tf.placeholder(tf.float32)
```

3. 修改网络结构添加BN层

在第一层 h_conv1 与第二层 h_conv2 的输出之前卷积之后加入 BN 层。

代码8-21　cifarBN（续）

```
13  ……
14  h_conv1 = tf.nn.relu(batch_norm_layer((conv2d(x_image, W_conv1) +
    b_conv1),train))
```

```
15    h_pool1 = max_pool_2x2(h_conv1)
16
17    W_conv2 = weight_variable([5, 5, 64, 64])
18    b_conv2 = bias_variable([64])
19
20    h_conv2 = tf.nn.relu(batch_norm_layer((conv2d(h_pool1, W_conv2) +
      b_conv2),train))
21    h_pool2 = max_pool_2x2(h_conv2)
22    ……
```

4. 加入退化学习率

将原来的学习率改成退化学习率，使用 0.04 的初始值，让其每 1000 次退化 0.9。

代码8-21　cifarBN（续）

```
23    ……
24    cross_entropy = -tf.reduce_sum(y*tf.log(y_conv))
25    global_step = tf.Variable(0, trainable=False)
26    decaylearning_rate = tf.train.exponential_decay(0.04, global_step,
      1000, 0.9)
27
28    train_step = tf.train.AdamOptimizer(decaylearning_rate).minimize
      (cross_entropy,global_step=global_step)
29    correct_prediction = tf.equal(tf.argmax(y_conv,1), tf.argmax(y,1))
30    accuracy = tf.reduce_mean(tf.cast(correct_prediction, "float"))
31    ……
```

5. 在运行session中添加训练标志

在 session 中找到循环的部分，为占位符 train 添加数值 1，表明当前是训练状态。其他的地方都不用动，因为在第一步的 BN 函数里设定好 train 为 None 时，已经认为是测试状态。

代码8-21　cifarBN（续）

```
32    ……
33    for i in range(20000):
34        image_batch, label_batch = sess.run([images_train, labels_train])
35        label_b = np.eye(10,dtype=float)[label_batch] #one hot 编码
36
37        train_step.run(feed_dict={x:image_batch, y: label_b,train:1},
          session=sess)
38    ……
```

运行代码，得到如下输出：

```
begin
begin data
step 0, training accuracy 0.210938
step 200, training accuracy 0.484375
step 400, training accuracy 0.601562
```

```
step 600, training accuracy 0.617188
……
step 18400, training accuracy 0.921875
step 18600, training accuracy 0.921875
step 18800, training accuracy 0.921875
step 19000, training accuracy 0.953125
step 19200, training accuracy 0.9375
step 19400, training accuracy 0.914062
step 19600, training accuracy 0.96875
step 19800, training accuracy 0.9375
finished! test accuracy 0.71875
```

可以看到，准确率有了明显提升，训练时达到了 90%以上，测试时模型的准确率下降了不少。有兴趣的读者可以通过对原样本变形的方式来增大数据集（使用 cifar10_input 中的 distorted_inputs 来获取数据），或采用前面讲的一些过拟合的方法继续优化。

8.9.5 练习题

（1）搭建神经网络，使用多通道卷积，将 MNIST 数据集进行分类（代码见"8-23 多通道 mnist.py"。）

（2）再接着练习（1）将多通道卷积加入批量正则化处理（代码见"8-22 带 BN 的多通道 mnist.py"，可将准确率提高到 99%）。

第 9 章 循环神经网络——具有记忆功能的网络

前面讲的内容可以理解为静态数据的处理,也就是样本是单次的,彼此之间没有关系。然而人工智能对计算机的要求不仅仅是单次的运算,还需要让计算机像人一样具有记忆功能。这一节我们就来学习循环神经网络(RNN),它是一个具有记忆功能的网络。这种网络最适合解决连续序列的问题,善于从具有一定顺序意义的样本与样本间学习规律。

本章含有教学视频共 10 分 53 秒。

本章的内容比较多,作者按照书中的内容结构做了快速讲解。在视频内容中主要对 RNN 的作用、原理和结构做了清晰的讲解,同时对本章内容中各个技术点的学习方法及后面的实例通用性做了补充说明。

9.1 了解 RNN 的工作原理

在解释 RNN 原理之前,我们先看看人脑是怎么处理的。

9.1.1 了解人的记忆原理

如果你身边有 2 岁或 3 岁的孩子,可以仔细观察一下,他说话时虽然能表达出具体的意思，但是听起来总会觉得怪怪的。比如笔者的孩子，在刚开始说话时，把"我要"说成了"要我"，一看到喜欢吃的小零食，就会用手指着小零食对你大喊"要我，要我……"。

类似这样的话为什么我们听起来会感觉很别扭呢？这是因为我们的大脑受刺激时对一串后续的字有预测功能。如果从神经网络的角度来理解，大脑中的语音模型在某一场景下一定是对这两个字有先后顺序区分的。比如，第一个字是"我"，后面跟着"要"，人们就会觉得正常，而使用"要我"，来匹配"我要"的意思在生活中很少遇到，于是人们就会觉得很奇怪。

当获得"我来找你玩游"信息后，大脑的语言模型会自动预测后一个字为"戏"，而不是"乐、泳"等其他字，如图 9-1 所示。

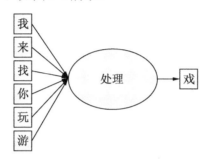

图 9-1 人脑处理文字举例

图 9-1 中的逻辑并不是在说完"我来找你玩游"之后进入大脑来处理的，而是每个字都在脑子里进行着处理，将图 9-1 中的每个字分别裁开，在语言模型中就形成了一个循环神经网络，图 9-1 中的逻辑可以用下面的伪码表示：

（input 我+ empty—input）→output 我
（input 来+ output 我）→output 来
（input 找+ output 来）→output 找
（input 你+ output 找）→output 你
……

即，每个预测的结果都会放到下一个输入里进行运算，与下一次的输入一起来生成下一次的结果。如图 9-2 所示的网络模型可以很好地表达我们见到的现象。

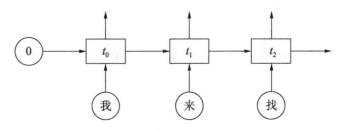

图 9-2 RNN 结构

图 9-2 也可以看成是一个链式的结构，如何理解链式结构呢？举个例子：后来我的孩

子上了幼儿园，学习了《三字经》，而且可以背很长的内容，背得很熟练，于是我想考考他，就问了一个中间的句子"名俱扬"下一句是啥，他很快说了出来，马上又问他上一句是啥，他想了半天，从头背了一遍，背到"名俱扬"时才知道上一句是"教五子"。这种现象可以理解为我们大脑并不是简单的存储，而是链式的、有顺序的存储。

这种"链式的、有顺序存储"很节省空间，对于中间状态的序列，我们的大脑没有选择直接记住，而是存储计算方法。当我们需要取值时，直接将具体的数据输入，通过计算得出来相应的结果。这种解决方法在很多具体问题时都会用到。

例如：程序员常常会使用一个递归的函数来求阶乘 $n!=n\times(n-1)\times\cdots\cdots 1$。

函数的代码如下：

```
long ff(int n) {
  long f;
  if(n<0) printf("n<0,input error");
  else if(n==0||n==1) f=1;
  else f=ff(n-1)*n;
  return(f);
}
```

还有，我们在计算加法时的进位过程。

23+17 的加法过程是：先个位加个位，再算十位加十位；然后将个位的结果状态（是否有进位）送到十位的运算中去，则十位是"2+1+个位的进位数（1）"等于 4。

9.1.2　RNN 网络的应用领域

对于序列化的特征的任务，都适合采用 RNN 网络来解决。细分起来可以有情感分析（Sentiment Analysis）、关键字提取（Key Term Extraction）、语音识别（Speech Recognition）、机器翻译（Machine Translation）和股票分析等。

9.1.3　正向传播过程

RNN 结构如图 9-3 左侧图所示，A 代表网络，x_t 代表 t 时刻输入的 x，h_t 代表网络生成的结果，A 中间又画出了一条线指向自己，是表明上一时刻的输出接着输入到了 A 里面。

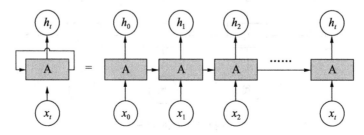

图 9-3　RNN 正向传播

当有一系列的 x 输入到图 9-3 左侧结构中后,展开就变成了右侧的样子,其实就是一个含有隐藏层的网络,只不过隐藏层的输出变成了两份,一份传到下一个节点,另一份传给本身节点。其时序图如图 9-4 所示。

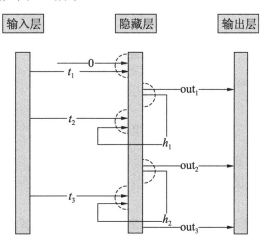

图 9-4　RNN 正向传播时序

假设有 3 个时序 t_1、t_2、t_3,如图 9-4 所示,在 RNN 中可以分解成以下 3 个步骤。

(1) 开始时 t_1 通过自己的输入权重和 0 作为输入,生成了 out_1。

(2) out_1 通过自己的权重生成了 h_1,然后和 t_2 经过输入权重转化后一起作为输入,生成了 out_2。

(3) out_2 通过同样的隐藏层权重生成了 h_2,然后和 t_3 经过输入权重转化后一起作为输入,生成了 out_2。

9.1.4　随时间反向传播

与单神经元相似,RNN 也需要反向传播误差来调整自己的参数。RNN 网络使用随时间反向传播(BackPropagation Through Time,BPTT)的链式求导算法来反向传播误差。

先来回顾一下反向传播的 BP 算法,如图 9-5 所示。

这是一个含有一个隐藏层的网络结构。隐藏层只有一个节点。具体的过程如下:

(1) 有一个批次含有 3 个数据 A、B、C,批次中每个样本有两个数(x1、x2)通过权重(w1、w2)来到隐藏层 H 并生成批次 h,如图 9-5 中 w1、w2 两条直线所在方向。

(2) 该批次的 h 通过隐藏层权重 p1 生成最终的输出结果 y。

(3) y 与最终的标签 p 比较,生成输出层误差 less(y,p)。

(4) less(y,p) 与生成 y 的导数相乘,得到 Del_y。Del_y 为输出层所需要的修改值。

(5) 将 h 的转置与 del_y 相乘得到 del_p1。这是源于 h 与 p1 相等得到的 y,见第 (2) 步。

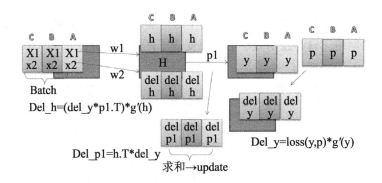

图 9-5　BP 反向传播 1

（6）最终将该批次的 del_p1 求和并更新到 p1 上。

（7）同理，再将误差反向传递到上一层：计算 Del_h。得到 Del_h 后再计算 del_w1、del_w2 并更新。

若 BP 的算法读者已经理解了，下面再来比较一下 BPTT 算法，如图 9-6 所示。

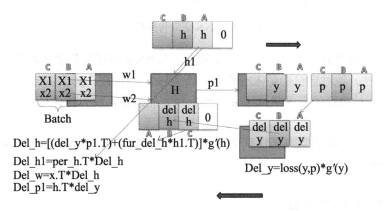

图 9-6　RNN 反向传播

图 9-6 中，同样是一个批次的数据 A、B、C，按顺序进入循环神经网络。正向传播的实例是 B 正在进入神经网络的过程，可以看到 A 的 h 参与进来并一起经过 P1 生成了 B 的 y。因为 C 还没有进入，为了清晰，这里用灰色表示。

当所有块都进入之后，会将 p 标签与输出进行 Del_y 的运算，由于 C 块的 y 是最后生成的，所以我们先从 C 块开始对 h 的输出传递误差 Del_h。

图 9-6 中的反向传播是表示 C 块已经反向传播完成，开始 B 块反向传播的状态，可以看到 B 块 Del_h 是由 B 块的 del_y 和 C 块的 del_h 通过计算得来的。这就是与 BP 算法不同的地方（BP 中 Del_h 直接与自己的 Del_y 相关，不会与其他的值有联系）。

作为一个批次的数据，正向传播时是沿着 ABC 的顺序，当反向传播时，就按照正向传播的相反顺序，即每个节点的 CBA 挨个计算并传递梯度。

9.2 简单RNN

了解完RNN的原理后,下面一起来实现一个简单的RNN网络。

9.2.1 实例55:简单循环神经网络实现——裸写一个退位减法器

本例将把前面所讲述的内容用代码实现一遍。如果前面的描述读者还不明白,可以通过这个例子,加深对前面内容的理解。

本例是一个纯手写的代码例子,使用Python手动搭建一个简单的RNN网络,让它来拟合一个退位减法。退位减法也具有RNN的特性,即输入的两个数相减时,一旦发生退位运算,需要将中间状态保存起来,当高位的数传入时将退位标志一并传入参与运算。

下面就来用代码实现RNN拟合减法,具体步骤如下。

实例描述

使用Ptyhon编写简单循环神经网络拟合一个退位减法的操作,观察其反向传播过程。

1. 定义基本函数

首先手动写一个Sigmoid函数及其导数(导数用于反向传播)。

代码9-1　subtraction

```
01  import copy, numpy as np
02  np.random.seed(0)                        #固定随机数生成器的种子,可以每次得到一样的值
03  def sigmoid(x):                          #激活函数
04      output = 1/(1+np.exp(-x))
05      return output
06
07  def sigmoid_output_to_derivative(output):  #激活函数的导数
08      return output*(1-output)
```

2. 建立二进制映射

定义的减法最大值限制在256之内,即8位二进制的减法,定义int与二进制之间的映射数组int2binary。

代码9-1　subtraction(续)

```
09  int2binary = {}                          #整数到其二进制表示的映射
10  binary_dim = 8                           #暂时制作256以内的减法
11  ## 计算0~256的二进制表示
12  largest_number = pow(2,binary_dim)
13  binary = np.unpackbits(
14      np.array([range(largest_number)],dtype=np.uint8).T,axis=1)
```

```
15    for i in range(largest_number):
16        int2binary[i] = binary[i]
```

3. 定义参数

定义学习参数：隐藏层的权重 synapse_0、循环节点的权重 synapse_h（输入节点 16、输出节点 16）、输出层的权重 synapse_1（输入 16 节点，输出 1 节点）。为了减小复杂度，这里只设置 w 权重，b 被忽略。

代码9-1　subtraction（续）

```
17    # 参数设置
18    alpha = 0.9                              #学习速率
19    input_dim = 2                            #输入的维度是2，减数和被减数
20    hidden_dim = 16
21    output_dim = 1                           #输出维度为1
22
23    # 初始化网络
24    synapse_0 = (2*np.random.random((input_dim,hidden_dim)) - 1)*0.05
                                              #维度为2*16，2是输入维度，16是隐藏层维度
25    synapse_1 = (2*np.random.random((hidden_dim,output_dim)) - 1)*0.05
26    synapse_h = (2*np.random.random((hidden_dim,hidden_dim)) - 1)*0.05
27    # => [-0.05, 0.05),
28
29    # 用于存放反向传播的权重更新值
30    synapse_0_update = np.zeros_like(synapse_0)
31    synapse_1_update = np.zeros_like(synapse_1)
32    synapse_h_update = np.zeros_like(synapse_h)
```

synapse_0_update 在前面很少见到，是因为它被隐含在优化器里了。这里全部"裸写"（不使用 TensorFlow 库函数），需要定义一组变量，用于反向优化参数时存放参数需要调整的调整值，对应于前面的 3 个权重 synapse_0、synapse_1 和 synapse_h。

4. 准备样本数据

大致是这样的过程：

（1）建立循环生成样本数据，先生成两个数 a 和 b。如果 a 小于 b，就交换位置，保证被减数大。

（2）计算出相减的结果 c。

（3）将 3 个数转换成二进制，为模型计算做准备。

将上面过程一一实现，代码如下。

代码9-1　subtraction（续）

```
33    # 开始训练
34    for j in range(10000):
35
36        #生成一个数字a
37        a_int = np.random.randint(largest_number)
```

```
38      #生成一个数字b, b的最大值取的是largest_number/2, 作为被减数, 让它小一点
39      b_int = np.random.randint(largest_number/2)
40      #如果生成的b大了, 那么交换一下
41      if a_int<b_int:
42          tt = b_int
43          b_int = a_int
44          a_int=tt
45
46      a = int2binary[a_int]                    # 二进制编码
47      b = int2binary[b_int]                    # 二进制编码
48      # 正确的答案
49      c_int = a_int - b_int
50      c = int2binary[c_int]
```

5. 模型初始化

初始化输出值为0, 初始化总误差为0, 定义 layer_2_deltas 存储反向传播过程中的输出层的误差, layer_1_values 为隐藏层的输出值, 由于第一个数据传入时, 没有前面的隐藏层输出值来作为本次的输入, 所以需要为其定义一个初始值, 这里定义为0.1。

代码9-1 subtraction（续）

```
51      # 存储神经网络的预测值
52      d = np.zeros_like(c)
53      overallError = 0                         #每次把总误差清零
54
55      layer_2_deltas = list()                  #存储每个时间点输出层的误差
56      layer_1_values = list()                  #存储每个时间点隐藏层的值
57
58      layer_1_values.append(np.ones(hidden_dim)*0.1)
                                                 # 一开始没有隐藏层, 所以初始化一下原始值为0.1
```

6. 正向传播

循环遍历每个二进制位, 从个位开始依次相减, 并将中间隐藏层的输出传入下一位的计算（退位减法）, 把每一个时间点的误差导数都记录下来, 同时统计总误差, 为输出准备。

代码9-1 subtraction（续）

```
59      for position in range(binary_dim):       #循环遍历每一个二进制位
60
61          # 生成输入和输出
62          X = np.array([[a[binary_dim - position - 1],b[binary_dim -
            position - 1]]])      #从右到左, 每次取两个输入数字的一个bit位
63          y = np.array([[c[binary_dim - position - 1]]]).T    #正确答案
64          # hidden layer (input ~+ prev_hidden)
65          layer_1 = sigmoid(np.dot(X,synapse_0) + np.dot(layer_1_values
            [-1],synapse_h))#（输入层 + 之前的隐藏层）-> 新的隐藏层, 这是体现循
            神经网络的最核心的地方
```

```
66          # output layer (new binary representation)
67          layer_2 = sigmoid(np.dot(layer_1,synapse_1))
                     #隐藏层 * 隐藏层到输出层的转化矩阵 synapse_1 -> 输出层
68
69          layer_2_error = y - layer_2                              #预测误差
70      layer_2_deltas.append((layer_2_error)*sigmoid_output_to_
    derivative(layer_2))    #把每一个时间点的误差导数都记录下来
71          overallError += np.abs(layer_2_error[0])                 #总误差
72
73          d[binary_dim - position - 1] = np.round(layer_2[0][0])
                             #记录下每一个预测 bit 位
74
75          # 将隐藏层保存起来。下个时间序列便可以使用
76          layer_1_values.append(copy.deepcopy(layer_1))
                         #记录下隐藏层的值,在下一个时间点用
77
78      future_layer_1_delta = np.zeros(hidden_dim)
```

最后一行代码是为了反向传播准备的初始化。同正向传播一样,反向传播是从最后一次往前反向计算误差,对于每一个当前的计算都需要有它的下一次结果参与。

反向计算是从最后一次开始的,它没有后一次的输出,所以需要初始化一个值作为其后一次的输入,这里初始化为0。

7. 反向训练

初始化之后,开始从高位往回遍历,一次对每一位的所有层计算误差,并根据每层误差对权重求偏导,得到其调整值,最终将每一位算出的各层权重的调整值加在一起乘以学习率,来更新各层的权重,完成一次优化训练。

代码9-1　subtraction(续)

```
79  #反向传播,从最后一个时间点到第一个时间点
80      for position in range(binary_dim):
81
82          X = np.array([[a[position],b[position]]])    #最后一次的两个输入
83          layer_1 = layer_1_values[-position-1]        #当前时间点的隐藏层
84          prev_layer_1 = layer_1_values[-position-2]   #前一个时间点的隐藏层
85
86          layer_2_delta = layer_2_deltas[-position-1] #当前时间点输出层导数
87          # 通过后一个时间点(因为是反向传播)的隐藏层误差和当前时间点的输出层误差,
               计算当前时间点的隐藏层误差
88          layer_1_delta = (future_layer_1_delta.dot(synapse_h.T) + layer_
    2_delta.dot(synapse_1.T)) * sigmoid_output_to_derivative
    (layer_1)
89
90          # 等完成了所有反向传播误差计算,才会更新权重矩阵,先暂时把更新矩阵存起来
91          synapse_1_update += np.atleast_2d(layer_1).T.dot(layer_2_
    delta)
92          synapse_h_update += np.atleast_2d(prev_layer_1).T.dot(layer_1
```

```
                delta)
93              synapse_0_update += X.T.dot(layer_1_delta)
94
95              future_layer_1_delta = layer_1_delta
96
97      # 完成所有反向传播之后，更新权重矩阵，并把矩阵变量清零
98      synapse_0 += synapse_0_update * alpha
99      synapse_1 += synapse_1_update * alpha
100     synapse_h += synapse_h_update * alpha
101     synapse_0_update *= 0
102     synapse_1_update *= 0
103     synapse_h_update *= 0
```

更新完后会将中间变量值清零。

8. 输出结果

每运行 800 次将结果输出，代码如下。

代码9-1　subtraction（续）

```
104 # 打印输出过程
105     if(j % 800 == 0):
106
107         print("总误差:" + str(overallError))
108         print("Pred:" + str(d))
109         print("True:" + str(c))
110         out = 0
111         for index,x in enumerate(reversed(d)):
112             out += x*pow(2,index)
113         print(str(a_int) + " - " + str(b_int) + " = " + str(out))
114         print("------------")
```

运行代码，输出结果如下：

总误差:[3.97242498]
Pred:[0 0 0 0 0 0 0 0]
True:[0 0 0 0 0 0 0 0]
9 - 9 = 0

总误差:[2.1721182]
Pred:[0 0 0 0 0 0 0 0]
True:[0 0 0 1 0 0 0 1]
17 - 0 = 0

……

总误差:[0.04588656]
Pred:[1 0 0 1 0 1 1 0]
True:[1 0 0 1 0 1 1 0]
167 - 17 = 150

总误差:[0.08098026]

```
Pred:[1 0 0 1 1 0 0 0]
True:[1 0 0 1 1 0 0 0]
204 - 52 = 152
------------
总误差:[ 0.03262333]
Pred:[1 1 0 0 0 0 0 0]
True:[1 1 0 0 0 0 0 0]
209 - 17 = 192
------------
```

可以看到，刚开始还不准，随着迭代次数增加，到后来已经可以完全拟合退位减法了。

9.2.2 实例56：使用 RNN 网络拟合回声信号序列

本例使用 TensorFlow 中的函数来演示搭建一个简单 RNN 网络，使用一串随机的模拟数据作为原始信号，让 RNN 网络来拟合其对应的回声信号。详细介绍如下。

样本数据为一串随机的由 0、1 组成的数字，将其当成发射出去的一串信号。当碰到阻挡被反弹回来时，会收到原始信号的回音。

如果步长为3，那么输入和输出的序列如图 9-7 所示。

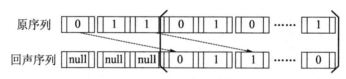

图 9-7 回声序列

如图 9-7 所示，回声序列的前 3 项是 null，原序列的第一个信号 0，对应的是回声序列的第 4 项，即回声序列的每一个数都会比原序列滞后 3 个时序。本例的任务就是将序列截取出来，对于每个原序列来预测它的回声序列。

构建的网络结构如图 9-8 所示。

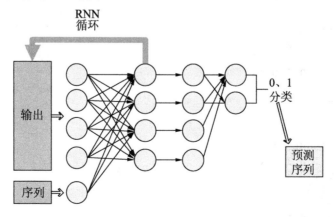

图 9-8 echo 例子网络结构

图 9-8 中，初始的输入有 5 个，其中 4 个是中间状态，1 个是 x 的序列值。通过一层具有 4 个节点的 RNN 网络，再接一个全连接层输出 0、1 分类。这样序列中的每个 x 都会有一个对应的预测分类值，最终将整个序列 x 生成了预测序列。具体步骤如下。

实例描述

构建一组序列，生成其对应的模拟回声序列。使用 TensorFlow 创建一个简单循环神经网络拟合这个回声序列。

1. 定义参数生成样本数据

在了解前面样本的规则后，开始编写代码制作样本。

导入 Python 库，定义相关参数，取 50000 个序列样本数据，每个测试数据截取 15 个序列，回声序列的步长为 3，最小批次为 5。定义生成样本函数 generateData，在函数里先随机生成 50000 个 0、1 数据的数组 x，作为原始的序列，令 x 里的数据向右循环移动 3 个位置，生成数据 y，作为 x 的回声序列。因为回声步长是 3，表明回声 y 是从 x 的第 3 个数据开始才出现，所以将 y 的前 3 个数据清零。

代码9-2　echo模拟

```
01  import numpy as np
02  import tensorflow as tf
03  import matplotlib.pyplot as plt
04
05  num_epochs = 5
06  total_series_length = 50000
07  truncated_backprop_length = 15
08  state_size = 4
09  num_classes = 2
10  echo_step = 3
11  batch_size = 5
12  num_batches = total_series_length//batch_size//truncated_backprop_length
13
14  def generateData():
15      x = np.array(np.random.choice(2, total_series_length, p=[0.5, 0.5]))           #在 0 和 1 中选择total_series_length个数
16      y = np.roll(x, echo_step)#向右循环移位,将【1111000】变为【0001111】
17      y[0:echo_step] = 0
18
19      x = x.reshape((batch_size, -1))     # 5,10000
20      y = y.reshape((batch_size, -1))
21
22      return (x, y)
```

2. 定义占位符处理输入数据

定义 3 个占位符，输入的 batchX_placeholder 原始序列，回声 batchY_placeholder 作为标签，循环节点的初始值 state。如前面介绍的网络结构，x 的原始序列是逐个输入网络的，

所以需要将输进去的数据打散,按照时间序列变成15个数组,每个数组有batch_size个元素,进行统一批处理。

代码9-2　echo模拟（续）

```
23  batchX_placeholder = tf.placeholder(tf.float32,[batch_size, truncated_
    backprop_lenqth])
24  batchY_placeholder = tf.placeholder(tf.int32,[batch_size, truncated_
    backprop_length])
25  init_state = tf.placeholder(tf.float32, [batch_size, state_size])
26
27  # 将batchX_Placeholder沿维度为1的轴方向进行拆分
28  inputs_series = tf.unstack(batchX_placeholder, axis=1)
                                        #truncated_backprop_length个序列
29  labels_series = tf.unstack(batchY_placeholder, axis=1)
```

3. 定义网络结构

按照图9-8中的网络结构,定义一层循环网络与一层全连接网络。由于数据是一个数组序列,所以需要通过循环将输入数据按照原有序列逐个输入网络,并输出对应的predictions序列。同样的,对于每个序列值都要对其输出做loss计算,在loss中使用了sparse_softmax_cross_entropy_with_logits函数,因为label的最大值正好是1,而且是一位的,就不需要再转成one_hot编码了（具体细节见本书6.5.3节）,最终将所有的loss取均值放入优化器中。

代码9-2　echo模拟（续）

```
30  current_state = init_state
31  predictions_series = []
32  losses =[]
33  #使用一个循环,按照序列逐个输入
34  for current_input, labels in zip(inputs_series,labels_series):
35      current_input = tf.reshape(current_input, [batch_size, 1])
36  #加入初始状态
37      input_and_state_concatenated = tf.concat([current_input, current_
        state],1)
38
39      next_state = tf.contrib.layers.fully_connected(input_and_state_
        concatenated,state_size,activation_fn=tf.tanh)
40      current_state = next_state
41      logits =tf.contrib.layers.fully_connected(next_state,num_
        classes,activation_fn=None)
42      loss = tf.nn.sparse_softmax_cross_entropy_with_logits(labels=
        labels,logits=logits)
43      losses.append(loss)
44      predictions = tf.nn.softmax(logits)
45      predictions_series.append(predictions)
46
47
48  total_loss = tf.reduce_mean(losses)
49  train_step = tf.train.AdagradOptimizer(0.3).minimize(total_loss)
```

4. 建立session训练数据

建立 session，总样本循环 10 次进行迭代。将初始化循环神经网络的状态设为 0，在总样本中循环读取 15 个序列作为批次中的一个样本。

代码9-2　echo模拟（续）

```
50  with tf.Session() as sess:
51      sess.run(tf.global_variables_initializer())
52      plt.ion()
53      plt.figure()
54      plt.show()
55      loss_list = []
56
57      for epoch_idx in range(num_epochs):
58          x,y = generateData()
59          _current_state = np.zeros((batch_size, state_size))
60
61          print("New data, epoch", epoch_idx)
62
63          for batch_idx in range(num_batches):#50000/ 5 /15=分成多少段
64              start_idx = batch_idx * truncated_backprop_length
65              end_idx = start_idx + truncated_backprop_length
66
67              batchX = x[:,start_idx:end_idx]
68              batchY = y[:,start_idx:end_idx]
69
70              _total_loss, _train_step, _current_state, _predictions_series = sess.run(
71                  [total_loss, train_step, current_state, predictions_series],
72                  feed_dict={
73                      batchX_placeholder:batchX,
74                      batchY_placeholder:batchY,
75                      init_state:_current_state
76                  })
77
78              loss_list.append(_total_loss)
```

5. 测试模型及可视化

每循环 100 次，将打印数据并调用 plot 函数生成图像。

代码9-2　echo模拟（续）

```
79              if batch_idx%100 == 0:
80                  print("Step",batch_idx, "Loss", _total_loss)
81                  plot(loss_list, _predictions_series, batchX, batchY)
82
83  plt.ioff()
84  plt.show()
```

plot 函数定义如下：

```
85   def plot(loss_list, predictions_series, batchX, batchY):
86       plt.subplot(2, 3, 1)
87       plt.cla()
88       plt.plot(loss_list)
89
90       for batch_series_idx in range(batch_size):
91           one_hot_output_series = np.array(predictions_series)[:, batch_
             series_idx, :]
92           single_output_series = np.array([(1 if out[0] < 0.5 else 0) for
             out in one_hot_output_series])
93
94           plt.subplot(2, 3, batch_series_idx + 2)
95           plt.cla()
96           plt.axis([0, truncated_backprop_length, 0, 2])
97           left_offset = range(truncated_backprop_length)
98           left_offset2 = range(echo_step,truncated_backprop_length+echo_
             step)
99
100          label1 = "past values"
101          label2 = "True echo values"
102          label3 = "Predictions"
103          plt.plot(left_offset2, batchX[batch_series_idx, :]*0.2+1.5,
             "o--b", label=label1)
104          plt.plot(left_offset, batchY[batch_series_idx, :]*0.2+0.8,
             "x--b", label=label2)
105          plt.plot(left_offset, single_output_series*0.2+0.1 , "o--y",
             label=label3)
106
107      plt.legend(loc='best')
108      plt.draw()
109      plt.pause(0.0001)
```

函数中将输入的 x 序列、回声 y 序列和预测的序列同时打印到图像中。按照批次的个数生成图像。为了让 3 个序列看起来更明显，将其缩放 0.2，并且调节每个图像的高度。同时将第一个原始序列的 x 在显示中滞后 echo_step 个序列，将 3 个图像放在同一序列顺序中比较。

运行代码，生成如下结果，如图 9-9 所示。

```
New data, epoch 0
Step 0 Loss 0.760327
Step 100 Loss 0.462219
Step 200 Loss 0.364076
……
New data, epoch 4
Step 0 Loss 0.324354
Step 100 Loss 0.103451
Step 200 Loss 0.0894693
Step 300 Loss 0.0940791
Step 400 Loss 0.09462
Step 500 Loss 0.10184
Step 600 Loss 0.0910746
```

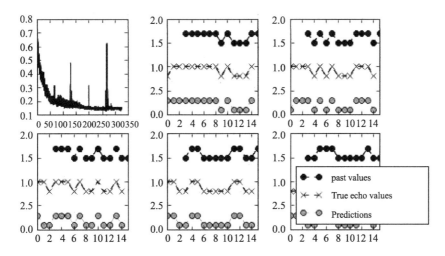

图 9-9 RNN 回声实例结果

最下面的点为预测的序列，中间的为回声序列，从图像中可以看到预测序列和回声序列几乎相同，表明 RNN 网络已经完全可以学到回声的规则。

9.3 循环神经网络（RNN）的改进

9.2 节中演示的代码看似功能很强大，但也仅限于简单的逻辑和样本。对于相对较复杂的问题，这种 RNN 便会显出其缺陷，原因还是出在激活函数。通常来讲，激活函数在神经网络里最多只能 6 层左右，因为它的反向误差传递会随着层数的增加，传递的误差值越来越小，而在 RNN 中，误差传递不仅存在于层与层之间，也在存于每一层的样本序列间，所以 RNN 无法去学习太长的序列特征。

于是，神经网络学科中又演化了许多 RNN 网络的变体版本，使得模型能够学习更长的序列特征。接下来一起看看循环神经网络 RNN 的各种演化版本及内部原理与结构。

9.3.1 LSTM 网络介绍

长短记忆的时间递归神经网络（Long Short Term Memory，LSTM）可以算是 RNN 网络的代表，其结构同样也非常复杂，下面一起来学习一下。

1．整体介绍

LSTM 是一种 RNN 特殊的类型，可以学习长期依赖信息。LSTM 通过刻意的设计来避免长期依赖问题，其结构示意如图 9-10 所示。

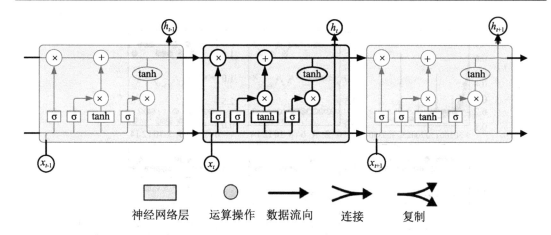

图 9-10 LSTM 结构示意

图 9-10 中，每一条黑线传输着一整个向量，从一个节点的输出到其他节点的输入。方框上方的圆圈代表运算操作（如向量的和），而中间的方框就是学习到的神经网络层。合在一起的线表示向量的连接，分开的线表示内容被复制，然后分发到不同的位置。

将其简化成图 9-11，就与之前所说的结构一样了（这里的激活函数使用的是 Tanh）。

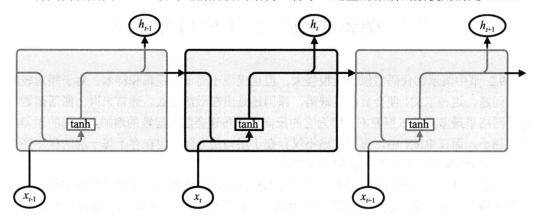

图 9-11 LSTM2

这种结构的核心思想是引入了一个叫做细胞状态的连接，这个细胞状态用来存放想要记忆的东西（对应于简单 RNN 中的 h，只不过这里面不再只存放上一次的状态了，而是通过网络学习存放那些有用的状态）。同时在里面加入 3 个门。

- 忘记门：决定什么时候需要把以前的状态忘记。
- 输入门：决定什么时候加入新的状态。
- 输出门：决定什么时候需要把状态和输入放在一起输出。

从字面意思可以看出，简单 RNN 只是把上一次的状态当成本次的输入一起输出。而 LSTM 在状态的更新和状态是否参与输入都做了灵活的选择，具体选什么，则一起交给神经网络的训练机制来训练。

现在分别介绍一下这三个门的结构和作用。

2. 忘记门

如图9-12所示为忘记门。该门决定模型会从细胞状态中丢弃什么信息。

该门会读取 h_{t-1} 和 x_t，输出一个在0~1之间的数值给每个在细胞状态 C_{t-1} 中的数字。1表示"完全保留"，0表示"完全舍弃"。

例如一个语言模型的例子，假设细胞状态会包含当前主语的性别，于是根据这个状态便可以选择正确的代词。当我们看到新的主语时，应该把新的主语在记忆中更新。该门的功能就是先去记忆中找到以前那个旧的主语（并没有真正忘掉操作，只是找到而已）。

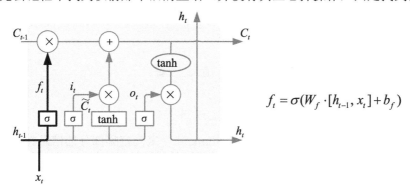

$$f_t = \sigma(W_f \cdot [h_{t-1}, x_t] + b_f)$$

图9-12　lstm忘记门

3. 输入门

输入门其实可以分成两部分功能，如图9-13所示。一部分是找到那些需要更新的细胞状态，另一部分是把需要更新的信息更新到细胞状态里。

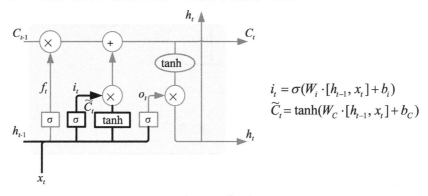

$$i_t = \sigma(W_i \cdot [h_{t-1}, x_t] + b_i)$$
$$\widetilde{C}_t = \tanh(W_C \cdot [h_{t-1}, x_t] + b_C)$$

图9-13　输入门

其中，tanh层就是要创建一个新的细胞状态值向量——C_t，会被加入到状态中。

忘记门找到了需要忘掉的信息 f_t 后，再将它与旧状态相乘，丢弃掉确定需要丢弃的信息。再将结果加上 $i_t \times C_t$ 使细胞状态获得新的信息，这样就完成了细胞状态的更新，如图 9-14 所示。

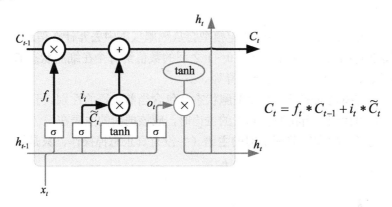

图 9-14　输入门更新

4．输出门

图 9-15 所示，在输出门中，通过一个 Sigmoid 层来确定哪部分的信息将输出，接着把细胞状态通过 Tanh 进行处理（得到一个在-1～1 之间的值）并将它和 Sigmoid 门的输出相乘，得出最终想要输出的那部分，例如在语言模型中，假设已经输入了一个代词，便会计算出需要输出一个与动词相关的信息。

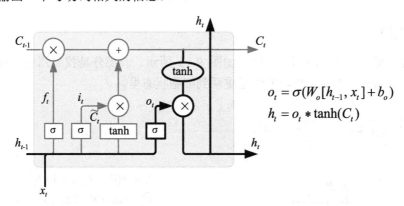

图 9-15　输出门

9.3.2　窥视孔连接（Peephole）

窥视孔连接（Peephole）的出现是为了弥补忘记门一个缺点：当前 cell 的状态不能影响到 Input Gate，Forget Gate 在下一时刻的输出，使整个 cell 对上个序列的处理丢失了部分信息。所以增加了 Peephole connections，如图 9-16 所示虚线部分。计算的顺序为：

（1）上一时刻从 cell 输出的数据，随着本次时刻的数据一起输入 Input Gate 和 Forget Gate。

（2）将输入门和忘记门的输出数据同时输入 cell 中。

（3）cell 出来的数据输入到当前时刻的 Output Gate，也输入到下一时刻的 input gate，forget gate。

（4）Forget Gate 输出的数据与 cell 激活后的数据一起作为整个 Block 的输出。

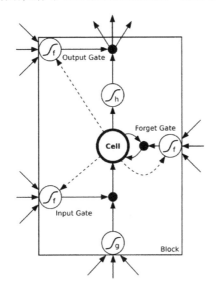

图 9-16　Peephole 逻辑

如图 9-17 所示为 Peephole 的详细结构。通过这样的结构，将 Gate 的输入部分增加了一个来源——Forget Gate，Input Gate 的输入来源增加了 cell 前一时刻的输出，Output Gate 的输入来源增加了 cell 当前时刻的输出，使 cell 对序列记忆增强。

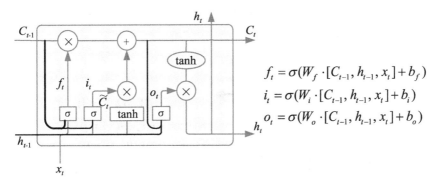

$$f_t = \sigma(W_f \cdot [C_{t-1}, h_{t-1}, x_t] + b_f)$$
$$i_t = \sigma(W_i \cdot [C_{t-1}, h_{t-1}, x_t] + b_i)$$
$$o_t = \sigma(W_o \cdot [C_{t-1}, h_{t-1}, x_t] + b_o)$$

图 9-17　Peephole 的详细结构

9.3.3 带有映射输出的 LSTM

带有映射的 LSTM（lstm with recurrent projection layer），在原有 lSTM 基础之上增加了一个映射层（projection layer），并将这个 layer 连接到 lSTM 的输入，该映射层是通过全连接网络来实现的，可以通过改变其输出维度调节总的参数量，起到模型压缩的作用。

9.3.4 基于梯度剪辑的 cell

基于梯度剪辑的 cell（Clipping cell）源于这个问题：LSTM 的损失函数是每一个时间点的 RNN 的输出和标签的交叉熵（cross-entropy）之和。这种 loss 在使用 Backpropagation through time（BPTT）梯度下降法的训练过程中，可能会出现剧烈的抖动。

当参数值在较为平坦的区域更新时，由于该区域梯度值比较小，此时的学习率一般会变得较大，如果突然到达了陡峭的区域，梯度值陡增，再与此时较大的学习率相乘，参数就有很大幅度的更新，因此学习过程非常不稳定。

Clipping cell 方法的使用可以优化这个问题，具体做法是：为梯度设置阈值，超过该阈值的梯度值都会被 cut，这样参数更新的幅度就不会过大，因此容易收敛。

从原理上可以理解为：RNN 和 LSTM 的记忆单元的相关运算是不同的，RNN 中每一个时间点的记忆单元中的内容（隐藏层结点）都会更新，而 LSTM 则是使用忘记门机制将记忆单元中的值与输入值相加（按某种权值）再更新（cell 状态），记忆单元中的值会始终对输出产生影响（除非 Forget Gate 完全关闭），因此梯度值易引起爆炸，所以 Clipping 功能是很有必要的。

9.3.5 GRU 网络介绍

GRU 是与 LSTM 功能几乎一样的另一个常用的网络结构，它将忘记门和输入门合成了一个单一的更新门，同样还混合了细胞状态和隐藏状态及其他一些改动。最终的模型比标准的 LSTM 模型要简单，如图 9-18 所示。

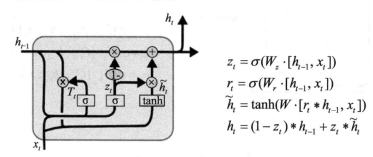

图 9-18　GRU 模型

当然，基于 LSTM 的变体不止 GRU 一个，并且经过一些专业人士的测试，它们在性能和准确度上几乎没什么差别，只是在具体的某些业务上会有略微不同。

由于 GRU 比 LSTM 少一个状态输出，效果几乎一样，因此在编码时使用 GRU 可以让代码更为简单一些。

9.3.6 Bi-RNN 网络介绍

Bi-RNN 又叫双向 RNN，是采用了两个方向的 RNN 网络。

RNN 网络擅长的是对于连续数据的处理，既然是连续的数据规律，我们不仅可以学习它的正向规律，还可以学习它的反向规律。这样将正向和反向结合的网络，会比单向的循环网络有更高的拟合度。例如，预测一个语句中缺失的词语，则需要根据上下文来进行预测。

双向 RNN 的处理过程与单向的 RNN 非常类似，就是在正向传播的基础上再进行一次反向传播，而且这两个都连接着一个输出层。这个结构提供给输出层输入序列中，每一个点完整的过去和未来的上下文信息。图 9-19 所示为一个沿着时间展开的双向循环神经网络。

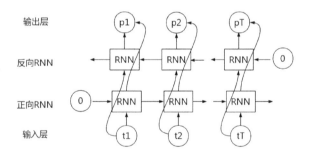

图 9-19　一个沿着时间展开的双向循环神经网络

双向 RNN 会比单向 RNN 多一个隐藏层，6 个独特的权值在每一个时步被重复利用，6 个权值分别对应输入到向前和向后隐含层（w1,w3），隐含层到隐含层自己（w2,w5），向前和向后隐含层到输出层（w4,w6）。

双向 PNN 时序在神经网络里的时序步骤如图 9-20 所示。

在按照时间序列正向运算完之后，网络又从时间的最后一项反向地运算一遍，即把 t3 时刻的输入与默认值 0 一起生成反向的 out3，把反向 out3 当成 t2 时刻的输入与原来的 t2 时刻输入一起生成反向 out2；依此类推，直到第一个时序数据。

> 注意：双向循环网络的输出是 2 个，正向一个，反向一个。最终会把输出结果通过 concat 并联在一起，然后交给后面的层来处理。例如，数据输入[batch,nhidden]，输出就会变成[batch,nhidden × 2]。

在大多数应用里，基于时间序列与上下文有关的、类似 NLP 中自动回答类的问题，一般都是使用双向 LSTM+LSTM/RNN 横向扩展来实现的，效果非常好。

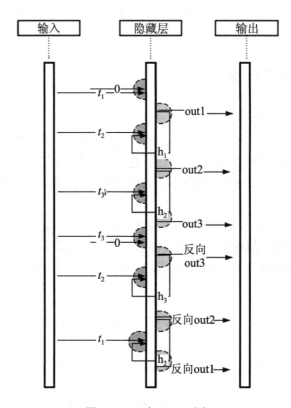

图 9-20 双向 RNN 时序

9.3.7 基于神经网络的时序类分类 CTC

CTC（Connectionist Temporal Classification）是语音辨识中的一个关键技术，通过增加一个额外的 Symbol 代表 NULL 来解决叠字问题。

RNN 的优势是在处理连续的数据，在基于连续的时间序列分类任务中，常常会使用 CTC 的方法。

该方法主要体现在处理 loss 值上，通过对序列对不上的 label 添加 blank（空 label）的方式，将预测的输出值与给定的 label 值在时间序列上对齐，通过交叉熵的算法求出具体损失值。

比如在语音识别的例子中，对于一句语音有它的序列值及对应的文本，可以使用 CTC 的损失函数求出模型输出与 label 之间的 loss，再通过优化器的迭代训练让损失值变小的方式将模型训练出来。

关于 ctc_loss 的算法细节，这里不做展开，后文还会有例子演示 ctc_loss 的真正用法。

9.4　TensorFlow 实战 RNN

在了解了 RNN 原理及类型之后，本节开始讲解在 TensorFlow 中如何构建 RNN 网络。

9.4.1　TensorFlow 中的 cell 类

TensorFlow 中定义了 5 个关于 cell 的类，具体定义如表 9-1 所示。

表 9-1　cell 类

cell 类	描　　述
BasicRNNCell def __init__(self,num_units,input_size=None,activation=tanh, reuse=None)	最基本的RNN类实现。 ● num_units：包含cell的个数 ● input_size：废弃
BasicLSTMCell def __init__(self,num_units,forget_bias=1.0,input_size=None,state_is_tuple=True, activation=tanh, reuse=None)	LSTM实现的一个basic版本： ● num_units：包含cell的个数 ● state_is_tuple：由于细胞状态状态ct和输出ht是分开记录，当为True时放在一个tuple中(c=array([[]]), h=array([[]]))，当为False时两个状态就按列连接起来，成为[batch, 2n]。一般建议都用True，该参数将被废弃 ● forget_bias：添加到forget门的偏置 ● input_size：被废弃的参数 ● reuse：在一个scope里是否重用
LSTMCell def __init__(self, num_units, input_size=None, 　　　　　　use_peepholes=False, cell_clip=None, 　　　　　　initializer=None,num_proj=None, proj_clip=None, 　　　　　　num_unit_shards=None, num_proj_shards=None, 　　　　　　forget_bias=1.0, state_is_tuple=True, 　　　　　　activation=tanh, reuse=None)	LSTM实现的一个高级版本： ● use_peepholes：默认False，True表示启用Peephole连接 ● cell_clip：是否在输出前对cell状态按照给定值进行截断处理 ● initializer：指定初始化函数 ● num_proj：通过projection层进行模型压缩的输出维度 ● proj_clip：将num_proj按照给定的proj_clip截断
GRUCell def __init__(self,num_units,input_size=None,activation=tanh, reuse=None)	GRU类定义： num_units：包含cell的个数 input_size：废弃
MultiRNNCell def __init__(self, cells, state_is_tuple=True)	多层RNN的实现 ● cells：一个cell列表，将列表中的cell一个个堆叠起来，如果使用cells=[cell1、cell2]，就是一共有2层，数据经过cell1后还要经过cell2

(续)

cell 类	描 述
MultiRNNCell def __init__(self, cells, state_is_tuple=True)	• state_is_tuple：如果True则返回的是 n-tuple，即，将cell的输出值与cell的输出状态组成了一个tuple。其中，输出值的结构为 c=[batch_size, num_units]，输出状态的结构为h=[batch_size,num_units]

> 注意：在使用 MultiRNNCell 时，有些习惯写法是 cells 参数中直接用[cell]×n 来代表创建 n 层的 cell，这种写法如果不使用作用域隔离，则会报编译错误，或者使用一个外层循环将 cell 一个个 append 进去来解决命名冲突。

9.4.2 通过 cell 类构建 RNN

定义好 cell 类之后，还需要将它们连接起来构成 RNN 网络。TensorFlow 中有几种现成的构建网络模式，是封装好的函数，直接调用即可，具体介绍如下。

1．静态RNN构建

TensorFlow 中提供了一个构建静态 RNN 的函数 static_rnn，定义如下：

```
def static_rnn(cell, inputs, initial_state=None,dtype=None,sequence_
length=None, scope=None):
```

具体参数说明如下。
- cell：生成好的 cell 类对象。
- inputs：输入数据，一定是 list 或者二维张量，list 的顺序就是时间序列。元素就是每一个序列的值。
- initial_state：初始化 cell 状态。见 9.4.14 的详细介绍。
- dtype：期望输出和初始化 state 的类型。
- sequence_length：每一个输入的序列长度。
- scope：命名空间。
- 返回值有两个，一个是结果，一个是 cell 状态，我们只关注结果即可，结果也是一个 list。输入是多少个时序，list 里面就会输出多少个元素。

> 注意：TensorFlow 中的这种定义很不友好，初学者极易出错。在输入时，一定要将我们习惯使用的张量改成 list。另外，在得到输出时也要取结果中的最后一个元素参与后面的运算。

2. 动态RNN构建

关于动态 RNN 函数 dynamic_rnn 的定义如下：

```
def dynamic_rnn (cell, inputs, sequence_length=None, initial_state=None,
            dtype=None, parallel_iterations=None, swap_memory=False,
            time_major=False, scope=None):
```

具体参数说明如下。

- cell：生成好的 cell 类对象。
- inputs：输入数据，是一个张量，一般是三维张量，[batch_size, max_time, ...]。其中 batch_size 表示一次的批次数量，max_time 表示时间序列总数，后面是具体数据。
- initial_state：初始化 cell 状态。见 9.4.14 的详细介绍。
- dtype：期望输出和初始化 state 的类型。
- sequence_length：每一个输入的序列长度。
- time_major：为默认值 False 时，input 的 shape 为[batch_size, max_time, ...]。如果是 True，shape 为[max_time, batch_size, ...]。
- scope：命名空间。
- 返回值：一个是结果，一个是 cell 状态，结果是以[batch_size, max_time, ...]形式的张量。

> 注意：动态 RNN 也存在很多容易出错的地方，尤其在输出部分，它是以批次优先的矩阵。因为我们需要取最后一个时序的输出，所以需要转置成时间优先的形式。

3. 双向RNN构建

双向 RNN 作为一个可以学习正、反向规律的循环神经网络，在 TensorFlow 中有 4 个函数可以使用，如表 9-2 所示。

表 9-2 双向RNN函数

函　　数	说　　明
tf.nn.bidirectional_dynamic_rnn (cell_fw,cell_bw, inputs, sequence_length=None, initial_state_fw= None,initial_state_bw=None,dtype=None, parallel_ iterations=None, swap_memory=False, time_ major=False,scope=None)	其中： • cell_fw, cell_bw：前向和反向的rnn cell • inputs：输入序列，一个张量输入，形状为`[ batch_size，max_time，`…`]，或nested tuple等元素 • sequence_length：序列长度 • initial_state_fw, initial_state_bw：前向rnn_cell的初始状态，反向rnn_cell的初始状态 • 返回值：是一个tuple (outputs, output_state_fw, output_state_bw)，outputs也是tuple, (output_fw,output_bw),每一个值为一个张量[batch_size, max_time, layers_output]，如果需要总的结果，可以将前向后项的layers_output使用tf.concat连接起来

(续)

函　　　数	说　　　明
tf.contrib.rnn.static_bidirectional_rnn (cell_fw, cell_bw, inputs, initial_state_fw=None, initial_state_bw=None, dtype=None, sequence_length=None, scope=None):	• cell_fw, cell_bw：这两个参数是实例化之后的cell，代表前向和后向，两个cell的结构必须一样 • inputs：一个长度为t的输入列表，每一个都是一个形状的张量，形状为 [batch_size，input_size]，或嵌套元组等元素 • initial_state_fw, initial_state_bw：前向、后向的细胞状态初始化，默认为0 • dtype：可以为自定义cell初始状态指定类型 • sequence_length：传入的序列长度 • 返回值：是一个tuple (outputs, output_state_fw, output_state_bw)，outputs为一个长度为t的list，每一个元素都包含有正、反向的输出
tf.contrib.rnn.stack_bidirectional_rnn(cells_fw, cells_bw, inputs, initial_states_fw=None, initial_states_bw=None, dtype=None, sequence_length=None, scope=None)	创建一个多层双向网络。输出作为下一层的输入，前向和后向的输入大小必须一致，两个层之间是独立的，不能共享信息。 • cells_fw, cells_bw：前向和后向 实例化之后的cell列表，正、反向的list长度必须相同（即具有同样深度），输入必须相同 • inputs：一个长度t的输入列表，每一个都是一个形状的张量 • [batch_size，input_size]，或嵌套元组等元素；initial_states_fw,initial_states_bw：前向和后向的cell初始化状态 • 返回值：是一个tuple (outputs, output_state_fw, output_state_bw)，outputs为一个长度为t的list，每一个元素都包含有正、反向的输出
tf.contrib.rnn.stack_bidirectional_dynamic_rnn (cells_fw, cells_bw, inputs, initial_states_fw=None, initial_states_bw=None, dtype=None, sequence_length=None, parallel_iterations=None, scope=None)	创建一个动态的多层双向RNN网络。输出作为下一层的输入，前向和后向的输入大小必须一致，两个层之间是独立的，不能共享信息。 • cells_fw, cells_bw：前向和后向实例化之后的cell列表，正、反向的list长度必须相同（即具有同样深度），输入必须相同 • inputs：一个张量输入，形状为：` [ batch_size，max_time，`…]，或nested tuple等元素 • initial_states_fw,initial_states_bw：前向和后向的cell初始化状态 • parallel_iterations：要并行的迭代次数（默认为32）。对于没有任何时间依赖性的操作可以并行计算，并通过这个参数进行时间与空间的权衡。当该参数大于1时使用更多的内存，但占用的时间更少。相反取较小的值时，使用更少的内存，但是计算要花费更长的时间。 • 返回值：是一个tuple (outputs, output_state_fw, output_state_bw)，outputs为一个张量[batch_size, max_time, layers_output]，layers_output包含tf.concat之后的正向和反向的输出

表 9-2 中,第一个函数是建立一个简单的双向 RNN 网络,两个方向各一个 cell。第二个函数是建立多层的双向 RNN,每个方向都是一个多层 cell。最后一个函数与第二个函数相同,只不过输入和输出是张量的形式。有了前面多层网络结构及卷积的基础之后,再理解 LSTM 将变得很容易。下面例子中仍然是对 MNIST 进行分类,这里只列出了核心部分,其他部分与原来一样,不再赘述。

> **注意**:在单层、多层、双向 RNN 函数的介绍中,都有动态和静态之分。静态的意思就是按照样本的时间序列个数(n)展开,在图中创建(n)个序列的 cell 或 cell 中;动态的意思是只创建样本中一个序列的 RNN,其他的序列数据都会通过循环来进入该 RNN 来运算。
>
> 通过静态生成的 RNN 网络,生成过程所需的时间会更长,网络所占有的内存会更多,导出的模型会更大。模型中会带有每个序列中间态的信息,利于调试。在使用时必须与训练时的样本序列个数相同。通过动态生成的 RNN 网络,所占用的内存较少,导出的模型较小。模型中只会有最后的状态。在使用时还能支持不同的序列个数。

4. 使用动态RNN处理变长序列

动态 RNN 还有个更高级的功能就是可以处理变长序列,方法就是:在准备样本的同时,将样本对应的长度也作为初始化参数,一起创建动态 RNN。示例代码如下:

```
import tensorflow as tf
import numpy as np
tf.reset_default_graph()
# 创建输入数据
X = np.random.randn(2, 4, 5)

# 第二个样本长度为3
X[1,1:] = 0
seq_lengths = [4, 1]
#分别建立一个lstm与GRU的cell,比较输出的状态
cell = tf.contrib.rnn.BasicLSTMCell(num_units=3, state_is_tuple=True)
gru = tf.contrib.rnn.GRUCell(3)

# 如果没有 initial_state,必须指定 a dtype
outputs, last_states = tf.nn.dynamic_rnn(cell,X, seq_lengths,dtype=tf.float64)
gruoutputs, grulast_states = tf.nn.dynamic_rnn(gru,X,seq_lengths,dtype=tf.float64)
sess = tf.InteractiveSession()
sess.run(tf.global_variables_initializer())
result,sta ,gruout,grusta=sess.run([outputs,last_states,gruoutputs,grulast_states])

print("全序列:\n", result[0])         #对于全序列则输出正常长度的值
print("短序列:\n", result[1])         #对于短序列,会为多余的序列长度补 0
```

```
print('LSTM 的状态：',len(sta),'\n',sta[1])      #在初始化中设置了state_is_
                                                  tuple为true，所以lstm的状
                                                  态，为(状态,输出值)
print('GRU 的短序列：\n',gruout[1])
print('GRU 的状态：',len(grusta),'\n',grusta[1]) #Gru没有状态输出。其状态就是
                                                  最终结果，因为批次为两个，所
                                                  以输出为2
```

这种变成序列在运算之后，对于短序列会在输出结果后面补0，同时会把补0之前的最后输出放到状态里。例如上面代码执行后，会有如下输出：

```
全序列：
[[-0.01654044  0.01401587 -0.09957964]
 [-0.02326733  0.05380562 -0.00796815]
 [-0.01326877  0.26243431 -0.20821182]
 [-0.02425857  0.04418174 -0.2551933 ]]
短序列：
[[ 0.01152199  0.00987599  0.05193869]
 [ 0.          0.          0.        ]
 [ 0.          0.          0.        ]
 [ 0.          0.          0.        ]]
LSTM 的状态： 2
[[-0.02425857  0.04418174 -0.2551933 ]
 [ 0.01152199  0.00987599  0.05193869]]
GRU 的短序列：
[[ 0.34744831 -0.0745199   0.04048231]
 [ 0.          0.          0.        ]
 [ 0.          0.          0.        ]
 [ 0.          0.          0.        ]]
GRU 的状态： 2
[ 0.34744831 -0.0745199   0.04048231]
```

在源码中，批次的值为2，里面放了一个全序列样本与一个短序列样本。在输出的结果中，使用result[0]将全序列的结果输出，result[1]将短序列的结果输出。全序列与短序列两部分的输出均为4行3列的数组，其中3是由于有3个RNN单元，而4是源于全序列的长度为4。可以看到由于短序列长度为1，其输出结果中其他的3个序列自动补上了0。

动态RNN会将真实长度的最后输出放到状态里，直接从状态取值即可拿到结果。这里需要区分一下LSTM与GRU的状态取值方法。

- LSTM 的状态：一般是一个元组（取决于state_is_tuple初始化时的参数设置），内容为(状态,输出值)，取值时需要选择输出值对应的索引。
- GRU 的状态：因为GRU本身没有状态输出，所以状态值即为输出值。如上面的代码通过打印grusta[1]的值（最后一行），直接可以得到短序列的最终输出值并在屏幕上打印出来。

9.4.3 实例57：构建单层 LSTM 网络对 MNIST 数据集分类

这里的输入 x 当成 28 个时间段，每段内容为 28 个值，使用 unstack 将原始的输入 28×28 调整成具有 28 个元素的 list，每个元素为 1×28 的数组。这 28 个时序一次送入 RNN 中，如图 9-21 所示。

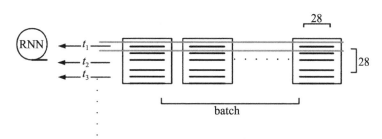

图 9-21 LSTM 例子

由于是批次操作，所以每次都取该批次中所有图片的一行作为一个时间序列输入。

理解了这个转换之后，构建网络就变得很容易了，先建立一个包含 128 个 cell 的类 lstm_cell，然后将变形后的 x1 放进去生成节点 outputs，最后通过全连接生成 pred，最后使用 softmax 进行分类。

实例描述

演示使用单层 LSTM 网络对 MNIST 数据集分类。

代码9-3 LSTMMnist

```
import tensorflow as tf
# 导入 MINST data
from tensorflow.examples.tutorials.mnist import input_data
mnist = input_data.read_data_sets("/data/", one_hot=True)

n_input = 28           #MNIST data 输入(img shape: 28*28)
n_steps = 28           #序列个数
n_hidden = 128         #隐藏层个数
n_classes = 10         #MNIST 分类个数 (0~9 digits)
#定义占位符
x = tf.placeholder("float", [None, n_steps, n_input])
y = tf.placeholder("float", [None, n_classes])

x1 = tf.unstack(x, n_steps, 1)
lstm_cell = tf.contrib.rnn.BasicLSTMCell(n_hidden, forget_bias=1.0)
outputs, states = tf.contrib.rnn.static_rnn(lstm_cell, x1, dtype=tf.float32)
pred = tf.contrib.layers.fully_connected(outputs[-1],n_classes, activation_fn = None)
……
```

运行上面代码，结果如下：

```
Extracting /data/train-images-idx3-ubyte.gz
Extracting /data/train-labels-idx1-ubyte.gz
Extracting /data/t10k-images-idx3-ubyte.gz
Extracting /data/t10k-labels-idx1-ubyte.gz
Iter 1280, Minibatch Loss= 1.957660, Training Accuracy= 0.35156
Iter 2560, Minibatch Loss= 1.633594, Training Accuracy= 0.46875
……
Iter 98560, Minibatch Loss= 0.156201, Training Accuracy= 0.94531
Iter 99840, Minibatch Loss= 0.170062, Training Accuracy= 0.94531
 Finished!
Testing Accuracy: 0.945
```

本例中用到了 BasicLSTMCell 类，还可以使用 LSTMCell 类，将类名换一下即可，见本书附带资源中的代码"9-4　LSTMCell.py"文件。

9.4.4　实例 58：构建单层 GRU 网络对 MNIST 数据集分类

GRU 的实现与 LSTM 几乎一样，修改该前面的代码"9-3　LSTMMnist.py"文件，将 LSTMCell 换成 GRUCell，同时去掉参数和返回值。

实例描述

演示使用单层 GRU 网络对 MNIST 数据集分类。

代码9-5　gru

```
……
gru = tf.contrib.rnn.GRUCell(n_hidden)
outputs = tf.contrib.rnn.static_rnn(gru, x1, dtype=tf.float32)
……
```

由于 GRU 只有一个输出，所以创建起来没有 state_is_tuple 参数。

9.4.5　实例 59：创建动态单层 RNN 网络对 MNIST 数据集分类

本例中将静态 RNN 函数改成动态 RNN 函数即可，将上面的代码"9-5　gru.py"修改如下。

实例描述

演示使用单层动态 RNN 网络对 MNIST 数据集分类。

代码9-6　创建动态RNN

```
……
gru = tf.contrib.rnn.GRUCell(n_hidden)

# 创建动态 RNN
outputs,_ = tf.nn.dynamic_rnn(gru,x,dtype=tf.float32)
outputs = tf.transpose(outputs, [1, 0, 2])
```

```
pred = tf.contrib.layers.fully_connected(outputs[-1],n_classes,
                                          activation_fn = None)
……
```

上面代码中,输入不再是转成 list 的 x1,而是 x,输出的 outputs 也通过 transpose 做了一次转置。

transpose 中的第二参数[1,0,2]的意思是将[batch_size, max_time,……]中的第 1 维 batch_size 放在前面,第 0 维 max_time 放在后面,而第 2 维的数据不变。按照这些要求,在数据集变为[max_time,batch_size,……]之后,取最后一个时间序列时得到的就是[batch_size,……]了。

> 注意:对于输出是张量形式的 RNN 对结果处理先转置,再取最后一条,这是一个常用的技巧。

多层 RNN 在创建过程中,需要使用到前面介绍的 MultiRNNCell 类,这个类的实例化需要通过单层的 cell 对象输入。

与前面的例子类似,先创建单层的 cell,然后再创建 MultiRNNCell 对象,在创建好 MultiRNNCell 后,可以通过静态或动态的 RNN 网络建立方式将网络组合起来。

9.4.6 实例 60:静态多层 LSTM 对 MNIST 数据集分类

修改该前面的代码"9-3 LSTMMnist.py"例子代码如下:通过一个循环来建立 3 个 LSTM 的 cell 并放在 list 列表变量 stacked_rnn 里,然后实例化 MultiRNNCell 对象得到 mcell。用 unstack 将输入的 x 转成 list,输入到 static_rnn 函数里,返回值的结果再接一个全连接层进行 softmax 分类。

实例描述

演示使用静态多层 LSTM 网络对 MNIST 数据集分类。

代码9-7 McellMNIST

```
……
x = tf.placeholder("float", [None, n_steps, n_input])
y = tf.placeholder("float", [None, n_classes])

stacked_rnn = []
for i in range(3):
    stacked_rnn.append(tf.contrib.rnn.LSTMCell(n_hidden))
mcell = tf.contrib.rnn.MultiRNNCell(stacked_rnn)

x1 = tf.unstack(x, n_steps, 1)
outputs, states = tf.contrib.rnn.static_rnn(mcell, x1, dtype=tf.float32)
pred = tf.contrib.layers.fully_connected(outputs[-1],n_classes,
                                          activation_fn = None)

learning_rate = 0.001
```

```
# 定义loss和优化器
cost = tf.reduce_mean(tf.nn.softmax_cross_entropy_with_logits
(logits=pred, labels=y))
optimizer = tf.train.AdamOptimizer(learning_rate=learning_rate).
minimize(cost)

# 评估模型节点
correct_pred = tf.equal(tf.argmax(pred,1), tf.argmax(y,1))
accuracy = tf.reduce_mean(tf.cast(correct_pred, tf.float32))


training_iters = 100000

display_step = 10

# 启动session
with tf.Session() as sess:
    sess.run(tf.global_variables_initializer())
……
```

9.4.7 实例61：静态多层 RNN-LSTM 连接 GRU 对 MNIST 数据集分类

MultiRNNCell 类的功能就是将多个 RNN 连接在一起，在前面的例子中将 3 个一样的 LSTM 连在了一起，其中这些 RNN 可以是不同的类型。这个就相当于前面讲过的 MLP（多层神经网络）中的神经元节点一样。

下面的例子就要将 LSTM 连接到 GRU 网络上输出。代码如下。

实例描述

演示使用静态多层 LSTM 网络对 MNIST 数据集分类。

代码9-8　mcellLSTMGRU

```
gru = tf.contrib.rnn.GRUCell(n_hidden*2)
lstm_cell = tf.contrib.rnn.LSTMCell(n_hidden)
mcell = tf.contrib.rnn.MultiRNNCell([lstm_cell,gru])
```

上面的代码只是把循环生成的 LSTM 换成由 LSTM 与 GRU 组成的 list 即可，为了演示两个 cell 的无关性，特意将 GRU 的 cell 设成了 n_hidden×2 个，LSTM 的 cell 设成 n_hidden 个，当然最终输出以最后一个节点为主，就是一个具有 28 个元素的 list，每个元素为[batch_size,n_hidden×2]。如果想要生成更多层的网络结构，直接在 list 里添加 RNN 的 cell 即可。

9.4.8 实例62：动态多层 RNN 对 MNIST 数据集分类

本例与动态单层一样使用 dynamic_rnn 函数，改写上面代码如下。

实例描述

演示使用动态多层 RNN 网络对 MNIST 数据集分类。

代码9-9 动态多层

```
outputs,states = tf.nn.dynamic_rnn(mcell,x,dtype=tf.float32)#(?, 28,
256)
outputs = tf.transpose(outputs, [1, 0, 2])
#(28, ?, 256) 28个时序,取最后一个时序outputs[-1]=(?,256)
pred = tf.contrib.layers.fully_connected(outputs[-1],n_classes,
activation_fn = None)
```

将输入改成 x，同时将输出的结果进行 tf.transpose(outputs,[1,0,2])的转置处理，取 outputs[-1]放到下一层里参与运算。

9.4.9 练习题

本书附带资源中有 4 个代码文件——"9-10 LSTM 改错.py""9-11 lstm 改错 1.py" "9-12 GRU 改错 2.py""9-13 LSTM 改错 3.py"，分别有不同的错误，请将这些错误找出来使程序正常运行。

9.4.10 实例 63：构建单层动态双向 RNN 对 MNIST 数据集分类

先建立两个包含 128 个正反向 cell 的类 lstm_fw_cell、lstm_bw_cell，然后使用 tf.nn.bidirectional_dynamic_rnn 函数将 x 放进去生成节点 outputs，由于 bidirectional_dynamic_rnn 的输出结果与状态是分离的，所以需要手动将结果合并起来并进行转置，然后通过全连接生成 pred，再使用 softmax 进行分类。代码如下。

实例描述

演示使用单层动态双向 RNN 网络对 MNIST 数据集分类。

代码9-14 BiRNNMnist

```
import tensorflow as tf
from tensorflow.contrib import rnn
# 导入MINST data
from tensorflow.examples.tutorials.mnist import input_data
mnist = input_data.read_data_sets("/data/", one_hot=True)

# 定义参数
learning_rate = 0.001
training_iters = 100000
batch_size = 128
display_step = 10

# 网络模型参数设置
n_input = 28            # MNIST data 输入(img shape: 28*28)
n_steps = 28            # 序列个数
n_hidden = 128          # 隐藏层节点个数
n_classes = 10          # MNIST 分类数 (0~9 digits)
```

```
tf.reset_default_graph()

#定义占位符
x = tf.placeholder("float", [None, n_steps, n_input])
y = tf.placeholder("float", [None, n_classes])

x1 = tf.unstack(x, n_steps, 1)
lstm_fw_cell = rnn.BasicLSTMCell(n_hidden, forget_bias=1.0)
# 反向cell
lstm_bw_cell = rnn.BasicLSTMCell(n_hidden, forget_bias=1.0)
outputs, output_states = tf.nn.bidirectional_dynamic_rnn(lstm_fw_cell,
lstm_bw_cell,x,
                                        dtype=tf.float32)
print(len(outputs),outputs[0].shape,outputs[1].shape)
outputs = tf.concat(outputs, 2)
outputs = tf.transpose(outputs, [1, 0, 2])

pred = tf.contrib.layers.fully_connected(outputs[-1],n_classes,
activation_fn = None)
……
```

运行代码后,输出的 outputs 类型如下:

```
2 (?, 28, 128) (?, 28, 128)
```

可以再次证明,输出的 outputs 是前向和后向分开的。这种方法最原始也最灵活,但要注意,一定要把两个输出结果进行融合(也可以不用concat)。因为后面实例的方法输出的都是 concat 之后的结果,不需要再额外考虑融合操作。

9.4.11 实例64:构建单层静态双向RNN对MNIST数据集分类

静态双向RNN的建立是使用static_bidirectional_rnn函数,先建立两个包含128个正反向cell的类 lstm_fw_cell、lstm_bw_cell,然后将变形后的x1放进去生成节点outputs,再通过全连接生成pred,最后使用softmax进行分类。代码如下。

实例描述

演示使用单层静态双向RNN网络对MNIST数据集分类。

代码9-15 单层静态双向rnn

```
import tensorflow as tf
from tensorflow.contrib import rnn
# 输入MINST data
from tensorflow.examples.tutorials.mnist import input_data
mnist = input_data.read_data_sets("/data/", one_hot=True)

# 定义参数
learning_rate = 0.001
```

```
training_iters = 100000
batch_size = 128
display_step = 10

# 网络模型参数设置
n_input = 28                          #MNIST 数据输入 (img shape: 28*28)
n_steps = 28                          #步骤序列
n_hidden = 128                        #隐藏层个数
n_classes = 10                        #MNIST 总类别(0~9 digits)

tf.reset_default_graph()

#定义占位符
x = tf.placeholder("float", [None, n_steps, n_input])
y = tf.placeholder("float", [None, n_classes])

x1 = tf.unstack(x, n_steps, 1)
lstm_fw_cell = rnn.BasicLSTMCell(n_hidden, forget_bias=1.0)
# 反向 cell
lstm_bw_cell = rnn.BasicLSTMCell(n_hidden, forget_bias=1.0)
outputs,_,_ = rnn.static_bidirectional_rnn(lstm_fw_cell, lstm_bw_cell,x1,
                                    dtype=tf.float32)
print(outputs[0].shape,len(outputs))
pred = tf.contrib.layers.fully_connected(outputs[-1],n_classes,
activation_fn = None)
……
```

运行代码，输出结果如下：

```
Extracting /data/train-images-idx3-ubyte.gz
Extracting /data/train-labels-idx1-ubyte.gz
Extracting /data/t10k-images-idx3-ubyte.gz
Extracting /data/t10k-labels-idx1-ubyte.gz
(?, 256) 28
Iter 1280, Minibatch Loss= 2.142399, Training Accuracy= 0.30469
Iter 2560, Minibatch Loss= 1.830110, Training Accuracy= 0.37500
Iter 3840, Minibatch Loss= 1.613333, Training Accuracy= 0.46875
……
Iter 96000, Minibatch Loss= 0.114890, Training Accuracy= 0.95312
Iter 97280, Minibatch Loss= 0.159568, Training Accuracy= 0.94531
Iter 98560, Minibatch Loss= 0.168179, Training Accuracy= 0.96094
Iter 99840, Minibatch Loss= 0.089507, Training Accuracy= 0.97656
 Finished!
Testing Accuracy: 0.992188
```

在输出过程中，我们将 outputs 的 shape 打印了出来，可以看到是个长度为 28 的 list，每个元素为[batch_size,2×n_hidden]。双向 RNN 将输出两倍的结果。

9.4.12 实例65：构建多层双向RNN对MNIST数据集分类

修改该前面的"9-15 单层静态双向 rnn.py"例子：将 static_bidirectional_rnn 换成 stack_bidirectional_rnn，并将前、后向中的 lstm_fw_cell 和 lstm_bw_cell 用中括号扩起来。这样就用 stack_bidirectional_rnn 生成了正反各带有一层RNN的双向RNN网络。如果想再增加层，需要在中括号里接着添加即可。代码如下。

实例描述

演示使用多层双向RNN网络对MNIST数据集分类。

代码9-16　多层双向RNN

```
outputs,_,_=rnn.stack_bidirectional_rnn([lstm_fw_cell],[lstm_bw_cell],x1,
                            dtype=tf.float32)
```

也可以用循环方式生成多个RNN放到list里，代码如下。

代码9-17　list多层双向RNN

```
stacked_rnn = []
stacked_bw_rnn = []
for i in range(3):
    stacked_rnn.append(tf.contrib.rnn.LSTMCell(n_hidden))
    stacked_bw_rnn.append(tf.contrib.rnn.LSTMCell(n_hidden))

outputs,_,_ = rnn.stack_bidirectional_rnn(stacked_rnn,stacked_bw_rnn, x1,
                            dtype=tf.float32)
```

还可以构建一个多层cell放到stack_bidirectional_rnn中，代码如下。

代码9-18　Multi双向RNN

```
stacked_rnn = []
stacked_bw_rnn = []
for i in range(3):
    stacked_rnn.append(tf.contrib.rnn.LSTMCell(n_hidden))
    stacked_bw_rnn.append(tf.contrib.rnn.LSTMCell(n_hidden))

mcell = tf.contrib.rnn.MultiRNNCell(stacked_rnn)
mcell_bw = tf.contrib.rnn.MultiRNNCell(stacked_bw_rnn)

outputs, _, _ = rnn.stack_bidirectional_rnn([mcell],[mcell_bw], x1,
                            dtype=tf.float32)
```

> **注意**：使用 MultiRNNCell 时，虽然是多层，但是从外表上看仍是一个输入，stack_bidirectional_rnn 只关心输入的 cell 类是不是多个，而不会去识别输入的 cell 里面是否还包含多个。在这种情况下，就必须将输入用中括号括起来，让其变为 list 类型。

9.4.13 实例66：构建动态多层双向RNN对MNIST数据集分类

将前面代码中 rnn.stack_bidirectional_rnn 注释掉，换成 stack_bidirectional_dynamic_rnn，输入变成 x，同样将输出转置，然后送往下一层，代码如下。

实例描述

演示使用动态多层双向 RNN 网络对 MNIST 数据集分类。

代码9-19　动态Multi双向rnn

```
mcell = tf.contrib.rnn.MultiRNNCell(stacked_rnn)
mcell_bw = tf.contrib.rnn.MultiRNNCell(stacked_bw_rnn)

outputs, _, _ = rnn.stack_bidirectional_dynamic_rnn([mcell],[mcell_bw], x,
                                        dtype=tf.float32)
outputs = tf.transpose(outputs, [1, 0, 2])

print(outputs[0].shape,outputs.shape)
pred = tf.contrib.layers.fully_connected(outputs[-1],n_classes,
activation_fn = None)
```

运行代码后，输出的 outputs 类型如下：

(?, 256) (28, ?, 256)

前一个括号中是送往下一层的结果，仍然是256即正、反向的结果concat，后一个括号中是 outputs 的形状。

9.4.14 初始化RNN

对应于9.4.2节中介绍的构建 RNN 的初始化 cell 状态参数，TensorFlow 中也封装了对其初始化的方法，一起来看一下。

1. 初始化为0

对于正向或反向，第一个 cell 传入时没有之前的序列输出值，所以需要对其初始化。一般来讲，不用去刻意指定，系统会默认初始化0，当然也可以手动指定其初始化为0。代码如下。

```
initial_state = lstm_cell.zero_state(batch_size, dtype)
#在后续的cell实例化中，将initial_state传入即可
```

2. 初始化为指定值

在确保创建组成 RNN 的 cell 时，设置了输出为元组类型（见表9-1中，创建cell类的初始化参数 state_is_tuple=True）的前提下，可以使用 LSTMStateTuple 函数。但有时想要给 lstm_cell 的 initial state 赋予我们想要的值，而不是简单的用0来初始化。

示例：
```
from tensorflow.contrib.rnn.python.ops.core_rnn_cell_impl import LSTMStateTuple
……
c_state = ……
h_state = ……
# c_state , h_state 都为 Tensor
initial_state = LSTMStateTuple(c_state, h_state)
```

9.4.15 优化 RNN

RNN 的优化技巧有很多，对于前面讲述的神经网络技巧大部分在 RNN 上都适用，但也有例外，下面就来介绍下 RNN 自己特有的两个优化方法的处理。

1．dropout 功能

在 RNN 中，如果想使用 dropout 功能，不能用以前的 CNN 下的 dropout，CNN 中：
```
def dropout(x, keep_prob, noise_shape=None, seed=None, name=None)
```
因为 RNN 有自己的 dropout，并且实现方式与 RNN 不一样：
```
def rnn_cell.DropoutWrapper(rnn_cell, input_keep_prob=1.0, output_keep_prob=1.0):
```
使用举例：
```
lstm_cell=tf.nn.rnn_cell.DropoutWrapper(lstm_cell,output_keep_prob=0.5)
```

从 $t-1$ 时刻的状态传递到 t 时刻进行计算，这中间不进行 memory 的 dropout，仅在同一个 t 时刻中，多层 cell 之间传递信息时进行 dropout。所以，RNN 的 dropout 方法会有两个设置参数 input_keep_prob（传入 cell 的保留率）和 output_keep_prob（输出 cell 的保留率）

- 如果希望是 input 传入 cell 时丢弃掉一部分 input 信息，就设置 input_keep_prob，那么传入到 cell 的就是部分 input。
- 如果希望 cell 的 output 只有一部分作为下一层 cell 的 input，就定义为 output_keep_prob。

示例代码如下：
```
lstm_cell=tf.nn.rnn_cell.BasicLSTMCell(size,forget_bias=0.0,state_is_tuple=True)
lstm_cell=tf.nn.rnn_cell.DropoutWrapper(lstm_cell,output_keep_prob=0.5)
```
在上面代码中，一个 RNN 层后面跟一个 DropoutWrapper，是一种常见的用法。

2．LN 基于层的归一化

这部分内容是对应于批量归一化（BN）的。由于 RNN 的特殊结构，它的输入不同于前面所讲的全连接、卷积网络。

- 在 BN 中，每一层的输入只考虑当前批次样本（或批次样本的转化值）即可。
- 但是在 RNN 中，每一层的输入除了当前批次样本的转化值，还得考虑样本中上一个序列样本的输出值，所以对于 RNN 的归一化，BN 算法不再适用，最小批次覆盖不了全部的输入数据，而是需要对于输入 BN 的某一层来做归一化，即 layer-Normalization。

由于 RNN 的网络都被 LSTM、GRU 这样的结构给封装起来，所以想要实现 LN 并不像 BN 那样直接在外层添加一个 BN 层就可以，需要改写 LSTM 或 GRU 的 cell，对其内部的输入进行归一化处理。

TensorFlow 中目前还不支持这样的 cell，所以需要开发者自己来改写原有 cell 的代码，具体的方法可以在下面例子中找到。

9.4.16 实例67：在 GRUCell 中实现 LN

在本例中将改写 GRUCell 代码来实现 LN，该例子是在前面的代码 "9-3 LSTMMnist.py" 文件中改写的。

（1）新加了一个函数 LN 用于做归一化处理。

（2）定义一个 LNGRU 来代替原始的 GRU。通过右击原有的代码 tf.contrib.rnn.GRUCell(n_hidden)中 GRUCell 部分，选择 "go to definition" 找到 GRU 实现的代码，全部复制过来，在其 __call__ 函数里修改为如下代码，即完成了属于我们自己的 LNGRU 类。具体代码如下。

实例描述

手动构建 GRUCell 的 LN 代码，并演示使用该 cell 对 MNIST 数据集分类。

代码9-20　lnGRUonMnist

```
01  from tensorflow.python.ops.rnn_cell_impl import _RNNCell as RNNCell
02  from tensorflow.python.ops.math_ops import sigmoid
03  from tensorflow.python.ops.math_ops import tanh
04  from tensorflow.python.ops import variable_scope as vs
05  from tensorflow.python.ops import array_ops
06  from tensorflow.contrib.rnn.python.ops.core_rnn_cell_impl import _linear
07  print(tf.__version__)
08  tf.reset_default_graph()
09
10  def ln(tensor, scope = None, epsilon = 1e-5):
11      """ Layer normalizes a 2D tensor along its second axis """
12      assert(len(tensor.get_shape()) == 2)
13      m, v = tf.nn.moments(tensor, [1], keep_dims=True)
14      if not isinstance(scope, str):
15          scope = ''
16      with tf.variable_scope(scope + 'layer_norm'):
```

```
17            scale = tf.get_variable('scale',
18                        shape=[tensor.get_shape()[1]],
19                        initializer=tf.constant_initializer(1))
20            shift = tf.get_variable('shift',
21                        shape=[tensor.get_shape()[1]],
22                        initializer=tf.constant_initializer(0))
23        LN_initial = (tensor - m) / tf.sqrt(v + epsilon)
24
25        return LN_initial * scale + shift
26
27  class LNGRUCell(RNNCell):
28      """Gated Recurrent Unit cell (cf. http://arxiv.org/abs/1406.
        1078)."""
29
30      def __init__(self, num_units, input_size=None, activation=tanh):
31          if input_size is not None:
32              print("%s: The input_size parameter is deprecated." % self)
33          self._num_units = num_units
34          self._activation = activation
35
36      @property
37      def state_size(self):
38          return self._num_units
39
40      @property
41      def output_size(self):
42          return self._num_units
43
44      def __call__(self, inputs, state):
45          """Gated recurrent unit (GRU) with nunits cells."""
46          with vs.variable_scope("Gates"):
47              value = _linear([inputs, state], 2 * self._num_units, True, 1.0)
48              r, u = array_ops.split(value=value, num_or_size_splits=2,
                  axis=1)
49              r = ln(r, scope = 'r/')
50              u = ln(u, scope = 'u/')
51              r, u = sigmoid(r), sigmoid(u)
52          with vs.variable_scope("Candidate"):
53              Cand = _linear([inputs, r *state], self._num_units, True)
54              c_pre = ln(Cand, scope = 'new_h/')
55              c = self._activation(c_pre)
56          new_h = u * state + (1 - u) * c
57          return new_h, new_h
```

LNGRU 定义好之后，直接替换原有的 GRU 使用代码即可。

代码9-20　lnGRUonMnist（续）

```
58  ……
59  #3 gru
60  gru = LNGRUCell(n_hidden)
```

```
61   ……
```
其他代码均不用变化，运行后可以得出如下结果：
```
1.1.0-rc2
……
Iter 93440, Minibatch Loss= 0.022772, Training Accuracy= 1.00000
Iter 94720, Minibatch Loss= 0.060210, Training Accuracy= 0.99219
Iter 96000, Minibatch Loss= 0.116144, Training Accuracy= 0.96875
Iter 97280, Minibatch Loss= 0.057876, Training Accuracy= 0.98438
Iter 98560, Minibatch Loss= 0.030294, Training Accuracy= 0.98438
Iter 99840, Minibatch Loss= 0.158428, Training Accuracy= 0.96094
 Finished!
Testing Accuracy: 0.96875
```

生成的结果为 0.96，比原来的效果有所提升（原来是 0.945）。本例中只是使用了一个 GRUcell。在多个 cell 中，LN 的效果会更明显些（多 cell 的例子可以参考本书附带资源中的代码"9-21　LN 多 GRu1-1.py"文件），其实质只是在 cell 中调用了一次 LN 来处理。

读者可以仿照上面的形式来修改其他的 cell。

注意：本例中已经将代码版本打印出来，这表明该例子是与代码强关联的。如果读者不是这个版本，很可能会遇到错误。因为不同的版本有可能会修改原始的 GRU 实现代码，所以请读者记住修改该方法，千万不要直接复制代码。

另外，本书配套资源中还提供了关于 1.2.0-rc0 的代码修改，可以参考代码"9-22 LN 多 GRu1-2.py"文件。

9.4.17　CTC 网络的 loss——ctc_loss

CTC 网络的 loss 就不能用平方差了，更不能用交叉熵，它有更为复杂的公式方法，在 TensorFlow 中已经有现成的封装函数 ctc_loss。下面来一起学习一下。

1．ctc_loss 函数介绍

配合前文的 CTC，在 TensorFlow 中提供了一个 ctc_loss 函数，其作用就是按照序列来处理输出标签和标准标签之间的损失。因为也是成型的函数封装，对于初学者内部实现不用花太多时间关注，只要会用即。

```
tf.nn.ctc_loss(labels,inputs,sequence_length,preprocess_collapse_
repeated=False, ctc_merge_repeated=True, time_major=True)
```

具体参数说明如下。
- labels：一个 int32 类型的稀疏矩阵张量（SparseTensor）。
- inputs：（常用变量 logits 表示）经过 RNN 后输出的标签预测值，三维的浮点型张量，当 time_major 为 False 时形状为[batch_size, max_time,num_classes]，否则为[max_

time, batch_size, num_classes]。
- sequence_length：序列长度。
- preprocess_collapse_repeated：是否需要预处理，将重复的 label 合并成一个 label，默认是 false。
- ctc_merge_repeated：在计算时是否将每个 non_blank（非空）重复的 label 当成单独的 label 来解释，默认是 true。
- time_major：决定 inputs 的格式。

对于 preprocess_collapse_repeated 与 ctc_merge_repeated，都是对于 ctc_loss 中重复标签处理的控制，各种情况组合后如表 9-3 所示。

表 9-3 ctc_loss函数参数情况

参 数 情 况	说　　明
preprocess_collapse_repeated=TRUE； ctc_merge_repeated=TRUE；	忽略全部重复标签，只计算不重复的标签
preprocess_collapse_repeated=False； ctc_merge_repeated=TRUE；	标准的CTC模式，也是默认模式，不做预处理，只在运算时重复标签将不再当成独立的标签来计算
preprocess_collapse_repeated=TRUE； ctc_merge_repeated=False；	忽略全部重复标签，只计算不重复的标签,因为预处理时已经把重复的标签去掉了
preprocess_collapse_repeated=False； ctc_merge_repeated=False；	所有重复标签都会参加计算

对于 ctc_loss 的返回值，仍然属于 loss 的计算模式，当取批次样本进行训练时，同样也需要对最终的 ctc_loss 求均值。

> 注意：对于重复标签方面的 ctc_loss 计算，一般情况下默认即可。
> 另外这里有个隐含的规则，inputs 中的 classes 是指需要输出多少类，在使用 ctc_loss 时，要将 classes+1，即再多生成一个类，用于存放 blank。因为输入的序列与 label 并不是一一对应的，所以需要通过添加 blank 类，当对应不上时，最后的 softmax 就会将其生成到 blank。具体做法就是在最后的输出层多构建一个节点即可。
> 这个规则是 ctc_loss 内置的，否则当标准标签 label 中的类索引等于 inputs 中的 size-1 时会报错。

2. SparseTensor类型

前面提到了 SparseTensor 类型，这里主要介绍一下，本来应该将其放在前面章节介绍的，考虑到读者的接受程度，所以就放在这里介绍了。

首先介绍下稀疏矩阵，它是相对于密集矩阵而言的。

密集矩阵就是我们常见的矩阵。当密集矩阵中大部分的数都为 0 时，就可以使用一种更好的存储方式（只将矩阵中不为 0 的索引和值记录下来）来存储。这种方式就可以大大节省内存空间，它就是"稀疏矩阵"。

稀疏矩阵在 TensorFlow 中的结构类型如下：

```
SparseTensor(indices, values, dense_shape)
```

一个密集矩阵只需要 3 个参数即可，说明如下。

- indices：就是前面所说的不为 0 的位置信息。它是一个二维的 int64 Tensor，shape 为(N,ndims)，指定了 sparse tensor 中的索引，例如，indices=[[1,3],[2,4]]，表示 dense tensor 中对应索引为[1,3],[2,4]位置的元素的值不为 0。
- values：一个 list，存储密集矩阵中不为 0 位置所对应的值，它要与 indices 里的顺序对应。例如，indices=[[1,3],[2,4]]，values=[18, 3.6]，表明[1,3]的位置是 18，[2,4]的位置是 3.6。
- dense_shape：一个 1D 的 int64 tensor，代表原来密集矩阵的形状。

3. 生成SparseTensor

了解了 SparseTensor 类型之后，就可以按照参数来拼接出一个 SparseTensor 了。在实际应用中，常会用到需要将稠密矩阵 dense 转成稀疏矩阵 SparseTensor。示例代码如下：

```
def sparse_from_ dense(dense, dtype=np.int32):

    indices = []
    values = []

    for n, seq in enumerate(dense):
        indices.extend(zip([n] * len(seq), range(len(seq))))
        values.extend(seq)

    indices = np.asarray(indices, dtype=np.int64)
    values = np.asarray(values, dtype=dtype)
    shape = np.asarray([len(dense), indices.max(0)[1] + 1], dtype=np.int64)

    return tf.SparseTensor(indices=indices, values=values, shape=shape)
```

> 注意：由于 TensorFlow 中没有现成的函数，可以自己封装好后保存下来，以后需要时随时拿来用。

4. SparseTensor转dense

在 TensorFlow 中，可以很方便地实现 SparseTensor 转 dense：

```
tf.sparse_tensor_to_dense(sp_input,default_value=0,validate_indices=True,
```

name=None)

参数说明如下。
- sp_input：一个 SparceTensor。
- default_value：没有指定索引的对应的默认值，默认为 0。
- validate_indices：布尔值。如果为 True，该函数会检查 sp_input 的 indices 的 lexicographic order 是否有重复。
- name：返回 tensor 的名字前缀，可选。

5. levenshtein距离

前面讲到了 ctc_loss 是用来训练时间序列分类模型的。评估模型时，一般常使用计算得到的 levenshtein 距离值作为模型的评分（正确率或错误率）。

levenshtein 距离又叫编辑距离（Edit Distance），是指两个字符串之间，由一个转成另一个所需的最少编辑操作次数。许可的编辑操作包括：将一个字符替换成另一个字符、插入一个字符、删除一个字符。一般来说，编辑距离越小，两个字符串的相似度越大。

这种方法应用非常广泛，在全序列对比、局部序列对比中都会用到，例如语音识别、拼写纠错、DAN 比对等方面。

在 TensorFlow 中，levenshtein 距离的处理被封装成对两个稀疏矩阵进行的操作，具体定义如下：

```
def edit_distance(hypothesis,truth, normalize=True, name="edit_distance")
```

参数说明如下。
- hypothesis：SparseTensor 类型，输入预测的序列结果。
- truth：SparseTensor 类型，输入真实的序列结果。
- normalize：默认为 True，求出来的 Levenshtein 距离除以真实序列的长度。
- name：operation 的名字，可选。
- 返回值：R-1 维的 DenseTensor，包含着每个 Sequence 的 Levenshtein 距离。

9.4.18 CTCdecoder

CTC 结构中还有一个重要的环节就是 CTCdecoder，下面就来介绍一下。

1. CTCdecoer介绍

虽然在输入 ctc_loss 中的 logits（inputs）是我们的预测结果，但却是带有空标签（blank）的，而且是一个与时间序列强对应的输出。在实际情况下，我们需要一个转化好的类似于原始标准标签（labels）的输出。这时可以使用 CTCdecoder，经过它对预测结果加工后，就可以与标准标签（labels）进行损失值（loss）的运算了。

2. CTCdecoder函数

在 TensorFlow 中，CTCdecoder 有两个函数，如表 9-4 所示。

表 9-4 CTCdecoder函数

函 数	说 明
tf.nn.ctc_greedy_decoder(inputs, sequence_length,merge_repeated=True)	使用greedy策略的CTC解码： • inputs：模型的输出预测值logits，shape为(max_time × batch_size × num_classes) • sequence_length：序列的长度。该sequence_length 和用在 dynamic_rnn中的sequence_length是一致的 返回值：tuple (decoded, log_probabilities) • decoded：是一个list。只有一个元素，是一个SparseTensor，保存着解码的结果 • log_probabilities：一个浮点型矩阵(batch_size×1)包含着序列的log 概率
tf.nn.ctc_beam_search_decoder(inputs, sequence_length,beam_width=100, top_paths=1,merge_repeated=True)	另一种寻路策略，参数同上

> **注意**：在实际情况中，解码完事的 decoder 是 list，不能直接用，通常取 decoder[0]，然后转成密集矩阵，得到的是一个批次的结果，然后再一条一条地取到每一个样本的结果。

9.5 实例 68：利用 BiRNN 实现语音识别

在神经网络大势兴起之前，语音识别还是有一定门槛的。传统的语音识别方法，是基于语音学（Phonetics）的方法，它们通常包含拼写、声学和语言模型等单独组件。开发人员需要了解编程以外的很多语言学知识，语言学也会作为一门单独的专业学科存在。训练模型的语料中除了要标注具体的文字，还要标注按照时间对应的音素，需要大量的人工成本。

本节将通过一个例子来演示 BiRNN 在语音识别中的应用。

实例描述

准备一批带有文字标注的语音样本，构建 BiRNN 网络，通过该语料样本进行训练，最终实现一个能够识别语音的神经网络模型。

9.5.1 语音识别背景

使用神经网络技术可以将语音识别变得简单。通过能进行时序分类的连接时间分类

（Connectionist Temporal Classification，CTC）目标函数，计算多个标签序列的概率，而序列是语音样本中所有可能的对应文字的集合。随后把预测结果与实际进行比较，计算预测结果的误差，以在训练中不断更新网络权重。这样可以丢弃音素的概念，自然也不需要人工根据时序标注对应的音素了。由于是直接拿音频序列来对应文字，连语言模型都可以省去，这样就脱离了标准的语言模型与声学模型，将使语音识别技术与语言无关（也就是中文、英文、地方语言），只要样本足够多，就可以训练出来。

例子中使用了两个代码文件"9-24 yuyinutils.py"与"9-23 yuyinchall.py"。
- 代码文件"9-24 yuyinutils.py"：放置语音识别相关的工具函数。
- 代码文件"9-23 yuyinchall.py"：放置语音识别主体流程函数。

9.5.2 获取并整理样本

1. 样本下载

本例中使用了清华大学公开的语料库样本，下载地址如下：
- http://data.cslt.org/thchs30/zip/wav.tgz；
- http://data.cslt.org/thchs30/zip/doc.tgz。

第一个是音频 WAV 文件的压缩包。第二个是 WAV 文件中对应的文字。thchs30 语料库本来有 3 部分，这里只列出了两部分，还有一部分是语言模型，暂时用不上，所以忽略。

省去了语言模型的语料库看起来简单多了，感兴趣的读者完全可以仿照 thchs30 语料库，自己录制音频，创建自己的语料库。这样你就可以学出一个识别自己口音的语音识别模型了。

> 注意：自己录制时，一定要将音频录制成单声道的，或者将双声道的音频转成单声道也可以。

文件下载好之后，解压并放到指定目录中即可，后面可以在代码中通过该目录进行读取。

2. 样本读取

下面通过代码将数据读入内存。指定训练语音的文件夹与对应的文档，调用 get_wavs_lables 函数即可。

代码9-23　yuyinchall

```
01  ......
02  yuyinutils = __import__("9-24 yuyinutils")
03  get_wavs_lables = yuyinutils.get_wavs_lables
04
05  wav_path='D:/ data_thchs30/data_thchs30/train'
06  label_file='D: /data_thchs30/doc/trans/train.word.txt'
07
```

```
08  wav_files, labels = get_wavs_lables(wav_path,label_file)
09  print(wav_files[0], labels[0])
10  print("wav:",len(wav_files),"label",len(labels))
11  ……
```

输出信息如下：

```
D:/ data_thchs30/data_thchs30/train/A11_0.WAV 绿 是 阳春 烟 景 大块 文章 的
底色 四月 的 林 峦 更是 绿 得 鲜活 秀媚 诗意 盎然
wav: 8911 label 8911
```

可见，wav_files 里面是一个个音频文件名称，其对应的文字都存放在 labels 数组里，一共是 8911 个文件。这里用到的 get_wavs_lables 函数是自己定义的函数，为了代码规整些，我们把它放到另一个 py 文件（代码"9-24 yuyinutils.py"）里。get_wavs_lables 的定义如下。

代码9-24　yuyinutils

```
01  ……
02  import os
03
04  '''读取WAV文件对应的label'''
05  def get_wavs_lables(wav_path=wav_path, label_file=label_file):
06  #获得训练用的WAV文件路径列表
07      wav_files = []
08      for (dirpath, dirnames, filenames) in os.walk(wav_path):
09          for filename in filenames:
10              if filename.endswith('.wav') or filename.endswith('.WAV'):
11                  filename_path = os.sep.join([dirpath, filename])
12                  if os.stat(filename_path).st_size < 240000:
                                                            # 剔除掉一些小文件
13                      continue
14                  wav_files.append(filename_path)
15
16      labels_dict = {}
17      with open(label_file, 'rb') as f:
18          for label in f:
19              label = label.strip(b'\n')
20              label_id = label.split(b' ', 1)[0]
21              label_text = label.split(b' ', 1)[1]
22              labels_dict[label_id.decode('ascii')] = label_text.decode
                    ('utf-8')
23
24      labels = []
25      new_wav_files = []
26      for wav_file in wav_files:
27          wav_id = os.path.basename(wav_file).split('.')[0]
28
29          if wav_id in labels_dict:
30              labels.append(labels_dict[wav_id])
31              new_wav_files.append(wav_file)
32
33      return new_wav_files, labels
```

首先是通过 WAV 文件路径读入文件。然后再将文本文件内容按照 WAV 文件名进行裁分放到 labels 里，最终将 WAV 与 labels 的对应顺序关联起来。

> **注意**：在读取文本时使用的是 UTF-8 编码，如果在 Windows 下自建数据集，需要改成 GB2312 编码。

3. 建立批次获取样本函数

在代码"9-23 yuyinchall.py"文件中，读取完 WAV 文件和 labels 之后，添加如下代码，对 labels 的字数进行统计。接着定义一个 next_batch 函数，该函数的作用就是取一批次的样本数据进行训练。

代码9-23　yuyinchall（续）

```
12  from collections import Counter
13  ## 自定义
14  from yuyinutils import sparse_tuple_to_texts_ch,ndarray_to_text_ch
15  from yuyinutils import get_audio_and_transcriptch, pad_sequences
16  from yuyinutils import sparse_tuple_from
17  ……
18  # 字表
19  all_words = []
20  for label in labels:
21      all_words += [word for word in label]
22  counter = Counter(all_words)
23  words = sorted(counter)
24  words_size= len(words)
25  word_num_map = dict(zip(words, range(words_size)))
26
27  print('字表大小:', words_size)
28
29  n_input = 26              #计算美尔倒谱系数的个数
30  n_context = 9             #对于每个时间点，要包含上下文样本的个数
    sparse_tuple_to_texts_ch  = yuyinutils.sparse_tuple_to_texts_ch
    ndarray_to_text_ch        = yuyinutils.ndarray_to_text_ch
    get_audio_and_transcritych = yuyinutils.get_audio_and_transcriptch
    pad_sequences             = yuyinutils.pad_sequences
    sparse_tuple_from         = yuyinutils.sparse_tuple_from
31  batch_size =8
32  def next_batch(labels, start_idx = 0,batch_size=1,wav_files = wav_
    files):
33      filesize = len(labels)
34      end_idx = min(filesize, start_idx + batch_size)
35      idx_list = range(start_idx, end_idx)
36      txt_labels = [labels[i] for i in idx_list]
37      wav_files = [wav_files[i] for i in idx_list]
38      (source, audio_len, target, transcript_len) = get_audio_and_
        transcriptch(None,
39                                                          wav_files,
40                                                          n_input,
41                                                          n_context,word_num_map,
```

```
          txt_labels)
42
43        start_idx += batch_size
44        # 验证 start_idx
45        if start_idx >= filesize:
46            start_idx = -1
47
48        # 使用 pad 方式对齐输入序列
49        source, source_lengths = pad_sequences(source)
                                                  #如果有多个文件将长度统一,支持按最大截断或补 0
50        sparse_labels = sparse_tuple_from(target)
51
52        return start_idx,source, source_lengths, sparse_labels
```

将音频数据转成训练数据是在 next_batch 中的 get_audio_and_transcriptch 函数里完成的，然后使用 pad_sequences 函数将该批次的音频数据对齐。对于文本，使用 sparse_tuple_from 函数将其转成稀疏矩阵，这 3 个函数都放在代码"9-24 yuyinutils.py"文件里面。

添加测试代码，取出批次数据并打印出来。

代码9-23　yuyinchall（续）

```
53   next_idx,source,source_len,sparse_lab = next_batch(labels,0,batch_
     size)
54   print(len(sparse_lab))
55   print(np.shape(source))
56   t = sparse_tuple_to_texts_ch(sparse_lab,words)
57   print(t[0])
58   #source 为具体的样本,每条样本的内容为 19 个时间序列,包括:前 9 (不够补空)+本身+
     后 9。每个时间序列有 26 个美尔倒谱系数。第一条的样本是从第 10 个时间序列开始的。
```

运行代码，结果如下：

词汇表大小：2666
3
(8, 1168, 494)
绿是阳春烟景大块文章的底色四月的林峦更是绿得鲜活秀媚诗意盎然

整个样本集里涉及的字数有 2666 个，sparse_lab 为文字转化成向量后并生成的稀疏矩阵，所以长度为 3，补 0 对齐后的音频数据的 shape 为（8，1168，494），8 代表 batchsize；1168 代表时序的总个数。494 是组合好的 MFCC 特征数：取前 9 个时序的 MFCC，当前 MFCC 再加上后 9 个 MFCC，每个 MFCC 由 26 个数字组成。最后一个输出是通过 sparse_tuple_to_texts_ch 函数将稀疏矩阵向量 sparse_lab 中的第一个内容还原成文字。函数 sparse_tuple_to_texts_ch 的定义同样在代码"9-24 yuyinutils.py"文件里。

4. 安装python_speech_features工具

为了让机器识别音频数据，必须先将数据从时域转换为频域，需要将语音数据转换为需要计算的 13 位或 26 位不同倒谱特征的梅尔倒频谱系数（MFCC）。这一过程可以借助工具 python_speech_features 的代码包来实现，现在一起来安装该代码包。

在计算机联网的状态下，打开"开始"菜单，在"运行"框里输入 cmd，调出控制台窗口，输入如下命令：

pip install python_speech_features

python_speech_features 工具就会自动安装了。

5. 提取音频数据MFCC特征

对于 WAV 音频的样本，通过 MFCC 转换之后，在函数 get_audio_and_transcriptch 中将数据存储为时间（列）和频率特征系数（行）的矩阵，其代码如下。

代码9-24　yuyinutils（续）

```
34  import numpy as np
35
36  from python_speech_features import mfcc
                                     #需要使用pip install命令来额外安装
37  import scipy.io.wavfile as wav
38  ……
39  def get_audio_and_transcriptch(txt_files, wav_files, n_input, n_
    context,word_num_map,txt_labels=None):
40
41      audio = []
42      audio_len = []
43      transcript = []
44      transcript_len = []
45      if txt_files!=None:
46          txt_labels = txt_files
47
48      for txt_obj, wav_file in zip(txt_labels, wav_files):
49          # 载入音频数据并转化为特征值
50          audio_data = audiofile_to_input_vector(wav_file, n_input, n_
              context)
51          audio_data = audio_data.astype('float32')
52
53          audio.append(audio_data)
54          audio_len.append(np.int32(len(audio_data)))
55
56          # 载入音频对应的文本
57          target = []
58          if txt_files!=None:#txt_obj 是文件
59              target = get_ch_lable_v(txt_obj,word_num_map)
60          else:
61              target = get_ch_lable_v(None,word_num_map,txt_obj)
                                      #txt_obj 是 labels
62          transcript.append(target)
63          transcript_len.append(len(target))
64
65      audio = np.asarray(audio)
66      audio_len = np.asarray(audio_len)
67      transcript = np.asarray(transcript)
```

```
68        transcript_len = np.asarray(transcript_len)
69        return audio, audio_len, transcript, transcript_len
```

这部分代码遍历所有音频文件及文本，将音频调用 audiofile_to_input_vector 转成 MFCC，文本调用get_ch_lable_v函数将文本转成向量。所以接着看audiofile_to_input_vector 的实现。

在audiofile_to_input_vector中先将其转化为MFCC特征码，例如第一个文件会被转成（277, 26）数组，代表着277个时间序列，每个序列的特征值是26个。

注意：这里有个小技巧，因为使用了双向循环神经网络，它的输出包含正、反向的结果，相当于每一个时间序列都扩大了一倍，所以为了保证总时序不变，使用 orig_inputs = orig_inputs[::2]对 orig_inputs 每隔一行进行一次取样。这样被忽略的那个序列可以用后文中反向 RNN 生成的输出来代替，维持了总的序列长度。

接着会扩展这26个特征值，将其扩展成：前9个时间序列MFCC+当前MFCC+后9个时间序列。比如第2个序列的前面只有一个序列不够9个，这时就要为其补0，将它凑够9个。同理对于取不到前9、后9时序的序列都做补0操作。这样数据就被扩成了（139, 494）。最后再将其进行标准化（减去均值然后再除以方差）处理，这是为了在训练中效果更好。代码如下。

代码9-24　yuyinutils（续）

```
70   ......
71   def audiofile_to_input_vector(audio_filename, numcep, numcontext):
72
73        # 加载 wav 文件
74        fs, audio = wav.read(audio_filename)
75
76        # 获得 mfcc coefficients
77        orig_inputs = mfcc(audio, samplerate=fs, numcep=numcep)
78        orig_inputs = orig_inputs[::2]              #(139, 26)
79
80        train_inputs = np.array([], np.float32)
81        train_inputs.resize((orig_inputs.shape[0], numcep + 2 * numcep * numcontext))
82
83        empty_mfcc = np.array([])
84        empty_mfcc.resize((numcep))
85
86        # 准备输入数据。输入数据的格式由三部分安装顺序拼接而成，分为当前样本的前9个序列样本，当前样本序列、后9个序列样本
87        time_slices = range(train_inputs.shape[0])    #139个切片
88        context_past_min = time_slices[0] + numcontext
89        context_future_max = time_slices[-1] - numcontext#[9,1,2...,137,129]
90        for time_slice in time_slices:
91            # 前9个补0，mfcc features
92            need_empty_past = max(0, (context_past_min - time_slice))
```

```
 93        empty_source_past = list(empty_mfcc for empty_slots in range
           (need_empty_past))
 94        data_source_past = orig_inputs[max(0, time_slice - numcontext):
           time_slice]
 95        assert(len(empty_source_past) + len(data_source_past) ==
           numcontext)
 96
 97        # 后9个补0，mfcc features
 98        need_empty_future = max(0, (time_slice - context_future_max))
 99        empty_source_future = list(empty_mfcc for empty_slots in range
           (need_empty_future))
100        data_source_future = orig_inputs[time_slice + 1:time_slice +
           numcontext + 1]
101        assert(len(empty_source_future) + len(data_source_future) ==
           numcontext)
102
103        if need_empty_past:
104            past = np.concatenate((empty_source_past, data_source_
           past))
105        else:
106            past = data_source_past
107
108        if need_empty_future:
109            future = np.concatenate((data_source_future, empty_source_
           future))
110        else:
111            future = data_source_future
112
113        past = np.reshape(past, numcontext * numcep)
114        now = orig_inputs[time_slice]
115        future = np.reshape(future, numcontext * numcep)
116
117        train_inputs[time_slice] = np.concatenate((past, now, future))
118        assert(len(train_inputs[time_slice]) == numcep + 2 * numcep *
           numcontext)
119
120    # 将数据使用正太分布标准化，减去均值然后再除以方差
121    train_inputs = (train_inputs - np.mean(train_inputs)) / np.std
       (train_inputs)
122    return train_inputs
```

orig_inputs 代表转化后的 MFCC，train_inputs 是将时间序列扩充后的数据，里面的 for 循环是做补 0 操作。最后两行是数据标准化。

6. 批次音频数据对齐

前面是对单个文件里的特征补 0，在训练环节中，文件是一批一批的获取并进行训练的，这要求每一批音频的时序数要统一，所以这里需要有一个对齐处理，pad_sequences 的定义如下，可以支持补 0 和截断两个操作。对于补 0 和截断的方向都可以通过参数来控制，'post'代表后补 0（截断），'pre'代表前补 0（截断）。

代码9-24　yuyinutils（续）

```
123  ……
124  def pad_sequences(sequences, maxlen=None, dtype=np.float32,
125                   padding='post', truncating='post', value=0.):
126
127      lengths = np.asarray([len(s) for s in sequences], dtype=np.int64)
128
129      nb_samples = len(sequences)
130      if maxlen is None:
131          maxlen = np.max(lengths)
132
133      # 从第一个非空的序列中得到样本形状
134      sample_shape = tuple()
135      for s in sequences:
136          if len(s) > 0:
137              sample_shape = np.asarray(s).shape[1:]
138              break
139
140      x = (np.ones((nb_samples, maxlen) + sample_shape) * value).astype(dtype)
141      for idx, s in enumerate(sequences):
142          if len(s) == 0:
143              continue                    # 如果序列为空，则跳过
144          if truncating == 'pre':
145              trunc = s[-maxlen:]
146          elif truncating == 'post':
147              trunc = s[:maxlen]
148          else:
149              raise ValueError('Truncating type "%s" not understood' %
                                   truncating)
150
151          # 检查 trunc
152          trunc = np.asarray(trunc, dtype=dtype)
153          if trunc.shape[1:] != sample_shape:
154              raise ValueError('Shape of sample %s of sequence at position
                  %s is different from expected shape %s' %
155                              (trunc.shape[1:], idx, sample_shape))
156
157          if padding == 'post':
158              x[idx, :len(trunc)] = trunc
159          elif padding == 'pre':
160              x[idx, -len(trunc):] = trunc
161          else:
162              raise ValueError('Padding type "%s" not understood' %
                                   padding)
163      return x, lengths
```

7. 文字样本的转化

对于文本方面的样本，需要将里面的文字转换成具体的向量。get_ch_lable_v 会按照传入的 word_num_map 将 txt_label 或是指定文件中的文字转化成向量。后面的 get_ch_lable 是读取文件操作，本例中用不到。

代码9-24　yuyinutils（续）

```
164     ……
165 def get_ch_lable_v(txt_file,word_num_map,txt_label=None):
166
167     words_size = len(word_num_map)
168
169     to_num = lambda word: word_num_map.get(word, words_size)
170
171     if txt_file!= None:
172         txt_label = get_ch_lable(txt_file)
173
174     labels_vector = list(map(to_num, txt_label))
175     return labels_vector
176
177 def get_ch_lable(txt_file):
178     labels= ""
179     with open(txt_file, 'rb') as f:
180         for label in f:
181             #labels =label.decode('utf-8')
182             labels = labels +label.decode('gb2312')
183
184     return labels
```

8．密集矩阵转成稀疏矩阵

TensorFlow中没有密集矩阵转稀疏矩阵函数，所以需要编写一个。该函数比较常用，可以当成工具来储备，具体代码如下。

代码9-24　yuyinutils（续）

```
185     ……
186 def sparse_tuple_from(sequences, dtype=np.int32):
187
188     indices = []
189     values = []
190
191     for n, seq in enumerate(sequences):
192         indices.extend(zip([n] * len(seq), range(len(seq))))
193         values.extend(seq)
194
195     indices = np.asarray(indices, dtype=np.int64)
196     values = np.asarray(values, dtype=dtype)
197     shape = np.asarray([len(sequences), indices.max(0)[1] + 1],
        dtype=np.int64)
198
199     return indices, values, shape
```

这里主要是算出indices、values、shape这3个值，得到之后可以使用tf.SparseTensor随时生成稀疏矩阵。

9．将字向量转成文字

字向量转成文字主要有两个函数：sparse_tuple_to_texts_ch函数，将稀疏矩阵的字向量转成文字；ndarray_to_text_ch 函数，将密集矩阵的字向量转成文字。两个函数都需要传入字表，然后会按照字表对应的索引将字转化回来。

代码9-24　yuyinutils（续）

```
200 ……
201 # 常量
202 SPACE_TOKEN = '<space>'              # space 符号
203 SPACE_INDEX = 0                      # 0 为 space 索引
204 FIRST_INDEX = ord('a') - 1
205
206 def sparse_tuple_to_texts_ch(tuple,words):
207     indices = tuple[0]
208     values = tuple[1]
209     results = [''] * tuple[2][0]
210     for i in range(len(indices)):
211         index = indices[i][0]
212         c = values[i]
213
214         c = ' ' if c == SPACE_INDEX else words[c]
215         results[index] = results[index] + c
216     # 返回 strings 的 List
217     return results
218
219 def ndarray_to_text_ch(value,words):
220     results = ''
221     for i in range(len(value)):
222         results += words[value[i]]
223     return results.replace('`', ' ')
```

9.5.3 训练模型

样本准备好后，就开始模型的搭建了。

1. 定义占位符

定义 3 个占位符，具体说明如下。

- input_tensor：为输入的音频数据[none,none,Mfcc_features]，第一个是 batch_size 用 none 来表示；第二个是时序数也用 none 来表示，因为每一批次的时序都是不同的；第三个是 MFCC 的特征，是取当前特征 n_input 和前后 n_context 个特征的组合，即 2× n_context+1 个序列，每个序列特征数为 n_input，于是得出 n_input + (2 × n_input * n_context)。
- targets：音频数据所对应的文本，是一个稀疏矩阵的占位符。
- seq_length：当前 batch 数据的序列长度。
- keep_dropout:dropout 的参数。

代码9-23　yuyinchall（续）

```
59  ……
60  input_tensor = tf.placeholder(tf.float32, [None, None, n_input + (2
    * n_input * n_context)], name='input')           #语音MFCC features
61  # ctc_loss 计算时需要使用 sparse_placeholder 来生成 SparseTensor
62  targets = tf.sparse_placcholder(tf.int32, name='targets')#文本
63  # 1d array of size [batch_size]
64  seq_length = tf.placeholder(tf.int32, [None], name='seq_length')
                                                              #序列长
65  keep_dropout= tf.placeholder(tf.float32)
```

2. 构建网络模型

网络模型使用了双向 RNN 的结构，并将其封装在 BiRNN_model 函数里。调用的代码如下。

代码9-23　yuyinchall（续）

```
66  logits = BiRNN_model( input_tensor, tf.to_int64(seq_length), n_input,
    n_context,words_size +1, keep_dropout)
```

BiRNN_model 的定义如下。

使用 3 个 1024 节点的全连接层，然后是一个双向 RNN，最后接上 2 个全连接层，并且都带有 dropout 层。这里使用的激活函数是带截断的 Relu，截断值设为 20。学习参数的初始化使用标准差为 0.046875 的 random_normal。keep_dropout_rate 为 0.95。

代码9-23　yuyinchall（续）

```
67  ……
68  b_stddev = 0.046875
69  h_stddev = 0.046875
70
71  n_hidden = 1024
72  n_hidden_1 = 1024
73  n_hidden_2 =1024
74  n_hidden_5 = 1024
75  n_cell_dim = 1024
76  n_hidden_3 = 2 * 1024
77
78  keep_dropout_rate=0.95
79  relu_clip = 20
80
81  def BiRNN_model( batch_x, seq_length, n_input, n_context,n_character,
    keep_dropout):
82
83   # batch_x_shape: [batch_size, n_steps, n_input + 2*n_input*n_context]
84    batch_x_shape = tf.shape(batch_x)
85
86    # 将输入转成时间序列优先
87    batch_x = tf.transpose(batch_x, [1, 0, 2])
88    # 再转成2维传入第一层
89    batch_x = tf.reshape(batch_x,
90                [-1, n_input + 2 * n_input * n_context])
```

```
                        # (n_steps*batch_size, n_input + 2*n_input*n_context)
 91
 92      # 使用clipped RELU activation and dropout.
 93      # 第一层
 94      with tf.name_scope('fc1'):
 95          b1 = variable_on_cpu('b1', [n_hidden_1], tf.random_normal_
             initializer(stddev=b_stddev))
 96          h1 = variable_on_cpu('h1', [n_input + 2 * n_input * n_context,
             n_hidden_1],
 97                      tf.random_normal_initializer(stddev=h_stddev))
 98          layer_1 = tf.minimum(tf.nn.relu(tf.add(tf.matmul(batch_x, h1),
             b1)), relu_clip)
 99          layer_1 = tf.nn.dropout(layer_1, keep_dropout)
100
101      # 第二层
102      with tf.name_scope('fc2'):
103          b2 = variable_on_cpu('b2', [n_hidden_2], tf.random_normal_
             initializer(stddev=b_stddev))
104          h2 = variable_on_cpu('h2', [n_hidden_1, n_hidden_2], tf.random_
             normal_initializer(stddev=h_stddev))
105          layer_2 = tf.minimum(tf.nn.relu(tf.add(tf.matmul(layer_1, h2),
             b2)), relu_clip)
106          layer_2 = tf.nn.dropout(layer_2, keep_dropout)
107      # 第三层
108      with tf.name_scope('fc3'):
109          b3 = variable_on_cpu('b3', [n_hidden_3], tf.random_normal_
             initializer(stddev=b_stddev))
110          h3 = variable_on_cpu('h3', [n_hidden_2, n_hidden_3], tf.random_
             normal_initializer(stddev=h_stddev))
111          layer_3 = tf.minimum(tf.nn.relu(tf.add(tf.matmul(layer_2, h3),
             b3)), relu_clip)
112          layer_3 = tf.nn.dropout(layer_3, keep_dropout)
113
114      # 双向RNN
115      with tf.name_scope('lstm'):
116          # 前向cell:
117          lstm_fw_cell = tf.contrib.rnn.BasicLSTMCell(n_cell_dim, forget_
             bias=1.0, state_is_tuple=True)
118      lstm_fw_cell = tf.contrib.rnn.DropoutWrapper(lstm_fw_cell,
119                                       input_keep_prob=keep_dropout)
120          # 反向cell:
121          lstm_bw_cell = tf.contrib.rnn.BasicLSTMCell(n_cell_dim, forget_
             bias=1.0, state_is_tuple=True)
122      lstm_bw_cell = tf.contrib.rnn.DropoutWrapper(lstm_bw_cell,
123                                       input_keep_prob=keep_dropout)
124
125          # 'layer_3' ' [n_steps, batch_size, 2*n_cell_dim]'
126          layer_3 = tf.reshape(layer_3, [-1, batch_x_shape[0], n_hidden_3])
127
128          outputs, output_states = tf.nn.bidirectional_dynamic_rnn
             (cell_fw=lstm_fw_cell,
129                                              cell_bw=lstm_bw_cell,
130                                              inputs=layer_3,
131                                              dtype=tf.float32,
```

```
132                                        time_major=True,
133                                        sequence_length=seq_length)
134
135        # 连接正、反向结果[n_steps, batch_size, 2*n_cell_dim]
136        outputs = tf.concat(outputs, 2)
137        # 转化形状[n_steps*batch_size, 2*n_cell_dim]
138        outputs = tf.reshape(outputs, [-1, 2 * n_cell_dim])
139
140    with tf.name_scope('fc5'):
141        b5 = variable_on_cpu('b5', [n_hidden_5], tf.random_normal_
               initializer(stddev=b_stddev))
142        h5 = variable_on_cpu('h5', [(2 * n_cell_dim), n_hidden_5],
               tf.random_normal_initializer(stddev=h_stddev))
143        layer_5 = tf.minimum(tf.nn.relu(tf.add(tf.matmul(outputs, h5),
               b5)), relu_clip)
144        layer_5 = tf.nn.dropout(layer_5, keep_dropout)
145
146    with tf.name_scope('fc6'):
147        # 全连接层用于softmax 分类
148        b6 = variable_on_cpu('b6', [n_character], tf.random_normal_
               initializer(stddev=b_stddev))
149        h6 = variable_on_cpu('h6', [n_hidden_5, n_character], tf.random_
               normal_initializer(stddev=h_stddev))
150        layer_6 = tf.add(tf.matmul(layer_5, h6), b6)
151
152        # 将二维[n_steps*batch_size, n_character]转成三维 time-major [n_
               steps, batch_size, n_character].
153        layer_6 = tf.reshape(layer_6, [-1, batch_x_shape[0], n_character])
154
155    # Output shape: [n_steps, batch_size, n_character]
156    return layer_6
157
158 """
159 使用 CPU memory.
160 """
161 def variable_on_cpu(name, shape, initializer):
162     # 使用/cpu:0 device
163     with tf.device('/cpu:0'):
164
165         var = tf.get_variable(name=name, shape=shape, initializer=
                initializer)
166    return var
```

这里的 shape 变化比较复杂,需要先将输入变为二维的 Tensor,才可以传入全连接层。全连接层进入 BIRNN 时也需要形状转换成三维的 Tensor,BIRNN 输出的结果是 2×n_hidden,所以后面的全连接层输入是 2×n_hidden,最终输出时还要再转回三维的 Tensor。

与图片分类不同的是,RNN 输出的 outputs 没有取 outputs[-1],而是全部进入了后面的全连接层。语音识别是对输入的每个时序对应的结果进行转换,所以要将 RNN 的全部结果送入后面的全连接层;而 RNN 中的图片识别只是把行当成时序,只需要知道最后一行输入后的结果,所以只取了最后一个时序的输出。

> **注意**：这里使用了一个小技巧。通过函数 variable_on_cpu 来声明学习参数变量，将所有的学习参数定义在 CPU 的内存中，可以让 GPU 的内存充分地用于运算。

3. 定义损失函数即优化器

语音识别是属于非常典型的时间序列分类问题，前面讲过，对于这样的问题要使用 ctc_loss 的方法来计算损失值。优化器还是使用 AdamOptimizer，学习率为 0.001。代码如下。

代码9-23　yuyinchall（续）

```
167 ……
168 #调用ctc_loss
169  avg_loss = tf.reduce_mean(ctc_ops.ctc_loss(targets, logits, seq_
     length))
170
171 ###############################
172 #优化器
173
174 learning_rate = 0.001
175 optimizer = tf.train.AdamOptimizer(learning_rate=learning_rate).
    minimize(avg_loss)
```

4. 定义解码并评估模型节点

使用 ctc_beam_search_decoder 函数以 CTC 的方式对预测结果 logits 进行解码，生成了 decoded。前面说过，decoded 是一个只有一个元素的数组，所以将其 decoded[0]传入 edit_distance 函数，计算与正确标签 targets 之间的 levenshtein 距离。下列代码第 182 行中的 targets 与 decoded[0]都是稀疏矩阵张量（SparseTensor）类型。对得到的 distance 取 reduce_mean，可以得出该模型对于当前 batch 的平均错误率。

代码9-23　yuyinchall（续）

```
176 ……
177  with tf.name_scope("decode"):
178    decoded, log_prob = ctc_ops.ctc_beam_search_decoder( logits, seq_
       length, merge_repeated=False)
179
180  with tf.name_scope("accuracy"):
181    distance = tf.edit_distance( tf.cast(decoded[0], tf.int32),
       targets)
182    # 计算label error rate (accuracy)
183    ler = tf.reduce_mean(distance, name='label_error_rate')
```

5. 建立session并添加检查点处理

到此模型已经建立好了，剩下的就是训练部分的搭建了。由于样本比较大，运算时间比较长，所以很有必要为模型添加检查点功能。如下代码在 session 建立之前，定义一个类（名为 saver），用于保存检查点的相关操作，并指定检查点文件夹为当前路径下的

log\yuyinchalltest\，然后启动session，进行初始，同时在指定路径下查找最后一次检查点。如果有文件就载入到模型，同时更新迭代次数epoch。

代码9-23　yuyinchall（续）

```
184 ……
185 epochs = 100
186 savedir = "log/yuyinchalltest/"
187 saver = tf.train.Saver(max_to_keep=1)              # 生成 saver
188 # 创建 session
189 sess = tf.Session()
190 # 没有模型，就重新初始化
191 sess.run(tf.global_variables_initializer())
192
193 kpt = tf.train.latest_checkpoint(savedir)
194 print("kpt:",kpt)
195 startepo= 0
196 if kpt!=None:
197     saver.restore(sess, kpt)
198     ind = kpt.find("-")
199     startepo = int(kpt[ind+1:])
200     print(startepo)
```

6. 通过循环来迭代训练模型

记录下开始时间，启用循环，进行迭代训练，每次循环通过next_batch函数取一批次样本数据，并设置keep_dropout参数，通过sess.run来运行模型的优化器，同时输出loss的值。总样本迭代100次，每次迭代中，一批次取8条数据。

代码9-23　yuyinchall（续）

```
201 ……
202 # 准备运行训练步骤
203 section = '\n{0:=^40}\n'
204 print(section.format('Run training epoch'))
205
206 train_start = time.time()
207 for epoch in range(epochs):                         #样本集迭代次数
208     epoch_start = time.time()
209     if epoch<startepo:
210         continue
211
212     print("epoch start:",epoch,"total epochs= ",epochs)
213 #######################运行 batch####
214     n_batches_per_epoch = int(np.ceil(len(labels) / batch_size))
215     print("total loop ",n_batches_per_epoch,"in one epoch,",batch_size,"items in one loop")
216
217     train_cost = 0
218     train_ler = 0
219     next_idx =0
220
```

```
221     for batch in range(n_batches_per_epoch):
                    #每次取 batch_size 条数据，共循环 n_batches_per_epoch 次
222         #取数据
223         next_idx,source,source_lengths,sparse_labels = \
224             next_batch(labels,next_idx ,batch_size)
225         feed = {input_tensor: source, targets: sparse_labels,seq_
            length: source_lengths,keep_dropout:keep_dropout_rate}
226
227         #计算 avg_loss optimizer
228         batch_cost, _ = sess.run([avg_loss, optimizer], feed_dict=
            feed )
229         train_cost += batch_cost
```

7. 定期评估模型，输出模型解码结果

每取 20 次 batch 数据，就将过程信息打印出来，将样本数据送入模型进行语音识别，并输出预测结果。为防止打印信息过多，每次只打印一条信息，并将其文件名、原始的文本和解码文本打印出来。

代码9-23　yuyinchall（续）

```
230     ……
231         if (batch +1)%20 == 0:
232             print('loop:',batch, 'Train cost: ', train_cost/(batch+1))
233             feed2 = {input_tensor: source, targets: sparse_labels,
                seq_length: source_lengths,keep_dropout:1.0}
234
235             d,train_ler = sess.run([decoded[0],ler], feed_dict=feed2)
236             dense_decoded = tf.sparse_tensor_to_dense( d, default_
    value=-1).eval(session=sess)
237             dense_labels = sparse_tuple_to_texts_ch(sparse_labels,
                words)
238
239             counter =0
240             print('Label err rate: ', train_ler)
241             for orig, decoded_arr in zip(dense_labels, dense_decoded):
242                 # 转成 strings
243                 decoded_str = ndarray_to_text_ch(decoded_arr,words)
244                 print(' file {}'.format( counter))
245                 print('Original: {}'.format(orig))
246                 print('Decoded:  {}'.format(decoded_str))
247                 counter=counter+1
248                 break
249
250     epoch_duration = time.time() - epoch_start
251
252     log = 'Epoch {}/{}, train_cost: {:.3f}, train_ler: {:.3f}, time: 
        {:.2f} sec'
253     print(log.format(epoch ,epochs, train_cost,train_ler,epoch_
        duration))
254     saver.save(sess, savedir+"yuyinch.cpkt", global_step=epoch)
```

```
255
256 train_duration = time.time() - train_start
257 print('Training complete, total duration: {:.2f} min'.format(train_
    duration / 60))
258
259 sess.close()
```

通过 sess.run 计算 decoded[0]的值只是个 SparseTensor 类型，需要用 tf.sparse_tensor_to_dense 将其转成 dense 矩阵（记住 Tensor Flow 里的类型必须用 eval 或 session.run 才能得到真实值），然后再调用 sparse_tuple_to_texts_ch 将其转成文本 dense_labels。

在每次迭代的最后加入检查点保存代码，以便中途中断可以恢复。

运行以上代码，经过一段时间之后（十几小时或几十个小时），会得到如下输出：

```
……
file 0
Original: 另外 加工 修理 和 修配 业务 不 属于 营业税 的 应 税 劳务 不 缴纳 营业税
Decoded:  另外 加工 理 和 修配 务 不 属于 营业税 的 应 税 劳务 不 缴纳 营业税
loop: 79 Train cost: 10.3595850527
Label err rate: 0.0189385
 file 0
Original: 这 碗 离 娘 饭 姑娘 再有 离 娘 痛楚 也 要 每样 都 吃 一点 才 算 循 规 遵 俗 的
Decoded:  这 碗 离 娘 饭 姑 有 离 娘 痛楚 也 要 每样 都 吃 一点 才 外算 循 规 遵 俗 的
loop: 99 Train cost: 10.3084330273
Label err rate: 0.0270463
 file 0
Epoch 99/100, train_cost: 1176.815, train_ler: 0.047, time: 706.20 sec
WARNING:tensorflow:Error encountered when serializing LAYER_NAME_UIDS.
Type is unsupported, or the types of the items don't match field type in
CollectionDef.
'dict' object has no attribute 'name'
Training complete, total duration: 1182.50 min
```

由此可见程序基本可以将样本库中的语音全部识别出来，错误率在 0.02 左右。最后打印的警告是出至 TensorFlow 中保存模型节点时的，不影响整体功能，可以不用管。

一般来讲，将训练好的模型作为识别后端，通过编写程序录音采集，将 WAV 文件传入进行解码，即可实现在线实时的语音识别了。

9.5.4 练习题

（1）试着按照前面例子中的样本形式，自己录制一些语音样本，并做出对应的文本文件，用该代码训练出适应自己声音的语音模型。

（2）实例 68 中的模型里，fc5 层使用的是全连接的方法，还可以使用全局平均池化层的方式代替，读者可以试着改写一下代码，看看效果。

（3）尝试在 BIRNN 部分加入更深的 RNN 层，来获得更好的识别率。

9.6 实例69：利用RNN训练语言模型

下面来做一个实验，用RNN预测语言模型，并让它输出一句话，具体业务描述如下。

先让RNN学习一段文字，之后模型可以根据我们的输入再自动预测后面的文字。同时将模型预测出来的文字当成输入，再放到模型里，模型就会预测出下一个文字，这样循环下去，可以看到RNN能够输出一句话。

那么RNN是怎么样来学习这段文字呢？这里将整段文字都看成一个个的序列。在模型里预设值只关注连续的4个序列，这样在整段文字中，每次随意拿出4个连续的文字放到模型里进行训练，然后把第5个连续的值当成标签，与输出的预测值进行loss的计算，形成一个可训练的模型，通过优化器来迭代训练。

实例描述

通过让RNN网络对一段文字的训练学习来生成模型，最终可以使用机器生成的模型来表达自己的意思。

下面看看具体实现过程。

9.6.1 准备样本

这个环节很简单，随便复制一段话放到txt里即可。在例子中使用的样本如下：

在尘世的纷扰中，只要心头悬挂着远方的灯光，我们就会坚持不懈地走，理想为我们灌注了精神的蕴藉。所以，生活再平凡、再普通、再琐碎，我们都要坚持一种信念，默守一种精神，为自己积淀站立的信心，前行的气力。

这是笔者随意下载的一段文字，把该段文字放到代码同级目录下，起名为wordstest.txt。

1. 定义基本工具函数

具体的基本工具函数与语音识别例子差不多，都是与文本处理相关的，首先引入头文件，然后定义相关函数，其中get_ch_lable函数从文件里获取文本，get_ch_lable_v函数将文本数组转换成向量。具体如下。

代码9-25 rnnwordtest

```
01  import numpy as np
02  import tensorflow as tf
03   from tensorflow.contrib import rnn
04  import random
05  import time
06  from collections import Counter
07  start_time = time.time()
```

```
08    def elapsed(sec):
09       if sec<60:
10          return str(sec) + " sec"
11       elif sec<(60*60):
12          return str(sec/60) + " min"
13       else:
14          return str(sec/(60*60)) + " hr"
15
16    tf.reset_default_graph()
17    training_file = 'wordstest.txt'
18
19    #处理多个中文文件
20    def readalltxt(txt_files):
21       labels = []
22       for txt_file in txt_files:
23
24          target = get_ch_lable(txt_file)
25          labels.append(target)
26       return labels
27
28    #处理汉字
29    def get_ch_lable(txt_file):
30       labels= ""
31       with open(txt_file, 'rb') as f:
32          for label in f:
33
34             labels = labels +label.decode('gb2312')
35
36       return labels
37
38    #优先转文件里的字符到向量
39    def get_ch_lable_v(txt_file,word_num_map,txt_label=None):
40
41       words_size = len(word_num_map)
42       to_num = lambda word: word_num_map.get(word, words_size)
43       if txt_file!= None:
44          txt_label = get_ch_lable(txt_file)
45
46       labels_vector = list(map(to_num, txt_label))
47       return labels_vector
```

2. 样本预处理

样本预处理工作主要是读取整体样本，并存放到 training_data 里，获取全部的字表 words，并生成样本向量 wordlabel 和与向量对应关系的 word_num_map。具体代码如下。

代码9-25　rnnwordtest（续）

```
48    training_data =get_ch_lable(training_file)
49    print("Loaded training data...")
50
51    counter = Counter(training_data)
52    words = sorted(counter)
53    words_size= len(words)
```

```
54  word_num_map = dict(zip(words, range(words_size)))
55
56  print('字表大小:', words_size)
57  wordlabel = get_ch_lable_v(training_file,word_num_map)
```

9.6.2 构建模型

本例中使用多层 RNN 模型，后面接入一个 softmax 分类，对下一个字属于哪个向量进行分类，这里认为一个字就是一类。整个例子步骤如下。

1. 设置参数定义占位符

学习率为 0.001，迭代 10000 次，每 1000 次输出一次中间状态。每次输入 4 个字，来预测第 5 个字。

网络模型使用了 3 层的 LSTM RNN，第一层为 256 个 cell，第二层和第三层都是 512 个 cell。

代码9-25　rnnwordtest（续）

```
58  # 定义参数
59  learning_rate = 0.001
60  training_iters = 10000
61  display_step = 1000
62  n_input = 4
63
64  n_hidden1 = 256
65  n_hidden2 = 512
66  n_hidden3 = 512
67  #定义占位符
68  x = tf.placeholder("float", [None, n_input,1])
69  wordy = tf.placeholder("float", [None, words_size])
```

代码中定义了两个占位符 x 和 wordy，其中，x 代表输入的 4 个连续文字，wordy 则代表一个字，由于用的是字索引向量的 one_hot 编码，所以其大小为 words_size，代表总共的字数。

2. 定义网络结构

将 x 形状变换并按找时间序列裁分，然后放入 3 层 LSTM 网络，最终通过一个全连接生成 words_size 个节点，为后面的 softmax 做准备。具体代码如下。

代码9-25　rnnwordtest（续）

```
70  x1 = tf.reshape(x, [-1, n_input])
71  x2 = tf.split(x1,n_input,1)
72  # 2-layer LSTM,每层有 n_hidden 个 units
73  rnn_cell = rnn.MultiRNNCell([rnn.LSTMCell(n_hidden1),rnn.LSTMCell
    (n_hidden2),rnn.LSTMCell(n_hidden3)])
74
```

```
75   # 通过RNN得到输出
76   outputs, states = rnn.static_rnn(rnn_cell, x2, dtype=tf.float32)
77
78   # 通过全连接输出指定维度
79   pred = tf.contrib.layers.fully_connected(outputs[-1],words_size,
     activation_fn = None)
```

3. 定义优化器

优化器同样使用 AdamOptimizer，loss 使用的是 softmax 的交叉熵，正确率是统计 one_hot 中索引对应的位置相同的个数。

代码9-25　rnnwordtest（续）

```
80   # 定义loss与优化器
81   loss = tf.reduce_mean(tf.nn.softmax_cross_entropy_with_logits
     (logits=pred, labels=wordy))
82   optimizer = tf.train.AdamOptimizer(learning_rate=learning_rate).
     minimize(loss)
83
84   # 模型评估
85   correct_pred = tf.equal(tf.argmax(pred,1), tf.argmax(size_input,1))
86   accuracy = tf.reduce_mean(tf.cast(correct_pred, tf.float32))
```

4. 训练模型

在训练过程中同样添加保存检查点功能。在 session 中每次随机取一个偏移量，然后取后面4个文字向量当作输入，第5个文字向量当作标签用来计算 loss。

代码9-25　rnnwordtest（续）

```
87   savedir = "log/rnnword/"
88   saver = tf.train.Saver(max_to_keep=1)                    # 生成saver
89
90   # 启动session
91   with tf.Session() as session:
92       session.run(tf.global_variables_initializer())
93       step = 0
94       offset = random.randint(0,n_input+1)
95       end_offset = n_input + 1
96       acc_total = 0
97       loss_total = 0
98
99       kpt = tf.train.latest_checkpoint(savedir)
100      print("kpt:",kpt)
101      startepo= 0
102      if kpt!=None:
103          saver.restore(session, kpt)
104          ind = kpt.find("-")
105          startepo = int(kpt[ind+1:])
106          print(startepo)
107          step = startepo
108
109      while step < training_iters:
```

```
110
111             # 随机取一个位置偏移
112             if offset > (len(training_data)-end_offset):
113                 offset = random.randint(0, n_input+1)
114
115             inwords = [ [wordlabel[ i]] for i in range(offset, offset+n_
                input) ]                # 按照指定的位置偏移获得后 4 个文字向量，当作输入
116
117             inwords = np.reshape(np.array(inwords), [-1, n_input, 1])
118
119             out_onehot= np.zeros([words_size], dtype=float)
120             out_onehot[wordlabel[offset+n_input]] = 1.0
121             out_onehot = np.reshape(out_onehot,[1,-1])#所有的字都变成 onehot
122
123             _, acc, lossval, onehot_pred = session.run([optimizer, accuracy,
                loss, pred],feed_dict={x: inwords, wordy: out_onehot})
124             loss_total += lossval
125             acc_total += acc
126             if (step+1) % display_step == 0:
127                 print("Iter= " + str(step+1) + ", Average Loss= " + \
128                     "{:.6f}".format(loss_total/display_step) + ", Average
                    Accuracy= " + \
129                     "{:.2f}%".format(100*acc_total/display_step))
130                 acc_total = 0
131                 loss_total = 0
132                 in2 = [words [wordlabel[i]] for i in range(offset, offset +
                    n_input)]
133                 out2 = words [wordlabel[offset + n_input]]
134                 out_pred=words[int(tf.argmax(onehot_pred, 1).eval())]
135                 print("%s - [%s] vs [%s]" % (in2,out2,out_pred))
136                 saver.save(session, savedir+"rnnwordtest.cpkt", global_
                    step=step)
137             step += 1
138             offset += (n_input+1)            #调整下一次迭代使用的偏移量
139
140         print("Finished!")
141         saver.save(session, savedir+"rnnwordtest.cpkt", global_step=step)
142         print("Elapsed time: ", elapsed(time.time() - start_time))
```

由于检查点文件是建立在 log/rnnword/目录下的，所以在运行程序之前需要先在代码文件的当前目录下依次建立 log/rnnword/文件夹（有兴趣的读者可以改成自动创建）。

运行代码，训练模型得到如下输出：

```
……
Type is unsupported, or the types of the items don't match field type in
CollectionDef.
'dict' object has no attribute 'name'
Iter= 9000, Average Loss=0.585445, Average Accuracy=79.10%
['注','了','精','神'] - [的]vs[了]
WARNING:tensorflow:Error encountered when serializing LAYER_NAME_UIDS.
Type is unsupported, or the types of the items don't match field type in
CollectionDef.
'dict' object has no attribute 'name'
```

```
Iter= 10000, Average Loss= 0.409709, Average Accuracy= 85.60%
['平','凡','、',',','再'] - [普]vs[普]
WARNING:tensorflow:Error encountered when serializing LAYER_NAME_UIDS.
Type is unsupported, or the types of the items don't match field type in
CollectionDef.
'dict' object has no attribute 'name'
Finished!
WARNING:tensorflow:Error encountered when serializing LAYER_NAME_UIDS.
Type is unsupported, or the types of the items don't match field type in
CollectionDef.
'dict' object has no attribute 'name'
Elapsed time:  1.3609554409980773 min
```

迭代 10 000 次的正确率达到了 85%。达到了模型基本可用的状态。当然这只是个例子，读者可以尝试在模型中添加全连接及更多节点的 LSTM 或是更深层的 LSTM 来优化识别率，并且当学习的字数变多时，还会有更强大的拟合功能。

5. 运行模型生成句子

启用一个循环，等待输入文字，当收到输入的文本后，通过 eval 计算 onehot_pred 节点，并进行文字的转义，得到预测文字。接下来将预测文字再循环输入模型中，预测下一个文字。代码中设定循环 32 次，输出 32 个文字。

代码9-25　rnnwordtest（续）

```
143 while True:
144     prompt = "请输入%s 个字: " % n_input
145     sentence = input(prompt)
146     inputword = sentence.strip()
147
148     if len(inputword) != n_input:
149         print("您输入的字符长度为: ",len(inputword),"请输入 4 个字")
150         continue
151     try:
152         inputword = get_ch_lable_v(None,word_num_map,inputword)
153
154         for i in range(32):
155             keys = np.reshape(np.array(inputword), [-1, n_input, 1])
156             onehot_pred = session.run(pred, feed_dict={x: keys})
157             onehot_pred_index = int(tf.argmax(onehot_pred, 1).eval())
158             sentence = "%s%s" % (sentence,words[onehot_pred_index])
159             inputword = inputword[1:]
160             inputword.append(onehot_pred_index)
161         print(sentence)
162     except:
163         print("该字我还没学会")
```

运行代码，输出如下：

请输入 4 个字：生活平凡
生活平凡，要坚持一种信念，默守一种精神，为自己积淀站立的信心，默守一种精

在本例中，输入了"生活平凡" 4 个字，可以看到神经网络自动按照这个开头开始往

下输出句子，看起来语句还算通顺。

9.7 语言模型的系统学习

语言模型包括文法语言模型和统计语言模型。一般我们指的是统计语言模型。

9.7.1 统计语言模型

统计语言模型是指：把语言（词的序列）看作一个随机事件，并赋予相应的概率来描述其属于某种语言集合的可能性。

统计语言模型的作用是，为一个长度为 m 的字符串确定一个概率分布 $P(w1; w2; \cdots; wm)$，表示其存在的可能性。其中，$w1 \sim wm$ 依次表示这段文本中的各个词。用一句话简单地说就是计算一个句子的概率大小。

用这种模型来衡量一个句子的合理性，概率越高，说明越符合人们说出来的自然句子，另一个用处是通过这些方法均可以保留住一定的词序信息，获得一个词的上下文信息。

9.7.2 词向量

前面 9.6 节的例子可以看作是一个统计语言模型，所使用的词向量是 one_hot 编码，由于 one_hot 编码中所有的字都是独立的，所以该语言模型学到的词与词的上下文信息只能存放在网络节点中。

而现实生活中，我们人类对字词的理解却并非如此，例如"手"和"脚"，会自然让人联想到人体器官，而"墙"则与人体器官相差甚远。这表明本身的词与词之间是有远近关系的。如果让机器学习这种关系并能加以利用，那么便可以使机器像人一样理解语言的意义。

1．词向量解释

在神经网络中是通过一个描述词分布关系的方法来实现语义的理解，这种方法描述的词与 one_hot 描述的词都可

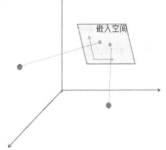

图 9-22　词嵌入

以叫做词向量，但它还有个另外的名字叫 word embedding（词嵌入）。如何理解呢？将 one_hot 词向量中的每一个元素由整型改为浮点型，变为整个实数范围的表示；然后将原来稀疏的巨大维度压缩嵌入到一个更小维度的空间内，如图 9-22 所示。

图 9-22 中只举了个例子，将三维的向量映射到二维平面里。实际在语言模型中，常常是将二维的张量[batch,字的 index]映射到多维空间[batch, embedding 的 index]。即，

embedding 中的元素将不再是一个字，而变成了字所转化的多维向量，所有向量之间是有距离远近关系的。

其实 one_hot 的映射也是这种方法，把每个字表示为一个很长的向量。这个向量的维度是词表大小，其中绝大多数元素为 0，只有一个维度的值为 1，这个维度就代表了当前的字。one_hot 映射与词嵌入的唯一区别就是仅仅将字符号化，不包含任何语义信息而已。

word embedding 的映射方法是建立在分布假说（distributional hypothesis）基础上的，即假设词的语义由其上下文决定，上下文相似的词，其语义也相似。

词向量的核心步骤由两部分组成：
（1）选择一种方式描述上下文。
（2）选择一种模型刻画某个词（下文称"目标词"）与其上下文之间的关系。

一般来讲就是使用前面介绍的语言模型来完成这种任务。这类方法的最大优势在于可以表示复杂的上下文。

2. 词向量训练

在神经网络训练的词嵌入（word embedding）中，一般会将所有的 embedding 随机初始化，然后在训练过程中不断更新 embedding 矩阵的值。对于每一个词与它对应向量的映射值，在 TensorFlow 中使用了一个叫 tf.nn.embedding_lookup 的方法来完成。

举例如下：

```
with tf.device("/cpu:0"):
    embedding = tf.get_variable("embedding", [vocab_size, size])
    inputs = tf.nn.embedding_lookup(embedding, input_data)
```

上面的代码先定义的 embedding 表示有 vocab_size 个词，每个词的向量个数为 size 个。最终得到的 inputs 就是输入向量 input_data 映射好的词向量了。比如 input_data 的形状为 [batch_size,ndim]，那么 inputs 就为 [batch_size,ndim,size]。

> **注意：**
> - 由于该词向量定义好之后是需要在训练中优化的，所以 embedding 类型必须是 tf.Variable，并且 trainable=True（default）。
> - embedding_lookup 这个函数目前只支持在 CPU 上运行。

3. 候选采样技术

对于语言模型相关问题，本质上还是属于多分类问题。对于多分类问题，一般的做法是在最后一层生成与类别相等维度的节点，然后根据输入样本对应的标签来计算损失值，最终反向传播优化参数。但是由于词汇量的庞大，导致要分类的基数也会非常巨大，这会使得最后一层要有海量的节点来对应词汇的个数（如上亿的词汇量），并且还要对其逐个计算概率值，判断其是该词汇的可能性。这种做法会使训练过程变得非常缓慢，进而无法完成任务。

为了解决这个问题，可使用一种候选采样的技巧，每次只评估所有类别的一个很小的子集，让网络的最后一层只在这个子集中做每个类别的评估计算。因为是监督学习，所以能够知道对应的正确标签（即正样本），额外挑选的子集（对应标签为0）被称为负样本。这样来训练网络，可在保证效率的同时同样会有很好的效果。

4．词向量的应用

在自然语言处理中，一般都会将该任务中涉及的词训练成词向量。然后让每个词以词向量的形式作为神经网络模型的输入，进行一些指定任务的训练。对于一个完整的训练任务，词向量的训练更多的情况是发生在预训练环节。

词向量也可以理解成为onehot的升级版特征映射。从这个角度来看，只要样本序列彼此间有着某种联系，即使不是词，也可以用这种方法处理。例如，在做恶意域名分析检测任务中，可以把某一个域名字符当作一个词，进行词向量的训练。然后再将每个字符用训练好的一组特定的向量进行映射，作为后面模型真实的输入。这样的输入就会比单纯的onehot编码映射效果好很多。

9.7.3 word2vec

word2vec是谷歌提出的一种词嵌入的工具或者算法集合，采用了两种模型（CBOW与Skip-Gram模型）与两种方法（负采样与层次softmax方法）的组合，比较常见的组合为Skip-Gram和负采样方法。因为其速度快、效果好而广为人知，在任何场合可直接使用。

CBOW模型（Continous Bag of Words Model，CBOW）和Skip-Gram模型都是可以训练出词向量的方法，在具体代码操作中可以只选择其一，但CBOW要比Skip-Gram更快一些。

1．CBOW&Skip-Gram

前文说过统计语言模型就是给出几个词，在这几个词出现的前提下计算某个词出现的概率（事后概率）。

CBOW也是统计语言模型的一种，顾名思义就是根据某个词前面的n个词或者前后n个连续的词，来计算某个词出现的概率。

Skip-Gram模型与之相反，是根据某个词，然后分别计算它前后出现某几个词的各个概率。

如例，"我爱人工智能"对于CBOW模型来讲，首先会将所有的字转成one_hot，然后取出其中的一个字当作输入，将其前面和后面的字分别当作标签，拆分成如下样子：

"我" "爱"

"爱" "我"

"爱" "人"
"人" "爱"
"人" "工"

每一行代表一个样本,第一列代表输入,第二列代表标签。将输入数据送进神经网络(如"我"),同时将输出的预测值与标签("爱")计算 loss(如输入"我"对应的标签为"爱",模型的预测输出值为"好",则计算"爱"和"好"之间的损失偏差,用来优化网络),进行迭代优化,在整个词库中如果字数特别多,会产生很大的矩阵,影响 softmax 速度。

word2vec 使用基于 Huffman 编码的 Hierarchical softmax 筛选掉了一部分不可能的词,然后又用 nagetive samping 再去掉了一些负样本的词,所以时间复杂度就从 O(V)变成了 O(logV)。

2. TensorFlow的word2vec

在 TensorFlow 中提供了几个候选采样函数,用来处理 loss 计算中候选采样的工作,它们按不同的采样规则被封装成了不同的函数,说明如下。

- tf.nn.uniform_candidate_sampler: 均匀地采样出类别子集。
- tf.nn.log_uniform_candidate_sampler:按照 log-uniform (Zipfian) 分布采样。zipfian 叫齐夫分布,指只有少数词经常被使用,大部分词很少被使用。
- tf.nn.learned_unigram_candidate_sampler:按照训练数据中出现的类别分布进行采样。
- tf.nn.fixed_unigram_candidate_sampler:按照用户提供的概率分布进行采样。

在实际使用中一般先通过统计或者其他渠道知道待处理的类别满足哪些分布,接着就可以指定函数(或是在 nn.fixed_unigram_candidate_sampler 中指定对应的分布)来进行候选采样。如果实在不知道类别分布,还可以用 tf.nn.learned_unigram_candidate_sampler。learned_unigram_candidate_sampler 的做法是先初始化一个 [0, range_max] 的数组,数组元素初始为 1,在训练过程中碰到一个类别,就将相应数组元素加 1,每次按照数组归一化得到的概率进行采样来实现的。

> **注意**:在语言相关的任务中,词按照出现频率从大到小排序之后,服从 Zipfian 分布。一般会先对类别按照出现频率从大到小排序,然后使用 log_uniform_candidate_sampler 函数。

TensorFlow 的 word2vec 实现里,比对目标样本的损失值、计算 softmax、负采样等过程统统封装到了 nce_loss 函数中,其默认使用的是 log_uniform_candidate_sampler 采样函数,在不指定特殊的采样器时,在该函数实现中会把词频越大的词,其类别编号也定义得越大,即优先采用词频高的词作为负样本,词频越高越有可能成为负样本。nce_loss 函数配合优化器可以对最后一层的权重进行调优,更重要的是其还会以同样的方式调节 word embedding(词嵌入)中的向量,让它们具有更合理的空间关系。

下面先来看看 nce_loss 函数的定义：

```
def nce_loss(weights, biases, inputs, labels, num_sampled, num_classes,
        num_true=1,
        sampled_values=None,
        remove_accidental_hits=False,
        partition_strategy="mod",
        name="nce_loss")
```

假设输入数据是 K 维的，一共有 N 个类，其参数说明如下。

- weight：shape 为 (N, K)的权重。
- biases：shape 为(N) 的偏执。
- inputs：输入数据，shape 为 (batch_size, K)。
- labels：标签数据，shape 为(batch_size, num_true)。
- num_true：实际的正样本个数。
- num_sampled：采样出多少个负样本。
- num_classes：类的个数 N。
- sampled_values：采样出的负样本，如果是 None，就会用默认的 sampler 去采样，优先采用词频高的词作为负样本。
- remove_accidental_hits：如果采样时采样到的负样本刚好是正样本，是否要去掉。
- partition_strategy：对 weights 进行 embedding_lookup 时并行查表时的策略。TensorFlow 的 embeding_lookup 是在 CPU 里实现的，这里需要考虑多线程查表时的锁的问题。

注意：在 TensorFlow 中还有一个类似于 nce_loss 的函数 sampled_softmax_loss，其用法与 nce_loss 函数完全一样。不同的是内部实现，nce_loss 函数可以进行多标签分类问题，即标签之前不互斥，原因在于其对每一个输出的类都连接一个 logistic 二分类。而 sampled_softmax_loss 只能对单个标签分类，即输出的类别是互斥的，原因是其对每个类的输出放在一起统一做了一个多分类操作。

9.7.4 实例 70：用 CBOW 模型训练自己的 word2vec

本例将使用 CBOW 模型来训练 word2vec，最终将所学到的词向量分布关系可视化出来，同时通过该例子练习使用 nce_loss 函数与 word embedding 技术，实现自己的 word2vec。

实例描述

准备一段文字作为训练的样本，对其使用 CBOW 模型计算 word2vec,并将各个词的向量关系用图展示出来。

1. 引入头文件

本例的最后需要将词向量可视化出来。第 7～12 行代码是可视化相关的引入，即初始化,通过设置 mpl 的值让 plot 能够显示中文信息。Scikit-Learn 的 t-SNE 算法模块的作用是非对称降维,是结合了 t 分布将高维空间的数据点映射到低维空间的距离,主要用于可视化和理解高维数据。

代码9-26　word2vect

```
01   import numpy as np
02    import tensorflow as tf
03   import random
04   import collections
05   from collections import Counter
06   import jieba
07
08   from sklearn.manifold import TSNE
09   import matplotlib as mpl
10   import matplotlib.pyplot as plt
11   mpl.rcParams['font.sans-serif']=['SimHei']        #用来正常显示中文标签
12   mpl.rcParams['font.family'] = 'STSong'
13   mpl.rcParams['font.size'] = 20
```

这次重点关注的是词,不再对字进行 one_hot 处理,所以需要借助分词工具将文本进行分词处理。本例中使用的是 jieba 分词库,需要使用之前先安装该分词库。

在"运行"中,输入 cmd,进入命令行模式。保证计算机联网状态下在命令行里输入:

```
Pip install jieba
```

安装完毕后可以新建一个 py 文件,使用如下代码简单测试一下:

```
import jieba
seg_list = jieba.cut("我爱人工智能")              # 默认是精确模式
print(" ".join(seg_list))
```

如果能够正常运行并且可以分词,就表明 jieba 分词库安装成功了。

2. 准备样本创建数据集

这个环节使用一篇笔者在另一个领域发表的比较有深度的文章"阴阳人体与电能.txt"来做样本,将该文件放到代码的同级目录下。

代码中使用 get_ch_lable 函数将所有文字读入 training_data,然后在 fenci 函数里使用 jieba 分词库对 training_data 分词生成 training_ci,将 training_ci 放入 build_dataset 里并生成指定长度(350)的字典。

代码9-26　word2vect(续)

```
14   training_file = '人体阴阳与电能.txt '
15
16   #中文字
17   def get_ch_lable(txt_file):
18       labels= ""
19       with open(txt_file, 'rb') as f:
```

```
20          for label in f:
21
22              labels =labels+label.decode('gb2312')
23
24      return  labels
25
26  #分词
27  def fenci(training_data):
28      seg_list = jieba.cut(training_data)              # 默认是精确模式
29      training_ci = " ".join(seg_list)
30      training_ci = training_ci.split()
31      #用空格将字符串分开
32      training_ci = np.array(training_ci)
33      training_ci = np.reshape(training_ci, [-1, ])
34      return training_ci
35
36  def build_dataset(words, n_words):
37
38    """Process raw inputs into a dataset."""
39    count = [['UNK', -1]]
40    count.extend(collections.Counter(words).most_common(n_words - 1))
41    dictionary = dict()
42    for word, _ in count:
43      dictionary[word] = len(dictionary)
44    data = list()
45    unk_count = 0
46    for word in words:
47      if word in dictionary:
48        index = dictionary[word]
49      else:
50        index = 0                                      # dictionary['UNK']
51        unk_count += 1
52      data.append(index)
53    count[0][1] = unk_count
54    reversed_dictionary = dict(zip(dictionary.values(), dictionary.keys()))
55    return data, count, dictionary, reversed_dictionary
56
57  training_data =get_ch_lable(training_file)
58  print("总字数",len(training_data))
59  training_ci =fenci(training_data)
60  print("总词数",len(training_ci))
61  training_label, count, dictionary, words = build_dataset(training_ci, 350)
62
63  words_size = len(dictionary)
64  print("字典词数",words_size)
65
66  print('Sample data', training_label[:10], [words[i] for i in training_label[:10]])
```

build_dataset 中的实现方式是将统计词频 0 号位置给 unknown（用 UNK 表示），其余按照频次由高到低排列。unknown 的获取按照预设词典大小，比如 350，则频次排序靠后于 350 的都视为 unknown。

运行代码，生成结果如下：

总字数 1567
总词数 961
字典词数 350
Sample data [263, 31, 38, 30, 27, 0, 10, 9, 104, 197] ['阴阳', '人体', '与', '电能', '阴', 'UNK', '是', '身体', '里', '内在']

程序显示整个文章的总字数为 1567 个，总词数为 961 个，建立好的字典词数为 350。接下来是将文字里前 10 个词即对应的索引显示出来。

3．获取批次数据

定义 generate_batch 函数，取一定批次的样本数据。

代码9-26　word2vect（续）

```
67  data_index = 0
68  def generate_batch(data,batch_size, num_skips, skip_window):
69
70    global data_index
71    assert batch_size % num_skips == 0
72    assert num_skips <= 2 * skip_window
73
74    batch = np.ndarray(shape=(batch_size), dtype=np.int32)
75    labels = np.ndarray(shape=(batch_size, 1), dtype=np.int32)
76    span = 2 * skip_window + 1
            #每一个样本由前 skip_window +当前 target +后 skip_window 组成
77    buffer = collections.deque(maxlen=span)
78
79    if data_index + span > len(data):
80      data_index = 0
81
82    buffer.extend(data[data_index:data_index + span])
83    data_index += span
84
85    for i in range(batch_size // num_skips):
86      target = skip_window  # target 在 buffer 中的索引为 skip_window
87      targets_to_avoid = [skip_window]
88      for j in range(num_skips):
89        while target in targets_to_avoid:
90          target = random.randint(0, span - 1)
91
92        targets_to_avoid.append(target)
93        batch[i * num_skips + j] = buffer[skip_window]
94        labels[i * num_skips + j, 0] = buffer[target]
95
96      if data_index == len(data):
97        buffer = data[:span]
98        data_index = span
99      else:
100       buffer.append(data[data_index])
101       data_index += 1
```

```
102
103    # 注意防止越界
104    data_index = (data_index + len(data) - span) % len(data)
105    return batch, labels
106
107 batch, labels = generate_batch(training_label,batch_size=8, num_
    skips=2, skip_window=1)
108
109 for i in range(8):# 先循环 8 次,然后将组合好的样本与标签打印出来
110    print(batch[i], words[batch[i]], '->', labels[i, 0], words[labels[i,
    0]])
```

generate_batch 函数中使用 CBOW 模型来构建样本,是从开始位置的一个一个字作为输入,然后将其前面和后面的字作为标签,再分别组合在一起变成 2 组数据。运行当前代码,输出如下:

31 人体 -> 38 与
31 人体 -> 263 阴阳
38 与 -> 31 人体
38 与 -> 30 电能
30 电能 -> 27 阴
30 电能 -> 38 与
27 阴 -> 0 UNK
27 阴 -> 30 电能

如果是 Skip-Gram 方法,根据字取标签的方法正好相反,输出会变成以下这样:

263 阴阳 -> 31 人体
38 与 -> 31 人体
31 人体 -> 38 与
31 人体 -> 263 阴阳
30 电能 -> 38 与
……

4. 定义取样参数

下面代码中每批次取 128 个,每个词向量的维度为 128,前后取词窗口为 1, num_skips 表示一个 input 生成 2 个标签, nce 中负采样的个数为 num_sampled。接下来是验证模型的相关参数, valid_size 表示在 0- words_size/2 中的数取随机不能重复的 16 个字来验证模型。

代码9-26　word2vect（续）

```
111 batch_size = 128
112 embedding_size = 128              # embedding vector 的维度
113 skip_window = 1                   # 左右的词数量
114 num_skips = 2                     # 一个 input 生成 2 个标签
115
116 valid_size = 16
117 valid_window = words_size/2       # 取样数据的分布范围
```

```
118 valid_examples = np.random.choice(valid_window, valid_size, replace=
    False)#0- words_size/2 中的数取 16 个。不能重复
119 num_sampled = 64                           # 负采样个数
```

5. 定义模型变量

初始化图，为输入、标签、验证数据定义占位符，定义词嵌入变量 embeddings 为每个字定义 128 维的向量，并初始化为-1~1 之间的均匀分布随机数。tf.nn.embedding_lookup 是将输入的 train_inputs 转成对应的 128 维向量 embed，定义 nce_loss 要使用的 nce_weights 和 nce_biases。

代码9-26　word2vect（续）

```
120 tf.reset_default_graph()
121
122 train_inputs = tf.placeholder(tf.int32, shape=[batch_size])
123 train_labels = tf.placeholder(tf.int32, shape=[batch_size, 1])
124 valid_dataset = tf.constant(valid_examples, dtype=tf.int32)
125
126 # CPU 上执行
127 with tf.device('/cpu:0'):
128     # 查找 embeddings
129     embeddings = tf.Variable(tf.random_uniform([words_size,
        embedding_size], -1.0, 1.0))    #94 个字，每个 128 个向量
130
131     embed = tf.nn.embedding_lookup(embeddings, train_inputs)
132
133     # 计算 NCE 的 loss 的值
134     nce_weights = tf.Variable( tf.truncated_normal([words_size,
        embedding_size],
135                        stddev=1.0 / tf.sqrt(np.float32(embedding_
                           size))))
136
137     nce_biases = tf.Variable(tf.zeros([words_size]))
```

在反向传播中，embeddings 会与权重一起被 nce_loss 代表的 loss 值所优化更新。

6. 定义损失函数和优化器

使用 nce_loss 计算 loss 来保证 softmax 时的运算速度不被 words_size 过大问题所影响，在 nce 中每次会产生 num_sampled(64)个负样本来参与概率运算。优化器使用学习率为 1 的 GradientDescentOptimizer。

代码9-26　word2vect（续）

```
138 loss = tf.reduce_mean(
139 tf.nn.nce_loss(weights=nce_weights, biases=nce_biases,
140               labels=train_labels, inputs=embed,
141               num_sampled=num_sampled, num_classes=words_size))
```

```
142
143 # 梯度下降优化器
144 optimizer = tf.train.GradientDescentOptimizer(1.0).minimize(loss)
145
146 # 计算minibatch examples 和所有embeddings 的cosine 相似度
147 norm = tf.sqrt(tf.reduce_sum(tf.square(embeddings), 1, keep_dims=
    True))
148 normalized_embeddings = embeddings / norm
149 valid_embeddings = tf.nn.embedding_lookup(normalized_embeddings,
    valid_dataset)
150 similarity = tf.matmul(valid_embeddings, normalized_embeddings,
    transpose_b=True)
```

验证数据取值时做了些特殊处理，将 embeddings 中每个词对应的向量进行平方和再开方得到 norm，然后将 embeddings 与 norm 相除得到 normalized_embeddings。当使用 embedding_lookup 获得自己对应 normalized_embeddings 中的向量 valid_embeddings 时，将该向量与转置后的 normalized_embeddings 相乘得到每个词的 similarity。这个过程实现了一个向量间夹角余弦（Cosine)的计算。

7. 夹角余弦介绍

为了能够读懂代码，有必要介绍下夹角余弦的概念。

余弦定理：给定三角形的三条边 a、b、c，对应三个角为 A、B、C，则角 A 的余弦见式（9-1）：

$$\cos A = \frac{b^2 + c^2 - a^2}{2bc} \qquad 式（9-1）$$

如果将 b 和 c 看成两个向量，则上述式子等价于（见式 9-2）：

$$\cos A = \frac{<b,c>}{|b||c|} \qquad 式（9-2）$$

分母表示两个向量的长度，分子表示两个向量的内积。引申到二维空间中，向量 $A(x1, y1)$ 与向量 $B(x2, y2)$ 的夹角余弦公式见式（9-3）：

$$\cos \theta = \frac{x_1 x_2 + y_1 y_2}{\sqrt{x_1^2 + y_1^2}\sqrt{x_2^2 + y_2^2}} \qquad 式（9-3）$$

再扩展到两个 n 维样本点，$a(x11, x12, \cdots, x1n)$ 和 $b(x21, x22, \cdots, x2n)$ 的夹角余弦的公式见式（9-4）：

$$\cos \theta = \frac{x_{11}x_{21} + x_{12}x_{22} + \ldots}{\sqrt{x_{11}^2 + x_{12}^2 + \cdots}\sqrt{x_{21}^2 + x_{22}^2 + \cdots}} \qquad 式（9-4）$$

这回可以理解前面的代码了，*norm* 代表每一个词对应向量的长度矩阵，见式（9-5）：

$$norm = \begin{cases} \sqrt{x_{11}^2 + x_{12}^2 + \cdots} \\ \sqrt{x_{21}^2 + x_{22}^2 + \cdots} \\ \sqrt{x_{31}^2 + x_{32}^2 + \cdots} \\ \cdots \end{cases} \qquad 式（9-5）$$

normalized_embeddings 表示的意思是向量除以自己的模，即单位向量，它可以确定向量的方向。

很显然，similarity 就是 valid_dataset 中对应的单位向量 valid_embeddings 与整个词嵌入字典中单位向量的夹角余弦。

如图 9-23 所示，算了这么多夹角余弦的目的就是为了衡量两个 n 维向量间的相似程度。当 $\cos\theta$ 为 1 时，表明夹角为 0，即两个向量的方向完全一样。所以当 $\cos\theta$ 的值越小，表明两个向量的方向越不一样，相似度越低。

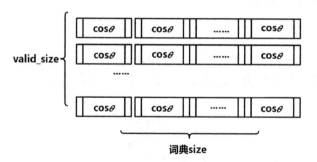

图 9-23　词嵌入夹角余弦结构

8. 启动session，训练模型

有了理论基础之后，对代码的模型应该好理解了，接下来启动 session 将模型训练出来。

代码9-26　word2vect（续）

```
151 num_steps = 100001
152 with tf.Session() as sess:
153     sess.run( tf.global_variables_initializer() )
154     print('Initialized')
155
156     average_loss = 0
157     for step in range(num_steps):
158         batch_inputs, batch_labels = generate_batch(training_label,
                batch_size, num_skips, skip_window)
159         feed_dict = {train_inputs: batch_inputs, train_labels: batch_
                labels}
```

```
160
161        _, loss_val = sess.run([optimizer, loss], feed_dict=feed_dict)
162        average_loss += loss_val
163
164 #通过打印测试可以看到,embed 的值在逐渐被调节
165        emv = sess.run(embed,feed_dict = {train_inputs: [37,18]})
166        print("emv-------------------",emv[0])
167
168        if step % 2000 == 0:
169          if step > 0:
170            average_loss /= 2000
171          # 平均 loss
172          print('Average loss at step ', step, ': ', average_loss)
173          average_loss = 0
```

这里设置的迭代次数为 10 0001 次,每迭代 2000 次就输出一次 loss 值。

9. 输入验证数据,显示效果

为了能够看到词向量的效果,添加如下代码,将验证数据输入模型中,找出与其相近的词。这里使用了一个 argsort 函数,是将数组中的值从小到大排列后,返回每个值对应的索引。在使用 argsort 函数之前,将 sim 取负,得到的就是从大到小排列的结果了。sim 就是当前词与整个词典中每个词的夹角余弦,9.7.4 节中讲过夹角余弦值最大则代表相似度越高。

代码9-26　word2vect(续)

```
174        if step % 10000 == 0:
175          sim = similarity.eval(session=sess)
176
177          for i in range(valid_size):
178            valid_word = words[valid_examples[i]]
179
180            top_k = 8          # 取排名最靠前的 8 个词
181            nearest = (-sim[i, :]).argsort()[1:top_k + 1]
                                  #argsort 函数返回的是数组值从小到大的索引值
182
183            log_str = 'Nearest to %s:' % valid_word
184
185            for k in range(top_k):
186              close_word = words[nearest[k]]
187              log_str = '%s,%s' % (log_str, close_word)
188            print(log_str)
```

运行代码,结果如下:
……
Average loss at step 92000 : 2.52053320134
Average loss at step 94000 : 2.51920971239

```
Average loss at step  96000 :  2.51831436144
Average loss at step  98000 :  2.54135515364
Average loss at step  100000 :  2.51433812357
Nearest to 或:,与,和,提升,比,大小,觉得,每次,为阳来
Nearest to ，:,起来,保养,过程,分裂细胞,为什么,新,就是,感到
Nearest to 相当于:,也,会,寿命,刺激,了,低电量,加速,在
Nearest to 桩:,训练,来源,修道,糖,马步,睡觉,放空,第一
Nearest to 衰退:,也,短时间,累,下来,觉得,假如,排量,的
Nearest to 加速:,快速,跑,病变,也,输出,走,相当于,加大
……
```

由于样本量不大，所以结果并不精确。但是也可以看出，模型基本上按照近义词被归类了一些，如第一个的"或"，与其最近的词有"与""和"，基本上与人类的理解差不多。

10．词向量可视化

接着继续编写代码，将词向量可视化。在可视化之前，将词典中的词嵌入向量转成单位向量（只有方向），然后将它们通过 t-SNE 降维映射到二维平面中显示。

代码9-26　word2vect（续）

```
189    final_embeddings = normalized_embeddings.eval()
190
191 def plot_with_labels(low_dim_embs, labels, filename='tsne.png'):
192    assert low_dim_embs.shape[0] >= len(labels), 'More labels than embeddings'
193    plt.figure(figsize=(18, 18))  # in inches
194    for i, label in enumerate(labels):
195        x, y = low_dim_embs[i, :]
196        plt.scatter(x, y)
197        plt.annotate(label,xy=(x, y),xytext=(5, 2), textcoords='offset points',
198                   ha='right',va='bottom')
199    plt.savefig(filename)
200
201 try:
202
203    tsne = TSNE(perplexity=30, n_components=2, init='pca', n_iter=5000)
204    plot_only = 80#输出 100 个词
205    low_dim_embs = tsne.fit_transform(final_embeddings[:plot_only, :])
206    labels = [words[i] for i in range(plot_only)]
207
208    plot_with_labels(low_dim_embs, labels)
```

上面代码运行后，输出图片如图9-24所示。

从输出图片中可以看出模型对词意义的理解。距离越近的词，他们的意义越相似，如图中的"但"与"不同"。

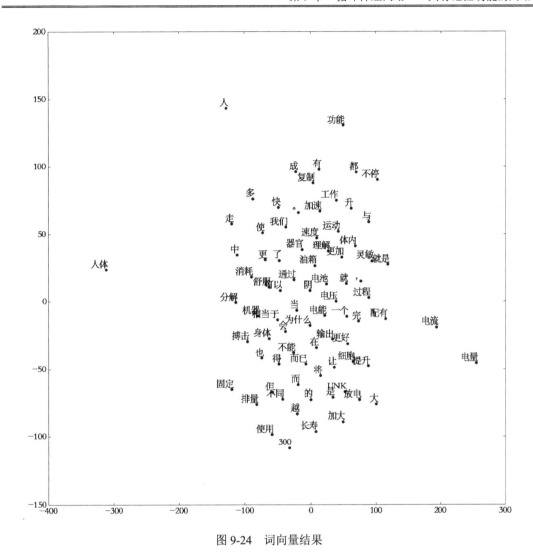

图 9-24 词向量结果

9.7.5 实例 71：使用指定候选采样本训练 word2vec

上面的例子使用了 nce_loss 中默认的候选采样方法，本例将其扩展成可以手动指定候选样本来计算 loss。例子中，通过手动指定词频数据生成样本，然后再根据生成的样本计算 loss。这么做虽然只是将前面的步骤换为手动执行，但该方法具有更强的通用性，使模型不仅适用于满足 Zipfian 分布的样本，对于其他分布的样本，只需要按照本方法配置指定分布的样本即可。具体步骤如下。

实例描述

准备一段文字作为训练的样本，对其使用 CBOW 模型计算得到 word2vec,并将各个词的向量关系用图表示出来。其中,通过使用手动指定词频样本生成候选词的方法,来代替 nce_loss 中的默认选词方法。

1. 修改字典处理部分,生成词频数据

词频数据是指,对应于字典里的顺序,每个词所出现的频率统计。该数据作为候选样本采样的依据,在代码里是 list 类型。修改代码"9-26 word2vect.py"文件,在 build_dataset 函数中添加生成词频数据 vocab_freqs。

代码9-27 word2vect自定义候选采样

```
01  ……
02  def build_dataset(words, n_words):
03
04    """建立数据集."""
05    count = [['UNK', -1]]
06    count.extend(collections.Counter(words).most_common(n_words - 1))
07
08    dictionary = dict()
09    vocab_freqs = []                          #定义词频数据 list
10    for word, nvocab in count:
11      dictionary[word] = len(dictionary)
12      vocab_freqs.append(nvocab)              # 加入字典里的每个词频
13    data = list()
14    unk_count = 0
15    for word in words:
16      if word in dictionary:
17        index = dictionary[word]
18      else:
19        index = 0  # dictionary['UNK']
20        unk_count += 1
21      data.append(index)
22    count[0][1] = unk_count
23    reversed_dictionary = dict(zip(dictionary.values(), dictionary.keys()))
24
25    return data, count, dictionary, reversed_dictionary,vocab_freqs
26  ……
27  #使用 vocab_freqs 接收词频数据的返回值
28  training_label, count, dictionary, words,vocab_freqs = build_dataset(training_ci, 350)
```

2. 通过词频数据进行候选样本采样

拿到词频数据后,将其放到自定义采样的函数 fixed_unigram_candidate_sampler 里生成指定数量的采样数据。这里需要注意的是,原有字典中的第一个词并不是词频最高的词,而是手动添加的一个 UNK 词(见代码05行),并且当时设置的出现次数为-1。由于词频序数需要从大到小排列,所以需要手动将其改为最大值。通过打印 vocab_freqs 的数据能

够看到,最大的值是89,所以设置一个比89大的数即可,这里设置的是90。

代码9-27　word2vect自定义候选采样(续)

```
29    ……
30        nce_weights = tf.Variable( tf.truncated_normal([words_size,
          embedding_size],
31        stddev=1.0 / tf.sqrt(np.float32(embedding_size))))
32
33        nce_biases = tf.Variable(tf.zeros([words_size]))
34    vocab_freqs[0] = 90            #将手动添加的第一个词 UNK 的词频改为最大
35
36    sampled = tf.nn.fixed_unigram_candidate_sampler(
37            true_classes=tf.cast(train_labels,tf.int64),
38            num_true=1,
39            num_sampled=num_sampled,
40            unique=True,
41            range_max=words_size,
42            unigrams=vocab_freqs)
```

> 注意:这里有个小技巧,如何知道 fixed_unigram_candidate_sampler 的定义?需要为其填写哪些参数?这里有个方法,用鼠标双击该函数,使其为选中状态,然后右击该函数,在弹出的快捷菜单中选择 Go to definition 命令(如图 9-25 所示),即可跳转到该函数的定义。

图9-25　查找函数定义

3. 使用自己的采样计算softmax的loss

使用 loss 生成函数 sampled_softmax_loss(当然也可以用 nce_loss 函数)来计算 loss,不同的是,在设置最后一个参数时会传入上一步生成的样本。

代码9-27　word2vect自定义候选采样(续)

```
43    ……
44    loss = tf.reduce_mean(
45    tf.nn.sampled_softmax_loss(weights=nce_weights, biases=nce_biases,
46                    labels=train_labels, inputs=embed,
47            num_sampled=num_sampled, num_classes=words_size,
                sampled_values=sampled))
```

4. 运行生成结果

其他代码都不用改动,直接运行即可,得到的效果与实例70一样,这里不再赘述。

9.7.6 练习题

（1）想一想：9.7.4 节的例子，如果将 nce_loss 改写成 sampled_softmax_loss 会不会有效？为什么？

答案：有效，因为对于语言模型的每个结果的输出是唯一的，也就是只会有一个词，所以也符合单标签分类。

将如下代码替换 nce_loss 的调用（参考配套代码"9-28 word2vect -2.py"文件）：

```
loss = tf.reduce_mean(
    tf.nn.sampled_softmax_loss(weights=nce_weights, biases=nce_biases,
                labels=train_labels, inputs=embed,
           num_sampled=num_sampled, num_classes=words_size))
```

（2）试着将 9.7.5 节中的例子改成按照训练数据中类别出现分布方法（9.7.3 节有介绍）进行采样，看看有什么效果。

答案可参考随书代码"9-29 word2vect 学习样本候选采样.py"文件。

9.8 处理 Seq2Seq 任务

本节继续介绍 RNN 的使用场景，处理 Seq2Seq 任务。Seq2Seq 任务，即从一个序列映射到另一个序列的任务。在生活中会有很多符合这样特性的例子：前面的语言模型、语音识别例子，都可以理解成一个 Seq2Seq 的例子，类似的应用还有机器翻译、词性标注、智能对话等。下面就来学一下 Seq2Seq 任务的处理方法。

9.8.1 Seq2Seq 任务介绍

Seq2Seq（Sequence 2 Sequence）任务可以理解为，从一个 Sequence 做某些工作映射到（to）另外一个 Sequence 的任务，泛指一些 Sequence 到 Sequence 的映射问题。

Sequence 可以理解为一个字符串序列，在给定一个字符串序列后，希望得到与之对应的另一个字符串序列（如翻译后的、语义上对应的）。Seq2Seq 不关心输入和输出的序列是否长度对应。

Seq2Seq 如果再细分，可以分成输入、输出序列不一一对应和一一对应两种。前面的语言模型就是一一对应的，类似的还有词性标注，可以用图 9-26 所示的网络结构来理解。如果给定的每个输入都会有对应的输出，这种情况使用简单的 RNN 模型就可以解决。而输入输出序列不对应时会比较复杂一些，除了像前面语音识别模型中双向 RNN+TensorFlow 中的 ctc_loss 组合的方式之外，还有一种相对比较

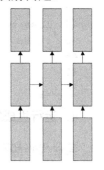

图 9-26 多对多 RNN

主流的解决方法——Encoder-Decoder 框架。

9.8.2　Encoder-Decoder 框架

1. Encoder-Decoder框架介绍

Encoder-Decoder 框架的工作机制是：先使用 Encoder 将输入编码映射到语义空间（通过 Encoder 网络生成的特征向量），得到一个固定维数的向量，这个向量就表示输入的语义；然后再使用 Decoder 将这个语义向量解码，获得所需要的输出。如果输出是文本，则 Decoder 通常就是语言模型。其内部结构如图 9-27 所示。

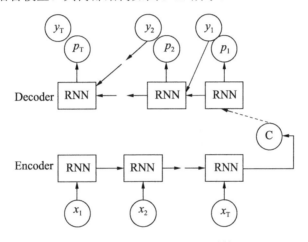

图 9-27　Encoder-Decoder 结构

图 9-27 中 Encoder-Decoder 框架有两个输入：一个是 x 输入作为 Encoder 的输入，另一个是 y 输入作为 Decoder 输入，x 和 y 依次按照各自的顺序传入网络。

可以看出在 Seq2Seq 的训练中，标签 y 既参与计算 loss，又参与节点运算，而不是像前面学习的其他网络只用来做 loss 监督。在 Encoder 与 Decoder 之间的 C 节点就是码器 Encoder 输出的解码向量，将它作为解码 Decoder 中 cell 的初始状态，进行对输出的解码。

这种机制的优点如下：
- 非常灵活，并不限制 Encoder、Decoder 使用何种神经网络，也不限制输入和输出的内容（例如 image caption 任务，输入是图像，输出是文本）。
- 这是一个端到端（end-to-end）的过程，将语义理解和语言生成合在了一起，而不是分开处理。

2. TensorFlow中的Seq2Seq

在 TensorFlow 中有两套 Seq2Seq 的接口。一套是 TensorFlow 1.0 版本之前的旧接口。

在 tf.contrib.legacy_seq2seq 下；另一套为 TensorFlow 1.0 版本之后推出的新接口，在 tf.contrib.seq2seq 下。

旧接口的功能相对简单，是静态展开的网络模型。而新接口的功能更加强大，使用的是动态展开的网络模型，并提供了训练和应用两种场景的 Helper 类封装。从使用角度来看，旧接口同样也是比较简单。而新接口会更加灵活，需要自己组建 Encoder 和 Decoder 并通过函数把它们手动连接起来。

为了便于理解，本书主要以旧接口中 Seq2Seq 框架来举例介绍。关于 Seq2Seq 的更多例子，及新接口的应用演示，可以参考如下网址中的实例：

https://github.com/ematvey/tensorflow-seq2seq-tutorials

旧接口中基本 Seq2Seq 函数的定义如下。

```
tf.contrib.legacy_seq2seq.basic_rnn_seq2seq(encoder_inputs,
                        decoder_inputs,
                        cell,
                        dtype=dtypes.float32,
                        scope=None)
```

参数说明如下。

- encoder_inputs：一个形状为[batch_size x input_size]的 list。
- decoder_inputs：同 encoder_inputs。
- cell：定义的 cell 网络。
- dtype：encoder_inputs 和 decoder_inputs 中的类型（默认是 tf.float32）。
- 返回值：outputs 和 state。outputs 为 [batch_size, output_size]的张量；state 为 [batch_size，cell.state_size]；cell.state_size 可以表示一个或者多个子 cell 的状态，视输入参数 cell 而定。

其函数的实现只有如下几行代码：

```
with variable_scope.variable_scope(scope or "basic_rnn_seq2seq"):
    enc_cell = copy.deepcopy(cell)
    _, enc_state = core_rnn.static_rnn(enc_cell, encoder_inputs, dtype=dtype)
    return rnn_decoder(decoder_inputs, enc_state, cell)
```

现将传入的 cell 做一次深拷贝（deepcopy），用来当做 Encoder 的网络，将生成的结果和原来的 cell 再加上输入的 decoder_inputs 一起放到 Decoder 中，并输出生成结果。

注意：在使用过程中，由于需要通过输入 x 来预测 y，没有标签，这种情况就需要手动填充 Decoder 来代替训练时的标签。

9.8.3 实例72：使用 basic_rnn_seq2seq 拟合曲线

TensorFlow 虽然对 Seq2Seq 的框架的封装只用一个函数就完成了。但是，Seq2Seq 的这个函数用起来并不友好，跟我们以前使用的 TensorFlow 中的函数并不是一样，所以有必要通过例子来演示一下。本例中使用2层的GRU循环网络，每层有12个节点。编码器与解码器中使用同样的网络结构。

实例描述

通过sin与con进行叠加变形生成无规律的模拟曲线，使用Seq2Seq模式对其进行学习，拟合特征，从而达到可以预测下一时刻数据的效果。

该例子共分为以下几步。

1. 定义模拟样本函数

本例中通过函数制作规则的曲线来验证网络模型；定义两个曲线sin和con，通过随机值将其变形偏移，将两个曲线叠加。具体代码如下。

代码9-30　基本Seq2Seq

```
01  import random
02  import math
03
04  import tensorflow as tf
05  import numpy as np
06  import matplotlib.pyplot as plt
07
08  def do_generate_x_y(isTrain, batch_size, seqlen):
09      batch_x = []
10      batch_y = []
11      for _ in range(batch_size):
12          offset_rand = random.random() * 2 * math.pi
13          freq_rand = (random.random() - 0.5) / 1.5 * 15 + 0.5
14          amp_rand = random.random() + 0.1
15
16          sin_data = amp_rand * np.sin(np.linspace(
17              seqlen / 15.0 * freq_rand * 0.0 * math.pi + offset_rand,
18              seqlen / 15.0 * freq_rand * 3.0 * math.pi + offset_rand, seqlen
                * 2) )
19
20          offset_rand = random.random() * 2 * math.pi
21          freq_rand = (random.random() - 0.5) / 1.5 * 15 + 0.5
22          amp_rand = random.random() * 1.2
23
24          sig_data = amp_rand * np.cos(np.linspace(
25              seqlen / 15.0 * freq_rand * 0.0 * math.pi + offset_rand,
26              seqlen / 15.0 * freq_rand * 3.0 * math.pi + offset_rand, seqlen
                * 2)) + sin_data
27
28          batch_x.append(np.array([ sig_data[:seqlen] ]).T)
29          batch_y.append(np.array([ sig_data[seqlen:] ]).T)
30
31      # 当前shape: (batch_size, seq_length, output_dim)
32      batch_x = np.array(batch_x).transpose((1, 0, 2))
33      batch_y = np.array(batch_y).transpose((1, 0, 2))
34      # 转换后shape: (seq_length, batch_size, output_dim)
35
36      return batch_x, batch_y
```

```
37
38  #生成15个连续序列,将con和sin随机偏移变化后的值叠加起来
39  def generate_data(isTrain, batch_size):
40      seq_length =15
41      if isTrain :
42          return do_generate_x_y(isTrain, batch_size, seq_length=seq_
            length)
43      else:
44          return do_generate_x_y(isTrain, batch_size, seq_length=seq_
            length*2)
```

将该曲线按照30个序列一组的样式组成训练用的样本。30个序列分成了两部分:一部分当成现在的序列 batch_x,一部分当成将来的序列 batch_y。

2. 定义参数及网络结构

前面介绍过 basic_rnn_seq2seq 的输入是一个 list,这与我们平时遇到过的模型不太一样,所以需要构建一个 list,以方便传入 basic_rnn_seq2seq 中。

在代码中,定义3个 list(encoder_input、expected_output、decode_input),按照时间序列的数量来循环创建占位符,并使用 append 方法放入到 list 中。

网络模型定义为2层的循环网络,每层12个 GRUcell。用 MultiRNNCell 将 cell 定义好后与前面的 list 一起传入 basic_rnn_seq2seq 中。

生成的结果为 dec_outputs,dec_outputs 中为每个时刻有12个 GRUcell 的输出,所以还需要通过循环在每个时刻下加一个全连接层,将其转为输出维度 output_dim(output_dim=1)的节点。

代码9-30　基本Seq2Seq(续)

```
45  sample_now, sample_f = generate_data(isTrain=True, batch_size=3)
46  print("training examples : ")
47  print(sample_now.shape)
48  print("(seq_length, batch_size, output_dim)")
49
50  seq_length = sample_now.shape[0]
51  batch_size = 10
52
53  output_dim = input_dim = sample_now.shape[-1]
54  hidden_dim = 12
55  layers_stacked_count = 2
56
57  # 学习率
58  learning_rate =0.04
59  nb_iters = 100
60
61  lambda_l2_reg = 0.003                               # L2 正则参数
62
63  tf.reset_default_graph()
64
65  encoder_input = []
66  expected_output = []
67  decode_input =[]
```

```
68  for i in range(seq_length):
69      encoder_input.append( tf.placeholder(tf.float32, shape=( None,
        input_dim)) )
70      expected_output.append( tf.placeholder(tf.float32, shape=( None,
        output_dim)) )
71      decode_input.append( tf.placeholder(tf.float32, shape=( None,
        input_dim)) )
72
73  tcells = []
74  for i in range(layers_stacked_count):
75      tcells.append(tf.contrib.rnn.GRUCell(hidden_dim))
76  Mcell = tf.contrib.rnn.MultiRNNCell(tcells)
77
78  dec_outputs, dec_memory =
    tf.contrib.legacy_seq2seq.basic_rnn_seq2seq
    (encoder_input,decode_input,Mcell)
79
80  reshaped_outputs = []
81  for ii in dec_outputs :
82      reshaped_outputs.append( tf.contrib.layers.fully_connected(ii,
        output_
    dim,activation_fn=None))
```

3. 定义loss函数及优化器

为了防止过拟合，对 basic_rnn_seq2seq 循环网络中的参数使用了 l2_loss 正则，由于最后一个全连接只是起到转化作用，就忽略不做 l2_loss 正则了（也可以加上，效果没有影响）。L2 的调节因子设为 0.003，学习率设为 0.04。

代码9-30　基本Seq2Seq（续）

```
83  #计算L2的loss值
84  output_loss = 0
85  for _y, _Y in zip(reshaped_outputs, expected_output):
86      output_loss += tf.reduce_mean( tf.pow(_y - _Y, 2) )
87
88  # 求正则化loss值
89  reg_loss = 0
90  for tf_var in tf.trainable_variables():
91      if not ("fully_connected" in tf_var.name ):
92
93          reg_loss += tf.reduce_mean(tf.nn.l2_loss(tf_var))
94
95  loss = output_loss + lambda_l2_reg * reg_loss
96  train_op = tf.train.AdamOptimizer(learning_rate).minimize(loss)
```

预测结果与真实结果的平方差再加上 l2 的 loss 值，作为输出的 loss 值。优化器同样使用 AdamOptimizer。

4. 启用session开始训练

在 session 中将训练和测试单独封装成了两个函数。在 train_batch 函数里先取指定批次的数据，通过循环来填充到 encoder_input 和 expected_output 列表里。

代码9-30　基本Seq2Seq（续）

```
97   sess = tf.InteractiveSession()
98
99   def train_batch(batch_size):
100
101      X, Y = generate_data(isTrain=True, batch_size=batch_size)
102      feed_dict = {encoder_input[t]: X[t] for t in range(len(encoder_
         input))}
103      feed_dict.update({expected_output[t]: Y[t] for t in range(len
         (expected_output))})
104
105      c =np.concatenate(( [np.zeros_like(Y[0])],Y[:-1]),axis = 0)
106
107      feed_dict.update({decode_input[t]: c[t] for t in range(len(c))})
108
109      _, loss_t = sess.run([train_op, loss], feed_dict)
110      return loss_t
111
112  def test_batch(batch_size):
113      X, Y = generate_data(isTrain=True, batch_size=batch_size)
114      feed_dict = {encoder_input[t]: X[t] for t in range(len(encoder_
         input))}
115      feed_dict.update({expected_output[t]: Y[t] for t in range(len
         (expected_output))})
116      c =np.concatenate(( [np.zeros_like(Y[0])],Y[:-1]),axis = 0)
                                                          #来预测最后一个序列
117      feed_dict.update({decode_input[t]: c[t] for t in range(len(c))})
118      output_lossv,reg_lossv,loss_t = sess.run([output_loss,reg_loss,
         loss], feed_dict)
119      print("-----------------")
120      print(output_lossv,reg_lossv)
121      return loss_t
122
123  # 训练
124  train_losses = []
125  test_losses = []
126
127  sess.run(tf.global_variables_initializer())
128  for t in range(nb_iters + 1):
129      train_loss = train_batch(batch_size)
130      train_losses.append(train_loss)
131      if t % 50 == 0:
132          test_loss = test_batch(batch_size)
133          test_losses.append(test_loss)
134          print("Step {}/{}, train loss: {}, \tTEST loss: {}".format
             (t,nb_iters, train_loss, test_loss))
135  print("Fin. train loss: {}, \tTEST loss: {}".format(train_loss,
     test_loss))
136
137  # 输出loss图例
```

```
138 plt.figure(figsize=(12, 6))
139 plt.plot(np.array(range(0, len(test_losses))) /
140     float(len(test_losses) - 1) * (len(train_losses) - 1),
141     np.log(test_losses),label="Test loss")
142
143 plt.plot(np.log(train_losses),label="Train loss")
144 plt.title("Training errors over time (on a logarithmic scale)")
145 plt.xlabel('Iteration')
146 plt.ylabel('log(Loss)')
147 plt.legend(loc='best')
148 plt.show()
```

对于 decode_input 的输入要重点说明一下，将其第一个序列的输入变为 0，作为起始输入的标记，接上后续的 Y 数据（未来序列）作为解码器部分的 Decoder 来输入。由于第一个序列被占用了，保证总长度不变的情况下，Y 的最后一个序列没有作为 Decoder 的输入。但是输出时会有关于未来序列预测的全部序列值，并在计算 loss 时与真实值 Y 进行平方差。

最终将 loss 值通过 plot 打印出来，生成结果如下，loss 结果曲线如图 9-28 所示。

```
training examples :
(15, 3, 1)
(seq_length, batch_size, output_dim)
----------------
7.66522 113.373
Step 0/100,train loss: 8.341724395751953,    TEST loss:8.005338668823242
----------------
1.11881 99.788
Step 50/100,train loss:2.0858113765716553,   TEST loss:1.418175220489502
----------------
0.618375 83.6507
Step 100/100,train loss:0.9577032327651978,  TEST loss:0.8693273067474365
Fin. train loss:0.9577032327651978,    TEST loss:0.8693273067474365
```

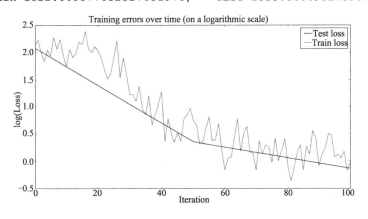

图 9-28　loss 结果曲线

5. 准备可视化数据

一般情况下，将整个输出值进行显示即可。但这里考虑到要配合使用时的演示，因此我们需要模型来预测未来序列，即没有 decode_input 的输入。前面说了，这种情况可以将 decode_input 全设为 0，但其识别效果不客观。为了模型可用，可以将预测值范围稍加改变，只预测之后一次时间序列的值。例如，知道前面的所有序列，预测当天股票的收盘价格、开盘价格等。这也是非常实际的应用。

于是在可视化部分，取时间序列 2 倍的样本，前一倍用于输入模型，会产生最后一天的预测值，同时也将后一倍的数据显示出来，用于比对每个序列的预测值。

代码9-30　基本Seq2Seq（续）

```
149 # 测试
150 nb_predictions = 4
151 print("visualize {} predictions data:".format(nb_predictions))
152
153 preout =[]
154 X, Y = generate_data(isTrain=False, batch_size=nb_predictions)
155 print(np.shape(X),np.shape(Y))
156 for tt in  range(seq_length):
157     feed_dict = {encoder_input[t]: X[t+tt] for t in range(seq_length)}
158     feed_dict.update({expected_output[t]: Y[t+tt] for t in range
        (len(expected_output))})
159     c =np.concatenate(( [np.zeros_like(Y[0])],Y[tt:seq_length+tt-1]),
        axis = 0)                       #从前15个序列的最后一个开始预测
160
161     feed_dict.update({decode_input[t]: c[t] for t in range(len(c))})
162     outputs = np.array(sess.run([reshaped_outputs], feed_dict)[0])
163     preout.append(outputs[-1])
164
165 print(np.shape(preout))              #将每个未知预测值收集起来准备显示出来
166 preout =np.reshape(preout,[seq_length,nb_predictions,output_dim])
```

前 15 次时间序列用于输入，后 15 次循环来使用模型预测，每次都将输出的最后一个时间序列收集起来，最终得到 15 个时间序列批次的预测结果 preout。

6. 画图显示数据

将批次设为 4，随机取 4 个序列片段，每个片段的 15 个序列预测以图像形式显示出来。

代码9-30　基本Seq2Seq（续）

```
167 for j in range(nb_predictions):
168     plt.figure(figsize=(12, 3))
169
170     for k in range(output_dim):
171         past = X[:, j, k]
172         expected = Y[seq_length-1:, j, k]           #对应预测值的打印
```

```
173
174        pred = preout[:, j, k]
175
176        label1 = "past" if k == 0 else "_nolegend_"
177        label2 = "future" if k == 0 else "_nolegend_"
178        label3 = "Pred" if k == 0 else "_nolegend_"
179        plt.plot(range(len(past)), past, "o--b", label=label1)
180        plt.plot(range(len(past), len(expected) + len(past)),
181                expected, "x--b", label=label2)
182        plt.plot(range(len(past), len(pred) + len(past)),
183                pred, "o--y", label=label3)
184
185    plt.legend(loc='best')
186    plt.title("Predictions vs. future")
187    plt.show()
```

为了跟真实的序列值比较,这里将真实的序列值也从 15 个序列开始打印出来,index=14 的值即为预测的第一个值。运行上面的代码,结果如图 9-29 所示。

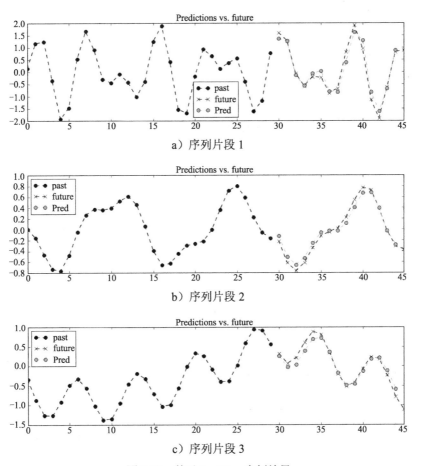

a)序列片段 1

b)序列片段 2

c)序列片段 3

图 9-29 基于 Seg2Seg 实例结果

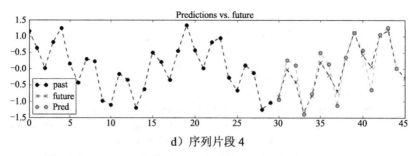

d）序列片段 4

图 9-29　基于 Seg2Seg 实例结果（续）

可以看到，生成的预测数据与真实数据相差并不大。

> **注意**：这里使用了 feed_dict 的 update 方法来处理复杂的 feed_dict 的情况，通过 Update 可以在原有的 feed_dict 中加入新的 feed 数据，将一行语句变为多行输入。

9.8.4　实例 73：预测当天的股票价格

既然前面我们用预测股票来打比方，那么这里就演示一个预测股票的例子。直接修改实例 72 中的数据源即可。

实例描述

使用 Seq2Seq 模式对某个股票数据的训练学习，拟合特征，从而达到可以预测第二天股票价格的效果。

1. 准备数据

需要准备一个股票的数据，本例中的格式是 CSV，也可使用本书的配套例子中的数据"600000.csv"（笔者只是随意爬取了 A 股中的第一个股票，没有其他特殊意义），本书配套代码中提供了一个爬虫代码文件，见代码"9-31 STOCKDATA.py"文件。

2. 导入股票数据

直接在"9-30：基本 seq2seq.py"文件基础上修改代码，添加载入股票函数 loadstock，里面使用了 pandas，所以要将该库导入进去。实例中将 close 收盘价格载入内存用于做样本生成。当然读者也可以自行修改字段，可以将开盘价、最高价格和最低价格等都载入内存作为样本数据，只需将对应的列名放入 predictor_names 数组中即可。

代码9-32　seq2seqstock

```
01  import pandas as pd
02  pd.options.mode.chained_assignment = None  # default='warn'
03  def loadstock(window_size):
04      names = ['date',
```

```
05              'code',
06              'name',
07              'Close',
08              'top_price',
09              'low_price',
10              'opening_price',
11              'bef_price',
12              'floor_price',
13              'floor',
14              'exchange',
15              'Volume',
16              'amount',
17              '总市值',
18              '流通市值']
19       data = pd.read_csv('600000.csv', names=names, header=None,encoding = "gbk")
20
21       predictor_names = ["Close"]
22       training_features = np.asarray(data[predictor_names], dtype = "float32")
23       kept_values = training_features[1000:]
24
25       X = []
26       Y = []
27       for i in range(len(kept_values) - window_size * 2):
                 # x为前window_size个序列，y为后window_size一个序列
28          X.append(kept_values[i:i + window_size])
29          Y.append(kept_values[i + window_size:i + window_size * 2])
30
31       X = np.reshape(X,[-1,window_size,len(predictor_names)])
32       Y = np.reshape(Y,[-1,window_size,len(predictor_names)])
33       print(np.shape(X))
34
35       return X, Y
```

3. 生成样本

直接修改代码中生成样本的函数 generate_data，和其对应的内部调用的 do_generate_x_y 函数，代码如下。

代码9-32　seq2seqstock（续）

```
36   def generate_data(isTrain, batch_size):
37       # 用前40个样本来预测后40个样本
38
39       seq_length = 40
40       seq_length_test = 80
41
42       global Y_train
43       global X_train
44       global X_test
```

```
45      global Y_test
46      # 载入内存
47      if len(Y_train) == 0:
48          X, Y= loadstock( window_size=seq_length)
49
50          # Split 80-20:
51          X_train = X[:int(len(X) * 0.8)]
52          Y_train = Y[:int(len(Y) * 0.8)]
53
54      if len(Y_test) == 0:
55          X, Y = loadstock( window_size=seq_length_test)
56
57          # Split 80-20:
58          X_test = X[int(len(X) * 0.8):]
59          Y_test = Y[int(len(Y) * 0.8):]
60
61      if isTrain:
62          return do_generate_x_y(X_train, Y_train, batch_size)
63      else:
64          return do_generate_x_y(X_test, Y_test, batch_size)
65
66  def do_generate_x_y(X, Y, batch_size):
67      assert X.shape == Y.shape, (X.shape, Y.shape)
68      idxes = np.random.randint(X.shape[0], size=batch_size)
69      X_out = np.array(X[idxes]).transpose((1, 0, 2))
70      Y_out = np.array(Y[idxes]).transpose((1, 0, 2))
71      return X_out, Y_out
```

4. 运行程序查看效果

由于股票数据没有固定的规则而言，并且数据量又较大，所以加大 batch 到 100，加大迭代次数到 100000，代码片段如下。

代码9-32　seq2seqstock（续）

```
72  ……
73  seq_length = sample_now.shape[0]
74  batch_size = 100
75
76  output_dim = input_dim = sample_now.shape[-1]
77  hidden_dim = 12
78  layers_num = 2
79
80  # 学习率
81  learning_rate =0.04
82  nb_iters = 100000
83  lambda_l2_reg = 0.003    # L2 regularization of weights - avoids overfitting
84  ……
```

其他地方均不用变，直接运行代码即可，输出如图 9-30 所示。

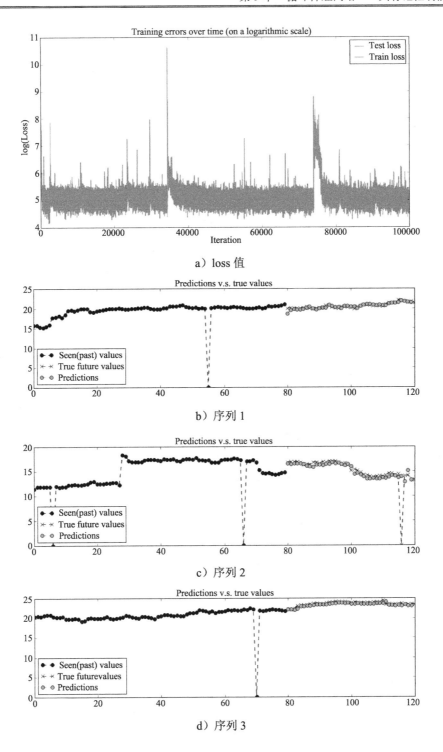

图 9-30 股票示例结果

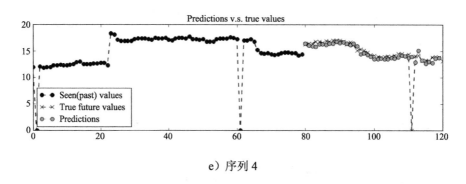

e）序列 4

图 9-30　股票示例结果（续）

可见损失值还是比较高的，中间有两次还出现了飙升，由于没有对数据进行清洗和修正，所以会看到序列中有突然变为 0 的情况，这是由于或许当天是停牌或者数据缺失等情况造成的。恰好我们可以把它当成噪声数据来泛化网络。图 9-30 中序列 80～120 之间的点（即图中灰色的点）代表预测的结果，X 代表真实的结果，可以看到，虽然不是很精确，但是总体还是与真实数据很接近的。在真实使用场景中，可以修改显示部分的测试代码，不用随机取样本数据，而是把最后一段时间序列取出来并放到模型里，输出的最后一个预测值即是当天的收盘价预测。

> 提示：股市有风险，用机器炒股也要谨慎。这里演示的只是一个模型，其精确度和拟合度还有待提高，并不能当作炒股指导工具。

通过两个例子的练习，希望读者可以掌握 Seq2Seq 的基本使用。其实，这种简单的 Seq2Seq 框架在实际应用中对超长序列数据的学习效果并不是很好。这是因为无论输入端有多大变化，Encoder 给出的都是一个固定维数的向量，存在信息损失，所以输入的序列越长，Encoder 的输出丢失的原始信息就越多，传入 Decoder 后，很难在 Decoder 中有太多的特征表现。

对于这个问题，引出了下面的基于注意力的 Seq2Seq。

9.8.5　基于注意力的 Seq2Seq

本节就来介绍一下这个基于注意力的 Seq2Seq 网络。

1. attention_seq2seq 介绍

注意力机制，即在生成每个词时，对不同的输入词给予不同的关注权重。如图 9-31 所示，右侧序列是输入序列，上方序列是输出序列。在注意力机制下，对于一个输出网络会自动学习与其

How old are you ?					你
5	5	5	80	5	多
80	5	10	5	0	大
10	80	10	0	0	了
5	10	65	15	5	？
0	0	10	0	90	

图 9-31　注意力表现

对应的输入关系的权重。如 How 下面一列。

在训练过程中，模型会通过注意力机制把某个输出对应的所有输入列出来，学习其关系并更新到权重上。如图 9-31 所示，"you"下面那一列（80、5、0、15、0），就是模型在生成 you 这个词时的概率分布，对应列的表格中值最大的地方对应的是输入的"你"（对应图中第 1 行第 4 列，值为 80），说明模型在生成 you 这个词时最为关注的输入词是"你"。这样在预测时，该机制就会根据输入及其权重反向推出更有可能的预测值了。

注意力机制是在原有 Seq2Seq 中的 Encoder 与 Decoder 框架中修改而来，具体结构如图 9-32 所示。

修改后的模型特点是序列中每个时刻 Encoder 生成的 c，都将要参与 Decoder 中解码的各个时刻，而不是只参与初始时刻。当然对于生成的结果节点 c，参与到 Decoder 的每个序列运算都会经过权重 w，那么这个 w 就可以以 loss 的方式通过优化器来调节了，最终会逐渐逼近与它紧密的那个词，这就是注意力的原理。添加入了 Attention 注意力分配机制后，使得 Decoder 在生成新的 Target Sequence 时，能得到之前 Encoder 编码阶段每个字符的隐藏层的信息向量 Hidden State，使得新生成序列的准确度提高。

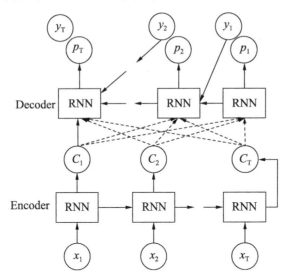

图 9-32　Seq2Seq attention

2. TensorFlow中的attention_seq2seq

在 TensorFlow 中也有关于带有注意力机制的 Seq2Seq 定义，封装后的 Seq2Seq 与前面 basic_rnn_seq2seq 差不多，具体函数如下：

```
tf.contrib.legacy_seq2seq.embedding_attention_seq2seq (encoder_inputs,
                        decoder_inputs,
                        cell,
                        num_encoder_symbols,
```

```
                    num_decoder_symbols,
                    embedding_size,
                    num_heads=1,
                    output_projection=None,
                    feed_previous=False,
                    dtype=None,
                    scope=None,
                    initial_state_attention=False):
```

参数说明如下。

- encoder_inputs：一个形状为[batch_size]的 list。
- decoder_inputs：同 encoder_inputs。
- cell：定义的 cell 网络。
- num_encoder_symbols：输入数据对应的词总个数。
- num_decoder_symbols：输出数据对应的词的总个数。
- embedding_size：每个输入对应的词向量编码大小。
- num_heads：从注意力状态里读取的个数。
- output_projection：对输出结果是否进行全连接的维度转化，如果需要转化，则传入全连接对应的 w 和 b。
- feed_previous：为 True 时，表明只有第一个 Decoder 输入以 Go 开始，其他都使用前面的状态。如果为 False 时，每个 Decoder 的输入都会以 Go 开始。Go 为自己定义模型时定义的一个起始符，一般用 0 或 1 来指定。

3．Seq2Seq中桶（bucket）的实现机制

在 Seq2Seq 模型中，由于输入、输出都是可变长的，这就给计算带来了很大的效率影响。在 TensorFlow 中使用了一个"桶"（bucket）的观念来权衡这个问题，思想就是初始化几个 bucket，对数据预处理，按照每个序列的长短，将其放到不同的 bucket 中，小于 bucket size 部分统一补 0 来完成对齐的工作，之后就可以进行不同 bucket 的批处理计算了。

由于该问题与 Seq2Seq 模型关联比较紧密，在 TensorFlow 中就将其封装成整体的框架模式，开发者只需要将输入、输出、网络模型传入函数中，其他的都交给函数自己来处理，大大简化了开发过程，其定义如下：

```
model_with_buckets(encoder_inputs,
                   decoder_inputs,
                   targets,
                   weights,
                   buckets,
                   seq2seq,
                   softmax_loss_function=None,
                   per_example_loss=False,
                   name=None):
```

参数说明如下。

- encoder_inputs：一个形状为[batch_size]的 list。

- decoder_inputs：同 encoder_inputs，作为解码器部分的输入。
- targets：最终输出结果的 label。
- weights：传入的权重值，必须与 decoder_inputs 的 size 相同。
- buckets：传入的桶，描述为[(xx,xx),(xx,xx)...]每一对有两个数，第一个数为输入的 size，第二个数为输出的 size。
- seq2seq：带有 Seq2Seq 结构的网络，以函数名的方式传入。在 Seq2Seq 里可以载入定义的 cell 网络。
- softmax_loss_function：是否使用自己指定的 loss 函数。
- per_example_loss：是否对每个样本求 loss。

这里面有疑问的部分就是 weights，为什么会多了个 weights？它是做什么的呢？跟进代码里可以看到，它会调用 sequence_loss_by_example 函数，在 sequence_loss_by_example 函数中 weights 是用来做 loss 计算的。具体见 tensorflow\contrib\legacy_seq2seq\python\ops\seq2seq.py 文件中第 1048 行函数 sequence_loss_by_example 的实现，代码如下：

```
......
with ops.name_scope(name, "sequence_loss_by_example",
                    logits + targets + weights):
  log_perp_list = []
  for logit, target, weight in zip(logits, targets, weights):
    if softmax_loss_function is None:
      # TODO(irving,ebrevdo):为了符合调用 sequence_loss_by_example 时的需要,需要对张量进行 reshape
      target = array_ops.reshape(target, [-1])
      crossent = nn_ops.sparse_softmax_cross_entropy_with_logits(
          labels=target, logits=logit)
    else:
      crossent = softmax_loss_function(labels=target, logits=logit)
    log_perp_list.append(crossent * weight)
  log_perps = math_ops.add_n(log_perp_list)
  if average_across_timesteps:
    total_size = math_ops.add_n(weights)
    total_size += 1e-12                        # 避免除数为 0
    log_perps /= total_size
return log_perps
```

可见在求每个样本 loss 时对 softmax_loss 的结果乘了 weight，同时又将乘完 weight 后的总和结果除以 weights 的总和（log_perps /= total_size）。这种做法就是叫做基于权重的交叉熵计算（weighted cross_entropy loss）（具体细节不再展开，读者简单了解即可）。

9.8.6 实例 74：基于 Seq2Seq 注意力模型实现中英文机器翻译

本例中将使用前面介绍的函数，将它们组合在一起实现一个具有机器翻译功能的例。该例中共涉及 4 个代码文件，各文件说明如下。
- 文件"9-33　datautil.py"：样本预处理文件。

- 文件 "9-34 seq2seq_model.py"：模型文件，该文件是在 GitHub 上 TensorFlow 的例子基础上修改而来。
- 文件 "9-35 train.py"：模型的训练文件。
- 文件 "9-36 test.py"：模型的测试使用文件。

本例同样也是先从样本入手，然后搭建模型、训练、测试，具体步骤如下。

实例描述

准备一部分中英对照的翻译语料，使用 Seq2Seq 模式对其进行学习，拟合特征，从而实现机器翻译。

1. 样本准备

对于样本的准备，本书配套资源中提供了一个"中英文平行语料库.rar"文件，如果读者需要更多、更全的样本，需要自己准备。解压后有两个文件，一个是英文文件，一个是对应的中文文件。

如果想与本书同步路径，可以将英文文件放到代码同级文件夹 fanyichina\yuliao\from 下；中文文件放在代码同级文件夹 fanyichina\yuliao\to 下。

2. 生成中、英文字典

编写代码，分别载入两个文件，并生成正反向字典。

> 注意：样本的编码是 UTF-8，如果读者使用自己定义的样本，不是 UTF-8 编码，则在读取文件时会报错，需要改成正确的编码。如果是 Windows 编辑的样本，编码为 GB2312。

代码9-33 datautil

```
01  data_dir = "fanyichina/"
02  raw_data_dir = "fanyichina/yuliao/from"
03  raw_data_dir_to = "fanyichina/yuliao/to"
04  vocabulary_fileen ="dicten.txt"
05  vocabulary_filech = "dictch.txt"
06
07  plot_histograms = plot_scatter =True
08  vocab_size =40000
09
10  max_num_lines =1
11  max_target_size = 200
12  max_source_size = 200
13
14  def main():
15      vocabulary_filenameen = os.path.join(data_dir, vocabulary_fileen)
16      vocabulary_filenamech = os.path.join(data_dir, vocabulary_filech)
17  ##############################
18  #  创建英文字典
19      training_dataen, counten, dictionaryen, reverse_dictionaryen,
```

```
20      textsszen =create_vocabulary(vocabulary_filenameen
                                      ,raw_data_dir,vocab_
        size,Isch=False,normalize_digits = True)
21      print("training_data",len(training_dataen))
22      print("dictionary",len(dictionaryen))
23   ##########################
24      #创建中文字典
25      training_datach, countch, dictionarych, reverse_dictionarych,
        textsszch =create_vocabulary(vocabulary_filenamech
26                                    ,raw_data_dir_to,vocab_
        size,Isch=True,normalize_digits = True)
27      print("training_datach",len(training_datach))
28      print("dictionarych",len(dictionarych))
```

执行完上面的代码后,会在当前目录下的 fanyichina 文件夹里找到 dicten.txt 与 dictch.txt 两个字典文件。

其中所调用的部分代码定义如下,严格来讲本例中生成的应该是词点,因为在中文处理中用了 jieba 分词库将文字分开了,是以词为单位存储对应索引的。

代码9-33　datautil(续)

```
29   import jieba
30   jieba.load_userdict("myjiebadict.txt")
31
32   def fenci(training_data):
33       seg_list = jieba.cut(training_data)       # 默认是精确模式
34       training_ci = " ".join(seg_list)
35       training_ci = training_ci.split()
36       return training_ci
37
38   import collections
39   #系统字符,创建字典时需要加入
40   _PAD = "_PAD"
41   _GO = "_GO"
42   _EOS = "_EOS"
43   _UNK = "_UNK"
44
45   PAD_ID = 0
46   GO_ID = 1
47   EOS_ID = 2
48   UNK_ID = 3
49
50   #文字字符替换,不属于系统字符
51   _NUM = "_NUM"
52   #Isch=true 中文,  false 英文
53   #创建词典,max_vocabulary_size=500 代表字典中有 500 个词
54   def create_vocabulary(vocabulary_file, raw_data_dir, max_vocabulary_
     size,Isch=True, normalize_digits=True):
55       texts,textssz = get_ch_path_text(raw_data_dir,Isch,normalize_
         digits)
56       print( texts[0],len(texts))
57       print("行数",len(textssz),textssz)
58   # 处理多行文本 texts
```

```
59      all_words = []
60      for label in texts:
61          print("词数",len(label))
62          all_words += [word for word in label]
63      print("词数",len(all_words))
64
65      training_label, count, dictionary, reverse_dictionary = build_
        dataset(all_words,max_vocabulary_size)
66      print("reverse_dictionary",reverse_dictionary,len(reverse_
        dictionary))
67      if not gfile.Exists(vocabulary_file):
68          print("Creating vocabulary %s from data %s" % (vocabulary_file,
            data_dir))
69          if len(reverse_dictionary) > max_vocabulary_size:
70              reverse_dictionary = reverse_dictionary[:max_vocabulary_
                size]
71          with gfile.GFile(vocabulary_file, mode="w") as vocab_file:
72              for w in reverse_dictionary:
73                  print(reverse_dictionary[w])
74                  vocab_file.write(reverse_dictionary[w] + "\n")
75      else:
76          print("already have vocabulary!  do nothing !!!!!!!!!!!!!!!!
            !!!!!!!!!!!!")
77      return training_label, count, dictionary, reverse_dictionary,
        textssz
78
79  def build_dataset(words, n_words):
80      """Process raw inputs into a dataset."""
81      count = [[_PAD, -1],[_GO, -1],[_EOS, -1],[_UNK, -1]]
82      count.extend(collections.Counter(words).most_common(n_words - 1))
83      dictionary = dict()
84      for word, _ in count:
85          dictionary[word] = len(dictionary)
86      data = list()
87      unk_count = 0
88      for word in words:
89          if word in dictionary:
90              index = dictionary[word]
91          else:
92              index = 0  # dictionary['UNK']
93              unk_count += 1
94          data.append(index)
95      count[0][1] = unk_count
96      reversed_dictionary = dict(zip(dictionary.values(), dictionary.
        keys()))
97      return data, count, dictionary, reversed_dictionary
```

在字典中添加额外的字符标记 PAD、_GO、_EOS、_UNK 是为了在训练模型时起到辅助标记的作用。

- PAD 用于在桶机制中为了对齐填充占位。
- _GO 是解码输入时的开头标志位。
- _EOS 是用来标记输出结果的结尾。

- _UNK 用来代替处理样本时出现字典中没有的字符。

另外还有_NUM，用来代替文件中的数字（_NUM 是根据处理的内容可选项，如果内容与数字高度相关，就不能用 NUM 来代替）。

在 jieba 的分词库中，附加一个字典文件 myjiebadict.txt，以免自定义的字符标记被分开。myjiebadict.txt 里的内容如下：

```
_NUM nz
_PAD nz
_GO nz
_EOS nz
_UNK nz
```

每一行有两项，用空格分开，第一项为指定的字符，第二项 nz 代表不能被分开的意思。

3. 将数据转成索引格式

原始的中英文是无法让机器认知的，所以要根据字典中对应词的索引对原始文件进行相应的转化，方便读取。在本地建立两个文件夹 fanyichina\fromids 和 fanyichina\toids，用于存放生成的 ids 文件。在 main 函数中编写以下代码，先通过 initialize_vocabulary 将前面生成的字典读入内存中，然后使用 textdir_to_idsdir 函数将文本转成 ids 文件。

textdir_to_idsdir 函数中最后的两个参数说明如下。

- normalize_digits：代表是否将数字替换掉。
- Isch：表示是否是按中文方式处理。

中文方式会在处理过程中对读入的文本进行一次 jieba 分词。

代码9-33　datautil（续）

```
98  def main():
99  ……
100     vocaben, rev_vocaben =initialize_vocabulary(vocabulary_
        filenameen)
101     vocabch, rev_vocabch =initialize_vocabulary(vocabulary_
        filenamech)
102
103     print(len(rev_vocaben))
104     textdir_to_idsdir(raw_data_dir,data_dir+"fromids/",vocaben,
        normalize_digits=True,Isch=False)
105     textdir_to_idsdir(raw_data_dir_to,data_dir+"toids/",vocabch,
        normalize_digits=True,Isch=True)
```

所使用的函数定义如下：

代码9-33　datautil（续）

```
106 def initialize_vocabulary(vocabulary_path):
107     if gfile.Exists(vocabulary_path):
108         rev_vocab = []
109         with gfile.GFile(vocabulary_path, mode="r") as f:
110             rev_vocab.extend(f.readlines())
111         rev_vocab = [line.strip() for line in rev_vocab]
112         vocab = dict([(x, y) for (y, x) in enumerate(rev_vocab)])
```

```
113     return vocab, rev_vocab
114   else:
115     raise ValueError("Vocabulary file %s not found.", vocabulary_path)
116 #将文件批量转成ids文件
117 def textdir_to_idsdir(textdir,idsdir,vocab, normalize_digits=True,
    Isch=True):
118   text_files,filenames = getRawFileList(textdir)
119
120   if len(text_files)== 0:
121     raise ValueError("err:no files in ",raw_data_dir)
122
123   print(len(text_files),"files,one is",text_files[0])
124
125   for text_file,name in zip(text_files,filenames):
126     print(text_file,idsdir+name)
127     textfile_to_idsfile(text_file,idsdir+name,vocab, normalize_
        digits,Isch)
```

其他用到的底层函数代码如下：

代码9-33　datautil（续）

```
128 #获取文件列表
129 def getRawFileList( path):
130   files = []
131   names = []
132   for f in os.listdir(path):
133     if not f.endswith("~") or not f == "":
134       files.append(os.path.join(path, f))
135       names.append(f)
136   return files,names
137 #读取分词后的中文词
138 def get_ch_lable(txt_file,Isch=True,normalize_digits=False):
139   labels= list()#""
140   labelssz = []
141   with open(txt_file, 'rb') as f:
142     for label in f:
143       linstr1 =label.decode('utf-8')
144       if normalize_digits :
145         linstr1=re.sub('\d+',_NUM,linstr1)
146       notoken = basic_tokenizer(linstr1 )
147       if Isch:
148         notoken = fenci(notoken)
149       else:
150         notoken = notoken.split()
151
152       labels.extend(notoken)
153       labelssz.append(len(labels))
154   return labels,labelssz
155
156 #获取文件中的文本
157 def get_ch_path_text(raw_data_dir,Isch=True,normalize_digits=False):
```

```python
158     text_files,_ = getRawFileList(raw_data_dir)
159     labels = []
160
161     training_dataszs = list([0])
162
163     if len(text_files)== 0:
164         print("err:no files in ",raw_data_dir)
165         return labels
166     print(len(text_files),"files,one is",text_files[0])
167     shuffle(text_files)
168
169     for text_file in text_files:
170         training_data,training_datasz =get_ch_lable(text_file,Isch,
            normalize_digits)
171
172         training_ci = np.array(training_data)
173         training_ci = np.reshape(training_ci, [-1, ])
174         labels.append(training_ci)
175
176         training_datasz =np.array( training_datasz)+training_dataszs[-1]
177         training_dataszs.extend(list(training_datasz))
178         print("here",training_dataszs)
179     return labels,training_dataszs
180
181 def basic_tokenizer(sentence):
182     _WORD_SPLIT = "([.,!?\"':;)(])"
183     _CHWORD_SPLIT = '、|。|,|'\'|''
184     str1 = ""
185     for i in re.split(_CHWORD_SPLIT, sentence):
186         str1 = str1 +i
187     str2 = ""
188     for i in re.split(_WORD_SPLIT , str1):
189         str2 = str2 +i
190     return str2
191 #将句子转成索引ids
192 def sentence_to_ids(sentence, vocabulary,
193                     normalize_digits=True,Isch=True):
194
195     if normalize_digits :
196         sentence=re.sub('\d+',_NUM,sentence)
197     notoken = basic_tokenizer(sentence )
198     if Isch:
199         notoken = fenci(notoken)
200     else:
201         notoken = notoken.split()
202
203     idsdata = [vocabulary.get( w, UNK_ID) for w in notoken]
204
```

```python
205     return idsdata
206 
207 #将文件中的内容转成ids,不是Windows下的文件要使用utf8编码格式
208 def textfile_to_idsfile(data_file_name, target_file_name, vocab,
209                     normalize_digits=True,Isch=True):
210 
211   if not gfile.Exists(target_file_name):
212     print("Tokenizing data in %s" % data_file_name)
213     with gfile.GFile(data_file_name, mode="rb") as data_file:
214       with gfile.GFile(target_file_name, mode="w") as ids_file:
215         counter = 0
216         for line in data_file:
217           counter += 1
218           if counter % 100000 == 0:
219             print("  tokenizing line %d" % counter)
220           token_ids = sentence_to_ids(line.decode('utf8'), vocab,
                    normalize_digits,Isch)
221           ids_file.write(" ".join([str(tok) for tok in token_ids]) + "\n")
222 def ids2texts( indices,rev_vocab):
223     texts = []
224     for index in indices:
225 
226         texts.append(rev_vocab[index])
227     return texts
```

运行上述代码后,可以在本地路径 fanyichina\fromids、fanyichina\toids 文件夹下面找到同名的 txt 文件,打开后能够看到里面全是索引值。

4. 对样本文件进行分析图示

为了使 bucket 的设置机制较合理,我们把样本的数据用图示方式显示出来,直观地看一下每个样本的各个行长度分布情况,在 main 函数中接着添加以下代码:

代码9-33　datautil（续）

```python
228 def main():
229 ……
230 #分析样本分布
231   filesfrom,_=getRawFileList(data_dir+"fromids/")
232   filesto,_=getRawFileList(data_dir+"toids/")
233   source_train_file_path = filesfrom[0]
234   target_train_file_path= filesto[0]
235   analysisfile(source_train_file_path,target_train_file_path)
236 
237 if __name__=="__main__":
238     main()
```

最后两行为启动 main 函数。analysisfile 为文件的分析函数,实现如下:

代码9-33　datautil（续）

```
239 def analysisfile(source_file,target_file):
240 #分析文本
241     source_lengths = []
242     target_lengths = []
243
244     with gfile.GFile(source_file, mode="r") as s_file:
245         with gfile.GFile(target_file, mode="r") as t_file:
246             source= s_file.readline()
247             target = t_file.readline()
248             counter = 0
249
250             while source and target:
251                 counter += 1
252                 if counter % 100000 == 0:
253                     print(" reading data line %d" % counter)
254                     sys.stdout.flush()
255                 num_source_ids = len(source.split())
256                 source_lengths.append(num_source_ids)
257                 num_target_ids = len(target.split()) + 1#plus 1 for EOS token
258                 target_lengths.append(num_target_ids)
259                 source, target = s_file.readline(), t_file.readline()
260     print(target_lengths,source_lengths)
261     if plot_histograms:
262         plot_histo_lengths("target lengths", target_lengths)
263         plot_histo_lengths("source_lengths", source_lengths)
264     if plot_scatter:
265         plot_scatter_lengths("target vs source length", "source length","target length", source_lengths, target_lengths)
266 def plot_scatter_lengths(title, x_title, y_title, x_lengths, y_lengths):
267     plt.scatter(x_lengths, y_lengths)
268     plt.title(title)
269     plt.xlabel(x_title)
270     plt.ylabel(y_title)
271     plt.ylim(0, max(y_lengths))
272     plt.xlim(0,max(x_lengths))
273     plt.show()
274
275 def plot_histo_lengths(title, lengths):
276     mu = np.std(lengths)
277     sigma = np.mean(lengths)
278     x = np.array(lengths)
279     n, bins, patches = plt.hist(x, 50, facecolor='green', alpha=0.5)
280     y = mlab.normpdf(bins, mu, sigma)
281     plt.plot(bins, y, 'r--')
282     plt.title(title)
283     plt.xlabel("Length")
284     plt.ylabel("Number of Sequences")
```

```
285    plt.xlim(0,max(lengths))
286    plt.show()
```

运行代码，得到如图 9-33 所示结果。

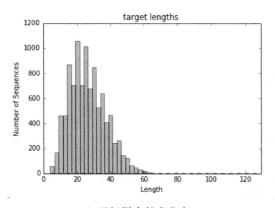
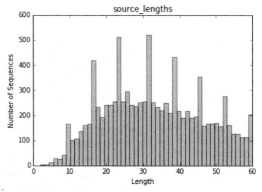

a）目标样本长度分布　　　　　　　　b）原始样本长度分布

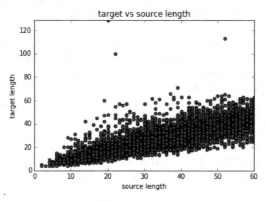

c）目标样本和原始样本长度分布

图 9-33　样本分析

从图 9-33 可知，样本的长度都在 60 之间，可以将 bucket 分为 4 个区间，即_buckets =[(20, 20), (40, 40), (50, 50), (60, 60)]。由于输入和输出的长度差别不大，所以令它们的 bucket 相等。这部分还有更好的方法：可以使用聚类方式处理，然后自动化生成 bucket，这样会更加方便，有兴趣的读者可以自己尝试一下。

说明：网络模型初始化的部分，放到了后面讲解（见代码"9-34 seg2seg_model.py"文件），是想让读者先对整个流程有个大致了解。

5. 载入字典准备训练

预处理结束后，就可以开始编写训练代码了，在代码"9-35 train.py"文件里将刚才生成的字典载入,在 getfanyiInfo 中通过 datautil.initialize_vocabulary 将字典读入本地。同时引入库,设置初始参数,网络结构为两层,每层 100 个 GRUcell 组成的网络,在 Seq2Seq 模型中解码器与编码器同为相同的这种结构。

代码9-35　train

```
01  import os
02  import math
03  import sys
04  import time
05  import numpy as np
06  from six.moves import xrange
07  import tensorflow as tf
08  datautil = __import__("9-33 datautil")
09  seq2seq_model = __import__("9-34 seq2seq_model")
10  import datautil
11  import seq2seq_model
12
13  tf.reset_default_graph()
14
15  steps_per_checkpoint=200
16
17  max_train_data_size= 0        #(0 代表输入数据的长度没有限制)
18
19  dropout = 0.9
20  grad_clip = 5.0
21  batch_size = 60
22
23  num_layers =2
24  learning_rate =0.5
25  lr_decay_factor =0.99
26
27  #设置翻译模型相关参数
28  hidden_size = 100
29  checkpoint_dir= "fanyichina/checkpoints/"
30  _buckets =[(20, 20), (40, 40), (50, 50), (60, 60)]
31  def getfanyiInfo():
32      vocaben, rev_vocaben=datautil.initialize_vocabulary(os.path.join
         (datautil.data_dir, datautil.vocabulary_fileen))
33      vocab_sizeen= len(vocaben)
34      print("vocab_size",vocab_sizeen)
35
36      vocabch, rev_vocabch=datautil.initialize_vocabulary(os.path.join
         (datautil.data_dir, datautil.vocabulary_filech))
37      vocab_sizech= len(vocabch)
38      print("vocab_sizech",vocab_sizech)
39
40      filesfrom,_=datautil.getRawFileList(datautil.data_dir+"fromids/")
41      filesto,_=datautil.getRawFileList(datautil.data_dir+"toids/")
42      source_train_file_path = filesfrom[0]
43      target_train_file_path= filesto[0]
44      return vocab_sizeen,vocab_sizech,rev_vocaben,rev_vocabch,source_
         train_file_path,target_train_file_path
```

```
45
46  def main():
47      vocab_sizeen,vocab_sizech,rev_vocaben,rev_vocabch,source_train_
        file_path,target_train_file_path = getfanyiInfo()
```

通过 getfanyiInfo 函数得到中英词的数量、反向的中英字典、输入样本文件的路径以及目标样本的路径。

6. 启动session，创建模型并读取样本数据

代码9-35 train（续）

```
48      if not os.path.exists(checkpoint_dir):
49          os.mkdir(checkpoint_dir)
50      print ("checkpoint_dir is {0}".format(checkpoint_dir))
51
52      with tf.Session() as sess:
53          model = createModel(sess,False,vocab_sizeen,vocab_sizech)
54          print ("Using bucket sizes:")
55          print (_buckets)
56
57          source_test_file_path = source_train_file_path
58          target_test_file_path = target_train_file_path
59
60          print (source_train_file_path)
61          print (target_train_file_path)
62
63          train_set = readData(source_train_file_path, target_train_
            file_path,max_train_data_size)
64          test_set = readData(source_test_file_path, target_test_file_
            path,max_train_data_size)
65
66          train_bucket_sizes = [len(train_set[b]) for b in xrange(len
            (_buckets))]
67          print( "bucket sizes = {0}".format(train_bucket_sizes))
68          train_total_size = float(sum(train_bucket_sizes))
69
70          train_buckets_scale = [sum(train_bucket_sizes[:i + 1]) / train_
            total_size for i in xrange(len(train_bucket_sizes))]
71          step_time, loss = 0.0, 0.0
72          current_step = 0
73          previous_losses = []
```

由于样本不足，这里直接在测试与训练中使用相同的样本，仅仅是为了演示。通过 createModel 创建模型，并查找检查点文件是否存在，如果存在，则将检测点载入。在 createModel 中通过调用 Seq2SeqModel 类生成模型，并指定模型中的具体初始参数。

代码9-35 train（续）

```
74  def createModel(session, forward_only,from_vocab_size,to_vocab_
    size):
75      model = seq2seq_model.Seq2SeqModel(
76          from_vocab_size,#from
77          to_vocab_size,#to
78          _buckets,
```

```
79              hidden_size,
80              num_layers,
81              dropout,
82              grad_clip,
83              batch_size,
84              learning_rate,
85              lr_decay_factor,
86              forward_only=forward_only,
87              dtype=tf.float32)
88
89      print("model is ok")
90
91      ckpt = tf.train.latest_checkpoint(checkpoint_dir)
92      if ckpt!=None:
93          model.saver.restore(session, ckpt)
94          print ("Reading model parameters from {0}".format(ckpt))
95      else:
96          print ("Created model with fresh parameters.")
97          session.run(tf.global_variables_initializer())
98
99      return model
```

通过 latest_checkpoint 发现检查点文件。如果有检查点文件，就将其恢复到 session 中。

读取文件的函数定义如下：为了适用带有 bucket 机制的网络模型，按照 bucket 的大小序列读取数据，先按照 bucket 的个数定义好数据集 data_set，然后在读取每一对输入、输出时，都会比较其适合哪个 bucket，并将其放入对应的 bucket 中，最后返回 data_set。

代码9-35　train（续）

```
100 def readData(source_path, target_path, max_size=None):
101     '''
102     这个方法来自于tensorflow 中的translation 例子
103     '''
104     data_set = [[] for _ in _buckets]
105     with tf.gfile.GFile(source_path, mode="r") as source_file:
106         with tf.gfile.GFile(target_path, mode="r") as target_file:
107             source, target = source_file.readline(), target_file.
                    readline()
108             counter = 0
109             while source and target and (not max_size or counter <
                    max_size):
110                 counter += 1
111                 if counter % 100000 == 0:
112                     print("  reading data line %d" % counter)
113                     sys.stdout.flush()
114                 source_ids = [int(x) for x in source.split()]
115                 target_ids = [int(x) for x in target.split()]
116                 target_ids.append(vocab_utils.EOS_ID)
117                 for bucket_id, (source_size, target_size) in enumerate
                        (_buckets):
118                     if len(source_ids) < source_size and len(target_
                        ids) < target_size:
119                         data_set[bucket_id].append([source_ids,
                            target_ids])
120                         break
```

```
121             source, target = source_file.readline(), target_file.
                readline()
122     return data_set
```

对于输出的每一句话都会加上 EOS_ID，这么做的目的是为了让网络学习到结束的标记，可以控制输出的长短。

7．通过循环进行训练

在 main 函数中接着添加代码：通过循环来调用 model.step 进行迭代训练，每执行 steps_per_checkpoint 次，就保存检查点；测试结果，并将结果输出。

代码9-35　train（续）

```
123 def main():
124 ……
125     while True:
126         # 根据数据样本的分布情况来选择bucket
127
128         random_number_01 = np.random.random_sample()
129         bucket_id = min([i for i in xrange(len(train_buckets_scale))
                if train_buckets_scale[i] > random_number_01])
130
131         # 开始训练
132         start_time = time.time()
133         encoder_inputs, decoder_inputs, target_weights = model.
                get_batch(train_set, bucket_id)
134         _, step_loss, _ = model.step(sess, encoder_inputs, decoder_
                inputs,target_weights, bucket_id, False)
135         step_time += (time.time() - start_time) / steps_per_
                checkpoint
136         loss += step_loss / steps_per_checkpoint
137         current_step += 1
138
139         # 保存检查点，测试数据
140         if current_step % steps_per_checkpoint == 0:
141             # Print statistics for the previous epoch.
142             perplexity = math.exp(loss) if loss < 300 else float
                ('inf')
143             print ("global step %d learning rate %.4f step-time %.2f
                perplexity "
144                 "%.2f" % (model.global_step.eval(), model.learning_
                    rate.eval(),step_time, perplexity))
145             # 退化学习率
146             if len(previous_losses) > 2 and loss > max(previous_
                losses[-3:]):
147                 sess.run(model.learning_rate_decay_op)
148             previous_losses.append(loss)
149             # 保存checkpoint
150             checkpoint_path = os.path.join(checkpoint_dir,
                "seq2seqtest.ckpt")
151             print(checkpoint_path)
152             model.saver.save(sess, checkpoint_path, global_step=
                model.global_step)
```

```
153                    step_time, loss = 0.0, 0.0          # 初始化为0
154                    # 输出test_set中empty bucket的bucket_id
155                        if len(test_set[bucket_id]) == 0:
156                            print("  eval: empty bucket %d" % (bucket_id))
157                            continue
158                        encoder_inputs, decoder_inputs, target_weights =
                           model.get_batch(test_set, bucket_id)
159
160                        _, eval_loss,output_logits = model.step(sess,
         encoder_inputs, decoder_inputs,target_weights, bucket_id, True)
161                        eval_ppx = math.exp(eval_loss) if eval_loss < 300 else
                           float('inf')
162                        print("  eval: bucket %d perplexity %.2f" % (bucket_
                           id, eval_ppx))
163
164
165                        inputstr = datautil.ids2texts(reversed([en[0] for en
                           in encoder_inputs]) ,rev_vocaben)
166                        print("输入",inputstr)
167                        print("输出",datautil.ids2texts([en[0] for en in
                           decoder_inputs] ,rev_vocabch))
168
169                        outputs = [np.argmax(logit, axis=1)[0] for logit in
                           output_logits]
170
171                        if datautil.EOS_ID in outputs:
172                            outputs = outputs[:outputs.index(datautil.
                               EOS_ID)]
173                            print("结果",datautil.ids2texts(outputs,rev_
                               vocabch))
174
175                    sys.stdout.flush()
176
177 if __name__ == '__main__':
178     main()
```

这里使用的是一个死循环，默认会一直训练下去。因为有检查点文件，所以可以不用关注迭代次数，通过输出测试的打印结果与loss值，可以看出模型的好坏。训练到一定程度后直接退出即可。

8. 网络模型Seq2SeqModel的初始化

这里为了先让读者对整体流程有个了解，所以将网络模型放在了最后单独介绍。这部分的代码在"9-34 seq2seq_model.py"文件中，该代码为GitHub中的一个例子代码，我们在其上面做了修改，增加了dropout功能，在初始化函数中增加了dropout_keep_prob参数。

在原有代码中，由于指定了输出的 target_vocab_size，表明要求在模型结束后输出的应该是target_vocab_size其中的一类（one_hot），所以先定义了output_projection参数，里面由w和b构成，作为最后输出的权重。

代码9-34　seq2seq_model

```
01  """带有注意力机制的 Sequence-to-sequence 模型."""
02  
03  from __future__ import absolute_import
04  from __future__ import division
05  from __future__ import print_function
06  
07  import random
08  
09  import numpy as np
10  from six.moves import xrange  # pylint: disable=redefined-builtin
11  import tensorflow as tf
12  datautil = __import__("9-33 datautil")
13  import datautil as data_utils
14  
15  class Seq2SeqModel(object):
16      """带有注意力机制并且具有 multiple buckets 的 Sequence-to-sequence 模型.
17      这个类实现了一个多层循环网络组成的编码器和一个具有注意力机制的解码器.完全是按照论文:
18      http://arxiv.org/abs/1412.7449 - 中所描述的机制实现。更多细节信息可以参看论文内容
19      这个 class 除了使用 LSTM cells 还可以使用 GRU cells, 还使用了 sampled softmax 来
20      处理大词汇量的输出. 在论文 http://arxiv.org/abs/1412.2007 中的第三节描述了
21      sampled softmax。在论文 http://arxiv.org/abs/1409.0473 里面还有一个关于这个模型的一个单层的使用双向 RNN 编码器的版本
22  
23      """
24  
25      def __init__(self,
26                   source_vocab_size,
27                   target_vocab_size,
28                   buckets,
29                   size,
30                   num_layers,
31                   dropout_keep_prob,
32                   max_gradient_norm,
33                   batch_size,
34                   learning_rate,
35                   learning_rate_decay_factor,
36                   use_lstm=False,
37                   num_samples=512,
38                   forward_only=False,
39                   dtype=tf.float32):
40          """创建模型
41  
42          Args:
43            source_vocab_size:原词汇的大小.
44            target_vocab_size:目标词汇的大小.
45            buckets:一个 (I, O)的 list, I 代表输入的最大长度, O 代表输出的最大长度, 例如
46      [(2, 4), (8, 16)].
47            size: 模型中每层的 units 个数.
```

```
48       num_layers: 模型的层数.
49       max_gradient_norm: 截断梯度的阀值.
50       batch_size: 训练中的批次数据大小;
51       learning_rate: 开始学习率.
52       learning_rate_decay_factor: 退化学习率的衰减参数.
53       use_lstm: 如果 true, 使用 LSTM cells 替代 GRU cells.
54       num_samples: sampled softmax 的样本个数.
55       forward_only: 如果设置了, 模型只有正向传播.
56       dtype: internal variables 的类型.
57     """
58     self.source_vocab_size = source_vocab_size
59     self.target_vocab_size = target_vocab_size
60     self.buckets = buckets
61     self.batch_size = batch_size
62     self.dropout_keep_prob_output = dropout_keep_prob
63     self.dropout_keep_prob_input = dropout_keep_prob
64     self.learning_rate = tf.Variable(
65         float(learning_rate), trainable=False, dtype=dtype)
66     self.learning_rate_decay_op = self.learning_rate.assign(
67         self.learning_rate * learning_rate_decay_factor)
68     self.global_step = tf.Variable(0, trainable=False)
69
70     # 如果使用 sampled softmax, 需要一个输出的映射.
71     output_projection = None
72     softmax_loss_function = None
73     # 当采样数小于 vocabulary size 时 Sampled softmax 才有意义
74     if num_samples > 0 and num_samples < self.target_vocab_size:
75       w_t = tf.get_variable("proj_w", [self.target_vocab_size, size], dtype=dtype)
76       w = tf.transpose(w_t)
77       b = tf.get_variable("proj_b", [self.target_vocab_size], dtype=dtype)
78       output_projection = (w, b)
```

lobal_step 变量的作用是同步检查点文件对应的迭代步数。

9. 自定义损失函数

sampled_loss 为自定义损失函数, 计算在分类 target_vocab_size 里模型输出的 logits 与标签 labels (seq2seq 框架中的输出) 之间的交叉熵, 并将该函数指针赋值给 softmax_loss_function。softmax_loss_function 会在后面使用 model_with_buckets 时, 作为参数传入。

代码9-34　seq2seq_model (续)

```
79     def sampled_loss(labels, logits):
80       labels = tf.reshape(labels, [-1, 1])
81       #需要使用 32bit 的浮点数类型来计算 sampled_softmax_loss, 才能避免数值的不稳定性
82       local_w_t = tf.cast(w_t, tf.float32)
83       local_b = tf.cast(b, tf.float32)
84       local_inputs = tf.cast(logits, tf.float32)
```

```
 85            return tf.cast(
 86                tf.nn.sampled_softmax_loss(
 87                    weights=local_w_t,
 88                    biases=local_b,
 89                    labels=labels,
 90                    inputs=local_inputs,
 91                    num_sampled=num_samples,
 92                    num_classes=self.target_vocab_size),
 93                dtype)
 94        softmax_loss_function = sampled_loss
```

10. 定义Seq2Seq框架结构

seq2seq_f函数的作用是定义 Seq2Seq 框架结构,该函数也是为了使用 model_with_buckets 时,作为参数传入。前面介绍 model_with_buckets 函数时说该函数更像一个封装好的框架,原因就在于此。

读者也要适应这种方式:将损失函数、网络结构、buckets 统统定义完,然后将它们作为参数放入 model_with_buckets 函数中,之后一切交给 TensorFlow 来实现即可。

代码9-34 seq2seq_model(续)

```
 95        # 使用词嵌入量(embedding)作为输入
 96        def seq2seq_f(encoder_inputs, decoder_inputs, do_decode):
 97
 98            with tf.variable_scope("GRU") as scope:
 99                cell = tf.contrib.rnn.DropoutWrapper(
100                    tf.contrib.rnn.GRUCell(size),
101                    input_keep_prob=self.dropout_keep_prob_input,
102                    output_keep_prob=self.dropout_keep_prob_output)
103                if num_layers > 1:
104                    cell = tf.contrib.rnn.MultiRNNCell([cell] * num_layers)
105
106            print("new a cell")
107            return tf.contrib.legacy_seq2seq.embedding_attention_seq2seq(
108                encoder_inputs,
109                decoder_inputs,
110                cell,
111                num_encoder_symbols=source_vocab_size,
112                num_decoder_symbols=target_vocab_size,
113                embedding_size=size,
114                output_projection=output_projection,
115                feed_previous=do_decode,
116                dtype=dtype)
```

上面代码中,额外加了一个打印信息 print("new a cell"),是为了测试 seq2seq_model 函数是什么时被调用的,在实验中可以得出结论。在构建网络模型时,会由 model_with_buckets 函数来调用,而 model_with_buckets 函数调用的次数取决于 bucket 的个数,即在 model_with_buckets 函数中,会为每个 bucket 使用 seq2seq_f 函数构建出一套网络 Seq2Seq 的网络模型,但是不用担心,它们的权重是共享的。具体可以参见 model_with_buckets 函数的实现,就是使用了共享变量的机制。

11. 定义Seq2seq模型的输入占位符

下面定义 Seq2Seq 模型的输入占位符，这些占位符都是为了传入 model_with_buckets 函数中做准备的。

首先是 Seq2Seq 模型自己的两个 list 占位符：一个是输入 encoder_inputs，一个是输出 decoder_inputs。另外，model_with_buckets 还需要一个额外的输入，在前面已经提过，因为其在做 loss 时使用的是带权重的交叉熵，所以还要输入大小等同于 decoder_inputs 的权重 target_weights。

另外还有一个输入就是做交叉熵时的标签 targets，因为它与 decoder_inputs 一样，所以可以直接由 decoder_inputs 变换而来，把 decoder_inputs 的第一个"_GO"去掉，在放到 targets 中。

代码9-34　seq2seq_model（续）

```
117        # 注入数据
118        self.encoder_inputs = []
119        self.decoder_inputs = []
120        self.target_weights = []
121        for i in xrange(buckets[-1][0]):         # 最后的bucket 是最大的
122          self.encoder_inputs.append(tf.placeholder(tf.int32,
             shape=[None],
123                                          name="encoder{0}".format(i)))
124        for i in xrange(buckets[-1][1] + 1):
125          self.decoder_inputs.append(tf.placeholder(tf.int32, shape=
             [None],
126                                          name="decoder{0}".format(i)))
127          self.target_weights.append(tf.placeholder(dtype, shape=[None],
128                                          name="weight{0}".format(i)))
129
130        #将解码器移动一位得到targets
131        targets = [self.decoder_inputs[i + 1]
132                   for i in xrange(len(self.decoder_inputs) - 1)]
```

占位符的 list 大小是取 buckets 中的最大数。targets 的长度与 buckets 的长度一致，decoder_inputs 与 target_weights 的长度会比 buckets 的长度大 1，因为前面有"_GO"占位。

12. 定义正向的输出与loss

当一切参数准备好后，就可以使用 model_with_buckets 将整个网络贯穿起来了。

在测试时会只进行正向传播，这时 seq2seq_f 里面的最后一个参数为 True，该参数最终会在 seq2seq_f 里的 embedding_attention_seq2seq 中的 feed_previous 中生效。前面介绍过，如果为 True 时，表明只有第一个 decoder 输入是"_GO"开头，这样可以保证测试时，模型可以一直记着前面的 cell 状态。

代码9-34　seq2seq_model（续）

```
133        # 训练的输出和loss定义
134        if forward_only:
```

```
135      self.outputs, self.losses = tf.contrib.legacy_seq2seq.model_
         with_buckets(
136          self.encoder_inputs, self.decoder_inputs, targets,
137          self.target_weights, buckets, lambda x, y: seq2seq_f(x, y,
         True),
138          softmax_loss_function=softmax_loss_function)
139      # 如果使用了输出映射，需要为解码器映射输出处理
140      if output_projection is not None:
141        for b in xrange(len(buckets)):
142          self.outputs[b] = [
143             tf.matmul(output, output_projection[0]) + output_
                 projection[1]
144             for output in self.outputs[b]
145          ]
146      else:
147        self.outputs, self.losses = tf.contrib.legacy_seq2seq.model_
                with_buckets(
148          self.encoder_inputs, self.decoder_inputs, targets,
149          self.target_weights, buckets,
150          lambda x, y: seq2seq_f(x, y, False),
151          softmax_loss_function=softmax_loss_function)
```

在测试过程中，还需要将 model_with_buckets 的输出结果转化成 outputs 维度的 one_hot。因为 model_with_buckets 是多个桶的输出，所以需要对每个桶都进行转换。

13. 反向传播计算梯度并通过优化器更新

在前面已经通过 model_with_buckets 得到了 loss。

下面的代码先通过 tf.trainable_variables 函数获得可训练的参数 params，然后用 tf.gradients 计算 loss 对应参数 params 的梯度，并通过 tf.clip_by_global_norm 将过大的梯度按照 max_gradient_norm 来截断，将截断后的梯度通过优化器 opt 来迭代更新。同样，还要针对每个桶（bucket）进行这样的操作。

代码9-34　seq2seq_model（续）

```
152      # 梯度下降更新操作
153      params = tf.trainable_variables()
154      if not forward_only:
155        self.gradient_norms = []
156        self.updates = []
157        opt = tf.train.GradientDescentOptimizer(self.learning_rate)
158        for b in xrange(len(buckets)):
159          gradients = tf.gradients(self.losses[b], params)
160          clipped_gradients, norm = tf.clip_by_global_norm(gradients,
161                                               max_gradient_norm)
162          self.gradient_norms.append(norm)
163          self.updates.append(opt.apply_gradients(
164             zip(clipped_gradients, params), global_step=self.global_
                 step))
165
166      self.saver = tf.train.Saver(tf.global_variables())
```

最后更新 saver，在代码 "9-35　train.py" 中会调用这部分代码来保存训练中的学习

参数及相关变量。

14．按批次获取样本数据

在模型中，按批次获取的样本数据并不能直接使用，还需要在 get_batch 函数中进行相应转化，首先根据指定 bucket_id 所对应的大小确定输入和输出的 size，根据 size 进行 pad 的填充，并且针对输出数据进行第一位为"_Go"的重整作为解码的 input。这里用了个小技巧将输入的数据进行了倒序排列。而对于输入 weight 则将其全部初始化为 0，对应的 size 为每一批次中 decoder 每个序列一个权重 weight，即与 decoder 相等。

代码9-34　seq2seq_model（续）

```
167  def get_batch(self, data, bucket_id):
168    """在迭代训练过程中，从指定 bucket 中获得一个随机批次数据
169
170    Args:
171      data: 一个大小为 len(self.buckets) 的 tuple，包含了创建一个 batch 中的输入输出的
172        lists.
173      bucket_id: 整型，指定从哪个 bucket 中取数据.
174
175    Returns:
176      方便以后调用的 triple (encoder_inputs, decoder_inputs, target_weights)
177      .
178    """
179    encoder_size, decoder_size = self.buckets[bucket_id]
180    encoder_inputs, decoder_inputs = [], []
181
182    # 获得一个随机批次的数据作为编码器与解码器的输入
183    # 如果需要时会有 pad 操作，同时反转 encoder 的输入顺序，并且为 decoder 添加 GO
184    for _ in xrange(self.batch_size):
185      encoder_input, decoder_input = random.choice(data[bucket_id])
186
187      # pad 和反转 Encoder 的输入数据
188      encoder_pad = [data_utils.PAD_ID] * (encoder_size - len(encoder_input))
189      encoder_inputs.append(list(reversed(encoder_input + encoder_pad)))
190
191      # 为 Decoder 输入数据添加一个额外的"GO"，并且进行 pad
192      decoder_pad_size = decoder_size - len(decoder_input) - 1
193      decoder_inputs.append([data_utils.GO_ID] + decoder_input +
194                             [data_utils.PAD_ID] * decoder_pad_size)
195
196    # 从上面选择好的数据中创建 batch-major vectors
197    batch_encoder_inputs, batch_decoder_inputs, batch_weights = [], [], []
198
199    for length_idx in xrange(encoder_size):
200      batch_encoder_inputs.append(
201        np.array([encoder_inputs[batch_idx][length_idx]
```

```
202                          for batch_idx in xrange(self.batch_size)], dtype=
                             np.int32))
203
204         for length_idx in xrange(decoder_size):
205             batch_decoder_inputs.append(
206                 np.array([decoder_inputs[batch_idx][length_idx]
207                          for batch_idx in xrange(self.batch_size)], dtype=
                             np.int32))
208
209             # 定义 target_weights 变量，默认是 1，如果对应的 targets 是 padding，
                  则 target_weigts 就为 0
210             batch_weight = np.ones(self.batch_size, dtype=np.float32)
211             for batch_idx in xrange(self.batch_size):
212                 # 如果对应的输出 target 是一个 PAD 符号，就将 weight 设为 0
213                 # 将 decoder_input 向前移动 1 位得到对应的 target
214                 if length_idx < decoder_size - 1:
215                     target = decoder_inputs[batch_idx][length_idx + 1]
216                 if length_idx == decoder_size - 1 or target == data_utils.PAD_ID:
217                     batch_weight[batch_idx] = 0.0
218             batch_weights.append(batch_weight)
219         return batch_encoder_inputs, batch_decoder_inputs, batch_weights
```

15. Seq2Seq框架的迭代更新处理

这部分代码主要是构建输入feed数据，即输出的OP。在输入时，根据传入的bucket_id构建相应大小的输入输出list，通过循环传入list中对应的操作符里。由于decoder_inputs的长度比bucket中的长度大1，所以需要再多放一位到decoder_inputs的list中，在前面构建targets时，需要将所有的decoder_inputs向后移一位，targets作为标签要与bucket中的长度相等。确切地说target_weights是与targets相等的，所以不需要再输入值。

代码9-34　seq2seq_model（续）

```
220     def step(self, session, encoder_inputs, decoder_inputs, target_
                weights,
221             bucket_id, forward_only):
222         """注入给定输入数据步骤
223
224         Args:
225           session: tensorflow 所使用的 session
226           encoder_inputs:用来注入 encoder 输入数据的 numpy int vectors 类型的 list
227           decoder_inputs:用来注入 decoder 输入数据的 numpy int vectors 类型的 list
228           target_weights:用来注入 target weights 的 numpy float vectors 类型的 list
229           bucket_id: which bucket of the model to use
230           forward_only: 只进行正向传播
231
232         Returns:
233           一个由 gradient norm (不做反向时为 none),average perplexity, and the
                outputs 组成的 triple
234
235         Raises:
236           ValueError:如果 encoder_inputs, decoder_inputs, 或者是 target_
```

```
237              weights 的长度与指定 bucket_id 的 bucket size 不符合
                 """
238          # 检查长度
239          encoder_size, decoder_size = self.buckets[bucket_id]
240          if len(encoder_inputs) != encoder_size:
241            raise ValueError("Encoder length must be equal to the one in bucket,"
242                             " %d != %d." % (len(encoder_inputs), encoder_size))
243          if len(decoder_inputs) != decoder_size:
244            raise ValueError("Decoder length must be equal to the one in bucket,"
245                             " %d != %d." % (len(decoder_inputs), decoder_size))
246          if len(target_weights) != decoder_size:
247            raise ValueError("Weights length must be equal to the one in bucket,"
248                             " %d != %d." % (len(target_weights), decoder_size))
249
250          # 定义 Input feed
251          input_feed = {}
252          for l in xrange(encoder_size):
253            input_feed[self.encoder_inputs[l].name] = encoder_inputs[l]
254          for l in xrange(decoder_size):
255            input_feed[self.decoder_inputs[l].name] = decoder_inputs[l]
256            input_feed[self.target_weights[l].name] = target_weights[l]
257
258          last_target = self.decoder_inputs[decoder_size].name
259          input_feed[last_target] = np.zeros([self.batch_size], dtype=np.int32)
260
261          # 定义 Output feed
262          if not forward_only:
263            output_feed = [self.updates[bucket_id],
264                           self.gradient_norms[bucket_id],
265                           self.losses[bucket_id]]
266          else:
267            output_feed = [self.losses[bucket_id]]
268            for l in xrange(decoder_size):
269              output_feed.append(self.outputs[bucket_id][l])
270
271          outputs = session.run(output_feed, input_feed)
272          if not forward_only:
273            return outputs[1], outputs[2], None
274          else:
275            return None, outputs[0], outputs[1:]
```

对于输出，也要区分是测试还是训练。如果是测试，需要将 loss 与 logit 输出，结果在 outputs 中，outputs[0]为 loss，outputs[1:]为输出的 decoder_size 大小序列。如果是训练，输出需要更新的梯度与 loss。这里多输出一个 None 是为了统一输出，保证第二位输出的都是 loss。

整个代码进展到这里就可以进行训练操作了，运行 train.py 文件，将模型运行起来进行迭代训练。输出结果如下：

```
Building prefix dict from the default dictionary ...
Loading model from cache C:\Users\LIJINH~1\AppData\Local\Temp\jieba.cache
Loading model cost 0.672 seconds.
Prefix dict has been built succesfully.
vocab_size 11963
vocab_sizech 15165
checkpoint_dir is fanyichina/checkpoints/
new a cell
new a cell
new a cell
new a cell
model is ok
Using bucket sizes:
[(20, 20), (40, 40), (50, 50), (60, 60)]
fanyichina/fromids/english1w.txt
fanyichina/toids/chinese1w.txt
bucket sizes = [1649, 4933, 1904, 1383]
fanyichina/checkpoints/seq2seqtest.ckpt
WARNING:tensorflow:Error encountered when serializing LAYER_NAME_UIDS.
Type is unsupported, or the types of the items don't match field type in
CollectionDef.
'dict' object has no attribute 'name'
  eval: bucket 0 perplexity 1.71
```

可以看到输出了词典的大小 vocab_size 11963、vocab_sizech 15165，与定义的 buckets，4 个 bucket 分别需要调用 4 次 seq2seq_f，于是打印了 4 次 new a cell。接着会显示每一批次中每个 bucket 的输入（因为是反转的，这里已经给反过来了），并且能够看到对输入的 pad 进行了填充。对于每个输出由'_GO'字符开始，结束时都会有'_EOS'字符。对于模型预测的输出结果，也是将'_EOS'字符前面的内容打印出来，没有'_EOS'字符的预测结果将视为没有翻译成功，因此没有打印出来。

16. 测试模型

测试模型代码在代码"9-36 test.py"文件中，与前面实例中的代码基本相似，需要考虑的是，在创建模型时要使用测试模式（最后一个参数为 True），并且 dropout 设为 1.0。在 main 函数里，先等待用户输入，然后对用户输入的字符进行处理并传入模型，最终输出结果并显示出来。完整代码如下。

代码9-36　test

```
01   import tensorflow as tf
02   import numpy as np
03   import os
04   from six.moves import xrange
05
06   _buckets = []
07   convo_hist_limit = 1
08   max_source_length = 0
09   max_target_length = 0
10
11   flags = tf.app.flags
```

```
12  FLAGS = flags.FLAGS
13  datautil = __import__("9-33  datautil")
14  seq2seq_model = __import__("9-34  seq2seq_model")
15  import datautil
16  import seq2seq_model
17
18  tf.reset_default_graph()
19
20  max_train_data_size= 0              #0 表示训练数据的输入长度没有限制
21
22  data_dir = "datacn/"
23
24  dropout = 1.0
25  grad_clip = 5.0
26  batch_size = 60
27  hidden_size = 14
28  num_layers =2
29  learning_rate =0.5
30  lr_decay_factor =0.99
31
32  checkpoint_dir= "data/checkpoints/"
33
34  ###############翻译
35  hidden_size = 100
36  checkpoint_dir= "fanyichina/checkpoints/"
37  data_dir = "fanyichina/"
38  _buckets =[(20, 20), (40, 40), (50, 50), (60, 60)]
39
40  def getfanyiInfo():
41      vocaben, rev_vocaben=datautil.initialize_vocabulary(os.path.join
        (datautil.data_dir, datautil.vocabulary_fileen))
42      vocab_sizeen= len(vocaben)
43      print("vocab_size",vocab_sizeen)
44
45      vocabch, rev_vocabch=datautil.initialize_vocabulary(os.path.join
        (datautil.data_dir, datautil.vocabulary_filech))
46      vocab_sizech= len(vocabch)
47      print("vocab_sizech",vocab_sizech)
48
49      return vocab_sizeen,vocab_sizech,vocaben,rev_vocabch
50
51  def main():
52
53      vocab_sizeen,vocab_sizech,vocaben,rev_vocabch= getfanyiInfo()
54
55      if not os.path.exists(checkpoint_dir):
56          os.mkdir(checkpoint_dir)
57      print ("checkpoint_dir is {0}".format(checkpoint_dir))
58
59      with tf.Session() as sess:
60          model = createModel(sess,True,vocab_sizeen,vocab_sizech)
61
62          print (_buckets)
63          model.batch_size = 1
64
```

```
65          conversation_history =[]
66          while True:
67              prompt = "请输入: "
68              sentence = input(prompt)
69              conversation_history.append(sentence.strip())
70              conversation_history = conversation_history[-convo_hist_
                    limit:]
71
72              token_ids = list(reversed( datautil.sentence_to_ids(" ".
                    join(conversation_history) ,vocaben,normalize_digits=True,
                    Isch=False) ) )
73              print(token_ids)
74              bucket_id = min([b for b in xrange(len(_buckets))if _buckets
                    [b][0] > len(token_ids)])
75
76              encoder_inputs, decoder_inputs, target_weights = model.
                    get_batch({bucket_id: [(token_ids, [])]}, bucket_id)
77
78              _, _, output_logits = model.step(sess, encoder_inputs,
                    decoder_inputs,target_weights, bucket_id, True)
79
80              #使用 beam search 策略
81              outputs = [int(np.argmax(logit, axis=1)) for logit in
                    output_logits]
82              print("outputs",outputs,datautil.EOS_ID)
83              if datautil.EOS_ID in outputs:
84                  outputs = outputs[:outputs.index(datautil.EOS_ID)]
85
86                  convo_output =  " ".join(datautil.ids2texts(outputs,
                        rev_vocabch))
87                  conversation_history.append(convo_output)
88                  print (convo_output)
89              else:
90                  print("can not translation! ")
91
92  def createModel(session, forward_only,from_vocab_size,to_vocab_size):
93      """Create translation model and initialize or load parameters in
            session."""
94      model = seq2seq_model.Seq2SeqModel(
95        from_vocab_size,#from
96        to_vocab_size,#to
97        _buckets,
98        hidden_size,
99        num_layers,
100       dropout,
101       grad_clip,
102       batch_size,
103       learning_rate,
104       lr_decay_factor,
105       forward_only=forward_only,
106       dtype=tf.float32)
107
108     print("model is ok")
109
```

```
110     ckpt = tf.train.latest_checkpoint(checkpoint_dir)
111     if ckpt!=None:
112         model.saver.restore(session, ckpt)
113         print ("Reading model parameters from {0}".format(ckpt))
114     else:
115         print ("Created model with fresh parameters.")
116         session.run(tf.global_variables_initializer())
117
118     return model
119
120 if __name__=="__main__":
121     main()
```

运行代码，结果如下：

```
Building prefix dict from the default dictionary ...
Loading model from cache C:\Users\LIJINH~1\AppData\Local\Temp\jieba.cache
Loading model cost 0.719 seconds.
Prefix dict has been built succesfully.
vocab_size 11963
vocab_sizech 15165
checkpoint_dir is fanyichina/checkpoints/
new a cell
new a cell
new a cell
new a cell
model is ok
INFO:tensorflow:Restoring parameters from fanyichina/checkpoints/
seq2seqtest.ckpt-99600
Reading model parameters from fanyichina/checkpoints/seq2seqtest.
ckpt-99600
[(20, 20), (40, 40), (50, 50), (60, 60)]

请输入: will reap good results and the large
[149, 4, 6, 341, 169, 4980, 22]
not use
outputs[838,838,26,105,643,8,1595,1089,5,968,8,968,6,2,5,1365,6,2,6,2]2
最终 最终 也 会 对此 和 坚强 有力 的 指导 和 指导 .
```

当前的例子是"跑了"约半天时间的模型效果，通过载入检查点打印信息可以看到当前迭代了 99 600 次，从原有的样本中简单复制几句话输入系统中，则系统可以大致翻译出一些汉语。可以看到它并没有按照词顺序逐个翻译，而是用学到原有样本的意思来表达，尽管语句还不通畅。这里只是做个演示，如果需要训练更好的模型，可以增加样本数量，并增加训练时间。

9.9 实例75：制作一个简单的聊天机器人

实例 74 中的 Seq2Seq 模型的代码可以作为很好的框架来扩展使用，简单地改变一下数据样本，即可扩展到许多更有意思的应用中。例如，让机器人对对联、讲故事、生成文章摘要、汉语翻译成英语、聊天机器人等都可以实现。这些扩展应用基本上不需要改动太多的代码就可以完成，本节以聊天机器人来举例演示。

实例描述

准备一部分聊天对话的语料，使用 Seq2Seq 模式对其进行学习，拟合特征，从而实现聊天机器人的功能。

基于 9.8.6 节例子中的代码文件，本例中需要变化的代码主要在处理样本方面，包括"9-33 datautil.py""9-35 train.py""9-36 test.py"。"9-34 seq2seq_model.py"文件为模型文件，可以不做变化，如需要修改网络结构，可以在其 seq2seq_f 函数中改变 cell 的组成即可。这样新生成的文件就是"9-37 datautil.py""9-38 seq2seq_model.py""9-39 train.py""9-40 test.py"，具体步骤如下。

9.9.1 构建项目框架

新建一个文件夹（本例为"实例 75 dialog"），将"实例 74"原有代码全部复制进去，然后建立一个子文件夹 datacn 用于放样本，同时在 datacn 文件夹里建立 checkpoints、dialog、fromids 和 toids 这 4 个文件夹。

9.9.2 准备聊天样本

因本例只是演示作用，因此并没有用正规样本，只是随意写了几句对话放到了两个文件里，然后将文件放到 dialog 下。

9.9.3 预处理样本

修改代码"9-33 datautil.py"文件，将 main 函数修改如下，更新 data_dir、raw_data_dir_to 路径，将英文字典相关的代码全部注释掉见代码第 15～21 行。

代码9-37　datautil

```
01  ……
02  data_dir = "datacn/"
03  raw_data_dir_to = "datacn/dialog/"
04  vocabulary_filech = "dictch.txt"
05
06  plot_histograms = plot_scatter =True
07  vocab_size =40000
08
09  max_num_lines =1
10  max_target_size = 200
```

```
11    max_source_size = 200
12
13    def main():
14        vocabulary_filenamech = os.path.join(data_dir, vocabulary_filech)
15    ################################
16        #创建英文字典
17    #    training_dataen, counten, dictionaryen, reverse_dictionaryen,
           textsszen =create_vocabulary(vocabulary_filenameen
18    #                                  ,raw_data_dir,vocab_size,Isch=False,
                                          normalize_digits = True)
19    #    print("training_data",len(training_dataen))
20    #    print("dictionary",len(dictionaryen))
21    #########################
22        #创建中文字典
23        training_datach, countch, dictionarych, reverse_dictionarych,
          textsszch =create_vocabulary(vocabulary_filenamech
24                                        ,raw_data_dir_to,vocab_size,Isch=True,
                                          normalize_digits = True)
25        source_file,target_file =splitFileOneline(training_datach,
          textsszch)
26        print("training_datach",len(training_datach))
27        print("dictionarych",len(dictionarych))
28        analysisfile(source_file,target_file)
```

创建中文字典之后，通过 splitFileOneline 函数将原有样本分为 from 和 to，即把对话中的两个角色分到两个文档里。splitFileOneline 的定义如下：

代码9-37　datautil（续）

```
29    #将读好的对话文本按行分开,一行问,一行答。存为两个文件。training_data 为总数据,
      textssz 为每行的索引
30    def splitFileOneline(training_data ,textssz):
31        source_file = os.path.join(data_dir+'fromids/', "data_source_
          test.txt")
32        target_file = os.path.join(data_dir+'toids/', "data_target_
          test.txt")
33        create_seq2seqfile(training_data,source_file ,target_file,
          textssz)
34        return source_file,target_file
```

运行之后可以看到，在 datacn 下生成了中文字典，并且在 datacn\fromids 与 datacn\toids 下生成了两个 ids 文件。

9.9.4　训练样本

训练样本步骤只修改代码 "9-35 train.py" 中的样本部分即可，代码如下，将原来在 main 函数之前的翻译相关的信息代码全部去掉，换成 dialog 的相关信息，更新 checkpoint_dir 与 buckets，定义 getdialogInfo。为了返回值不变，返回的英文词典和英文词典中的英文词数量替换成返回中文词典和中文词典中的中文词数量。

代码9-39 train

```
……
checkpoint_dir= "datacn/checkpoints/"

_buckets =[(5, 5), (10, 10), (20, 20)]
def getdialogInfo():
   vocabch,
rev_vocabch=datautil.initialize_vocabulary(os.path.join(datautil.data_
dir, datautil.vocabulary_filech))
   vocab_sizech= len(vocabch)
   print("vocab_sizech",vocab_sizech)
   filesfrom,_=datautil.getRawFileList(datautil.data_dir+"fromids/")
   filesto,_=datautil.getRawFileList(datautil.data_dir+"toids/")
   source_train_file_path = filesfrom[0]
   target_train_file_path= filesto[0]
return
vocab_sizech,vocab_sizech,rev_vocabch,rev_vocabch,source_train_file_
path,target_train_file_path
def main():
vocab_sizeen,vocab_sizech,rev_vocaben,rev_vocabch,source_train_file_
path,target_train_file_path = getdialogInfo()
……
```

在 main 函数的第一句中，修改调用的函数为 getdialogInfo 以获得 dialog 的信息，修改完样本后，就可以运行该文件进行模型训练了。由于样本量非常小（仅仅是演示而已），因此模型训练的时间也很短，几分钟即可。

9.9.5 测试模型

与上一步类似，修改代码"9-36 test.py"中的样本部分即可，代码如下，将原来在 main 函数之前的翻译相关的信息代码全部去掉，换成 dialog 的相关信息，更新 checkpoint_dir 与 buckets，定义 getdialogInfo。为了返回值不变，将原来返回的英文词典中的英文词数量变为返回中文词典中的中文词数量用中文词典代替英文词典，并且在转换成 ids 的地方需要将 isch 改为 True。

代码9-40 test

```
hidden_size = 100
checkpoint_dir= "datacn/checkpoints/"
_buckets =[(5, 5), (10, 10), (20, 20)]
def getdialogInfo():
   vocabch,rev_vocabch=datautil.initialize_vocabulary(os.path.join
     (datautil.data_dir, datautil.vocabulary_filech))
   vocab_sizech= len(vocabch)
   print("vocab_sizech",vocab_sizech)
   filesfrom,_=datautil.getRawFileList(datautil.data_dir+"fromids/")
   filesto,_=datautil.getRawFileList(datautil.data_dir+"toids/")
   source_train_file_path = filesfrom[0]
```

```
        target_train_file_path= filesto[0]
        return vocab_sizech,vocab_sizech,vocabch,rev_vocabch

def main():

    vocab_sizeen,vocab_sizech,vocaben,rev_vocabch= getdialogInfo()
……
        while True:
           prompt = "请输入: "
           sentence = input(prompt)
           conversation_history.append(sentence.strip())
           conversation_history = conversation_history[-convo_hist_limit:]

            token_ids=list(reversed(datautil.sentence_to_ids("".join
            (conversation_history) ,vocaben,normalize_digits=True,
            Isch=True) ) )
……
```

同样在 main 函数的第一行中修改代码，调用 getdialogInfo 获得信息。

整个代码完成后运行程序，并输入类似样本中简单的对话，可以看到如下结果：

请输入：你好
[20]
outputs [30, 2, 2, 2, 2] 2
您好

请输入：你吃了吗
[12, 7, 4, 6]
outputs [5, 4, 7, 2, 2] 2
我 吃 了

请输入：吃的啥
[3, 10, 4]
outputs [5, 4, 10, 2, 2] 2
我 吃 的

请输入：你吃啥
[3, 4, 6]
outputs [5, 4, 17, 2, 2] 2
我 吃 三文鱼

请输入：还有吗
[12, 11]
outputs [5, 29, 13, 16, 2] 2
我 没吃够 呢 不能

可以看到，在样本里最后一句的回答完全不一样，但是神经网络仿佛学到了里面的语义。在简单的问话："还有吗？"可以读懂说话人的意思是想要，于是输出："我 没吃够 呢 不能"。从聊天机器人的例子可以看出，通过学习某个专业方面的对话样本（如某个业务的客服对话），会在该业务下产生很好的语义，并有很好的专业交流。

该例只是演示，主要目的是为了让读者学会如何应用框架代码，有兴趣的读者可以找些样本，自己动手试试，将前面举例的几种场景应用到模型中。当然，前面列出的场景只是一部分，只要符合序列对序列的模式都可以用 Seq2Seq 的框架来学习。希望读者可以举一反三，在此基础上做出更多出色的应用。

9.10 时间序列的高级接口 TFTS

TFTS(TensorFlow Time Series)是一个专门处理时间序列数据的高级接口，从 TensorFlow 的 1.3 版本开始，陆续改进迭代，直到 1.5 版本得到了最终的完善。

TFTS 属于估算器框架下的一个具体应用。估算器是 TensorFlow 1.3 版本的新功能，是对机器学习全流程的代码封装。使得开发者不需要再编写流程代码，按照估算器的框架专心实现某一部分具有独立功能（如模型结构、样本输入处理）的代码即可。

TFTS 的具体接口在 tf.contrib.timeseries 下。它支持非线性自动回归模型（估算器：ARRegressor）、基于线性状态空间建模的组件集合模型（包括趋势、预测、向量自回归、移动平均值等，估算器：StructuralEnsembleRegressor）、自定义 LSTM 模型。

开发者可以按照估算器的框架对时间序列数据进行训练、预测。该接口不仅具有处理单变量和多变量的时间序列数据的功能，还具有按照标注忽略具体序列数据的功能。

为了让开发者方便使用，该接口特意给出了 4 个例子。统一放在如下地址中：
https://github.com/tensorflow/tensorflow/tree/master/tensorflow/contrib/timeseries/examples
上述网址打开后，可以找到如下 4 个代码文件，分别对应 4 个例子，具体介绍如下。

- known_anomaly.py：单变量时间序列训练及模型评估，并带有按照标注值忽略的功能；
- multivariate.py：多变量时间序列训练及模型评估；
- predict.py：对时间序列进行训练及预测的例子；
- lstm.py：自定义 lstm 模型例子。

这 4 个例子中的知识点几乎介绍了 TFTS 的全部应用。但对模型的导出、载入并未有代码演示。TFTS 模型部分使用了 saved_model 接口。读者可以在如下网站查看关于 TFTS 的导出、载入说明。

https://github.com/tensorflow/tensorflow/blob/master/tensorflow/python/saved_model/README.md

> **注意**：TFTS 的预测功能并不是一个独立的计算，它是依赖估算器的 evaluate 方法的返回值进行的。这就要求在使用 predict 之前必须进行一次 evaluate 的调用。但是在 TFTS 的代码中，对 evaluate 的封装是默认在开发环境下运行的，每次调用都会生成支持 TensorBoard 的 Summary 日志文件。在生产情况下，这个功能会消

耗不必要的性能。可以通过注释掉源码库中的对应代码将其关闭。具体做法如下：

（1）打开文件 Anaconda3\lib\site-packages\tensorflow\python\estimator\estimator.py；

（2）在_evaluate_model 函数中，找到如下代码：

```
_write_dict_to_summary(
    output_dir=eval_dir,
    dictionary=eval_results,
    current_global_step=eval_results[ops.GraphKeys.GLOBAL_STEP])
```

（3）将其全部注释掉即可。

第 10 章 自编码网络——能够自学习样本特征的网络

深度学习领域主要有两种训练模式：一种是监督学习，即不仅有样本，还有对应的标签；另一种是非监督学习，即只有样本没有标签。此外还有半监督学习，但也属于非监督领域，这里不展开讲解了。

对于监督学习的训练任务，为已有样本准备对应的标签是项很繁重的工作，所以相对来讲，非监督学习就显得简单得多。如果能让网络直接使用样本进行训练，不需要再准备标签，则是更高效的事情。

本章来学习一个非监督模型的网络——自编码网络。

本章含有教学视频共 11 分 15 秒。

作者按照本章的内容结构，对主要内容进行了概括性讲解，对自编码网络的结构、用途及类型部分依次做了简要介绍（掌握自编码网络的分步训练方法，以及条件变分自编码网络是本章内容的重点）。

10.1 自编码网络介绍及应用

人们平时看一幅图时，并不是像计算机那个逐个像素去读，一般是扫一眼物体，大致能得到需要的信息，如形状、颜色和特征等。那么怎样让机器也有这项能力呢？这里就为大家介绍一下自编码网络。

自编码网络是非监督学习领域中的一种，可以自动从无标注的数据中学习特征，是一种以重构输入信号为目标的神经网络，它可以给出比原始数据更好的特征描述，具有较强的特征学习能力，在深度学习中常用自编码网络生成的特征来取代原始数据，以得到更好的结果。

10.2　最简单的自编码网络

自编码（Auto-Encoder，AE）网络是输入等于输出的网络，最基本的模型可以视为三层的神经网络，即输入层、隐藏层、输出层。其中，输入层的样本也会充当输出层的标签角色。换句话说，这个神经网络就是一种尽可能复现输入信号的神经网络。具体的网络结构如图10-1所示。

图10-1　让输出的信号等于输入

其中，从输入到中间状态的过程叫做编码，从中间状态再回到输出的过程叫做解码。这样构成的自动编码器可以捕捉代表输入数据的最重要的因素，类似 PCA 算法（主成份分析），找到可以代表原信息的主要成分。

自编码器要求输出尽可能等于输入，并且其隐藏层必须满足一定的稀疏性，是通过将隐藏层中的后一层个数比前一层神经元个数少的方式来实现稀疏效果的。相当于隐藏层对输入进行了压缩，并在输出层中解压缩。整个过程中肯定会丢失信息，但训练能够使丢失的信息尽量减少，最大化地保留其主要特征。

如果激活函数不使用 Sigmoid 函数，而使用线性函数，那么便是 PCA 模型了。

10.3　自编码网络的代码实现

本节通过实例演示自编码网络的实现。

10.3.1　实例76：提取图片的特征，并利用特征还原图片

实例描述

通过构建一个两层降维的自编码网络，将 MNIST 数据集的数据特征提取出来，并通

过这些特征再重建一个MNIST数据集。

本例分为如下几个步骤。

1. 引入头文件，并加载MNIST数据

假设MNIST数据放在代码文件同级目录的data下，将其以one-hot的形式载入。

代码10-1　自编码

```
01  import tensorflow as tf
02  import numpy as np
03  import matplotlib.pyplot as plt
04
05  # 导入MINST数据集
06  from tensorflow.examples.tutorials.mnist import input_data
07  mnist = input_data.read_data_sets("/data/", one_hot=True)
```

2. 定义网络模型

下面输入MNIST数据集的图片，将其像素点组成的数据（28×28=784）从784维降维到256，然后再降到128，最后再以同样的方式经过128再经过256，最终还原到原来的图片，其过程如图10-2所示。

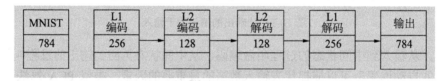

图10-2　自编码实例代码的维度变化过程

定义网络模型的具体代码如下。

代码10-1　自编码（续）

```
08  learning_rate = 0.01
09  n_hidden_1 = 256                              # 第一层256个节点
10  n_hidden_2 = 128                              # 第二层128个节点
11  n_input = 784                                 # MNIST 数据集中图片的维度
12
13  # 占位符
14  x = tf.placeholder("float", [None, n_input])  #输入
15  y = x                                         #输出
16
17  #学习参数
18  weights = {
19      'encoder_h1': tf.Variable(tf.random_normal([n_input, n_hidden_
        1])),
20      'encoder_h2': tf.Variable(tf.random_normal([n_hidden_1, n_hidden_
        2])),
21      'decoder_h1': tf.Variable(tf.random_normal([n_hidden_2, n_hidden_
        1])),
```

```
22          'decoder_h2': tf.Variable(tf.random_normal([n_hidden_1, n_
            input])),
23  }
24  biases = {
25          'encoder_b1': tf.Variable(tf.zeros([n_hidden_1])),
26          'encoder_b2': tf.Variable(tf.zeros([n_hidden_2])),
27          'decoder_b1': tf.Variable(tf.zeros([n_hidden_1])),
28          'decoder_b2': tf.Variable(tf.zeros([n_input])),
29  }
30
31  # 编码
32  def encoder(x):
33      layer_1 = tf.nn.sigmoid(tf.add(tf.matmul(x, weights['encoder_
            h1']),biases['encoder_b1']))
34      layer_2 = tf.nn.sigmoid(tf.add(tf.matmul(layer_1, weights
            ['encoder_h2']), biases['encoder_b2']))
35      return layer_2
36
37  # 解码
38  def decoder(x):
39      layer_1 = tf.nn.sigmoid(tf.add(tf.matmul(x, weights['decoder_
            h1']),biases['decoder_b1']))
40      layer_2 = tf.nn.sigmoid(tf.add(tf.matmul(layer_1, weights
            ['decoder_h2']),biases['decoder_b2']))
41      return layer_2
42
43  #输出的节点
44  encoder_out = encoder(x)
45  pred = decoder(encoder_out)
46
47  # cost 为 y 与 pred 的平方差
48  cost = tf.reduce_mean(tf.pow(y - pred, 2))
49  optimizer = tf.train.RMSPropOptimizer(learning_rate).minimize(cost)
```

上面代码里先定义了学习率为 0.01，这个值可以动态调节，会直接影响到收敛速度和学习的准确性，由于输出标签也是输入标签，所以后面直接定义 y=x。

3．开始训练

接下来设置训练参数，一次取 256 条数据，将所有的训练数据集进行 20 次的迭代训练。

代码10-1　自编码（续）

```
50  # 训练参数
51  training_epochs = 20                        #一共迭代 20 次
52  batch_size = 256                            #每次取 256 个样本
53  display_step = 5                            #迭代 5 次输出一次信息
54
55  # 启动会话
56  with tf.Session() as sess:
57      sess.run(tf.global_variables_initializer())
58      total_batch = int(mnist.train.num_examples/batch_size)
59      # 开始训练
```

```
60      for epoch in range(training_epochs):              #迭代
61
62          for i in range(total_batch):
63              batch_xs, batch_ys = mnist.train.next_batch(batch_size)#取数据
64              _, c = sess.run([optimizer, cost], feed_dict={x: batch_xs})
                # 训练模型
65          if epoch % display_step == 0:                  # 现实日志信息
66              print("Epoch:", '%04d' % (epoch+1),"cost=", "{:.9f}".
                format(c))
67      print("完成!")
```

4. 测试模型

接下来通过 MNIST 数据集中的 test 集来测试一下模型的准确度。

代码10-1　自编码（续）

```
68      correct_prediction = tf.equal(tf.argmax(pred, 1), tf.argmax(y, 1))
69      # 计算错误率
70      accuracy = tf.reduce_mean(tf.cast(correct_prediction, "float"))
71      print ("Accuracy:", 1-accuracy.eval({x: mnist.test.images, y:
        mnist.test.images}))
```

执行代码，信息输出如下：

```
Epoch: 0001 cost= 0.216481194
Epoch: 0006 cost= 0.144190893
Epoch: 0011 cost= 0.128914982
Epoch: 0016 cost= 0.120772459
完成!
Accuracy: 0.885104
```

上面的输出信息中，前面打印的是每一次迭代的错误率，最终输出的 Accuracy 指的是整个模型的正确率。

5. 双比输入和输出

随意取出 10 张图片，比对一下输入与输出，可以看到自编码网络还原的图片与真实图片几乎一样。

代码10-1　自编码（续）

```
72      # 可视化结果
73      show_num = 10
74      reconstruction = sess.run(
75          pred, feed_dict={x: mnist.test.images[:show_num]})
76      f, a = plt.subplots(2, 10, figsize=(10, 2))
77      for i in range(show_num):
78          a[0][i].imshow(np.reshape(mnist.test.images[i], (28, 28)))
79          a[1][i].imshow(np.reshape(reconstruction[i], (28, 28)))
80      plt.draw()
```

执行上面的代码，会生成如图 10-3 所示图片。图片分为上下两行，第一行显示的内

容为输入图片，第二行显示的内容为输出图片。

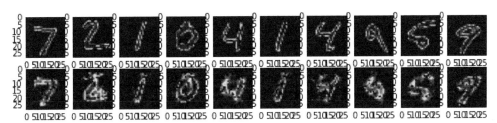

图 10-3　自编码实例的输出结果

10.3.2　线性解码器

在实例 76 中使用的激活函数为 S 型激活函数，输出范围是[0,1]，当我们对最终提取的特征节点采用该激励函数时，就相当于对输入限制或缩放，使其位于[0,1]范围中。有一些数据集，比如 MNIST，能方便地将输出缩放到[0,1]中，但是很难满足对输入值的要求。例如，PCA 白化处理的输入并不满足[0,1]范围要求，也不清楚是否有最好的办法可以将数据缩放到特定范围中。

如果利用一个恒等式来作为激励函数，就可以很好地解决这个问题，即将 f(z)=z 作为激励函数（即，没有激励函数）。

📢注意：这个方法只是对最后的输出层而言，对于神经网络中隐含层的神经元依然还要使用 S 型（或者 tanh）激励函数。

由多个带有 S 型激活函数的隐含层及一个线性输出层构成的自编码器，称为线性解码器。下面来看一个线性解码器的例子。

10.3.3　实例 77：提取图片的二维特征，并利用二维特征还原图片

本节用一个更为极致的例子来展示自编码网络的"威力"。将 MNIST 图片压缩成二维数据，这样也可以在直角坐标系上将其显示出来，让读者更形象地了解自编码网络在特征提取方面的功能。

实例描述

在自编码网络中使用线性解码器对 MNIST 数据特征进行再压缩，并将其映射到直角坐标系上。

这里使用 4 层逐渐压缩将 784 维度分别压缩成 256、64、16、2 这 4 个特征向量。编码部分的具体结构如图 10-4 所示。

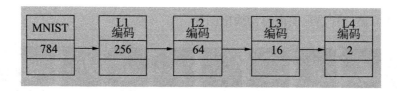

图 10-4　线性解码器实例编码部分网络结构

然后以直角坐标系的形式将数据点显示出来，这样可以更直观地看到自编码器对于同一类图片的聚类效果。

> **说明**：如果读者想得到更好的特征提取效果，可以将压缩的层数变得更多，每层压缩一点点（如：512、256、128、64、32、16、2），由于 Sigmoid 函数的"天生"缺陷，无法使用更深的层，所以这里只能做成 4 层压缩。但不用担心，这个问题可以在学完本章内容之后得到一个满意的解决办法（使用栈式自编码器）。

在这个例子中分为如下几步来编写代码。

1．引入头文件，定义学习参数变量

由于要建立 4 层网络，所以要为每一层分配节点个数，学习参数。

代码10-2　自编码进阶

```
01  import tensorflow as tf
02  import numpy as np
03  import matplotlib.pyplot as plt
04
05  # 导入MNIST数据集
06  from tensorflow.examples.tutorials.mnist import input_data
07  mnist = input_data.read_data_sets("/data/", one_hot=True)
08
09  # 定义学习率
10  learning_rate = 0.01
11  # 隐藏层设置
12  n_hidden_1 = 256
13  n_hidden_2 = 64
14  n_hidden_3 = 16
15  n_hidden_4 = 2
16  n_input = 784  # MNIST data 输入(img shape: 28*28)
17
18  #定义输入占位符
19  x = tf.placeholder("float", [None,n_input])
20  y=x
21  weights = {
22      'encoder_h1': tf.Variable(tf.random_normal([n_input, n_hidden_1],)),
23      'encoder_h2': tf.Variable(tf.random_normal([n_hidden_1, n_hidden_2],)),
24      'encoder_h3': tf.Variable(tf.random_normal([n_hidden_2, n_hidden_3],)),
25      'encoder_h4': tf.Variable(tf.random_normal([n_hidden_3, n_hidden_4],)),
```

```
26
27      'decoder_h1': tf.Variable(tf.random_normal([n_hidden_4, n_hidden_3],)),
28      'decoder_h2': tf.Variable(tf.random_normal([n_hidden_3, n_hidden_2],)),
29      'decoder_h3': tf.Variable(tf.random_normal([n_hidden_2, n_hidden_1],)),
30      'decoder_h4': tf.Variable(tf.random_normal([n_hidden_1, n_input],)),
31      }
32
33 biases = {
34      'encoder_b1': tf.Variable(tf.zeros([n_hidden_1])),
35      'encoder_b2': tf.Variable(tf.zeros([n_hidden_2])),
36      'encoder_b3': tf.Variable(tf.zeros([n_hidden_3])),
37      'encoder_b4': tf.Variable(tf.zeros([n_hidden_4])),
38
39      'decoder_b1': tf.Variable(tf.zeros([n_hidden_3])),
40      'decoder_b2': tf.Variable(tf.zeros([n_hidden_2])),
41      'decoder_b3': tf.Variable(tf.zeros([n_hidden_1])),
42      'decoder_b4': tf.Variable(tf.zeros([n_input])),
43      }
```

2．定义网络模型

下面的代码是定义编码和解码的网络结构，这里使用了线性解码器。在编码的最后一层，没有进行 Sigmoid 变换，这是因为生成的二维数据其数据特征已经变得极为主要，所以我们希望让它透传到解码器中，少一些变换可以最大化地保存原有的主要特征。当然，这一切也是通过分析之后实际测试得来的结果。

代码10-2　自编码进阶（续）

```
44 def encoder(x):
45     layer_1 = tf.nn.sigmoid(tf.add(tf.matmul(x, weights['encoder_h1']),
46                                     biases['encoder_b1']))
47     layer_2 = tf.nn.sigmoid(tf.add(tf.matmul(layer_1, weights['encoder_h2']),
48                                     biases['encoder_b2']))
49     layer_3 = tf.nn.sigmoid(tf.add(tf.matmul(layer_2, weights['encoder_h3']),
50                                     biases['encoder_b3']))
51     layer_4 = tf.add(tf.matmul(layer_3, weights['encoder_h4']),
52                                     biases['encoder_b4'])
53     return layer_4
54
55 def decoder(x):
56     layer_1 = tf.nn.sigmoid(tf.add(tf.matmul(x, weights['decoder_h1']),
57                                     biases['decoder_b1']))
58     layer_2 = tf.nn.sigmoid(tf.add(tf.matmul(layer_1, weights['decoder_h2']),
59                                     biases['decoder_b2']))
60     layer_3 = tf.nn.sigmoid(tf.add(tf.matmul(layer_2, weights['decoder_h3']),
61                                     biases['decoder_b3']))
62     layer_4 = tf.nn.sigmoid(tf.add(tf.matmul(layer_3, weights
```

```
                        ['decoder_h4']),
63                                          biases['decoder_b4']))
64      return layer_4
65  # 构建模型
66  encoder_op = encoder(x)
67  y_pred = decoder(encoder_op)                        # 784 维度
68
69  cost = tf.reduce_mean(tf.pow(y - y_pred, 2))
70  optimizer = tf.train.AdamOptimizer(learning_rate).minimize(cost)
```

3. 开始训练

这一步中还是一次取 256 条数据，将全部数据集迭代 20 次。

代码10-2　自编码进阶（续）

```
71  #训练
72  training_epochs = 20       # 迭代训练 20 一次
73  batch_size = 256
74  display_step = 1
75
76  with tf.Session() as sess:
77      sess.run(tf.global_variables_initializer())
78      total_batch = int(mnist.train.num_examples/batch_size)
79      # 启动循环开始训练
80      for epoch in range(training_epochs):
81          # 遍历全部数据集
82          for i in range(total_batch):
83              batch_xs, batch_ys = mnist.train.next_batch(batch_size)
84              _, c = sess.run([optimizer, cost], feed_dict={x: batch_xs})
85          # 显示训练中的详细信息
86          if epoch % display_step == 0:
87              print("Epoch:", '%04d' % (epoch+1),
88                    "cost=", "{:.9f}".format(c))
89      print("完成!")
```

输出结果如下：

```
Epoch: 0001 cost= 0.106694221
Epoch: 0002 cost= 0.096146211
Epoch: 0003 cost= 0.089687020
Epoch: 0004 cost= 0.085342437
Epoch: 0005 cost= 0.076942392
Epoch: 0006 cost= 0.077152036
Epoch: 0007 cost= 0.074504733
Epoch: 0008 cost= 0.071438089
Epoch: 0009 cost= 0.070937753
Epoch: 0010 cost= 0.067885153
Epoch: 0011 cost= 0.068935215
Epoch: 0012 cost= 0.067724347
Epoch: 0013 cost= 0.065405361
Epoch: 0014 cost= 0.069433592
Epoch: 0015 cost= 0.068582796
```

```
Epoch: 0016 cost= 0.067146875
Epoch: 0017 cost= 0.065363437
Epoch: 0018 cost= 0.066899218
Epoch: 0019 cost= 0.065677144
Epoch: 0020 cost= 0.064701408
完成!
```

可以看出,通过自编码网络将784维的数据压缩成了二维,用二维数据来代替784维,这就是自编码网络的神奇之处!

4.对比输入和输出

同样我们再添加一些代码将效果显示出来。随意取出10张图片,并将图片输入模型中,得到输出图片。同时比对一下输入与输出的图片。

代码10-2 自编码进阶(续)

```
90      # 可视化结果
91      show_num = 10
92      encode_decode = sess.run(
93          y_pred, feed_dict={x: mnist.test.images[:show_num]})
94      # 将自编码输出结果和原始样本显示出来
95      f, a = plt.subplots(2, 10, figsize=(10, 2))
96      for i in range(show_num):
97          a[0][i].imshow(np.reshape(mnist.test.images[i], (28, 28)))
98          a[1][i].imshow(np.reshape(encode_decode[i], (28, 28)))
99      plt.show()
```

执行上面的代码,生成如图10-5所示图片。

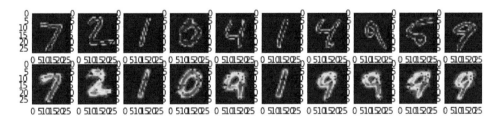

图10-5 自编码进阶实例结果1

5.显示数据的二维特征

接着就是比较好玩的事情了。我们要把数据压缩后的二维特征显示出来。

代码10-2 自编码进阶(续)

```
100     aa = [np.argmax(l) for l in mnist.test.labels]#将onehot转成一般编码
101     encoder_result = sess.run(encoder_op, feed_dict={x: mnist.test.
        images})
102     plt.scatter(encoder_result[:, 0], encoder_result[:, 1], c=aa)
103     plt.colorbar()
104     plt.show()
```

执行上面的代码，生成如图10-6所示图片。

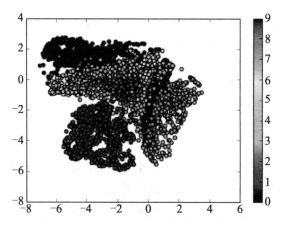

图10-6 自编码进阶实例结果2

这样看这是不是直观多了！看了这个图你会有什么感觉，聚类？K均值？softmax？没错，一般来讲用自编码网络将数据降维之后的数据更有利于进行分类处理。

注意：上面代码中的 aa 是将 mnist.test.labels 里面的 one_hot 转换成一般的数字，然后进行图像显示。这个代码建议读者把它收集起来，因为在深度学习过程中 one_hot 的互转会经常用到。另外，one_hot 转码有多种方法，细心的读者可以在前面章节中找到更简洁的转换代码。

当然也可以不用这句代码，那么在最前面引入 MNIST 时就必须把 onehot 关掉，将

```
mnist = input_data.read_data_sets("/data/", one_hot=True)
```

改成：

```
mnist = input_data.read_data_sets("/data/", one_hot=False)
```

同时将倒数第三句改成使用 mnist 的测试标签：

```
plt.scatter(encoder_result[:,0],encoder_result[:,1],c=mnist.test.labels)
```

10.3.4 实例78：实现卷积网络的自编码

自编码结构不仅只用在全连接网络上，还可用在卷积网络上。下面举例实现一个卷积网络的自编码。代码变化不大，是在原有的基础上将全连接改成卷积，具体改动步骤如下。

实例描述

在自编码网络中使用卷积网络完成 MNIST 的自编码功能。

1. 修改网络权重定义

保持 b 不变,将原来的 w 改成卷积核的定义如下。

代码10-3 卷积网络自编码

```
01  ......
02  #学习参数
03  weights = {
04      'encoder_conv1': tf.Variable(tf.truncated_normal([5, 5, 1, n_conv_1],stddev=0.1)),
05      'encoder_conv2': tf.Variable(tf.random_normal([3, 3, n_conv_1, n_conv_2],stddev=0.1)),
06      'decoder_conv1': tf.Variable(tf.random_normal([5, 5, 1, n_conv_1],stddev=0.1)),
07      'decoder_conv2': tf.Variable(tf.random_normal([3, 3, n_conv_1, n_conv_2],stddev=0.1))
08  }
09  ......
```

2. 改变编码和解码结构

原来的编码器和解码器分别由全连接改成卷积和反卷积操作,通过外层的池化与反池化将整个网络贯穿起来。在网络入口处还要将输入的维度改成[-1,28,28,1]。

代码10-3 卷积网络自编码(续)

```
10  x_image = tf.reshape(x, [-1,28,28,1])
11  # 编码
12  def encoder(x):
13      h_conv1 = tf.nn.relu(conv2d(x, weights['encoder_conv1']) + biases['encoder_conv1'])
14      h_conv2 = tf.nn.relu(conv2d(h_conv1, weights['encoder_conv2']) + biases['encoder_conv2'])
15      return h_conv2,h_conv1
16  
17  # 解码
18  def decoder(x,conv1):
19      t_conv1 = tf.nn.conv2d_transpose(x-biases['decoder_conv2'], weights['decoder_conv2'], conv1.shape,[1,1,1,1])
20      t_x_image = tf.nn.conv2d_transpose(t_conv1-biases['decoder_conv1'], weights['decoder_conv1'], x_image.shape,[1,1,1,1])
21      return t_x_image
22  
23  #输出的节点
24  encoder_out,conv1 = encoder(x_image)
25  h_pool2, mask = max_pool_with_argmax(encoder_out, 2)
26  
27  h_upool = unpool(h_pool2, mask, 2)
28  pred = decoder(h_upool,conv1)
```

上面代码中用到的卷积函数和反池化函数,可以在 8.4 节和 8.6 节中查看具体实现过程。

3. 测试及可视化部分改动

因为反池化的函数要求输入图片的一个维度不能为 Nine,所以,需要把评估部分也改一下。

代码10-3　卷积网络自编码（续）

```
29    # 测试
30    batch_xs, batch_ys = mnist.train.next_batch(batchsize)
31    print ("Error:", cost.eval({x: batch_xs}))
32
33    # 可视化结果
34    show_num = 10
35    reconstruction = sess.run(
36
37        pred, feed_dict={x: batch_xs})
38
39    f, a = plt.subplots(2, 10, figsize=(10, 2))
40    for i in range(show_num):
41
42        a[0][i].imshow(np.reshape(batch_xs[i], (28, 28)))
43        a[1][i].imshow(np.reshape(reconstruction[i], (28, 28)))
44    plt.draw()
```

运行上面的代码,可以看到如下信息,生成的图片如图 10-7 所示。

Epoch: 0001 cost= 0.026543943
Epoch: 0006 cost= 0.538754463
Epoch: 0011 cost= 0.006631755
Epoch: 0016 cost= 0.003391982
完成!
error: 0.0214768

图 10-7　卷积自编码网络实例

10.3.5 练习题

仿照 10.3.1 节的例子,试着建立一个更深层的自编码,分为 3 层将图片压缩成 512、256、128 维度,然后再将其还原(可以参考本书配套代码的代码"10-4 自编码练习题.py"文件)。

10.4 去噪自编码

要想取得好的特征只靠重构输入数据是不够的，在实际应用中，还需要让这些特征具有抗干扰的能力，即当输入数据发生一定程度的扰动时，生成的特征仍然保持不变。这时需要添加噪声来为模型增加更大的困难。在这种情况下训练出来的模型才会有更好的鲁棒性，于是就有了本节所介绍的去噪自动编码器。

去噪自动编码器（Denoising Autoencoder，DA），是在自动编码的基础上，训练数据加入噪声，输出的标签仍是原始的样本（没有加过噪声的），这样自动编码器必须学习去除噪声而获得真正的没有被噪声污染过的输入特征。因此，这就迫使编码器去学习输入信号的更加鲁棒的特征表达，即具有更加强悍的泛化能力。

在实际训练中，人为加入的噪声有两种途径：

（1）在选择训练数据集时，额外选择一些样本集以外的数据。

（2）改变已有的样本数据集中的数据（使样本个体不完整，或通过噪声与样本进行的加减乘除之类的运算，使样本数据发生变化）。

10.5 去噪自编码网络的代码实现

下面进入实例环节，通过例子来构建一个去噪自编码网络。

10.5.1 实例79：使用去噪自编码网络提取 MNIST 特征

本节做一个更简单的自编码模型，让 784 维只通过一层压缩成 256 维。与前面例子唯一不同的是，将原始的数据进行一些变换，每个像素点都乘以一个高斯噪声，然后在输出的位置仍然使用原始的输入样本，这样迫使网络在提取特征的同时将噪声去掉。为了防止其过拟合，还需要在其中加入 Dropout 层。

在这个例子中分为如下几个步骤来编写代码。

实例描述

对 MNIST 集原始输入图片加入噪声，在自编码网络中进行训练，以得到抗干扰更强的特征提取模型。

1. 引入头文件，创建网络模型及定义学习参数变量

代码10-5 去噪声自编码

```
01  import numpy as np
02  import tensorflow as tf
```

```
03  import matplotlib.pyplot as plt
04  from tensorflow.examples.tutorials.mnist import input_data
05
06  mnist = input_data.read_data_sets("/data/", one_hot=True)
07
08  train_X  = mnist.train.images
09  train_Y  = mnist.train.labels
10  test_X   = mnist.test.images
11  test_Y   = mnist.test.labels
12
13  n_input    = 784
14  n_hidden_1 = 256
15
16  # 占位符
17  x = tf.placeholder("float", [None, n_input])
18  y = tf.placeholder("float", [None, n_input])
19  dropout_keep_prob = tf.placeholder("float")
20
21  #学习参数
22  weights = {
23      'h1': tf.Variable(tf.random_normal([n_input, n_hidden_1])),
24      'h2': tf.Variable(tf.random_normal([n_hidden_1, n_hidden_1])),
25      'out': tf.Variable(tf.random_normal([n_hidden_1, n_input]))
26  }
27  biases = {
28      'b1': tf.Variable(tf.zeros([n_hidden_1])),
29      'b2': tf.Variable(tf.zeros([n_hidden_1])),
30      'out': tf.Variable(tf.zeros([n_input]))
31  }
32
33  # 网络模型
34  def denoise_auto_encoder(_X, _weights, _biases, _keep_prob):
35      layer_1 = tf.nn.sigmoid(tf.add(tf.matmul(_X, _weights['h1']), _biases['b1']))
36      layer_1out = tf.nn.dropout(layer_1, _keep_prob)
37      layer_2 = tf.nn.sigmoid(tf.add(tf.matmul(layer_1out, _weights['h2']), _biases['b2']))
38      layer_2out = tf.nn.dropout(layer_2, _keep_prob)
39      return tf.nn.sigmoid(tf.matmul(layer_2out, _weights['out']) + _biases['out'])
40
41  reconstruction = denoise_auto_encoder(x, weights, biases, dropout_keep_prob)
42
43  # COST 计算
44  cost = tf.reduce_mean(tf.pow(reconstruction-y, 2))
45  # 优化器
46  optm = tf.train.AdamOptimizer(0.01).minimize(cost)
```

可以看到，在定义学习参数时，加了 dropout 的学习参数，因为后面要为网络添加 dropout 层。

2. 设置训练参数，开始训练

这一步还和前面例子一样，重点看下一步的变化。

代码10-5　去噪声自编码（续）

```
47  #训练参数
48  epochs     = 20
49  batch_size = 256
50  disp_step  = 2
51
52  with tf.Session() as sess:
53      sess.run(tf.global_variables_initializer())
54      print ("开始训练")
55      for epoch in range(epochs):
56          num_batch = int(mnist.train.num_examples/batch_size)
57          total_cost = 0.
58          for i in range(num_batch):
```

3. 生成噪声数据

在这里做了添加噪声的操作，每次取出一批次的数据，将输入数据的每一个像素都加上 0.3 倍的高斯噪声。

代码10-5　去噪声自编码（续）

```
59          batch_xs, batch_ys = mnist.train.next_batch(batch_size)
60          batch_xs_noisy = batch_xs + 0.3*np.random.randn(batch_size, 784)
61          feeds = {x: batch_xs_noisy, y: batch_xs, dropout_keep_prob: 1.}
62          sess.run(optm, feed_dict=feeds)
63          total_cost += sess.run(cost, feed_dict=feeds)
64
65          # 显示训练日志
66          if epoch % disp_step == 0:
67              print ("Epoch %02d/%02d average cost: %.6f"
68                     % (epoch, epochs, total_cost/num_batch))
69      print ("完成")
```

执行上面的代码，生成如下信息：

```
开始训练
Epoch 00/20 average cost: 0.097613
Epoch 02/20 average cost: 0.073714
Epoch 04/20 average cost: 0.068687
Epoch 06/20 average cost: 0.065391
Epoch 08/20 average cost: 0.063086
Epoch 10/20 average cost: 0.062062
Epoch 12/20 average cost: 0.061144
Epoch 14/20 average cost: 0.060415
Epoch 16/20 average cost: 0.060192
Epoch 18/20 average cost: 0.059686
完成
```

4. 数据可视化

接下来是数据可视化部分,接着添加以下代码。

代码10-5　去噪声自编码(续)

```
70    show_num = 10
71    test_noisy = mnist.test.images[:show_num] + 0.3*np.random.randn
        (show_num, 784)
72    encode_decode = sess.run(
73        reconstruction, feed_dict={x: test_noisy, dropout_keep_prob: 1.})
74    f, a = plt.subplots(3, 10, figsize=(10, 3))
75    for i in range(show_num):
76        a[0][i].imshow(np.reshape(test_noisy[i], (28, 28)))
77        a[1][i].imshow(np.reshape(mnist.test.images[i], (28, 28)))
78        a[2][i].matshow(np.reshape(encode_decode[i], (28, 28)), cmap=
            plt.get_cmap('gray'))
79    plt.show()
```

执行上面的代码,生成如图10-8所示图片。

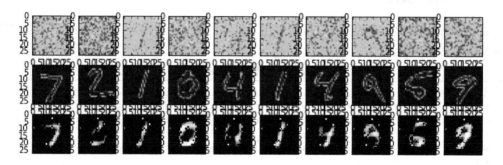

图 10-8　去噪自编码结果1

第一行图片是加入噪声后的输入,第二行图片是原始的样本(在这里作为标签),最后一行是输出。这里为了让结果看起来明显一些,将输出以灰色的图来显示。可以看出,输出的图片还能看出原来的样子,而且基本上将前面的噪声大部分都过滤掉了。

5. 测试鲁棒性

为了测试模型的鲁棒性,我们换一种噪声方式,然后再生成一个样本测试效果(接着上面的 sess)。

代码10-5　去噪声自编码(续)

```
80    randidx  = np.random.randint(test_X.shape[0], size=1)
81    orgvec   = test_X[randidx, :]
82    testvec  = test_X[randidx, :]
83    label    = np.argmax(test_Y[randidx, :], 1)
84
85    print ("label is %d" % (label))
86    # 噪音类型
```

```
 87     print ("Salt and Pepper Noise")
 88     noisyvec = testvec
 89     rate     = 0.15
 90     noiseidx = np.random.randint(test_X.shape[1]
 91                                , size=int(test_X.shape[1]*rate))
 92     noisyvec[0, noiseidx] = 1-noisyvec[0, noiseidx]
 93     outvec   = sess.run(reconstruction, feed_dict={x: noisyvec,
        dropout_keep_prob: 1})
 94     outimg   = np.reshape(outvec, (28, 28))
 95
 96     # 可视化
 97     plt.matshow(np.reshape(orgvec, (28, 28)), cmap=plt.get_cmap('gray'))
 98     plt.title("Original Image")
 99     plt.colorbar()
100
101     plt.matshow(np.reshape(noisyvec, (28, 28)), cmap=plt.get_cmap('gray'))
102     plt.title("Input Image")
103     plt.colorbar()
104
105     plt.matshow(outimg, cmap=plt.get_cmap('gray'))
106     plt.title("Reconstructed Image")
107     plt.colorbar()
108     plt.show()
```

执行上面的代码，会生成如下信息，生成的图片如图10-9所示。

```
label is 9
Salt and Pepper Noise
```

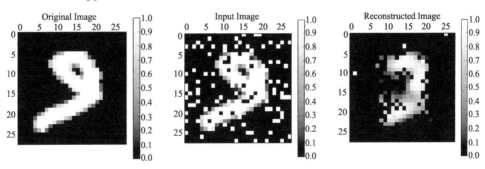

图10-9　去噪自编码结果2

可以看出，使用Salt and Pepper噪声对原始图片进行干扰后，仍然可以得到很好的效果。

10.5.2　练习题

试着将dropout的值改成0.5，看一下模型训练出来的样子，然后再将Salt and Pepper噪声变换后的图片放到模型里，观察输出的图片。想想这是为什么？为什么要在去噪声自编码网络里加入dropout。

10.6 栈式自编码

接下来一起看看什么是栈式自编码。

10.6.1 栈式自编码介绍

栈式自编码神经网络（Stacked Autoencoder，SA），是对自编码网络的一种使用方法，是一个由多层训练好的自编码器组成的神经网络。由于网络中的每一层都是单独训练而来，相当于都初始化了一个合理的数值。所以，这样的网络会更容易训练，并且有更快的收敛性及更高的准确度。

栈式自编码常常被用于预训练（初始化）深度神经网络之前的权重预训练步骤。例如，在一个分类问题上，可以按照从前向后的顺序执行每一层通过自编码器来训练，最终将网络中最深层的输出作为softmax分类器的输入特征，通过softmax层将其分开。

为了使这个过程容易理解，下面以训练一个包含两个隐含层的栈式自编码网络为例，一步一步为大家介绍具体操作。

（1）训练一个自编码器，得到原始输入的一阶特征表示 $h^{(1)}$（如图10-10中的features1所示）。

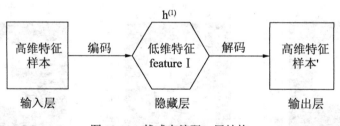

图10-10 栈式自编码一层结构

（2）将上一步输出的特征 $h^{(1)}$ 作为输入，对其进行再一次的自编码，并同时获取特征 $h^{(2)}$（如图10-11中的featuresII所示）。

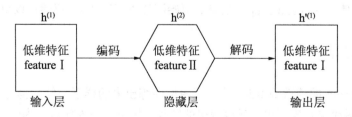

图10-11 栈式自编码二层结构

（3）把上一步的特征 $h^{(2)}$ 连上 softmax 分类器，得到了一个图片数字标签分类的模型，具体网络结构如图 10-12 所示。

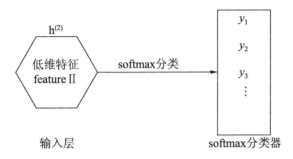

图 10-12　栈式自编码三层结构

（4）把这 3 层结合起来，就构成了一个包含两个隐藏层加一个 softmax 的栈式自编码网络，它可以对数字图片分类。具体网络结构如图 10-13 所示。

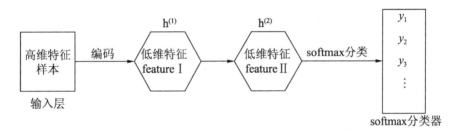

图 10-13　栈式自编码级联结构

10.6.2　栈式自编码在深度学习中的意义

看到这里或许有读者会有疑问，为什么要这么麻烦，直接使用多层神经网络来训练不是也可以吗？在这里是为大家介绍一种训练方法，而这个训练更像是手动训练，之所以我们愿意这么麻烦，主要是因为其有以下几个优点：
- 每一层都可以单独训练，保证降维特征的可控性。
- 对于高维度的分类问题，一下拿出一套完整可用的模型相对来讲并不是容易的事，因为节点太多，参数太多，一味地增加深度只会使结果越来越不可控，成为彻底的黑盒，而使用栈式自编码逐层降维，可以将复杂问题简单化，更容易完成任务。
- 任意深层，理论上是越深层的神经网络对现实的拟合度越高，但是传统的多层神经网络，由于使用的是误差反向传播方式，导致层越深，传播的误差越小。栈式自编码巧妙地绕过这个问题，直接使用降维后的特征值进行二次训练，可以任意层数的加深。

栈式自编码神经网络具有强大的表达能力和深度神经网络的所有优点，它通常能够获取到输入的"层次型分组"或者"部分-整体分解"结构，自编码器倾向于学习得到与样本相对应的低维向量，该向量可以更好地表示高维样本的数据特征。

如果网络输入的是图像，第一层会学习去识别边，二层会学习组合边、构成轮廓角等，更高层会学习组合更形象的特征。例如，人脸图像，学习如何识别眼睛、鼻子、嘴等。

10.7 深度学习中自编码的常用方法

下面介绍深度学习中关于自编码的常用方法。

10.7.1 代替和级联

栈式自编码会将网络中的中间层作为下一个网络的输入进行训练。我们可以得到网络中每一个中间层的原始值，为了能有更好的效果，还可以使用级联的方式进一步优化网络参数。

在已有的模型上接着优化参数的步骤习惯上称为"微调"。该方法不仅在自编码网络，在整个深度学习里都是常见的技术。

在什么时候应用微调呢？通常仅在有大量已标注训练数据的情况下使用。在这样的情况下，微调能显著提升分类器性能。但如果有大量未标注数据集（用于非监督特征学习/预训练），却只有相对较少的已标注训练集，则微调的作用非常有限。

10.7.2 自编码的应用场景

本章使用 MNIST 举例，主要是为了得到一个很好的可视化效果。但在实际应用中，全连接的自编码网络并不适合处理图片类问题，原因在第 8 章的开头部分已经讲过了，这里不再赘述。

自编码更像是一种技巧，任何一种网络及方法不可能不变化就可以满足所有的问题，现实环境中，需要使用具体的模型配合各种技巧来解决问题。明白其原理，知道它的优、劣势才是核心。在任何一个多维数据的分类中也可以用自编码，或在大型图片文类任务中，卷积池化后的特征数据进行自编码降维也是一个好方法。

10.8 去噪自编码与栈式自编码的综合实现

本节将前面的知识综合一下，实现一个把去噪自编码加入栈式自编码网络中的例子。

10.8.1 实例 80：实现去噪自编码

这次我们把前面所学的知识全部用上一起做一个综合的实例。首先建立一个去噪自编码，然后再对第一层的输出做一次简单的自编码压缩，然后再将第二层的输出做一个 softmax 的分类，最后，把这 3 个网络里的中间层拿出来，组成一个新的网络进行微调。下面就来一一操作。

1．引入头文件，创建网络模型及定义学习参数变量

实例描述

对 MNIST 集中的原始输入图片加入噪声，在自编码网络中进行训练，得到抗干扰更强的特征提取模型。

引入头文件，创建 MINST 数据集。

代码10-6　自编码综合

```
01  import numpy as np
02  import tensorflow as tf
03  import matplotlib.pyplot as plt
04  from tensorflow.examples.tutorials.mnist import input_data
05  mnist = input_data.read_data_sets("/data/", one_hot=True)
06
07  train_X  = mnist.train.images
08  train_Y  = mnist.train.labels
09  test_X   = mnist.test.images
10  test_Y   = mnist.test.labels
```

2．定义占位符

最终训练的网络为一个输入、一个输出和两个隐藏层，结构如图 10-14 所示。

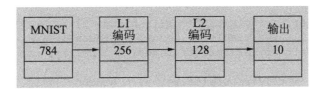

图 10-14　自编码综合实例结构

在这个例子中要建立 4 个网络：每一层都用一个网络来训练，于是我们需要训练 3 个网络，最后再把训练好的各个层组合到一起，形成第 4 个网络。

代码10-6　自编码综合（续）

```
11  # NETOWRK PARAMETERS
12  n_input    = 784
13  n_hidden_1 = 256                         #第一层自编码
```

```
14   n_hidden_2 = 128                          #第二层自编码
15   n_classes = 10
16
17   # 占位符
18   # 第一层输入
19   x = tf.placeholder("float", [None, n_input])
20   y = tf.placeholder("float", [None, n_input])
21   dropout_keep_prob = tf.placeholder("float")
22   #第二层输入
23   l2x = tf.placeholder("float", [None, n_hidden_1])
24   l2y = tf.placeholder("float", [None, n_hidden_1])
25   #第三层输入
26   l3x = tf.placeholder("float", [None, n_hidden_2])
27   l3y = tf.placeholder("float", [None, n_classes])
```

3. 定义学习参数

除了输入层,后面的其他三层(256、128、10)每一层都需要单独使用一个自编码网络来训练,所以要为这 3 个网络创建 3 套学习参数。

代码10-6　自编码综合(续)

```
28   # WEIGHTS
29   weights = {
30       #网络1   784-256-784
31       'h1': tf.Variable(tf.random_normal([n_input, n_hidden_1])),
32       'l1_h2': tf.Variable(tf.random_normal([n_hidden_1, n_hidden_1])),
33       'l1_out': tf.Variable(tf.random_normal([n_hidden_1, n_input])),
34       #网络2   256-128-256
35       'l2_h1': tf.Variable(tf.random_normal([n_hidden_1, n_hidden_2])),
36       'l2_h2': tf.Variable(tf.random_normal([n_hidden_2, n_hidden_2])),
37       'l2_out': tf.Variable(tf.random_normal([n_hidden_2, n_hidden_1])),
38       #网络3   128-10
39       'out': tf.Variable(tf.random_normal([n_hidden_2, n_classes]))
40   }
41   biases = {
42       'b1': tf.Variable(tf.zeros([n_hidden_1])),
43       'l1_b2': tf.Variable(tf.zeros([n_hidden_1])),
44       'l1_out': tf.Variable(tf.zeros([n_input])),
45
46       'l2_b1': tf.Variable(tf.zeros([n_hidden_2])),
47       'l2_b2': tf.Variable(tf.zeros([n_hidden_2])),
48       'l2_out': tf.Variable(tf.zeros([n_hidden_1])),
49
50       'out': tf.Variable(tf.zeros([n_classes]))
51   }
```

4. 第1层网络结构

为第 1 层建立一个自编码网络,并定义其网络结构。这里注意,由于要往第 1 层里加入噪声,所以第 1 层需要有 dropout 层。

代码10-6　自编码综合（续）

```python
52  #第1层的编码输出
53  l1_out = tf.nn.sigmoid(tf.add(tf.matmul(x, weights['h1']), biases['b1']))
54
55  #l1 解码器 MODEL
56  def noise_l1_autodecoder(layer_1, _weights, _biases, _keep_prob):
57      layer_1out = tf.nn.dropout(layer_1, _keep_prob)
58      layer_2 = tf.nn.sigmoid(tf.add(tf.matmul(layer_1out, _weights['l1_h2']), _biases['l1_b2']))
59      layer_2out = tf.nn.dropout(layer_2, _keep_prob)
60      return tf.nn.sigmoid(tf.matmul(layer_2out, _weights['l1_out']) + _biases['l1_out'])
61
62  # 第一层的解码输出
63  l1_reconstruction = noise_l1_autodecoder(l1_out, weights, biases, dropout_keep_prob)
64
65  # 计算 COST
66  l1_cost = tf.reduce_mean(tf.pow(l1_reconstruction-y, 2))
67  # OPTIMIZER
68  l1_optm = tf.train.AdamOptimizer(0.01).minimize(l1_cost)
```

5. 第2层网络结构

为第2层建立一个自编码网络，并定义其网络结构。

代码10-6　自编码综合（续）

```python
69  #l2 解码器 MODEL
70  def l2_autodecoder(layer1_2, _weights, _biases):
71      layer1_2out = tf.nn.sigmoid(tf.add(tf.matmul(layer1_2, _weights['l2_h2']), _biases['l2_b2']))
72      return tf.nn.sigmoid(tf.matmul(layer1_2out, _weights['l2_out']) + _biases['l2_out'])
73
74  #第二层的编码输出
75  l2_out = tf.nn.sigmoid(tf.add(tf.matmul(l2x, weights['l2_h1']), biases['l2_b1']))
76  # 第二层的解码输出
77  l2_reconstruction = l2_autodecoder(l2_out, weights, biases)
78
79  # COST 计算
80  l2_cost = tf.reduce_mean(tf.pow(l2_reconstruction-l2y, 2))
81  # 优化器
82  optm2 = tf.train.AdamOptimizer(0.01).minimize(l2_cost)
```

6. 第3层网络结构

为第3层建立一个自编码网络，并定义其网络结构。

代码10-6　自编码综合（续）

```python
83  l3_out = tf.matmul(l3x, weights['out']) + biases['out']
```

```
84    l3_cost = tf.reduce_mean(tf.nn.softmax_cross_entropy_with_logits
      (logits=l3_out, labels=l3y))
85    l3_optm = tf.train.AdamOptimizer(0.01).minimize(l3_cost)
```

7. 定义级联网络结构

将 3 层网络级联在一起，建立第 4 个网络，并定义其网络结构。这里复用了 l1_out 的节点，因为它是第 1 层的输出，其输入数据也是原始样本，与级联网络结构里的第一层一样，其他几层则需要重新定义。

代码10-6　自编码综合（续）

```
86    #3层 级联
87    #1联2
88    l1_l2out = tf.nn.sigmoid(tf.add(tf.matmul(l1_out, weights['l2_h1']),
      biases['l2_b1']))
89    # 2联3
90    pred = tf.matmul(l1_l2out, weights['out']) + biases['out']
91    # 定义loss和优化器
92    cost3 = tf.reduce_mean(tf.nn.softmax_cross_entropy_with_logits
      (logits=pred, labels=l3y))
93    optm3 = tf.train.AdamOptimizer(0.001).minimize(cost3)
```

8. 第1层网络训练

网络结构定义好之后，下面开始第 1 层网络的训练。

代码10-6　自编码综合（续）

```
94   epochs = 50
95   batch_size = 100
96   disp_step = 10
97
98   with tf.Session() as sess:
99       sess.run(tf.global_variables_initializer())
100
101      print ("开始训练")
102      for epoch in range(epochs):
103          num_batch = int(mnist.train.num_examples/batch_size)
104          total_cost = 0.
105          for i in range(num_batch):
106              batch_xs, batch_ys = mnist.train.next_batch(batch_size)
107              batch_xs_noisy = batch_xs + 0.3*np.random.randn(batch_size, 784)
108              feeds = {x: batch_xs_noisy, y: batch_xs, dropout_keep_prob: 0.5}
109              sess.run(l1_optm, feed_dict=feeds)
110              total_cost += sess.run(l1_cost, feed_dict=feeds)
111          # DISPLAY
112          if epoch % disp_step == 0:
113              print ("Epoch %02d/%02d average cost: %.6f"
114                     % (epoch, epochs, total_cost/num_batch))
115      print ("完成")
```

执行上面的代码，生成如下信息：

开始训练
Epoch 00/50 average cost: 0.113718
Epoch 10/50 average cost: 0.035614
Epoch 20/50 average cost: 0.033097
Epoch 30/50 average cost: 0.032123
Epoch 40/50 average cost: 0.031541
完成

从测试数据集中拿出 10 个样本放到模型里，将生成的结果可视化。

代码10-6　自编码综合（续）

```
116  show_num = 10
117      test_noisy = mnist.test.images[:show_num] + 0.3*np.random.randn
         (show_num, 784)
118      encode_decode = sess.run(
119          l1_reconstruction, feed_dict={x: test_noisy, dropout_keep_
             prob: 1.})
120      f, a = plt.subplots(3, 10, figsize=(10, 3))
121      for i in range(show_num):
122          a[0][i].imshow(np.reshape(test_noisy[i], (28, 28)))
123          a[1][i].imshow(np.reshape(mnist.test.images[i], (28, 28)))
124          a[2][i].matshow(np.reshape(encode_decode[i], (28, 28)),
             cmap=plt.get_cmap('gray'))
125      plt.show()
```

执行上面的代码，生成如图 10-15 所示信息。

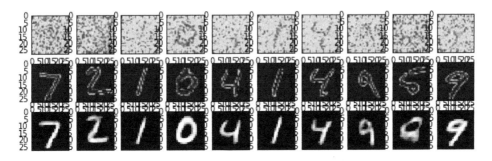

图 10-15　自编码综合实例第 1 层结果

为什么这次的还原数据几乎将噪声全部过滤了呢？还记得去噪自编码那一章的练习题吗？这就是 dropout 的效果。仔细看，这次 dropout 的值设成了 0.5，意味着有一半的节点是丢弃的，所以才会得到更好的拟合效果。

9. 第 2 层网络训练

下面开始训练第 2 层网络。需要注意的地方是，这个网络模型的输入已经不再是我们的 MNIST 图片了，而是上一层的输出，所以在准备输入数据时，要让输入的数据在上一层的模型中运算一次才可以作为本次的输入。

代码10-6　自编码综合（续）

```
126  with tf.Session() as sess:
127      sess.run(tf.global_variables_initializer())
128      print ("开始训练")
129      for epoch in range(epochs):
130          num_batch = int(mnist.train.num_examples/batch_size)
131          total_cost = 0.
132          for i in range(num_batch):
133              batch_xs, batch_ys = mnist.train.next_batch(batch_size)
134
135              l1_h = sess.run(l1_out, feed_dict={x: batch_xs, y: batch_xs,
                     dropout_keep_prob: 1.})
136              _,l2cost = sess.run([optm2,l2_cost], feed_dict={l2x: l1_h,
                     l2y: l1_h })
137              total_cost += l2cost
138
139          # log 输出
140          if epoch % disp_step == 0:
141              print ("Epoch %02d/%02d average cost: %.6f"
142                     % (epoch, epochs, total_cost/num_batch))
143      print ("完成  layer_2 训练")
144
```

执行上面的代码，生成如下信息：

开始训练
Epoch 00/50 average cost: 0.126013
Epoch 10/50 average cost: 0.019285
Epoch 20/50 average cost: 0.014477
Epoch 30/50 average cost: 0.012606
Epoch 40/50 average cost: 0.012108
完成 layer_2 训练

同理，可视化部分也是这样，所有准备输入的点都要在模型1中生成一次，见以下代码。

代码10-6　自编码综合（续）

```
145      show_num = 10
146      testvec = mnist.test.images[:show_num]
147      out1vec = sess.run(l1_out, feed_dict={x: testvec,y: testvec,
             dropout_keep_prob: 1.})
148      out2vec = sess.run(l2_reconstruction, feed_dict={l2x: out1vec})
149
150      f, a = plt.subplots(3, 10, figsize=(10, 3))
151      for i in range(show_num):
152          a[0][i].imshow(np.reshape(testvec[i], (28, 28)))
153          a[1][i].imshow(np.reshape(out1vec[i], (16, 16)))
154          a[2][i].matshow(np.reshape(out2vec[i], (16, 16)), cmap=plt.
                 get_cmap('gray'))
155      plt.show()
```

执行上面的代码，生成如图10-16所示信息。

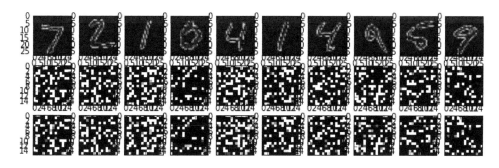

图 10-16　自编码综合实例第 2 层结果

10. 第3层网络训练

现在开始训练第 3 层的网络，同理，这次的输入数据要经过前面两层网络的运算才可以生成。

代码10-6　自编码综合（续）

```
156 with tf.Session() as sess:
157     sess.run(tf.global_variables_initializer())
158
159     print ("开始训练")
160     for epoch in range(epochs):
161         num_batch = int(mnist.train.num_examples/batch_size)
162         total_cost = 0.
163         for i in range(num_batch):
164             batch_xs, batch_ys = mnist.train.next_batch(batch_size)
165             l1_h = sess.run(l1_out, feed_dict={x: batch_xs, y: batch_xs,
                    dropout_keep_prob: 1.})
166             l2_h = sess.run(l2_out, feed_dict={l2x: l1_h, l2y: l1_h })
167             _,l3cost = sess.run([l3_optm,l3_cost], feed_dict={l3x: l2_
                    h, l3y: batch_ys})
168
169             total_cost += l3cost
170         # 输出cost
171         if epoch % disp_step == 0:
172             print ("Epoch %02d/%02d average cost: %.6f"
173                 % (epoch, epochs, total_cost/num_batch))
174     print ("完成 layer_3 训练")
```

执行上面的代码，生成如下信息：

```
开始训练
Epoch 00/50 average cost: 1.379495
Epoch 10/50 average cost: 0.277589
Epoch 20/50 average cost: 0.271069
Epoch 30/50 average cost: 0.269604
Epoch 40/50 average cost: 0.269904
完成 layer_3 训练
```

11. 栈式自编码网络验证

这次我们暂时略过对第 3 层网络模型的单独验证，直接去验证整个分类模型，将 MNIST 数据输入进去，看看栈式自编码器的分类效果如何。

代码10-6　自编码综合（续）

```
175 # 测试 model
176     correct_prediction = tf.equal(tf.argmax(pred, 1), tf.argmax(l3y, 1))
177     # 计算准确率
178     accuracy = tf.reduce_mean(tf.cast(correct_prediction, "float"))
179     print ("Accuracy:", accuracy.eval({x: mnist.test.images, l3y: mnist.test.labels}))
```

执行上面的代码，生成如下信息：

```
Accuracy: 0.9213
```

可以看出，直接将每层的训练参数堆起来，网络会有很好的表现。为了进一步优化，来看看下面的步骤。

12. 级联微调

下面进入微调阶段，将网络模型联起来进行分类训练，这部分的测试代码与前面一样，所以这里只把训练部分的代码贴出来。

代码10-6　自编码综合（续）

```
180 with tf.Session() as sess:
181     sess.run(tf.global_variables_initializer())
182
183     print ("开始训练")
184     for epoch in range(epochs):
185         num_batch = int(mnist.train.num_examples/batch_size)
186         total_cost = 0.
187         for i in range(num_batch):
188             batch_xs, batch_ys = mnist.train.next_batch(batch_size)
189
190             feeds = {x: batch_xs, l3y: batch_ys}
191             sess.run(optm3, feed_dict=feeds)
192             total_cost += sess.run(cost3, feed_dict=feeds)
193         # 输出 cost
194         if epoch % disp_step == 0:
195             print ("Epoch %02d/%02d average cost: %.6f"
196                    % (epoch, epochs, total_cost/num_batch))
197     print ("完成 级联 训练")
```

执行上面的代码，生成如下信息：

```
开始训练
Epoch 00/50 average cost: 1.003439
Epoch 10/50 average cost: 0.035012
Epoch 20/50 average cost: 0.001034
```

```
Epoch 30/50 average cost: 0.000112
Epoch 40/50 average cost: 0.000039
完成    级联训练
```

可以看到，由于网络模型中各层的初始值已经训练好了，所以开始就是很低的错误率，错误率接着每次的迭代都有很大幅度的下降。到此这个例子就算是完成了，该例已经非常接近真实工作中的场景了，读者学习时在跟着做例子的同时更要理解所使用的方法，它可以将任何复杂的任务化简。

> 提示：搭建网络模型时，层数过多，参数也会随之增加，所以逻辑一定要清楚，一个好的命名规范可以让你在这个问题上轻松许多。

10.8.2 实例81：添加模型存储支持分布训练

栈式自编码的另一个优点就是可以将神经网络模块化，便于分工，非常适合团队合作。在实际中，为了得到更好的模型，需要将上述的每个环节分别单独训练，由不同的小组或人员来分步工作。

小组或人员之间的对接则需要通过模型文件来完成，这就要求每个环节的参数都必须保存下来，在自己的步骤开始之前先把上个步骤的环境加载进去。

实例描述

对自编码模型进行分布式模型存储与载入，使每一层都可以单个环节逐一训练。

可以修改上述代码，在训练开始前定义模型保存参数。

代码10-7　分布自编码综合

```
01  savedir = "d:/python/log/"
02  saver   = tf.train.Saver(max_to_keep=1)         #保存一个模型
03  load_epoch = 49
04  print (savedir)
05  with tf.Session() as sess:
06  ……
```

在每个训练迭代之后都将模型保存起来。

代码10-7　分布自编码综合（续）

```
07  ……
08  if epoch % disp_step == 0:
09          print ("Epoch %02d/%02d average cost: %.6f"
10                  % (epoch, epochs, total_cost/num_batch))
11  saver.save(sess, savedir + 'stacked_auto_encoder.ckpt', global_
    step=epoch)
12      print ("完成  级联 训练")
```

在每次训练的开始将模型读入（第一个网络不需要读入）。

代码10-7　分布自编码综合（续）

```
13  with tf.Session() as sess:
14      sess.run(tf.global_variables_initializer())
15      saver.restore(sess, savedir +"stacked_auto_encoder.ckpt-" +
        str(load_epoch))
16  ……
```

⚠️ **注意**：这里给出的代码是按照迭代保存的。这是一种好习惯，尤其在训练海量数据时，由于某种意外导致训练终止，使所有的训练结果丢失，还得需要花大量的时间重新训练。这种方法可以恢复到上一次迭代的结果。

加完这些代码之后，就可以将上面的代码放在一个文件里，通过注释的方式，按照步骤一步步往下进行了（每次只打开一个模型训练的代码）。

10.8.3　小心分布训练中的"坑"

如果读者是使用 Anaconda 在 Windows 下运行，那么这里有个"坑"需要填一下。当加上保存模型的功能之后，在一步一步训练过程中，如果运行两次读取模型则会报错。更奇怪的事情是，在保存模型过程中，如果你第一次运行一半停止了，第二次运行成功并且也生成了模型，但是当你从模型里载入时，会是错误的参数。

原因是，在 Anaconda 中的 py 程序默认都是在同一个图中运行的，即除非关掉 Anaconda，否则运行两次时，这两次的代码是在一个图中，那么会有什么影响呢？

在定义变量时，在同一个图中，同一句代码 tf.Variable 所生成的变量是不同的名字，例如在代码中添加打印信息，输出变量的名字：

```
# 权重
weights = {
    #网络1  784-256-784
    'h1': tf.Variable(tf.random_normal([n_input, n_hidden_1])),
……
print (weights['h1'].name)
```

执行上面的代码，生成如下信息：

```
Variable:0
Variable:14
```

这时会发现，运行两次 weights[h1]有了两个不同的名字，在内存里会有两套变量。所以当运行两次后保存模型时，其实是保存了两套，但是读取时只是读取了第一套。同理。当运行两次读取时，第一次的模型可以与变量对应上，第二次会新生成另外一套变量，并且模型里找对应关系，但因为找不到所以就报错了。

解决方法：只需要在变量定义之前加上下面一行代码。让所有的图环境重置，即可解决问题。

```
tf.reset_default_graph()
```

10.8.4 练习题

使用栈式自编码对 MNIST 数据集逐层训练压缩特征，直到压缩成二维数据（如 512、256、128、64、32、16、2），再将其图示出来。

10.9 变分自编码

前面所描述的自编码可以降维重构样本，在这个基础上我们来学习一个更强大的自编码网络。

10.9.1 什么是变分自编码

变分自编码学习的不再是样本的个体，而是学习样本的规律。这样训练出来的自编码不单具有重构样本的功能，还具有仿照样本的功能。

听起来这么强大的功能，到底是怎么做到的呢？下面我们来讲讲它的原理。

变分自编码，其实就是在编码过程中改变了样本的分布（"变分"可以理解为改变分布）。前面所说的"学习样本的规律"，具体指的就是样本的分布，假设我们知道样本的分布函数，就可以从这个函数中随便取一个样本，然后进行网络解码层前向传导，这样就可以生成一个新的样本。

为了得到这个样本的分布函数，模型训练的目的将不再是样本本身，而是通过加一个约束项，将网络生成一个服从于高斯分布的数据集，这样按照高斯分布里的均值和方差规则就可以任意取相关的数据，然后通过解码层还原成样本。

10.9.2 实例82：使用变分自编码模拟生成 MNIST 数据

对于变分自编码，好多文献都给出了一堆晦涩难懂的公式，其实里面真正的公式只有一个——KL 离散度的计算。而它也属于成熟的式子，就跟交叉熵一样，直接拿来用就可以。

公式本来是语言的高度概括，而如果一篇文章全是公式没有语言就会令人难以理解，本节会通过代码加上语言描述，让这部分知识学习起来不会感觉晦涩难懂。

本例共分如下几个步骤，下面就来一一操作。

实例描述

使用变分自编码模型进行模拟 MNIST 数据的生成。

1. 引入库，定义占位符

本例建立的网络与之前略有不同，编码器为两个全连接层，第一个全连接层由 784 个维度的输入变化 256 个维度的输出；第二个全连接层并列连接了两个输出网络（mean 与 lg_var），每个网络都输出了两个维度的输出。然后将两个输出通过一个公式的计算，输入到以一个 2 节点为开始的解码部分，接着后面为两个全连接层的解码器，第一层由两个维度的输入到 256 个维度的输出，第二层由 256 个维度的输入到 784 个维度的输出，如图 10-17 所示。

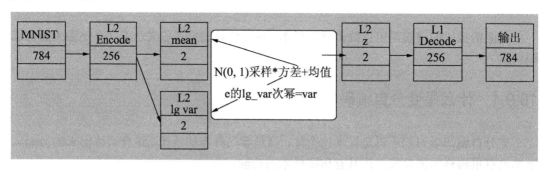

图 10-17 变分自编码器层次

具体的计算公式，后面会有详细介绍。

在下面的代码中与前面代码不同，引入了一个 scipy 库，在后面可视化时会用到。头文件引入之后，定义操作符 x 和 z。x 用于原始的图片输入，z 用于中间节点解码器的输入。

代码10-8　变分自编码

```
01  import numpy as np
02  import tensorflow as tf
03  import matplotlib.pyplot as plt
04  from scipy.stats import norm
05
06  from tensorflow.examples.tutorials.mnist import input_data
07  mnist = input_data.read_data_sets("/data/")           #, one_hot=True)
08
09  n_input = 784
10  n_hidden_1 = 256
11  n_hidden_2 = 2
12
13  x = tf.placeholder(tf.float32, [None, n_input])
14
15  zinput = tf.placeholder(tf.float32, [None, n_hidden_2])
```

zinput 是个占位符，在后面要通过它输入分布数据，用来生成模拟样本数据。

2. 定义学习参数

由于这次的网络结构不同,所以定义的参数也有变化,mean_w1 与 mean_b1 是生成 mean 的权重,log_sigma_w1 与 log_sigma_b1 是生成 log_sigma 的权重。

代码10-8　变分自编码(续)

```
16  weights = {
17
18      'w1': tf.Variable(tf.truncated_normal([n_input, n_hidden_1],
19                          stddev=0.001)),
20      'b1': tf.Variable(tf.zeros([n_hidden_1])),
21
22      'mean_w1': tf.Variable(tf.truncated_normal([n_hidden_1, n_hidden_2],
23                          stddev=0.001)),
24      'log_sigma_w1': tf.Variable(tf.truncated_normal([n_hidden_1, n_
        hidden_2],
25                          stddev=0.001)),
26
27      'w2': tf.Variable(tf.truncated_normal([n_hidden_2, n_hidden_1],
28                          stddev=0.001)),
29
30      'b2': tf.Variable(tf.zeros([n_hidden_1])),
31      'w3': tf.Variable(tf.truncated_normal([n_hidden_1, n_input],
32                          stddev=0.001)),
33
34      'b3': tf.Variable(tf.zeros([n_input])),
35
36      'mean_b1': tf.Variable(tf.zeros([n_hidden_2])),
37
38      'log_sigma_b1': tf.Variable(tf.zeros([n_hidden_2]))
39  }
```

> **注意**:这里初始化 w 的权重与以往不同,使用了很小的值(方差为 0.001 的 truncated_normal)。这里设置得非常小心,由于在算 KL 离散度时计算的是与标准高斯分布的距离,如果网络初始生成的模型均值方差都很大,那么与标准高斯分布的距离就会非常大,这样会导致模型训练不出来,生成 NAN 的情况。

3. 定义网络结构

按照图 10-17 的描述,网络节点可以按照以下代码来定义,在变分解码器中为训练的中间节点赋予了特殊的意义,让它们代表均值和方差,并将它们所代表的数据集向着标准高斯分布数据集靠近(也就是原始数据是样本,高斯分布数据是标签),然后可以使用 KL 离散度公式,来计算它所代表的集合与标准的高斯分布集合(均值是 0,方差为 1 的正态分布)间的距离,将这个距离当成误差,让它最小化从而优化网络参数。

这里的方差节点不是真正意义的方差,是取了 log 之后的,所以会有

tf.exp(z_log_sigma_sq)的变换，是取得方差的值，再通过 tf.sqrt 将其开平方得到标准差。用符合标准正太分布的一个数乘以标准差加上均值，就使这个数成为符合（z_mean,sigma）数据分布集合里的一个点（z_mean 是指网络生成均值，sigma 是指网络生成的z_log_sigma_sq 变换后的值）。

> **注意**：输出的值当成任意一个意义，并通过训练得到对应的关系。具体做法为：将具有代表该意义的值代入相应的公式（该公式要求必须能够支持反向传播），计算公式输出值与目标值的误差，并将误差放到优化器里，然后通过多次迭代的方式进行训练即可。

到此，完成了编码阶段。将原始数据编码输出 3 个值：
- 一个是表示该数据分布的均值。
- 一个是表示该数据分布的方差。
- 还有一个是得到了该数据分布中的一个实际的点 z。

> **注意**：这里的变换对应的知识点是：假如一个符合高斯分布的数据集均值、标准差为（m，sigma），其里面的某个点，可以通过一个符合标准高斯分布（0，1）中的点 x，通过 m+x×sigma 的方式转化而成。
>
> 但这是在一个假设背景下完成的，假设数据分布属于高斯分布。我们现在无法保证转换后的数据分布符合高斯分布，则可以通过测量输出值代表的数据集与标准高斯分布数据集之间的差距，利用神经网络来将其训练成符合高斯分布的数据集。

代码10-8　变分自编码（续）

```
40  h1=tf.nn.relu(tf.add(tf.matmul(x, weights['w1']), weights['b1']))
41  z_mean = tf.add(tf.matmul(h1, weights['mean_w1']), weights['mean_b1'])
42  z_log_sigma_sq = tf.add(tf.matmul(h1, weights['log_sigma_w1']),
    weights['log_sigma_b1'])
43
44  # 高斯分布样本
45  eps = tf.random_normal(tf.stack([tf.shape(h1)[0], n_hidden_2]), 0, 1,
    dtype = tf.float32)
46  z =tf.add(z_mean, tf.multiply(tf.sqrt(tf.exp(z_log_sigma_sq)), eps))
47  h2=tf.nn.relu( tf.matmul(z, weights['w2'])+ weights['b2'])
48  reconstruction = tf.matmul(h2, weights['w3'])+ weights['b3']
49
50  h2out=tf.nn.relu( tf.matmul(zinput, weights['w2'])+ weights['b2'])
51  reconstructionout = tf.matmul(h2out, weights['w3'])+ weights['b3']
```

得到了符合原数据集上的一个具体点 z 之后，就可以通过神经网络这个点 z 还原成原始数据 reconstruction 了。解码部分和前面一样，参照编码的网络逐层还原回去即可。

h2out 和 reconstructionout 两个节点不属于训练中的结构，是为了生成指定数据时用的。

4．构建模型的反向传播

这一步和前面一样，需要定义损失函数的节点和优化算法的 OP，代码如下。

代码10-8　变分自编码（续）

```
52  # 计算重建 loss
53  reconstr_loss = 0.5 * tf.reduce_sum(tf.pow(tf.subtract(reconstruction,
    x), 2.0))
54  latent_loss = -0.5 * tf.reduce_sum(1 + z_log_sigma_sq
55                                    - tf.square(z_mean)
56                                    - tf.exp(z_log_sigma_sq), 1)
57  cost = tf.reduce_mean(reconstr_loss + latent_loss)
58
59  optimizer = tf.train.AdamOptimizer(learning_rate = 0.001).minimize
    (cost)
```

上面代码描述了网络的两个优化方向：

- 一个是比较生成的数据分布与标准高斯分布的距离，这里使用 KL 离散度的公式（见 latent_loss）。
- 另一个是计算生成数据与原始数据间的损失，这里用的是平方差，也可以用交叉熵。

最后将两种损失值放在一起，通过 Adam 的随机梯度下降算法实现在训练中的优化参数。

5．设置参数，进行训练

这一步与前面类似，设置训练参数，迭代 50 次，在 session 中每次循环取指定批次数据进行训练。

代码10-8　变分自编码（续）

```
60  training_epochs = 50
61  batch_size = 128
62  display_step = 3
63
64  with tf.Session() as sess:
65      sess.run(tf.global_variables_initializer())
66
67      for epoch in range(training_epochs):
68          avg_cost = 0.
69          total_batch = int(mnist.train.num_examples/batch_size)
70
71          # 遍历全部数据集
72          for i in range(total_batch):
73              batch_xs, batch_ys = mnist.train.next_batch(batch_size)#取数据
74
75              # 输入数据，运行优化器
76              _,c = sess.run([optimizer,cost], feed_dict={x: batch_xs})
77
```

```
78          # 显示训练中的详细信息
79          if epoch % display_step == 0:
80              print("Epoch:", '%04d' % (epoch + 1), "cost=", "{:.9f}".
                    format(c))
81
82      print("完成!")
83
84      # 测试
85      print ("Result:", cost.eval({x: mnist.test.images}))
```

可视化部分这里不再详述，读者可以参考本书的配套代码，最终程序运行的结果输出如下，输出图片如图 10-18 所示。

```
Epoch: 0001 cost= 2766.966308594
Epoch: 0004 cost= 2503.895507812
Epoch: 0007 cost= 2177.547363281
Epoch: 0010 cost= 2221.667724609
Epoch: 0013 cost= 2110.643798828
Epoch: 0016 cost= 2103.255859375
Epoch: 0019 cost= 2258.502685547
Epoch: 0022 cost= 2231.131347656
Epoch: 0025 cost= 2092.596191406
Epoch: 0028 cost= 2018.563964844
Epoch: 0031 cost= 1993.950439453
Epoch: 0034 cost= 2091.635253906
Epoch: 0037 cost= 1992.461059570
Epoch: 0040 cost= 2018.574462891
Epoch: 0043 cost= 1992.727661133
Epoch: 0046 cost= 2056.166503906
Epoch: 0049 cost= 1939.133544922
完成!
Result: 156414.0
```

图 10-18 变分自编码结果

图 10-18 中，第一行代表原始的样本图片，第二行代表变分自编码重建后生成的图片。可以看到生成的数字中不再一味单纯地学习形状，而是通过数据分布的方式学习规则，对原有图片具有更清晰的修正功能。

仿照前面的可视化代码，将均值和方差代表的二维数据在直角坐标系中展现如下，如图 10-19 所示。

第10章 自编码网络——能够自学习样本特征的网络

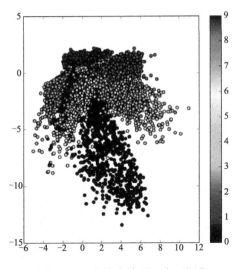

图10-19 变分自编码二维可视化

从图10-19中可以看出，MNIST数据集中同一类样本的特征分布还是比较集中的，说明变分自解码也具有降维功能，也可以用它进行分类任务的数据降维预处理。

6．高斯分布取样，生成模拟数据

为了进一步证实模型学到了数据分布的情况，这次在高斯分布抽样中取一些点，将其映射到模型中的z，然后通过解码部分还原成真实图片看看效果，代码如下。

> 注意：代码中 norm.ppf 函数的作用是从按照百分比由大到小排列后的标准高斯分布中取值。np.linspace(0.05, 0.95, n)的意思是，将整个高斯分布数据集从大到小排列，取出前 0.05%到 0.95%区间，并且分成 n 份，每份对应的点的具体数值。
> norm 代表标准高斯分布，ppf 代表累积分布函数的反函数。累积分布的意思是，在一个结合里所有小于 a 的值出现的概率的和。例如，x=ppf（0.05）就代表在集合里有个 x，集合中每个小于 x 的数在集合里出现的概率的总和等于 0.05。

代码10-8 变分自编码（续）

```
86    n = 15  # 15×15 的 figure
87    digit_size = 28
88    figure = np.zeros((digit_size * n, digit_size * n))
89    grid_x = norm.ppf(np.linspace(0.05, 0.95, n))
90    grid_y = norm.ppf(np.linspace(0.05, 0.95, n))
91
92    for i, yi in enumerate(grid_x):
93        for j, xi in enumerate(grid_y):
94            z_sample = np.array([[xi, yi]])
95            x_decoded = sess.run(reconstructionout,feed_dict={zinput:z_
                sample})
```

```
 96                digit = x_decoded[0].reshape(digit_size, digit_size)
 97            figure[i * digit_size: (i + 1) * digit_size,
 98                   j * digit_size: (j + 1) * digit_size] = digit
 99
100    plt.figure(figsize=(10, 10))
101    plt.imshow(figure, cmap='Greys_r')
102    plt.show()
```

运行以上代码，生成图片如图 10-20 所示。

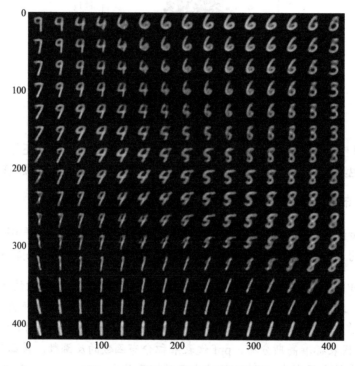

图 10-20　变分自编码生成模拟数据

可以看到，在神经网络的世界里，从左下角到右上角显示了网络是按照图片的形状变化而排列的，并不像人类一样，把数字按照 1 到 9 的顺序排列，因为机器学的只是图片，而人类对数字的理解更多的是其代表的意思。

10.9.3　练习题

读者可以自己试试在初始化时将所有的 w 设为 0 和设为 truncated_normal，不指定 stddev 的效果，想想为什么？

10.10　条件变分自编码

前面的变分自编码是为了本节条件变分自编码器做铺垫的，在实际中条件变分自编码的应用更广泛一些，下面来介绍条件变分自编码器。

10.10.1　什么是条件变分自编码

变分自编码存在一个问题——虽然可以生成一个样本，但只能输出与输入图片相同类别的样本。虽然也可以随机从符合模型生成的高斯分布中取数据来还原成样本，但是这样的话我们并不知道生成的样本属于哪个类别。条件变分解码则可以解决这个问题，让网络按指定的类别生成样本。

在变分自编码的基础上，再去理解条件变分自编码会很容易。主要的改动是，在训练、测试时加入一个 one-hot 向量，用于表示标签向量。其实，就是给变分自编码网络加入了一个条件，让网络学习图片分布时加入了标签因素，这样可以按照标签的数值生成指定的图片。

10.10.2　实例83：使用标签指导变分自编码网络生成MNIST数据

了解完原理，再来介绍下具体做法。在编码阶段需要在输入端添加标签对应的特征，在解码阶段同样也需要将标签加入输入，这样，再解码的结果向原始的输入样本不断逼近，最终得到的模型将会把输入的标签特征当成 MNIST 数据的一部分，从而实现通过标签生成 MNIST 数据。

在输入端添加标签时，一般是通过一个全连接层的变换将得到的结果使用 contact 函数连接到原始输入的地方，在解码阶段也将标签作为样本输入，与高斯分布的随机值一并运算，生成模拟样本。条件变为自编码结构如图 10-21 所示。

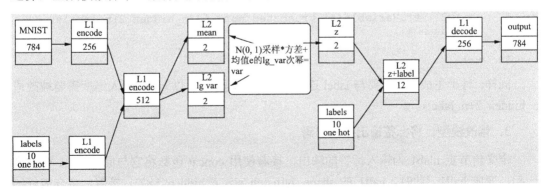

图 10-21　条件变分自编码结构

具体代码步骤如下。

实例描述

使用条件变分自编码模型,通过指定标签输入生成对应类别的 MNIST 模拟数据。

1. 添加标签占位符

在"10-8 变分自编码.py"代码基础上修改,添加占位符 y。

代码10-9　条件变分自编码

```
01  ......
02  y = tf.placeholder(tf.float32, [None, n_labels])
03  ......
```

2. 添加输入全连接权重

添加全连接层的权重'wlab1'与'blab1',作为输入标签的特征转换。这里输入的标签也转换成 256 个输出,因为最终要连接到原始的图片全连接输出,所以到第二层全连接时,输入就变成了 256×2,因此也需要将 mean_w1 和 log_sigma_w1 的输入修改成 n_hidden_1×2。

代码10-9　条件变分自编码(续)

```
04  weights = {
05
06      'w1': tf.Variable(tf.truncated_normal([n_input, n_hidden_1],
07                          stddev=0.001)),
08      'b1': tf.Variable(tf.zeros([n_hidden_1])),
09
10      'wlab1': tf.Variable(tf.truncated_normal([n_labels, n_hidden_1],
11                          stddev=0.001)),
12      'blab1': tf.Variable(tf.zeros([n_hidden_1])),
13      'mean_w1': tf.Variable(tf.truncated_normal([n_hidden_1*2, n_
        hidden_2],
14                          stddev=0.001)),
15      'log_sigma_w1': tf.Variable(tf.truncated_normal([n_hidden_1*2, n_
        hidden_2],
16                          stddev=0.001)),
17      'w2': tf.Variable(tf.truncated_normal([n_hidden_2+n_labels, n_
        hidden_1],
18                          stddev=0.001)),
19  ......
```

同样,对于生成的 z 也要与 label 连接后输入加码器,所以 w2 的输入维度需要被改成 n_hidden_2+n_labels。

3. 修改模型,将标签输出接入编码

定义新节点 hlab1 为输入标签的输出,接着使用 concat 函数将它与原来的 h1 合并到一起,变成 hall1。此时,hall1 的 shape 为[batch_size,n_hidden_1×2]。接着,将合成好的 hall1 代替原来的 h1 输入 z_mean 与 z_log_sigma_sq 中。

代码10-9　条件变分自编码（续）

```
20  h1=tf.nn.relu(tf.add(tf.matmul(x, weights['w1']), weights['b1']))
21
22  hlab1=tf.nn.relu(tf.add(tf.matmul(y, weights['wlab1']), weights
    ['blab1']))
23
24  hall1= tf.concat([h1,hlab1],1)#256*2
25
26  z_mean = tf.add(tf.matmul(hall1, weights['mean_w1']), weights
    ['mean_b1'])
27  z_log_sigma_sq = tf.add(tf.matmul(hall1, weights['log_sigma_w1']),
    weights['log_sigma_b1'])
```

4．修改模型将标签接入解码

这一步里中间的 z 不用变化，在 z 之后同样连接上 y 的特征，一起输入到解码器中。这里需要同时修改 reconstruction 和 reconstructionout 节点，一个用来训练，一个用来生成。

代码10-9　条件变分自编码（续）

```
28  ......
29  zall=tf.concat([z,y],1)
30  h2=tf.nn.relu( tf.matmul(zall, weights['w2'])+ weights['b2'])
31  reconstruction = tf.matmul(h2, weights['w3'])+ weights['b3']
32
33  zinputall = tf.concat([zinput,y],1)
34  h2out=tf.nn.relu( tf.matmul(zinputall, weights['w2'])+ weights['b2'])
35  reconstructionout = tf.matmul(h2out, weights['w3'])+ weights['b3']
```

5．修改session中的feed部分

优化器不用变化，直接修改 session 的 feed 部分即可，在 feed 中加入标签占位符及对应的数据。

代码10-9　条件变分自编码（续）

```
36  with tf.Session() as sess:
37      sess.run(tf.global_variables_initializer())
38
39      for epoch in range(training_epochs):
40          avg_cost = 0.
41          total_batch = int(mnist.train.num_examples/batch_size)
42
43          # 遍历全部数据集
44          for i in range(total_batch):
45              batch_xs, batch_ys = mnist.train.next_batch(batch_size)#取数据
46
47              # 输入数据，运行优化器
48              _,c = sess.run([optimizer,cost], feed_dict={x: batch_xs,
                  y:batch_ys})
49
50          # 显示训练中的详细信息
51          if epoch % display_step == 0:
```

```
52          print("Epoch:", '%04d' % (epoch + 1), "cost=", "{:.9f}".
            format(c))
53
54   print("完成!")
55
56   # 测试
57   print ("Result:", cost.eval({x: mnist.test.images,y:mnist.
     test.labels}))
```

6. 运行模型生成模拟数据

这一步是最有意思的部分了。随意生成一个高斯分布随机数，并通过指定的 one_hot 输入标签，就可以命令模型生成指定的 MNIST 图片数据了。

代码10-9　条件变分自编码（续）

```
58   ……
59      # 根据label模拟生产图片可视化结果
60      show_num = 10
61      z_sample = np.random.randn(10,2)
62
63      pred = sess.run(
64          reconstructionout, feed_dict={zinput:z_sample,y: mnist.test.
            labels[:show_num]})
65
66      f, a = plt.subplots(2, 10, figsize=(10, 2))
67      for i in range(show_num):
68          a[0][i].imshow(np.reshape(mnist.test.images[i], (28, 28)))
69          a[1][i].imshow(np.reshape(pred[i], (28, 28)))
70      plt.draw()
```

上面代码取了 10 个测试样本数据，将样本数据的 label 随高斯分布值 z_sample 一起生成了模拟的 MNIST 数据。运行代码，生成如图 10-22 和图 10-23 所示的数据。

图 10-22　根据原数据生成模拟数据

图 10-23　根据标签生成模拟数据

图 10-22 为根据原始图片生成的自编码数据，第一行为原始数据，第二行为自编码数据。

图 10-23 为根据 label 生成的模拟数据，第一行为 label 对应的原始数据，第二行为解码器生成的模拟数据。

比较两幅图片可以看出，使用原图生成的自编码数据还会带有一些原来的样子，而以标签生成的解码数据，已经彻底地学会了数据的分布，并生成截然不同却带有相同意义的数据。

第 3 篇 深度学习进阶

本篇是对基础网络模型的灵活运用与自由组合,是对前面知识的综合及拔高。本篇内容包括:

▶▶ 第 11 章　深度神经网络

▶▶ 第 12 章　对抗神经网络(GAN)

第 11 章 深度神经网络

本章开始学习深度神经网络的知识。作为深度学习的代表，深度神经网络可以算是深度学习中最主要的知识。前面讲了许多网络形态，都会在各自的领域中有一定的效果，但是要体现出真正的人工智能能力，就必须将这些网络形态组合起来，利用各种网络的优势，使整体效果达到最优，实现可以匹配人工智能的要求。

本章含有教学视频共 10 分 25 秒。

作者按照本章的内容结构，对主要内容进行了讲解，包括深度神经网络、实物检测相关模型、slim、Object Detection API 及预训练模型等相关知识（重点为掌握深度神经网络模型的使用及训练方法）。

11.1 深度神经网络介绍

本节主要介绍深度神经网络。先从深度神经网络的起源说起，接着介绍在深度神经网络中都有哪些知名的经典模型及各自的特点。

11.1.1 深度神经网络起源

深度学习的兴起源于深度神经网络的崛起。2012 年，由 Alex Krizhevsky 开发的一个深度学习模型 AlexNet，赢得了视觉领域竞赛 ILSVRC 2012 的冠军，并且效果大幅度超过传统的方法。在百万量级的 ImageNet 数据集合上，识别率从传统的 70%多提升到 80%多，将深度学习正式推上了舞台。之后 ILSVRC 每年都不断被深度学习刷榜，并且模型变得越来越深，错误率也越来越低，目前已经降到了 3.5%左右，而在同样的 ImageNet 数据集合上，人眼的辨识错误率大概在 5.1%，也就是说目前的深度学习模型的识别能力已经超过了人眼。

自从 2012 年之后，在 ILSVRC 竞赛中获得冠军的模型如下。
- 2012 年：AlexNet；
- 2013 年：VGG；
- 2014 年：GoogLeNet；
- 2015 年：ResNet；
- 2016 年：Inception-ResNet-v2。

随着深度神经网络学科的进步，使用神经网络征服 ImageNet 的门槛已经越来越低，于是在 2017 年，ILSVRC 竞赛举办完最后一届，宣布了停办。与此同时，在 2017 年的 ICCV 竞赛中，在物体检测、物体分割等细分领域的冠军中出现了多家中国企业的名字，这表明中国的人工智能技术正在逐步地引领全球。

11.1.2 经典模型的特点介绍

下面具体介绍各界冠军模型的特点。

1. VGG模型

VGG 又分为 VGG16 和 VGG19，分别在 AlexNet 的基础上将层数增加到 16 和 19 层，它除了在识别方面很优秀之外，对图像的目标检测也有很好的识别效果，是目标检测领域的较早期模型。

2. GoogLeNet模型

GoogLeNet 除了层数加深到 22 层以外，主要的创新在于它的 Inception，这是一种网中网（Network In Network）的结构，即原来的节点也是一个网络。用了 Inception 之后整个网络结构的宽度和深度都可扩大，能够带来 2 到 3 倍的性能提升。

3. ResNet模型

ResNet 直接将深度拉到了 152 层，其主要的创新在于残差网络，其实这个网络的提出本质上是要解决层次比较深时无法训练的问题。这种借鉴了 Highway Network 思想的网络，相当于旁边专门开个通道使得输入可以直达输出，而优化的目标由原来的拟合输出 $H(x)$ 变成输出和输入的差 $H(x)-x$，其中 $H(x)$ 是某一层原始的期望映射输出，x 是输入。

4. Inception-ResNet-v2 模型

Inception-ResNet-v2：是目前比较新的经典模型，将深度和宽带融合到一起，在当下 ILSVRC 图像分类基准测试中实现了最好的成绩，是将 Inception v3 与 ResNet 结合而成的。

接下来主要对当前比较前沿的 GoogLeNet、ResNet、Inception-ResNet-v2 几种网络结构进行详细介绍。

11.2 GoogLeNet 模型介绍

前面已经介绍过 GoogLeNet，其中最核心的亮点就是它的 Inception，GoogLeNet 网络最大的特点就是去除了最后的全连接层，用全局平均池化层（即使用与图片尺寸相同的过滤器来做平均池化）来取代它。

这么做的原因是：在以往的 AlexNet 和 VGGNet 网络中，全连接层几乎占据 90% 的参数量，占用了过多的运算量内存使用率，而且还会引起过拟合。

GoogLeNet 的做法是去除全连接层，使得模型训练更快并且减轻了过拟合。

之后 GoogLeNet 的 Inception 还在继续发展，目前已经有 v2、v3 和 v4 版本，主要针对解决深层网络的以下 3 个问题产生的。

- 参数太多，容易过拟合，训练数据集有限。
- 网络越大计算复杂度越大，难以应用。
- 网络越深，梯度越往后传越容易消失（梯度弥散），难以优化模型。

Inception 的核心思想是通过增加网络深度和宽度的同时减少参数的方法来解决问题。Inception v1 有 22 层深，比 AlexNet 的 8 层或者 VGGNet 的 19 层更深。但其计算量只有 15 亿次浮点运算，同时只有 500 万的参数量，仅为 AlexNet 参数量（6000 万）的 1/12，却有着更高的准确率。

下面沿着 Inception 的进化来一步步了解 Inception 网络。Inception 是在一些突破性的研究成果之上推出的，所以有必要从 Inception 的前身理论开始介绍。下面先介绍 MLP 卷积层。

11.2.1 MLP 卷积层

MLP 卷积层（Mlpconv）源于 2014 年 ICLR 的一篇论文《Network In Network》。它改进了传统的 CNN 网络，在效果等同的情况下，参数只是原有的 Alexnet 网络参数的 1/10。

卷积层要提升表达能力，主要依靠增加输出通道数，每一个输出通道对应一个滤波器，同一个滤波器共享参数只能提取一类特征，因此一个输出通道只能做一种特征处理。所以在传统的 CNN 中会使用尽量多的滤波器，把原样本中尽可能多的潜在的特征提取出来，然后再通过池化和大量的线性变化在其中筛选出需要的特征。这样的代价就是参数太多，运算太慢，而且很容易引起过拟合。

MLP 卷积层的思想是将 CNN 高维度特征转成低维度特征，将神经网络的思想融合在具体的卷积操作当中。直白的理解就是在网络中再放一个网络，即，使每个卷积的通道中包含一个微型的多层网络，用一个网络来代替原来具体的卷积运算过程（卷积核的每个值与样本对应的像素点相乘，再将相乘后的所有结果加在一起生成新的像素点的过程）。其结构如图 11-1 所示。

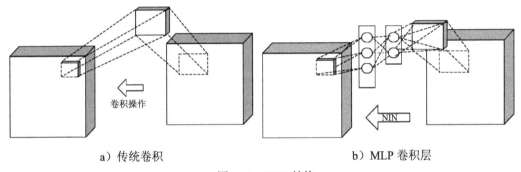

图 11-1　MLP 结构

图 11-1 中 a 为传统的卷积结构，图 11-1b 为 MLP 结构。相比较而言，利用多层 MLP 的微型网络，对每个局部感受野的神经元进行更加复杂的运算，而以前的卷积层，局部感受野的运算仅仅只是一个单层的神经网络。在 MLP 网络中比较常见的是使用一个三层的全连接网络结构，这等效于普通卷积层后再连接 1∶1 的卷积和 ReLU 激活函数。

11.2.2　全局均值池化

在 11.2 节开始时已经提到过全局均值池化的方法，就是在平均池化层中使用同等大小的过滤器将其特征保存下来。这种结构用来代替深层网络结构最后的全连接输出层。这个方法也是《Network In Network》论文中所论述的。

全局均值池化的具体用法是在卷积处理之后，对每个特征图的整张图片进行全局均值池化，生成一个值，即每张特征图相当于一个输出特征，这个特征就表示了我们输出类的特征。例如，在做 1000 个分类任务时，最后一层的特征图个数就要选择 1000，就可以直接得出分类了。

在《Network In Network》论文中作者利用其进行 1000 物体分类问题，最后设计了一个 4 层的 NIN+全局均值池化网络，如图 11-2 所示。

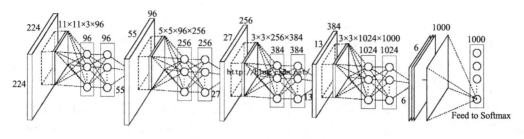

图 11-2 NIN+全局均值池化

11.2.3 Inception 原始模型

Inception 的原始模型是相对于 MLP 卷积层更为稀疏，它采用了 MLP 卷积层的思想，将中间的全连接层换成了多通道卷积层。Inception 与 MLP 卷积在网络中的作用一样，把封装好的 Inception 作为一个卷积单元，堆积起来形成了原始的 GoogLeNet 网络。

Inception 的结构是将 1×1、3×3、5×5 的卷积核对应的卷积操作和 3×3 的滤波器对应的池化操作堆叠在一起，一方面增加了网络的宽度，另一方面增加了网络对尺度的适应性，如图 11-3 所示。

Inception 模型中包含了 3 种不同尺寸的卷积和一个最大池化，增加了网络对不同尺度的适应性，这和 Multi-Scale 的思想类似。早期计算机视觉的研究中，受灵长类神经视觉系统的启发，Serre 使用不同尺寸的 Gabor 滤波器处理不同尺寸的图片，Inception v1 借鉴了这种思想。Inception v1 的论文中指出，Inception 模型可以让网络的深度和宽度高效率地扩充，提升了准确率且不致于过拟合。

形象的解释就是 Inception 模型本身如同大网络中的一个小网络，其结构可以反复堆叠在一起形成更大网络。

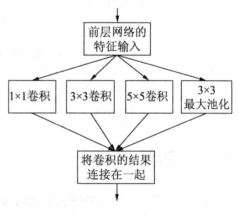

图 11-3 nception 模型

11.2.4 Inception v1 模型

Inception v1 模型在原有的 Inception 模型基础上做了一些改进，原因是由于 Inception 的原始模型是将所有的卷积核都在上一层的所有输出上来做，那么 5×5 的卷积核所需的计算量就比较大，造成了特征图厚度很大。

为了避免这一现象，Inception v1 模型在 3×3 前、5×5 前、最大池化层后分别加上了 1×1

的卷积核，起到了降低特征图厚度的作用（其中 1×1 卷积主要用来降维），网络结构如图 11-4 所示。

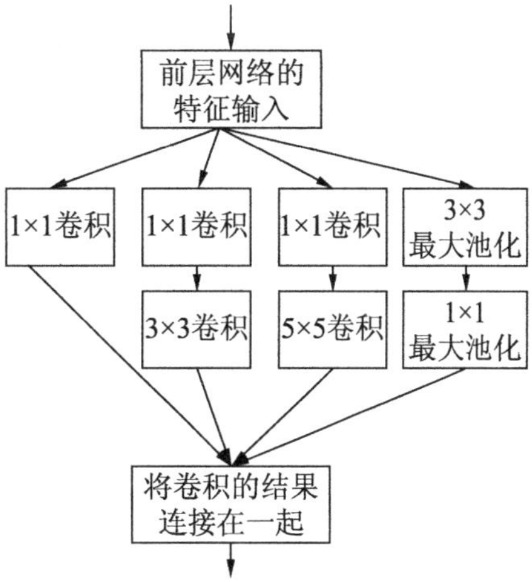

Inception v1 模型中有以下 4 个分支。

- 第 1 个分支对输入进行 1×1 的卷积，这其实也是 NIN 中提出的一个重要结构。1×1 的卷积可以跨通道组织信息，提高网络的表达能力，同时可以对输出通道升维和降维。
- 第 2 个分支先使用了 1×1 卷积，然后连接 3×3 卷积，相当于进行了两次特征变换。
- 第 3 个分支与第 2 个分支类似，先是 1×1 的卷积，然后连接 5×5 卷积。
- 第 4 个分支则是 3×3 最大池化后直接使用 1×1 卷积。

可以发现 4 个分支都用到了 1×1 卷积，有的分支只使用 1×1 卷积，有的分支在使用了其他尺寸的卷积的同时会再使用 1×1 卷积，这是因为 1×1 卷积的性价比很高，增加一层特征变换和非线性转化所需的计算量更小。

Inception v1 模型的 4 个分支在最后再通过一个聚合操作合并（使用 tf.concat 函数在输出通道数的维度上聚合）。

图 11-4　Inception v1 模型

11.2.5　Inception v2 模型

Inception v2 模型在 Inception v1 模型基础上应用当时的主流技术，在卷积之后加入了 BN 层，使每一层的输出都归一化处理，减少了内变协变量的移动问题；同时还使用了梯度截断技术，增加了训练的稳定性。

另外，Inception 学习了 VGG，用 2 个 3×3 的 conv 替代 inception 模块中的 5×5，这既降低了参数数量，也提升了计算速度。其结构如图 11-5 所示。

11.2.6　Inception v3 模型

Inception v3 模型没有再加入其他的技术，

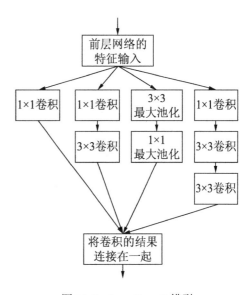

图 11-5　Inception v2 模型

只是将原有的结构进行了调整，其最重要的一个改进是分解，将图 11-5 中的卷积核变得更小。

具体的计算方法是：将 7×7 分解成两个一维的卷积（1×7,7×1），3×3 的卷积操作也一样（1×3,3×1）。这种做法是基于线性代数的原理，即一个$[n,n]$的矩阵，可以分解成矩阵$[n,1]$×矩阵$[1,n]$，得出的结构如图 11-6 所示。

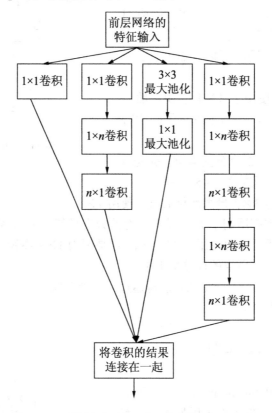

图 11-6　Inception v3 模型

这么做会有什么效果呢？我们举一个例子。

假设有 256 个特征输入，256 个特征输出，如果 Inception 层只能执行 3×3 的卷积，即总共要完成 256×256×3×3 的卷积（将近 589 000 次乘积累加运算）。

如果需要减少卷积运算的特征数量，将其变为 64（即 256/4）个。则需要先进行 256→64 1×1 的卷积，然后在所有 Inception 的分支上进行 64 次卷积，接着再使用一个来自 64→256 的特征的 1×1 卷积，运算的公式如下：

```
256×64 × 1×1 = 16 000s
64×64  × 3×3 = 36 000s
64×256 × 1×1 = 16 000s
```

相比于之前的 60 万，现在共有 7 万的计算量，几乎原有的 1/10。

在实际测试中，这种结构在前几层处理较大特征数据时的效果并不太好，但在处理中间状态生成的大小在 12~20 之间的特征数据时效果会非常明显，也可以大大提升运算速度。另外，Inception v3 还做了其他的变化，将网络的输入尺寸由 224×224 变为了 299×299，并增加了卷积核为 35×35/17×17/8×8 的卷积模块。

11.2.7 Inception v4 模型

Inception v4 是在 Inception 模块基础上，结合残差连接（Residual Connection）技术的特点进行了结构的优化调整。Inception-ResNet v2 网络与 Inception v4 网络，二者性能差别不大，结构上的区别在于 Inception v4 中仅仅是在 Inception v3 基础上做了更复杂的结构变化（从 Inception v3 的 4 个卷积模型变为 6 个卷积模块等），但没有使用残差连接。

这里提到了一个残差连接（Residual Connection），它属于 ResNet 网络模型里的核心技术，通过对下面 ResNet 的学习，读者将会了解残差连接的含义。

11.3 残差网络（ResNet）

残差网络（ResNet），在 ILSVRC 2015 中取得了冠军，该框架能够大大简化模型网络的训练时间，使得在可接受时间内，模型能够更深。

在深度学习领域中，网络越深意味着拟合越强，出现过拟合问题是正常的，训练误差越来越大却是不正常的。但是，网络逐渐加深会对网络的反向传播能力提出挑战，在反向传播中每一层的梯度都是在上一层的基础上计算的，层数多会导致梯度在多层传播时越来越小，直到梯度消失，于是表现的结果就是随着层数变多，训练的误差会越来越大。

残差网络通过一个叫残差连接的技术解决了这个问题。所谓的残差连接就是在标准的前馈卷积网络上加一个跳跃，从而绕过一些层的连接方式。

11.3.1 残差网络结构

残差网络的结构，如图 11-7 所示。
假设，经过两个神经层之后输出的 H(x)如下所示：

```
f(x)=relu(xw+b)
H(x)=relu(f(x)w+b)
```

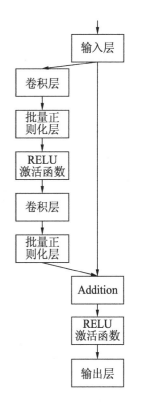

图 11-7 残差网络结构

H(x)和 x 之间存在一个函数的关系,如果这两层神经网络构成的是 H(x)=2x 的关系,则残差网络的定义如下:

```
H(x)=relu(f(x)w+b)+x
```

11.3.2 残差网络原理

如图 11-7 所示,ResNet 中,输入层与 Addition 之间存在着两个连接,左侧的连接是输入层通过若干神经层之后连接到 Addition,右侧的连接是输入层直接传给 Addition,在反向传播的过程中误差传到 Input 时会得到两个误差的相加和,一个是左侧一堆网络的误差,一个是右侧直接的原始误差。左侧的误差会随着层数变深而梯度越来越小,右侧则是由 Addition 直接连到 Input,所以还会保留着 Addition 的梯度。这样 Input 得到的相加和后的梯度就没有那么小了,可以保证接着将误差往下传。

这种方式看似解决了梯度越传越小的问题,但是残差连接在正向同样也发挥了作用。由于正向的作用,导致网络结构已经不再是深层了,而是一个并行的模型,即残差连接的作用是将网络串行改成了并行。这也可以理解为什么 Inception v4 结合了残差网络的原理后,却没有使用残差连接,反而做出了与 Inception-ResNet v2 等同的效果。

介绍 Resnet 主要是为下面的 Inception-ResNet v2 做铺垫,下面就来看看 ILSVRC 2016 年的冠军 Inception-ResNet v2 网络。

11.4 Inception-ResNet-v2 结构

Inception-ResNet v2 网络主要是在 Inception v3 的基础上,加入了 ResNet 的残差连接而来的。其原理与 Inception v4 一样,都是进行了细微的结构调整,并且二者的结构复杂度也不相上下。

通过有关论文实验表明:在网络复杂度相近的情况下,Inception-ResNet-v2 略优于 Inception v4。并且实验出,残差连接在 Inception 结构中具有提高网络准确率且不会提升计算量的作用,通过将 3 个带有残差连接的 Inception 模型和一个 Inception v4 的组合,就可以在 ImageNet 上得到 3.08% 的错误率。

关于二者的具体结构在 11.5.2 节会介绍相关代码位置,有兴趣的读者可以自行研究,这里不再展开介绍。

11.5 TensorFlow 中的图片分类模型库——slim

TensorFlow 1.0 之后推出了一个叫 slim 的库,TF-slim 是 TensorFlow 的一个新的轻量

级高级 API 接口。它类似前面所介绍的 TensorFlow.contrib.layers 模块，将很多常见的 TensorFlow 函数进行了二次封装，使代码变得更加简洁，特别适用于构建复杂结构的深度神经网络，它可以用来定义、训练和评估复杂的模型。

同时，在 TensorFlow 的 models 模块里又提供了大量用 slim 写好的网络模型结构代码，以及用该代码训练出的模型检查点文件，可以作为我们的预训练模型来使用。这些模型主要是与图片分类相关，包括 ResNet、VGG、Inception-ResNet-v2 等。下面就来详细了解下 slim。

11.5.1　获取 models 中的 slim 模块代码

为了能够使用 models 中的代码，需要先验证下我们的 TensorFlow 版本是否集成了 slim 模块，接着再从 GitHub 上将 models 代码下载下来，具体操作如下。

1．验证slim库

在使用 slim 前，要测试本地的 tf.contrib.slim 模块是否有效。在命令行中输入如下命令：

```
python -c "import tensorflow.contrib.slim as slim;
eval = slim.evaluation.evaluate_once"
```

如果没有生成任何错误，则表明 TF-Slim 是可以工作的。

2．下载models模块

接下来需要安装 TF-slim image models library。来到以下网址 https://github.com/tensorflow/models/，可以通过 Git 将代码复制下来，也可以手动下载下来（具体操作见 8.5.2 的详细介绍）。然后解压到本地 workspace 路径下（就是你自己建立的用来放个人 TF 代码的路径），通过下面的代码来验证它是否工作。

```
cd $workspace/models/research/slim
python -c "from nets import cifarnet; mynet = cifarnet.cifarnet"
```

将上面的$workspace 替换成你的工作路径（如笔者的是 d:\python）。运行时如果没有发生任何错误，则表明一切正常。

11.5.2　models 中的 slim 目录结构

在 models 下的 slim 中一共有 5 个文件夹。
- Datasets：处理数据集相关的代码。
- Deployment：部署。通过创建 clone 方式实现跨机器的分布训练，可以在多 CPU 和多 GPU 上实现运算的同步或异步。
- Nets：该文件夹里放着各种网络模型。
- Preprocessing：适用于各个网络的图片处理函数。

- Scripts：运行网络模型的一些案例脚本，这些脚本只能在支持 shell 的系统下使用。

在这里重点介绍 Datasets、nets 和 Preprocessing 这 3 个文件夹。

1. Dataset——数据集处理模块

Dataset 里放着常用的图片训练数据集相关的代码。主要支持的数据集主要有 cifar10、flowers、mnist、imagenet。

代码文件的名字与数据集相对应，可以使用这些代码下载或获取数据集中的数据。以 imagenet 为例，可以使用如下函数从网上获取 imagenet 标签。

```
imagenet.create_readable_names_for_imagenet_labels()
```

上面代码返回的是 imagenet 中 1000 个类的分类标签名字（与样本序列对应）。

2. nets模块

nets 文件夹下包含前面介绍的各种网络模型，如图 11-8 所示。

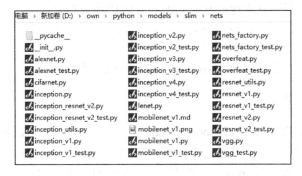

图 11-8　nets 文件结构

每个网络模型文件都是以自己的名字命名的，而且里面的代码结构框架也大致相同，以 inception_resnet_v2 为例，如表 11-1 中列出了比较常用的函数接口。

表 11-1　slim中nets的代码框架接口

操　　作	说　　明
inception_resnet_v2.default_image_size	默认图片大小
inception_resnet_v2.inception_resnet_v2	同名的网络结构函数，这个函数有两个输出，一个是预测结果logits，另一个是辅助信息AuxLogits。辅助信息是为了显示或分析使用，主要包括summaries或losses
inception_resnet_v2_arg_scope	命名空间的名字。在外层修改或使用模型时，可以使用与模型相同的命名空间
inception_resnet_v2_base	为inception_resnet_v2的基本结构实现，输出inception_resnet_v2网络中最原始的数据，默认是传到inception_resnet_v2.inception_resnet_v2函数中，一般不会改动内部。当要使用自定义的输出层时，会将传入自己的函数来替换inception_resnet_v2.inception_resnet_v2

> 注意：表 11-1 中的框架全部是使用 slim 库代码来实现的，由于与 tensorflow.contrib.layers 模块的使用方式很相似，这里不再展开介绍，但是建议读者配合前面讲的各个模型的结构再看看其具体在代码中的真实实现，对自己构建高效的模型会有很大帮助。

3. Preprocessing模块

该模块代码里包含几个图片预处理文件，命名也是按照模型的名字来命名的。slim 会把某一类模型常用的预处理函数放到一个文件里，并命名为该类模型相关的名字，而且每个代码文件函数结构也大致相似。例如，调用 inception_preprocessing 函数中的代码如下：

```
inception_preprocessing.preprocess_image
```

该函数是将传入的图片转化成模型尺寸并归一化处理。

11.5.3 slim 中的数据集处理

slim 模块包自带了函数，可以用来下载数据集，也可以对数据集进行转换操作。它可以下载标准的数据集并转换为 TensorFlow 自带的 TFRecord 格式，还可以使用 TF-slim 的 data reading 和 queueing utilities 来读取 TFRecord 格式的数据集。slim 所支持的数据集如表 11-2 所示。

表 11-2 slim中集成的数据集

数 据 集	训练数据集大小	测试数据集大小	分 类 个 数	备 注
Flowers	2500	2500	5	尺寸可变
Cifar10	60×1000	10×1000	10	32×32彩色图
MNIST	60×1000	10×1000	10	28×28灰度图
ImageNet	1.2×1000×1000	50×1000	1000	尺寸可变

1. 将数据转为TFRecord格式

TFRecord 是 TensorFlow 推荐的数据集格式，与 TensorFlow 框架结合紧密。在 TensorFlow 中提供了一系列接口可以访问 TFRecord 格式。该结构存在的意义主要是为了满足在处理海量样本集时，需要边执行训练边从硬盘上读取数据的需求。将原始文件转化成 TFRecord 的格式，然后在运行中通过多线程的方式来读取，这样可以减小主线程训练的负担，使整个训练过程变得更高效。

只需要在命令行里输入下列命令，即可将下载数据集并将其转成 TFRecord 格式：

```
D:\python\research\models\slim>python download_and_convert_data.py--dataset_name=flowers-dataset_dir=/tmp/data/flowers
```

这里需要指定两个关键点：一个是数据集（例子中的 flowers），另一个是下载路径（笔者的 Python 文件是在 D 盘，所以会下载到 D：\tmp\data\flowers 下）。执行完后会看到下载的数据文件和生成的 TFRecord 文件，如图 11-9 所示。

这里包含 5 个训练数据文件、5 个验证数据文件及一个标签文件。标签文件定义了整数标签和分类名称。

如果想将其他数据集转成 TFRecord 格式，可以参考上面的代码实现，这里不再展开介绍。

同样，也可以按照这个方法下载 MNIST 和 cifar10 数据集。如果需要下载 imageNet 数据集，则需要在 image-net.org 中注册一个账号，然后再运行下载脚本，大概有 500GB，因此需要留出足够大的硬盘空间，并且下载时间会很长。

2. 处理slim数据集时的常见错误

由于有时网络有时会不稳定，因此使用上面讲的方法下载数据时往往会遇到如下错误，主要是由于没有下载完成的原因。

```
urllib.error.ContentTooShortError: <urlopen error retrieval incomplete: got only
 64456280 out of 228813984 bytes>
```

这表明由于网络原因数据包没有下载完整，有两种方法可以解决。

- 如果你的网速较快的话，可以多运行几次，总有一次可以成功。
- 可以将 http://download.tensorflow.org/example_images/ flower_photos.tgz 网址放到下载工具（如迅雷等）里自行下载。

解压后的路径如图 11-10 所示。

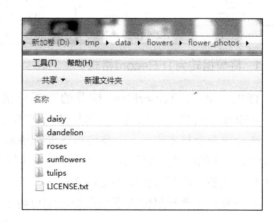

图 11-9　flowers 文件夹的 TFRecord 数据集　　　图 11-10　flowers 数据集

然后来到 download_and_convert_flowers.py 第 191 行，注释掉下列代码即可。

```
#dataset_utils.download_and_uncompress_tarball(_DATA_URL,dataset_dir)
```

本书配套的代码中会有实例文件（见"11.5.3 代码参考"文件夹）。

下载完成后，运行如下命令将刚下载的数据集转成 TFRecord 格式（以图 11-10 中的路径"/tmp/data/flowers"为例）：

```
D:\python\research\models\slim>python download_and_convert_data.py --dataset_name=flowers --dataset_dir=/tmp/data/flowers
```

11.5.4 实例 84：利用 slim 读取 TFRecord 中的数据

TFRecord 文件创建好后，就可以读取文件中的数据了，本例将演示如何读取 TFRecord 中的数据，步骤如下。

实例描述

利用 slim 代码库里的函数读取 TFRecord 格式的数据并显示出来。

1. 定义slim数据集，创建provider

在图 11-9 中可以看到，有两个数据集 train 与 validation。在读取时，需要指定一个数据集然后创建 provider 对象，接着就可以从 provider 里读取数据了，代码如下：

代码11-1 tfrecodertest

```
01  import tensorflow as tf
02  from datasets import flowers
03  import pylab
04
05  slim = tf.contrib.slim
06
07  DATA_DIR="D:/own/python/flower_photosos"    #指定flower数据集的路径
08
09  #选择数据集validation
10  dataset = flowers.get_split('validation', DATA_DIR)
11
12  #创建一个provider
13  provider = slim.dataset_data_provider.DatasetDataProvider(dataset)
14  #通过provider的get获得一条样本数据
15  [image, label] = provider.get(['image', 'label'])
16  print(image.shape)
```

上述代码中，先引入头文件，然后创建 provider，通过 get 来获得 image 与 label 两个张量。这时并没有真的读到数据，只是一个构建图的过程。具体取数据则要通过 session 中启动队列线程后才可以。

provider 是使用 DatasetDataProvider 类的实例化实现的，在 DatasetDataProvider 类中还可以有更多的设置：

```
class DatasetDataProvider(data_provider.DataProvider):

  def __init__(self,
               dataset,
```

```
       num_readers=1,
       reader_kwargs=None,
       shuffle=True,
       num_epochs=None,
       common_queue_capacity=256,
       common_queue_min=128,
       record_key='record_key',
       seed=None,
       scope=None):
```

必选参数是传入指定的数据集 dataset，其他还包括指定几个并行读取器来读取数据 num_readers、是否打乱顺序 shuffle、指定数据源读取的循环次数 num_epochs（None 表示无限循环）、队列大小 common_queue_capacity 等。没有特殊要求的情况下，直接默认即可。

> 注意：本例演示的是只读取一条样本，在训练中需要按批次读取指定数量的样本，这时会需要配合 tf.train.batch 一起使用，tf.train.batch 有个条件就是必须指定样本的固定大小，所以在传入时需要将变长的图片按固定大小调整。在 slim 的训练模型代码里有使用的例子，读者可以自己参考。另外，在第 12 章对抗神经网络里，超分辨率部分也有实例供读者学习、参考。

2. 启用session读取数据

在 session 中初始化变量之后，需要通过 tf.train.start_queue_runners 来启动队列线程。这时会有一个线程专门负责从磁盘里读图片数据，接着通过 run 来运行图节点 image 与 label 得到真实的数据。

代码11-1　tfrecodertest（续）

```
17  sess = tf.InteractiveSession()
18  tf.global_variables_initializer().run()
19  #启动队列
20  tf.train.start_queue_runners()
21  #获取数据
22  image_batch, label_batch = sess.run([image, label])
23  #显示
24  print(label_batch)
25  pylab.imshow(image_batch)
26  pylab.show()
```

运行上述代码，输出的图片如图 11-11 所示。

(?, ?, 3)
1

图 11-11　TFRecord 例子

多运行几次发现，每次的结果都不一样，再次证实了默认是随机读取的。

> 注意：在处理大数据样本时，将数据转成TFRecord后使用线程来读取，是一个较常规的方式。千万不能像 MNIST 数据集读取那样一次都读入内存，内存会被样本耗

尽，系统就无法处理其他的数据了。另外，除了使用 TFRecord 方式以外，还可以从 filenames 中读取，通过异步读取文件，然后按批次的随机抽取指定样本数量，再输入到模型中来做模型参数的更新。

11.5.5 在 slim 中训练模型

slim 提供了很多便捷的方式，前面提到的全部模型在 slim 中都可以找到对应的代码实现。不仅如此，slim 还共享了模型的训练代码，使用者不再需要关注模型代码，只需通过命令行方式即可完成训练、微调、测试等任务，大大方便了模型的产出。

对于 linux 用户，在 slim 的 Scripts 文件夹下还提供了模型下载、训练、预训练、微调、测试等一条龙的完整 shell 脚本。如果你用的是 Windows，也可以在命令行下一条一条地复制命令并执行命令。

关于 shell 脚本代码，不再逐条解释，下面举例演示使用命令行来训练模型的相关操作。

1. 从头训练

训练模型的代码被放在 slim 下的 train_image_classifier.py 文件里，这里用 flower 数据集来训练 Inception_v3 网络结构的深度神经网络模型。在命令行中执行如下命令：

```
D:\python\research\models\slim>python train_image_classifier.py --train_dir=
log/in3flower --dataset_name=flowers --dataset_split_name=train -dataset_dir=/tmp/data/flowers/flower_photosos --model_name=inception_v3
```

参数说明如下。
- train_dir：是要生成模型的路径。
- dataset_name：数据集名字。
- dataset_split_name：数据集中的哪一部分是 validation 还是 train。
- dataset_dir：数据集路径。
- model_name：模型名字。

这里只列出了主要的参数，其他的参数可以仿照 shell 脚本中的例子，如果读者想知道全部的参数，可参看 train_image_classifier.py 文件。也可以修改 train_image_classifier.py 文件，添加自己喜欢的参数。

> 注意：dataset_name、dataset_split_name、model_name 的名字不是随意命名的，必须与代码中的名字对应。如果使用自己的数据集，则需要在 slim 中的 dataset 文件夹下仿照其他的数据集加一个 .py 文件，然后也可以用 train_image_classifier.py 来运行。当然读者也可以不使用 train_image_classifier.py，直接自己编写代码载入数据集。

2. 预训练模型

预训练就是在别人训练好的模型基础上进行二次训练，以得到自己需要的模型。可以帮你省去大量的时间。一些高质量的模型都是通过了大量的数据样本训练而来的。GitHub 上提供了很多训练好的模型，可用于预训练，可以在 https://github.com/TensorFlow/models/tree/master/research/slim#Pretrained 中下载。

该链接是 TensorFlow 里 slim 模块在 GitHub 中的页面，页面中的表的部分内容如图 11-12 所示。

Model	TF-Slim File	Checkpoint	Top-1 Accuracy	Top-5 Accuracy
Inception V1	Code	inception_v1_2016_08_28.tar.gz	69.8	89.6
Inception V2	Code	inception_v2_2016_08_28.tar.gz	73.9	91.8
Inception V3	Code	inception_v3_2016_08_28.tar.gz	78.0	93.9
Inception V4	Code	inception_v4_2016_09_09.tar.gz	80.2	95.2
Inception-ResNet-v2	Code	inception_resnet_v2_2016_08_30.tar.gz	80.4	95.3
ResNet V1 50	Code	resnet_v1_50_2016_08_28.tar.gz	75.2	92.2
ResNet V1 101	Code	resnet_v1_101_2016_08_28.tar.gz	76.4	92.9
ResNet V1 152	Code	resnet_v1_152_2016_08_28.tar.gz	76.8	93.2
ResNet V2 50^	Code	resnet_v2_50_2017_04_14.tar.gz	75.6	92.8
ResNet V2 101^	Code	resnet_v2_101_2017_04_14.tar.gz	77.0	93.7
ResNet V2 152^	Code	resnet_v2_152_2017_04_14.tar.gz	77.8	94.1
ResNet V2 200	Code	TBA	79.9*	95.2*

图 11-12 模型下载截图

图 11-12 中的表格内，Checkpoint 列是模型下载的链接。这些模型都是在 ILSVRC-2012-CLS（ImageNet）数据集上训练而来的，这个数据集共 500GB，共分为 1000 个类的图片。想要了解更多关于 ImageNet 的信息，可以看网站 http://www.image-net.org/challenges/LSVRC/2012/。

下载完预训练模型后，只需要在 11.5.5 节 "从头训练" 的命令中添加一个参数——checkpoint_path 即可。

--checkpoint_path =模型的路径

--checkpoint_path 里的模型用于预训练模型的参数初始化。在训练过程中不会改变，新产生的模型会被保存在 --train_dir 指定的路径下面。

> 注意：预训练时使用的样本必须与原来的输入尺寸和输出的分类个数一致。这些可下载的模型都是要分成 1000 类的，如果你不想分这么多类，可以使用下面微调的方法。

3. 微调fine-tuning

上述的预训练模型都是在 imagenet 上训练的，最终输出的是 1000 个分类，如果我们想使用预训练模型训练自己的数据集时，就要微调了。

在微调过程中，需要将原有模型中的最后一层去掉，换成自己的数据集对应的分类层。例如我们要训练 flowers 数据集，就需要将 1000 个输出换成 10 个输出。

具体做法如下。

（1）通过参数--checkpoint_exclude_scopes 指定载入预训练模型时哪一层的权重不被载入。

（2）再通过--trainable_scopes 参数指定对哪一层的参数进行训练。当--trainable_scopes 出现时，没有被指定训练的参数将在训练中被冻结。

举例：使用 inception_v3 的模型进行微调，使其可以训练 flowers 数据集。将下载好的模型 inception_v3.ckpt 解压后放在当前目录文件夹 inception_v3 下，通过 cmd 进入命令行来到 models\slim 文件夹下，运行如下命令：

```
D:\own\python\research\models\slim>python train_image_classifier.py --train_dir=log/in3--dataset_name=flowers--dataset_split_name=train --dataset_dir=D:\own\python\flower_photosos--model_name=inception_v3--checkpoint_path=inception_v3/inception_v3.ckpt  --checkpoint_exclude_scopes=InceptionV3/Logits,InceptionV3/AuxLogits --trainable_scopes=InceptionV3/Logits,InceptionV3/AuxLogits
```

在例子中，--checkpoint_path 里的模型会被载入，将权重初始化成模型里的值，同时--checkpoint_exclude_scopes 限制了最后一层没有被初始化成模型里的参数。--trainable_scopes 指定了只训练最后新加的一层，这样在训练过程中被冻结的其他参数具有原来训练好的合适值，而新加的一层则通过迭代在不断地优化自己的参数。

在微调的过程中，还可以通过在上面命令中加入：

```
--max_number_of_steps=500
```

来指定训练步数。如果没有指定训练步数，默认会一直训练下去。更多的参数，可参看 train_image_classifier.py 的源码。另外，slim 的 Scripts 中还有使用模型来识别图片的例子，读者可以一起配合着学习。

> 注意：有时会报初始化失败的错误：
> ```
> E c:\tf_jenkins\home\workspace\release-win\device\gpu\os\windows\tensorflow\stream_executor\cuda\cuda_dnn.cc:359] could not create cudnn handle: CUDNN_STATUS_
> NOT_INITIALIZED
> 2017-05-02 17:48:48.334466: E c:\tf_jenkins\home\workspace\release-win\device\  gpu\os\windows\tensorflow\stream_executor\cuda\cuda_dnn.cc:366] error retrieving driver version: Unimplemented: kernel reported driver version not implemented on Windows
> ```

```
2017-05-02 17:48:48.343454: E c:\tf_jenkins\home\workspace\release-win\
device\gpu\ os\windows\tensorflow\stream_executor\cuda\cuda_dnn.cc:326]
could not destroy cudnn handle: CUDNN_STATUS_
BAD_PARAM
```
这种问题表明显卡没有启动，重启计算机即可

4．评估模型

eval_image_classifier.py 文件是已经封装好用来评估模型的。下面还是以上面的 flower 集合微调 Inception_v3 的模型为例，评估模型的命令如下：

```
python eval_image_classifier.py--checkpoint_path=log/in3/model.ckpt
-3416059--eval_dir=log/in3/model.ckpt-3416059--dataset_name=flowers
--dataset_split_name=validation--dataset_dir=D:\own\python\flower_
photosos--model_name=inception_v3
```

其中，指定路径的文件为 log/in3/model.ckpt-3416059，即在微调中训练出来的模型文件。

5．打包模型

训练好的模型可以被打包到各个平台上使用，无论是 iOS、Android 还是 Linux 系列。具体是通过一个 bazel 开源工具来实现的。这部分内容不在本书的范围之内，有兴趣的读者可以自行研究。

更多的内容可以参考链接 https://github.com/tensorflow/models/tree/master/research/slim#Export。

11.6 使用 slim 中的深度网络模型进行图像的识别与检测

前面模型训练的知识点可以覆盖模型方面的大部分情况。如果读者刚好有图片分类的任务，或是想进行图片的识别，用 slim 中已有的网络结构来训练出自己的模型，比自己重新写一个模型的可行性更高一些。智者必须要学会借力而行。

有了模型之后就是使用模型了。下面通过几个实例来演示如何使用模型。

11.6.1 实例85：调用 Inception_ResNet_v2 模型进行图像识别

本例是使用在 ImageNet 上训练好的 Inception_ResNet_v2 模型来识别图片内容，练习通过编写代码来调用 slim 中的 inception_resnet_v2 函数。具体步骤如下。

实例描述

使用基于 ImageNet 上训练的 Inception_ResNet_v2 模型对任意图片进行识别。

1. 准备工作

需要准备好 Inception_ResNet_v2 的模型文件（上文有下载方法介绍），以及两张用于识别的图片。

2. 引入头文件，指定模型

在 slim 文件夹下创建代码文件。代码中通过导入 nets 中的 Inception 模块，即可包含 slim 中的所有网络结构代码，导入 Datasets 中的 imagenet 是为了使用 imagenet 的 label 标签，方便识别后的显示。为了让代码简洁一些，令 slim = tf.contrib.slim。

代码11-2　inception_resnet_v2使用

```
01  import tensorflow as tf
02
03  from PIL import Image
04  from matplotlib import pyplot as plt
05  from nets import inception
06  import numpy as np
07  from datasets import imagenet
08
09  tf.reset_default_graph()
10  image_size = inception.inception_resnet_v2.default_image_size
11  names = imagenet.create_readable_names_for_imagenet_labels()
12
13  slim = tf.contrib.slim
14
15  checkpoint_file = 'inception_resnet_v2/inception_resnet_v2_2016_
    08_30.ckpt'
16  sample_images = ['img.jpg', 'ps.jpg']
```

将 inception_resnet_v2 中的默认尺寸取到，给出模型文件和图片的路径即文件名。

3. 载入模型

获取模型参数的命名空间 arg_scope，定义相同命名空间下的输出节点。Logits 是刚从网络结构里运算出来的输出。end_points 为一个全集，里面包含 logits 和将 logits 经过 softmax 之后的预测结果及其他信息。具体可以参考 nets 下 Inception_ResNet_v2 里的 inception_resnet_v2 函数。

代码11-2　inception_resnet_v2使用（续）

```
17  input_imgs = tf.placeholder("float", [None, image_size,image_size,3])
18
19  #载入model
20  sess = tf.Session()
21  arg_scope = inception.inception_resnet_v2_arg_scope()
22
23  with slim.arg_scope(arg_scope):
24    logits, end_points = inception.inception_resnet_v2(input_imgs,
      is_training=False)
```

```
25
26   saver = tf.train.Saver()
27   saver.restore(sess, checkpoint_file)
28
```

在 session 里通过 saver 载入模型，这部分内容前面讲过，这里不再赘述。

4．输入图片进行识别

通过循环读入 sample_images 中指定的图片，然后使用 resize 函数将其重新调整尺寸到指定大小，再使用 reshape 函数重新将形状调整成[-1, image_size,image_size,3]矩阵，并将其除以 255 再乘上 2，然后减去 1，归一化成[-1,1]之间的值，输入模型生成结果。

代码11-2　inception_resnet_v2使用（续）

```
29   for image in sample_images:
30       reimg = Image.open(image).resize((image_size,image_size))
31       reimg = np.array(reimg)
32       reimg = reimg.reshape(-1,image_size,image_size,3)
33
34       plt.figure()
35       p1 = plt.subplot(121)
36       p2 = plt.subplot(122)
37
38       p1.imshow(reimg[0])# 显示图片
39       p1.axis('off')
40       p1.set_title("organization image")
41
42       reimg_norm = 2 *(reimg / 255.0)-1.0
43
44       p2.imshow(reimg_norm[0])                          # 显示图片
45       p2.axis('off')
46       p2.set_title("input image")
47
48       plt.show()
49
50       predict_values, logit_values = sess.run([end_points['Predictions'],
         logits], feed_dict={input_imgs: reimg_norm})
51
52       print (np.max(predict_values), np.max(logit_values))
53       print (np.argmax(predict_values), np.argmax(logit_values),names
         [np.argmax(logit_values)])
```

注意：在数值变换中，本来应该使用 slim 自带的 inception_preprocessing.preprocess_image 函数将图片直接处理好，但是该代码似乎有点 bug，模型不能识别出处理完的图片。于是改为手动来转化。GitHub 中的代码还在不断更新中，或许当读者看这本书的时候已经没有 bug 了，那么就可以用 inception_preprocessing.preprocess_image 函数来替代。

运行代码，得到输出如下，输出图片如图 11-13 和图 11-14 所示。

```
INFO:tensorflow:Restoring parameters from inception_resnet_v2/inception_
resnet_v2_2016_08_30.ckpt
0.61667 9.0568
621 621 laptop, laptop computer
```

图 11-13　inception_resnet_v2 例子结果 1　　　　图 11-14　inception_resnet_v2 例子结果 2

```
0.242343 8.80805
223 223 kuvasz
```

可以看到模型成功地识别了平板电脑。对于第二幅图，本来是只羊，却识别成了库瓦兹犬，这可能是由于训练样本中关于狗的样本比较多的原因，整个 ImageNet 数据集对狗的分类比较细致。不过看一下库瓦兹犬的图片（如图 11-5 所示），它跟羊真的有点相像。

从图 11-5 中看，库瓦兹犬就像是一只"披着羊皮"的狗，可见 Inception_ResNet_v2 惊人的识别力。

slim 中的所有的模型的使用方法几乎一样，这里使用的 Inception_ResNet_v2 模型只是一个例子。若读者想使用其他模型，可以仿照该例子直接将模型名字替换 Inception_ResNet_v2 即可。

图 11-15　库瓦兹犬

11.6.2　实例 86：调用 VGG 模型进行图像检测

VGG 作为深度学习模型，本来是为了识别图像而产生的，但其在图像检测方面的效果很好，于是就成为图像检测方面的标杆模型。下面通过一个实例来使用 VGG19 模型对图片进行检测，看看 VGG 模型能从图片中识别哪些东西。具体步骤如下。

实例描述

使用基于 ImageNet 上训练的 VGG19 模型对任意图片进行检测。

1．准备工作

准备好解压后的 vgg_19.ckpt 模型文件，放到当前 vgg_19_2016_08_28 目录下，这里还使用实例 85 中的两张图片进行检测。

2. 引入头文件，指定模型

类似实例 85，在 slim 文件夹下创建代码文件。导入 nets 中的 VGG 模块，同时导入像素均值处理函数 mean_image_subtraction，导入 Datasets 中 imagenet 的 label 标签，令 slim = tf.contrib.slim。

代码11-3　vgg19图片检测使用

```
01  import numpy as np
02  import os
03  import tensorflow as tf
04
05  from PIL import Image
06  from datasets import imagenet
07  from nets import vgg
08  # 加载像素均值及相关函数
09  from preprocessing.vgg_preprocessing import (_mean_image_subtraction,
10   _R_MEAN, _G_MEAN, _B_MEAN)
11  from matplotlib import pyplot as plt
12  import matplotlib as mpl
13  mpl.rcParams['font.sans-serif']=['SimHei']        #用来正常显示中文标签
14  mpl.rcParams['font.family'] = 'STSong'
15  mpl.rcParams['font.size'] = 12
16
17  tf.reset_default_graph()
18
19  slim = tf.contrib.slim
20
21  # 网络模型的输入图像有默认的尺寸
22  # 先调整输入图片的尺寸
23
24  names = imagenet.create_readable_names_for_imagenet_labels()
25  checkpoints_dir = 'vgg_19_2016_08_28'
26  sample_images = ['hy.jpg', 'ps.jpg']
```

3. 定义节点，载入模型

定义输入占位符，在这里不需要使用 VGG 的默认尺寸，所以使用[None, None,3]的 shape 对输入节点进行均值处理，并使用 reshape 函数更新，将形状调整成 1, None, None,3]。

获取模型参数的命名空间 arg_scope，定义相同命名空间下的输出节点。Logits 是刚从网络结构里运算出来的输出。手动将 logits 的最大索引放入 pred 里，即代表分类。

代码11-3　vgg19图片检测使用（续）

```
27  input_imgs = tf.placeholder("float", [None,None,3])
28  # 每个像素减去像素的均值
29  processed_image = _mean_image_subtraction(input_imgs,
30                                           [_R_MEAN, _G_MEAN, _B_MEAN])
31
32  input_image = tf.expand_dims(processed_image, 0)
33  with slim.arg_scope(vgg.vgg_arg_scope()):
```

```
                #spatial_squeeze 选项用于压缩结果的空间维度，将不必要的空间维度删除
34
35      logits, _ = vgg.vgg_19(input_image,
36                      num_classes=1000,
37                      is_training=False,
38                      spatial_squeeze=False)
39
40  pred = tf.argmax(logits, dimension=3)
41
42  init_fn = slim.assign_from_checkpoint_fn(
43      os.path.join(checkpoints_dir, 'vgg_19.ckpt'),
44      slim.get_model_variables('vgg_19'))
45
46  with tf.Session() as sess:
47      init_fn(sess)
```

指定模型文件 vgg_19.ckpt，并在 session 中载入。

4．输入图片进行检测

通过循环读入 sample_images 中指定的图片，传入模型，生成结果 obj。VGG 的输出与其他模型不一样，它会返回识别出来的所有类别，并且顺序是与像素位置关系相对应的。使用 np.unique 函数会返回两个值，第一个值为对应的类别，第二个值为该类在 obj 中的起始位置。

代码11-3　vgg19图片检测使用（续）

```
48  for image in sample_images:
49      reimg = Image.open(image)
50      plt.suptitle("原始图片", fontsize=14, fontweight='bold')
51      plt.imshow(reimg)                    # 显示图片
52      plt.axis('off')                      # 不显示坐标轴
53      plt.show()
54
55      reimg = np.asarray(reimg, dtype='float')
56
57      obj,inpt= sess.run([pred,input_image],feed_dict={input_imgs:
            reimg})
58
59      obj = np.squeeze(obj)
60
61      unique_classes, relabeled_image = np.unique(obj,
62                                        return_inverse=True)
63
64      obj_size = obj.shape
65      relabeled_image = relabeled_image.reshape(obj_size)
66      labels_names = []
67
68      for index, current_class_number in enumerate(unique_classes):
69          labels_names.append(str(index) + ' ' + names[current_class_
            number+1])
```

5. 输出结果

接着添加如下代码，将结果显示出来。

代码11-3　vgg19图片检测使用（续）

```
70      showobjlab(img=relabeled_image, labels_str=labels_names,
        title="画面识别")
71      plt.show()
```

这里用到了一个显示函数 showobjlab，需要先定义一下。它将 img 位置 obj 中的类以不同的颜色在图像中显示出来。具体实现如下。

代码11-3　vgg19图片检测使用（续）

```
72  def showobjlab(img, labels_str=[], title=""):
73      minval = np.min(img)
74      maxval = np.max(img)
75      #获取离散化的色彩表
76      plt.figure(figsize=(3,3))
77      cmap = plt.get_cmap('Paired', np.max(img)-np.min(img)+1)
78      mat = plt.matshow(img, cmap=cmap,vmin = minval-0.5,vmax = maxval +0.5)
79
80      #定义 colorbar
81      cax = plt.colorbar(mat,ticks=np.arange(minval,maxval+1),shrink=2)
82
83      # 添加类别名称
84      if labels_str:
85          cax.ax.set_yticklabels(labels_str)
86
87      if title:
88          plt.suptitle(title, fontsize=14, fontweight='bold')
```

运行代码，得到如下结果，输出图片如图 11-16～图 11-19 所示。

```
INFO:tensorflow:Restoring parameters from vgg_19_2016_08_28\vgg_19.ckpt
```

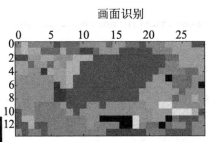

图 11-16　Vgg 例子 1 的原始图片　　　图 11-17　Vgg 例子 1 的识别结果

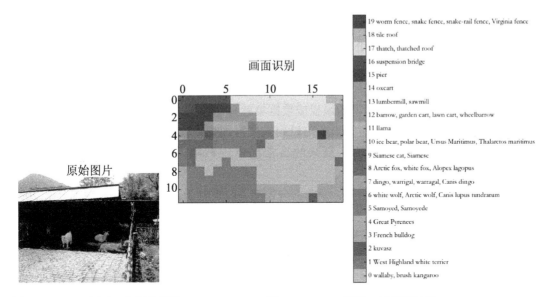

图 11-18　Vgg 例子 2 的原始图片　　　图 11-19　Vgg 例子 2 的识别结果

代码中将检测到的物体类别分别用不同的颜色来显示，并在图片上的对应位置做了标记。可以看到，对于元素较多的第一幅图片，VGG 会识别出来更多的类型。

11.7　实物检测模型库——Object Detection API

Object Detection API 是谷歌开放的一个内部使用的物体识别系统。2016 年 10 月，该系统在 COCO 识别挑战中名列第一。它支持当前最佳的实物检测模型，能够在单个图像中定位和识别多个对象。该系统不仅用于谷歌于自身的产品和服务，还被推广至整个研究社区。

1. 代码位置与内置的模型

Object Detection 模块的位置与 slim 的位置相近，同在 github.com 中 TensorFlow 的 models\research 目录下。类似 slim，Object Detection 也囊括了各种关于物体检测的各种先进模型：

- 带有 MobileNets 的 SSD（Single Shot Multibox Detector）。
- 带有 Inception V2 的 SSD。
- 带有 Resnet 101 的 R-FCN（Region-Based Fully Convolutional Networks）。
- 带有 Resnet 101 的 Faster RCNN。
- 带有 Inception-Resnet v2 的 Faster RCNN。
上述每一个模型的冻结权重（在 COCO 数据集上训练）可被直接加载使用。

SSD 模型使用了轻量化的 MobileNet，这意味着它们可以轻而易举地在移动设备中实时使用。谷歌使用了 Fast RCNN 模型需要更多计算资源，但结果更为准确。

2．COCO数据集介绍

在实物检测领域，训练模型的最权威数据集就是 COCO 数据集。

COCO 数据集是微软发布的一个可以用来进行图像识别训练的数据集，官方网址为 http://mscoco.org/。其图像主要从复杂的日常场景中截取，图像中的目标通过精确的 segmentation 进行位置的标定。

COCO 数据集包括 91 类目标，分两部分发布，前部分于 2014 年发布，后部分于 2015 年发布。

- 2014 年版本：训练集有 82783 个样本，验证集有 40504 个样本，测试集有 40775 个样本，有 270KB 的人物标注和 886KB 的物体标注。
- 2015 年版本：训练集有 165482 个样本，验证集有 81208 个样本，测试集有 81434 个样本。

11.7.1 准备工作

1．获取protobuf

Object Detection API 使用 protobufs 来配置模型和训练参数，这些文件以".proto"的扩展名放在 models\research\object_detection\protos 下。在使用框架之前，必须使用 protobuf 库将其编译成 py 文件才可以正常运行。protobuf 库使用的是 2.6 版本，下载地址为 https://github.com/google/protobuf/releases/tag/v2.6.1。

进入网址后会看到如图 11-20 所示，单击相应链接即可下载。

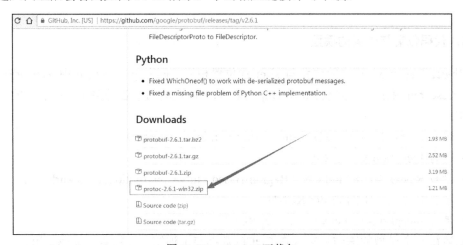

图 11-20　protobuf 下载包

protoc-2.6.1-win32.zip 文件是个绿色程序，可以直接在命令行里运行。下载并解压后将其放到 models\research 路径下（假设你已经完成了在 11.5.1 中下载 models 的步骤）。

2．编译proto配置文件

来到命令行里，进入 models\research 目录（如笔者的目录是 D:\own\python\models\research）下，执行如下命令：

```
D:\own\python\models\ research>protoc.exe object_detection/protos/*.proto -- python_out=.
```

如果不显示任何信息，则表明运行成功了。为了检验成功效果，可以来到 D:\own\python\models\research\object_detection\protos 下，如图 11-21 所示，可以看到生成了很多 py 文件。

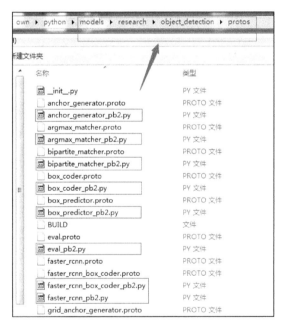

图 11-21　编译 protos

3．检测API是否正常

如果前面两步都完成了，下面可以测试一下 Object Detection API 是否可以正常使用了，还需要两步操作：

（1）将 models\research\slim 中的 nets 文件夹复制出来放到 models\research 下。

（2）将 models\research\object_detection\builders 下的 model_builder_test.py 复制到 models\research 下。

变成如图 11-22 所示的文件夹结构。

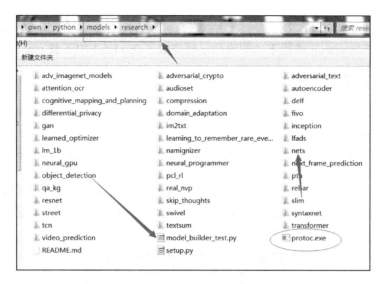

图 11-22　Object Detection 配置的文件结构

用 spyder 将 model_builder_test.py/research 文件打开，运行之后会看到如下信息：

```
runfile('D:/own/python/models/research/model_builder_test.py', wdir='D:/
own/python/models/research')
Reloaded modules: object_detection.protos.box_predictor_pb2, object_
detection.core,
object_detection.anchor_generators.multiple_grid_anchor_generator,
object_detection.core.target_assigner,
object_detection.protos.image_resizer_pb2,
object_detection.protos.losses_pb2,
object_detection.utils.static_shape,
object_detection.builders.anchor_generator_builder,
object_detection.anchor_generators.grid_anchor_generator,
object_detection.builders,object_detection.core.standard_fields,object_
detection.core.losses,object_detection.builders.hyperparams_builder,
object_detection.core.box_list_ops,
object_detection.protos.box_coder_pb2,object_detection.utils,object_
detection.builders.box_predictor_builder,object_detection.utils.shape_
utils,object_detection.core.box_list,object_detection.anchor_generators,
object_detection.box_coders,object_detection.box_coders.mean_stddev_box_
coder, object_detection.protos, object_detection.protos.hyperparams_pb2,
object_detection.core.box_coder,object_detection.protos.ssd_anchor_
generator_pb2, object_detection.meta_architectures, object_detection.
core.model,object_detection.protos.square_box_coder_pb2,object_detection.
core.post_processing,object_detection.box_coders.faster_rcnn_box_coder,
object_detection.protos.grid_anchor_generator_pb2,object_detection.protos.
matcher_pb2, object_detection.models, object_detection.protos.anchor_
generator_pb2,object_detection.matchers.bipartite_matcher,object_detection.
core.preprocessor,object_detection.meta_architectures.ssd_meta_arch,
object_detection.protos.post_processing_pb2,object_detection.protos.
argmax_matcher_pb2,object_detection.core.anchor_generator,object_detection.
utils.ops,object_detection.matchers,object_detection.matchers.argmax_
```

```
matcher,object_detection.protos.faster_rcnn_box_coder_pb2,object_detection.
builders.region_similarity_calculator_builder,object_detection.
builders.image_resizer_builder,object_detection.core.matcher,object_
detection.meta_architectures.faster_rcnn_meta_arch,object_detection.
core.minibatch_sampler,object_detection.core.balanced_positive_negative_
sampler,object_detection.protos.bipartite_matcher_pb2,object_detection.
core.keypoint_ops,object_detection.protos.region_similarity_calculator_
pb2,object_detection.builders.matcher_builder,object_detection.builders.
losses_builder,object_detection.meta_architectures.rfcn_meta_arch,object_
detection.core.box_predictor,object_detection.builders.box_coder_builder,
object_detection.box_coders.square_box_coder,object_detection.protos.
mean_stddev_box_coder_pb2,object_detection.utils.variables_helper,object_
detection,object_detection.core.region_similarity_calculator,object_
detection.builders.post_processing_builder
……
----------------------------------------------------------------------
Ran 7 tests in 0.047s

OK
To exit: use 'exit','quit',or Ctrl-D.
An exception has occurred,use %tb to see the full traceback.

SystemExit: <sitecustomize.IPyTesProgram object at 0x000002B770CBA048>
```

表明 Object Detection API 一切正常，可以使用了。

4．将Object Detection API加入Python库默认搜索路径

为了不用每次都将文件复制到 Object Detection 文件夹外，可以将 Object Detection 加到 Python 引入库的默认搜索路径中，将 Object Detection 文件夹整个复制到 anaconda3 安装文件目录下的 lib\site-packages 下，如图 11-23 所示。

图 11-23　Object Detection 安装

这样无论文件在哪里，只要搜索 import Object Detection xxx ，系统都会找到 Object Detection 了。

11.7.2　实例 87：调用 Object Detection API 进行实物检测

下面用一个例子来测试下 Object Detection API 中的检测效果。该例子改编于 Object Detection API 的自带程序，使用的图片也是 Object Detection API 中的图片。具体步骤如下。

实例描述

使用 Object Detection API 基于 COCO 上训练的 ssd_mobilenet_v1 模型,对任意图片进行分类识别。

1. 下载模型

上面介绍的已有模型,在以下网址都可以下载 https://github.com/tensorflow/models/blob/master/research/object_detection/g3doc/detection_model_zoo.md。

下载模型如图 11-24 所示。

Model name	Speed	COCO mAP	Outputs
ssd_mobilenet_v1_coco	fast	21	Boxes
ssd_inception_v2_coco	fast	24	Boxes
rfcn_resnet101_coco	medium	30	Boxes
faster_rcnn_resnet101_coco	medium	32	Boxes
faster_rcnn_inception_resnet_v2_atrous_coco	slow	37	Boxes

图 11-24　下载 Detection 模型

每一个压缩文件里都包含如下 3 种文件:
- 放置权重的检查点文件。
- 描述网络变量的 txt 文件。
- 可用于变量载入内存的图 frozen 文件。该文件与检查点结合可以实现"开箱即用"的使用理念,即不需要如前面例子中再引入一次网络模型源码文件。

2. 载入模型及数据集样本标签

在 Object Detection 文件夹下新建一个 py 文件,编写如下代码。

代码中首先加载引入库。然后指定检测点文件及相关路径,将*.pb 文件读入 serialized_graph 中,重新定义一个图 od_graph_def,使用其 ParseFromString 方法将 serialized_graph 的内容恢复到图中,接着再使用 tf.import_graph_def 将 od_graph_def 的内容导入到当前的默认图中。

代码11-4　Object Detection使用

```
01  import numpy as np
02  import os
03
04  import tensorflow as tf
05  from matplotlib import pyplot as plt
06  from PIL import Image
07  from object_detection.utils import label_map_util
08
09  from object_detection.utils import visualization_utils as vis_util
```

```
10
11  # 指定要使用模型的名字
12  MODEL_NAME = 'ssd_mobilenet_v1_coco_11_06_2017'
13
14  # 指定模型的路径
15  PATH_TO_CKPT = MODEL_NAME + '/frozen_inference_graph.pb'
16
17  # 数据集对应的label
18  PATH_TO_LABELS = os.path.join('data', 'mscoco_label_map.pbtxt')
19
20  NUM_CLASSES = 90
21
22  tf.reset_default_graph()
23
24  od_graph_def = tf.GraphDef()
25  with tf.gfile.GFile(PATH_TO_CKPT, 'rb') as fid:
26      serialized_graph = fid.read()
27      od_graph_def.ParseFromString(serialized_graph)
28      tf.import_graph_def(od_graph_def, name='')
29  #载入coco数据集标签文件
30  label_map = label_map_util.load_labelmap(PATH_TO_LABELS)
31  categories = label_map_util.convert_label_map_to_categories(label_map, max_num_classes=NUM_CLASSES, use_display_name=True)
32  category_index = label_map_util.create_category_index(categories)
```

在Object Detection模块中有一个data文件夹,里面为放置好的coco数据集对应的标签txt文件和其他的数据集标签文件(pascal与pet数据集)。使用Object Detection自带的label_map_util类可以将其以index的方式读入内存中。

3. 定义session加载待测试的图片文件

本例也使用Object Detection自带的测试图片来演示。该图片存放在Object Detection\test_images中,一共有两张。当然读者也可以自己再添加图片进行测试,但要修改对应的名字和代码。

代码11-4 Object Detection使用(续)

```
33  def load_image_into_numpy_array(image):
34    (im_width, im_height) = image.size
35    return np.array(image.getdata()).reshape(
36        (im_height, im_width, 3)).astype(np.uint8)
37
38  PATH_TO_TEST_IMAGES_DIR = 'test_images'
39  TEST_IMAGE_PATHS = [ os.path.join(PATH_TO_TEST_IMAGES_DIR, 'image{}.jpg'.format(i)) for i in range(1, 3) ]       #将要测试的图片路径放到数组里
40
41  # 设置输出图片的大小
42  IMAGE_SIZE = (12, 8)
43
44  detection_graph = tf.get_default_graph()
45  with tf.Session(graph=detection_graph) as sess:
```

```
46      for image_path in TEST_IMAGE_PATHS:
47          image = Image.open(image_path)
48
49          image_np = load_image_into_numpy_array(image)
```

本例中新建立了一个图,为了不易混淆,可通过 get_default_graph 获得当前的默认图,接下来在默认的图上建立 session 并进行测试。

4. 定义节点,运行结果并可视化

下面可以体验一下 Object Detection 中的"开箱即用"概念。因为在前面已经将变量导入图中了,所以这里不需要再定义一套变量,直接通过 get_tensor_by_name 拿到变量并使用即可。这种方式将模型与应用很好的解耦,做应用的人不再需要了解模型的结构,只需关心输入输出和模型文件,做模型的人也不用担心模型代码被误改导致功能失效。

代码11-4　Object Detection使用(续)

```
50      # 扩充维度 shape,变成: [1, None, None, 3]
51      image_np_expanded = np.expand_dims(image_np, axis=0)
52      image_tensor = detection_graph.get_tensor_by_name('image_
        tensor:0')
53      # boxes 用来显示识别结果
54      boxes = detection_graph.get_tensor_by_name('detection_boxes:0')
55      # Each score 代表识别出的物体与标签匹配的相似程度,在类型标签后面
56
57      scores = detection_graph.get_tensor_by_name('detection_
        scores:0')
58      classes = detection_graph.get_tensor_by_name('detection_
        classes:0')
59      num_detections = detection_graph.get_tensor_by_name('num_
        detections:0')
60      # 开始检测
61      (boxes, scores, classes, num_detections) = sess.run(
62          [boxes, scores, classes, num_detections],
63          feed_dict={image_tensor: image_np_expanded})
64      # 可视化结果
65      vis_util.visualize_boxes_and_labels_on_image_array(
66          image_np,
67          np.squeeze(boxes),
68          np.squeeze(classes).astype(np.int32),
69          np.squeeze(scores),
70          category_index,
71          use_normalized_coordinates=True,
72          line_thickness=8)
73      plt.figure(figsize=IMAGE_SIZE)
74      plt.imshow(image_np)
```

模型的检测结果有 3 个输出,一个是位置 boxes、一个是类型,另一个是分数。得到这 3 个输出后调用 Object Detection 中的 visualize_boxes_and_labels_on_image_array 函数,

将图片显示出来。运行代码，输出如图 11-25 所示。

图 11-25　实物检测例子运行结果

> 注意：如何得到里面的变量名？一般会在提供模型时会给出对应例子；如果没有，则可以在代码中找到相应的模型定义；也可以通过在代码中添加 print(detection_graph.get_operations())将图中所有的变量打印出来，第一行就可以找到占位符，最后一行也可以找到输出结果。

11.8　实物检测领域的相关模型

前面的预置模型都属于实物检测领域的优秀模型，也是比较成熟的模型。本节来介绍一下该领域的其他相关模型知识。

11.8.1 RCNN 基于卷积神经网络特征的区域方法

实物检测领域的基础模型需要从 RCNN（regions with CNN）说起。RCNN 模型可以理解为，增加特征的穷举范围，然后在其中发现有价值的特征。大概步骤如下。

（1）对于一幅输入的图片，通过选择性搜索，找出 2000 个候选窗口。

（2）利用 CNN 对它们提取特征向量，即将这 2000 个子图片统一缩放到 227×227，然后进行卷积操作。

（3）利用 SVM 算法对特征向量进行分类识别。

RCNN 中对每一类都进行 SVM 训练，根据输出的特征类为每一个区打分，最终决定保留或拒绝该区域特征。

11.8.2 SPP-Net：基于空间金字塔池化的优化 RCNN 方法

RCNN 这种海量的穷举方法显然会带来巨大的计算量，有一种优化办法是使用空间金字塔池化方法。

空间金字塔池化（Spatial Pyramid Pooling，SPP）最大的特点是，不再关心输入图片的尺寸，而是根据最后的输出类别个数，通过算法来生成多个不同范围的池化层，由它们对输入进行并行池化处理，使最终的输出特征个数与生成类别个数相等，接着再进行类别的比较和判定。

由这样的技术产生的网络叫做 SPP-Net。该网络只需要计算完整图像的特征图（feature maps）一次，然后通过池化子窗口的特征，来保持固定长度的输出，比 RCNN 先划分窗口再对每个窗口进行卷积的效率要快 30~170 倍，并且有更好的准确率。

11.8.3 Fast-R-CNN 快速的 RCNN 模型

Fast-R-CNN 在 SPP-Net 基础上进行了改进，并将它嫁接到 VGG16 上所形成的网络，将 SPP 改成 RoI Layer pooling 层，并且不再使用 SVM 分类器，而是通过 Softmax Classifer 和 Bounding-Box Regressors 联合训练的方式来更新所有参数，实现了整个网络端到端的训练。

RoI Pooling Layer 可以理解为 SPP-Layer 的简化形式。SPP-Layer 中会包含不同尺度的池化层；而 RoI Layer 只包含一种尺度，它是先将图片进行相同尺度的裁分，每个子块就成为 RoI，然后对所有的 RoI 进行单独的 Max-Pool，得到每个 Block 的最大值。

Fast-R-CNN 保留了 VGG16 中的第 5 个池化层之前的网络，后面接上自己的 RoI Pooling Layer，然后通过全连接层进行 softmax 分类，最终形成了整个网络。其结构可以简单描述为:"13个卷积层+4个Pooling层+RoI层+2个FC层+两个平级层"(即SoftmaxLoss层和SmoothL1Loss层)。

后来人们习惯在其前面加上一个RPN网络,用来对图片进行一次候选框的筛选,所以整个网络结构会变成"RPN+Fast-R-CNN"的形式。

所谓的RPN(Region Proposal Network)是指,先使用$n×n$的滑块窗口在原图像上扫描,生成M个特征值,将这M个特征值接到两个卷积网络reglayer与classlayer中输出。Reglayer里面包含图像坐标的x、y与长宽,classlayer里面有判断这部分是前景还是背景的标志值。在训练时,一个Mini-batch是由一幅图像中任意选取的256个候选框组成的,其中正、负样本的比例为1:1。如果正样本不足128,则多用一些负样本,以满足有256个Proposal可以用于训练。对于正、负样本的标注是,reglayer范围内对应的classlayer的重合度大于0.7(即为正样本),如果都不大于0.7,则其中的最大值为正样本。最终通过softmax loss和regression loss按照一定权重比例计算loss。

11.8.4 YOLO:能够一次性预测多个位置和类别的模型

使用滑窗(即前景背景)时,RPN常常把背景区域误检为特定目标。所以YOLO(You Only Look Once)使用了全新的训练方式筛选候选框的筛选——采用整图的方式来训练模型,并且可以一次性预测多个Box的位置和类别。

YOLO的方式是,先将图片分为$S×S$个网格,每个网格相当于一个任务,负责检测内部是否有物体的中心点落入该区域,一旦有的话,则启动该任务来检测n个bounding boxes对象。

bounding boxes由中心点坐标(x,y)、宽高(w,h)和置信度评分这5部分组成。置信度评分可以理解为当前网格内物体属于该类别的概率与真实和预测区域的重叠度的乘积。

例如,如果一共有4类物体,那么每个网格里面就会有该物体对应的这4个类的概率(p_0,p_1,p_2,p_3),同时通过bounding boxes的位置信息$(x、y、w、h)$可以知道其预测区域,并算出与对于类别真实区域的重叠度($Iou1$、$Iou2$、$Iou3$、$Iou4$),二者相乘就可以得到置信度。这样,如果有9个网格(7×7),每个网格负责找到2个bounding boxes,每个bounding boxes内部由5个元素组成,而且每个网格还需要有对应10个类别的概率,如式子49×(2×5+10)=1470个特征值。YOLO网络通过预测该特征值的训练,来实现实物的识别检测。

对于这1470个特征值的loss计算,并没有用常用的平方差等方法,原因是大多数网格实际不包含物体(即很多网格的分类概率为0),这会出现位置误差正常、分类误差稀疏的情况。

> 提示:106维度的数据内部存在着某部分维度分布不均的情况,如直接用平方差会使整体的loss很不稳定,所以这部分也采用了更复杂的算法,这里不再展开。

YOLO 网络结构分为两种：一个是正常的网络结构，用到了 Inception 的结构；另一个是其简化版，会有更好的速度，但是准确度会降低。

11.8.5　SSD：比 YOLO 更快更准的模型

前面讲的 YOLO 也有缺陷：
- 每个网格预测的物体个数是指定的，容易造成遗漏（如指定检测 2 个，但是实际有 3 个）。
- 对物体的尺度相对比较敏感，对尺度变化较大的物体泛化能力较差。

而 SSD（Single Shot MultiBox Detector）的方法在 YOLO 的基础上融合了 RPN 的思想，在不同卷积层所输出的不同尺度的卷积结果（Feature Map）上面划格子，在多种尺度的格子上提取目标中心点，从而大大改善了这两个问题。

类似于 Fast-R-CNN，SSD 网络使用的是基于 VGG 16 改进的模型结构。

11.8.6　YOLO2：YOLO 的升级版模型

YOLO2，在 YOLO 的基础上也改掉了很多缺陷，去掉了网格与类别的预测绑定在一起，也使用了 anchor box 模式。另外，在一些结构细节上做了一些优化：更多地使用了卷积来代替全连接网络，并增加了 BN 算法，同时提升了网络的入口分辨率，去掉最后池化层，保证有更好的分辨率等。同样，YOLO 2 沿用了基于 GoogLeNet 的自定制网络，也使用了 Inception（见 11.2.3 节至 11.2.7 节）中的很多最新技术，算是目前最好的实物检测模型了。

11.9　机器自己设计的模型（NASNet）

NASNet 是谷歌公司 AutoML 项目产出的模型。AutoML 项目是一种实现机器学习模型设计自动化的项目，致力于让计算机设计出性能可与人类专家设计的神经网络相媲美的神经网络。而 NASNet 就是该项目的产出成果。NASNet 架构在 CIFAR-10、ImageNet 分类和 COCO 实物检测上都优于现有的开源模型。

NASNet 架构由两种类型的层组成：正常层和还原层。下面引用在谷歌的博客（Google Research Blog）上公开 NASNet 的结构，如图 11-26 所示。

根据初始化 NASNet 结构的不同规模，TensorFlow 中提供了两种版本的 NASNet，即 large NASNet model 与 mobile NASNet model。large NASNet model 可实现最高的准确率，适用于在后端服务器上应用；mobile NASNet model 是一个小规模模型。在保留了原有 74% 的准确率基础上，将计算开销控制在非常低的水平，适用于在移动平台上应用。

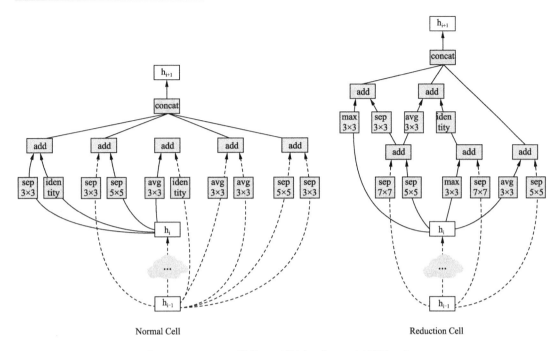

图 11-26 NASNet 结构：正常层（左）、还原层（右）

更多信息可以参考如下链接：

https://github.com/tensorflow/models/blob/master/research/slim/nets/nasnet/README.md。

该链接中提供了 NASNet 两种版本的预编模型，并且 NASNet 结构的实现代码在以下链接里也可以找到：

https://github.com/tensorflow/models/blob/master/research/slim/nets/nasnet/nasnet.py。

该模型代码中提供了两个初始化规模的函数_large_imagenet_config 和_mobile_imagenet_config，分别对应于 large NASNet model 与 mobile NASNet model 两种模型。读者可以将本章介绍的模型使用例子套用到 NASNet 模型的使用上。在实际工作中，遇到图片分类问题时，建议优先考虑 NASNet 模型。

第 12 章 对抗神经网络（GAN）

对抗神经网络其实是两个网络的的组合，可以理解为一个网络生成模拟数据，另一个网络判断生成的数据是真实的还是模拟的。生成模拟数据的网络要不断优化自己让判别的网络判断不出来，判别的网络也要优化自己让自己判断得更准确。二者关系形成对抗，因此叫对抗神经网络。

实验证明，利用这种网络间的对抗关系所形成的网络，在无监督及半监督领域取得了很好的效果，可以算是用网络来监督网络的一个自学习过程。

下面我们就来系统地学习对抗神经网络的相关知识。

本章含有教学视频共 22 分 11 秒。

作者按照本章的内容结构，对主要内容进行了讲解，包括基本神经网络的概念和结构，以及在此之上的其他几种 GAN 网络模型的结构部分等（重点是最后一个实例，以及对 SRGAN 的掌握）。

12.1　GAN 的理论知识

GAN 由 generator（生成式模型）和 discriminator（判别式模型）两部分构成。
- generator：主要是从训练数据中产生相同分布的 samples，对于输入 x，类别标签 y，在生成式模型中估计其联合概率分布（两个及以上随机变量组成的随机向量的概率分布）。

- discriminator：判断输入是真实数据还是 generator 生成的数据，即估计样本属于某类的条件概率分布。它采用传统的监督学习的方法。

二者结合后，经过大量次数的迭代训练会使 generator 尽可能模拟出以假乱真的样本，而 discriminator 会有更精确的鉴别真伪数据的能力，最终整个 GAN 会达到所谓的纳什均衡，即 discriminator 对于 generator 的数据鉴别结果为正确率和错误率各占 50%。

GAN 的网络结构如图 12-1 所示。

- 生成式模型又叫生成器。它先用一个随机编码向量来输出一个模拟样本（如图 12-1 左侧所示）。
- 判别式模型又叫判别器。它的输入是一个样本（可以是真实样本也可以是模拟样本），输出一个判断该样本是真样本还是模拟样本（假样本）的结果，如图 12-1 右侧所示。

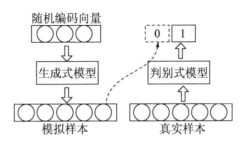

图 12-1　GAN 网络

判别器的目标是区分真假样本，生成器的目标是让判别器区分不出真假样本，两者目标相反，存在对抗。

我们前面学习的监督学习神经网络就属于 discriminator。下面介绍 generator。

12.1.1　生成式模型的应用

generator 的特性主要包括以下几方面：

- 在应用数学和工程方面，能够有效地表征高维数据分布。
- 在强化学习方面，作为一种技术手段，有效表征强化学习模型中的 state 状态。
- 在半监督学习方面，能够在数据缺失下训练模型，并给出相应的输出。

generator 还适用于一个输入伴随多个输出的场景下，如在视频中通过场景预测下一帧的场景，而 discriminator 通过最小化模型输出和期望输出的某个预测值，无法训练单输入多输出的模型。前面学习的自编码部分就属于一个 generator。

12.1.2　GAN 的训练方法

根据 GAN 的结构不同，会有不同的对应训练方法。无论什么方法，其原理是一样的，即在迭代训练的优化过程中进行两个网络的优化。有的会在一个优化步骤中对两个网络优化，有的会对两个网络采取不同的优化步骤。

12.2　DCGAN——基于深度卷积的 GAN

DCGAN 即使用卷积网络的对抗网络，其原理和 GAN 一样，只是把 CNN 卷积技术用于 GAN 模式的网络里，G（生成器）网在生成数据时，使用反卷积的重构技术来重构原始图片。D（判别器）网用卷积技术来识别图片特征，进而作出判别。

同时，DCGAN 中的卷积神经网络也做了一些结构的改变，以提高样本的质量和收敛速度：

- G 网中取消所有池化层，使用转置卷积（transposed convolutional layer）并且步长大于等于 2 进行上采样。
- D 网中也用加入 stride 的卷积代替 pooling。
- 在 D 网和 G 网中均使用批量化归一（batch normalization），而在最后一层时通常不会使用 batch normalizaiton，这是为了保证模型能够学习到数据的正确均值和方差。
- 去掉了 FC 层，使网络变为全卷积网络。
- G 网中使用 ReLU 作为激活函数，最后一层使用 Tanh 作为激活函数。
- D 网中使用 LeakyReLU 作为激活函数。

DCGAN 中换成了两个卷积神经网络（CNN）的 G 和 D，可以更好地学到对输入图像层次化的表示，尤其在生成器部分会有更好的模拟效果。DCGAN 在训练中会使用 Adam 优化算法。

12.3　InfoGAN 和 ACGAN：指定类别生成模拟样本的 GAN

InfoGAN 是一种把信息论与 GAN 相融合的神经网络，能够使网络具有信息解读功能。下面来一起看看它的介绍。

12.3.1　InfoGAN：带有隐含信息的 GAN

GAN 的生成器在构建样本时使用了任意的噪声向量 z，并从低维的噪声数据 z 中还原出来高维的样本数据。这说明数据 z 中含有具有与样本相同的特征。

由于随意使用的噪声都能还原出高维样本数据，表明噪声中的特征数据部分是与无用的数据部分高度地纠缠在一起的，即我们能够知道噪声中含有有用特征，但无法知道哪些是有用特征。

InfoGAN 是 GAN 模型的一种改进，是一种能够学习样本中的关键维度信息的 GAN，即对生成样本的噪音进行了细化。先来看它的结构，相比对抗自编码，InfoGAN 的思路正好相反，InfoGAN 是先固定标准高斯分布作为网络输入，再慢慢调整网络输出去匹配复杂样本分布。

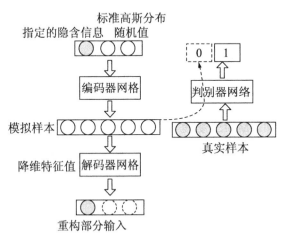

图 12-2　InfoGAN 模型

如图 12-2 所示，InfoGAN 生成器是从标准高斯分布中随机采样来作为输入，生成模拟样本，解码器是将生成器输出的模拟样本还原回生成器输入的随机数中的一部分，判别器是将样本作为输入来区分真假样本。

InfoGAN 的理论思想是将输入的随机标准高斯分布当成噪音数据，并将噪音分为两类，第一类是不可压缩的噪音 Z，第二类是可解释性的信息 C。假设在一个样本中，决定其本身的只有少量重要的维度，那么大多数的维度是可以忽略的。而这里的解码器可以更形象地叫成重构器，即通过重构一部分输入的特征来确定与样本互信息的那些维度。最终被找到的维度可以代替原始样本的特征（类似 PCA 算法中的主成份），实现降维、解耦的效果。

12.3.2　AC-GAN：带有辅助分类信息的 GAN

AC-GAN（Auxiliary Classifier GAN），即在判别器 discriminator 中再输出相应的分类概率，然后增加输出的分类与真实分类的损失计算，使生成的模拟数据与其所属的 class 一一对应。

一般来讲，AC-GAN 可以属于 InfoGAN 的一部分，class 信息可以作为 InfoGAN 中的潜在信息，只不过这部分信息可以使用半监督方式来学习。

12.3.3 实例88：构建 InfoGAN 生成 MNIST 模拟数据

本例演示在 MNISTT 数据集上使用 InfoGAN 网络模型生成模拟数据，并且加入标签信息的 loss 函数同时实现 AC-GAN 网络。其中的 D 和 G 都是用卷积网络来实现的，相当于 DCGAN 基础上的 InfoGAN 例子。

实例描述

通过使用 InfoGAN 网络学习 MNIST 数据特征，生成以假乱真的 MNIST 模拟样本，并发现内部潜在的特征信息。

具体实现可以分为如下几个步骤。

1．引入头文件并加载MNIST数据

假设 MNIST 数据放在本地磁盘根目录的 data 下。本例中将使用前面介绍的 slim 模块构建网络结构，所以需要引入 slim。当然也可以不用 slim，引入 slim 的目的是为了编写代码比较方便，不用考虑输入维度即相关权重的定义，最主要的是 slim 还对反卷积有封装，后面会用到。

代码12-1　Mnistinfogan

```
01  import numpy as np
02  import tensorflow as tf
03  import matplotlib.pyplot as plt
04  from scipy.stats import norm
05  import tensorflow.contrib.slim as slim
06
07  from tensorflow.examples.tutorials.mnist import input_data
08  mnist = input_data.read_data_sets("/data/")#, one_hot=True)
```

2．网络结构介绍

建立两个噪声数据（一般噪声和隐含信息）与 label 结合放到生成器中，生成模拟样本，然后将模拟样本和真实样本分别输入到判别器中，生成判别结果、重构造的隐含信息，以及样本标签。

在优化时，让判别器对真实的样本判别结果为 1、对模拟数据的判别结果为 0 来做损失值计算（loss）；对生成器让判别结果为 1 来做损失值计算（loss）。

3．定义生成器与判别器

由于是先从模拟噪声数据来恢复样本，所以在生成器中要使用反卷积函数。这里通过"两个全连接＋两个反卷积"模拟样本的生成，并且每一层都有 BN（批量归一化）处理。

代码12-1　Mnistinfogan（续）

```
09  def generator(x):#生成器函数
10      reuse = len([t for t in tf.global_variables() if t.name.startswith
        ('generator')]) > 0
```

```python
11
12      with tf.variable_scope('generator', reuse = reuse):
13          x = slim.fully_connected(x, 1024)
14
15          x = slim.batch_norm(x, activation_fn=tf.nn.relu)
16          x = slim.fully_connected(x, 7*7*128)
17          x = slim.batch_norm(x, activation_fn=tf.nn.relu)
18          x = tf.reshape(x, [-1, 7, 7, 128])
19
20          x = slim.conv2d_transpose(x, 64, kernel_size=[4,4], stride=2,
                activation_fn = None)
21
22          x = slim.batch_norm(x, activation_fn = tf.nn.relu)
23          z = slim.conv2d_transpose(x, 1, kernel_size=[4, 4], stride=2,
                activation_fn=tf.nn.sigmoid)
24
25      return z
26
27  def leaky_relu(x):
28      return tf.where(tf.greater(x, 0), x, 0.01 * x)
29  #判别器函数
30  def discriminator(x, num_classes=10, num_cont=2):
31      reuse = len([t for t in tf.global_variables() if t.name.startswith
            ('discriminator')]) > 0
32
33      with tf.variable_scope('discriminator', reuse=reuse):
34          x = tf.reshape(x, shape=[-1, 28, 28, 1])
35          x = slim.conv2d(x, num_outputs = 64, kernel_size=[4,4],
                stride=2, activation_fn=leaky_relu)
36          x = slim.conv2d(x, num_outputs=128, kernel_size=[4,4],
                stride=2, activation_fn=leaky_relu)
37
38          x = slim.flatten(x)
39          shared_tensor = slim.fully_connected(x, num_outputs=1024,
                activation_fn = leaky_relu)
40          recog_shared = slim.fully_connected(shared_tensor, num_
                outputs=128, activation_fn = leaky_relu)
41          disc = slim.fully_connected(shared_tensor, num_outputs=1,
                activation_fn=None)
42          disc = tf.squeeze(disc, -1)
43
44          recog_cat = slim.fully_connected(recog_shared, num_outputs=
                num_classes, activation_fn=None)            #判别类型
45          recog_cont = slim.fully_connected(recog_shared, num_outputs=
                num_cont, activation_fn=tf.nn.sigmoid)        #判别info
46      return disc, recog_cat, recog_cont
```

如果判别器输入的是真正的样本，同样也要经过两次卷积，再接两次全连接，生成的数据可以分别连接不同的输出层产生不同的结果，其中 1 维的输出层产生判别结果 1 或是 0，10 维的输出层产生分类结果，2 维输出层产生隐含维度信息。

> 💡 **注意**：在生成器与判别器中都会使用各自的命名空间，这是在多网络模型里定义变量的一个好习惯。在指定训练参数、获取及显示训练参数时，都可以通过指定的命名空间来拿到对应的变量，不至于混乱。

4. 定义网络模型

令一般噪声的维度为38，应节点为 z_rand；隐含信息维度为2，应节点为 z_con，二者都是符合标准高斯分布的随机数。将它们与 one_hot 转换后的标签连接在一起放到生成器中。

代码12-1 Mnistinfogan（续）

```
47  batch_size = 10
48  classes_dim = 10                                          # 10 个类别
49  con_dim = 2                                               # 隐含信息变量的维度
50  rand_dim = 38
51  n_input  = 784
52
53  x = tf.placeholder(tf.float32, [None, n_input])
54  y = tf.placeholder(tf.int32, [None])
55
56  z_con = tf.random_normal((batch_size, con_dim))           #2 列
57  z_rand = tf.random_normal((batch_size, rand_dim))         #38 列
58  z = tf.concat(axis=1, values=[tf.one_hot(y, depth = classes_dim),
       z_con, z_rand])                                        # z 的维度为50
59  gen = generator(z)
60  genout= tf.squeeze(gen, -1)
61
62  # 判别器的标准结果
63  y_real = tf.ones(batch_size)                              #真
64  y_fake = tf.zeros(batch_size)                             #假
65
66  # discriminator
67  disc_real, class_real, _ = discriminator(x)               #真样本的输出
68  disc_fake, class_fake, con_fake = discriminator(gen)      #模拟样本的输出
69  pred_class = tf.argmax(class_fake, dimension=1)
```

对应判别器的结果，定义了一个值全为 0 的数组 y_fake 和一个值全为 1 的 y_real，并且将 x 与生成的模拟数据 gen 放到判别器中，得到对应的输出。

5. 定义损失函数与优化器

判别器中，判别结果的 loss 有两个：真实输入的结果与模拟输入的结果。将二者结合在一起生成 loss_d。生成器的 loss 为自己输出的模拟数据，让它在判别器中为真，定义为 loss_g。

然后还要定义网络中共有的 loss 值：真实的标签与输入真实样本判别出的标签、真实的标签与输入模拟样本判别出的标签、隐含信息的重构误差。然后创建两个优化器，将它

们放到对应的优化器中。

这里用了一个技巧：将判别器的学习率设小，将生成器的学习率设大一些。这么做是为了让生成器有更快的进化速度来模拟真实数据，优化同样是用 AdamOptimizer 方法。具体代码如下。

代码12-1　Mnistinfogan（续）

```
70  # 判别器 loss
71  loss_d_r = tf.reduce_mean(tf.nn.sigmoid_cross_entropy_with_logits
    (logits=disc_real, labels=y_real))
72  loss_d_f = tf.reduce_mean(tf.nn.sigmoid_cross_entropy_with_logits
    (logits=disc_fake, labels=y_fake))
73  loss_d = (loss_d_r + loss_d_f) / 2           #判别器的 loss
74  # 生成器 loss
75  loss_g = tf.reduce_mean(tf.nn.sigmoid_cross_entropy_with_logits
    (logits=disc_fake, labels=y_real))          #生成器的 loss
76  # 计算 factor loss
77  loss_cf = tf.reduce_mean(tf.nn.sparse_softmax_cross_entropy_with_
    logits(logits=class_fake, labels=y))        #分类正确，但生成的样本错了
78  loss_cr = tf.reduce_mean(tf.nn.sparse_softmax_cross_entropy_with_
    logits(logits=class_real, labels=y))
                            #生成的样本与分类都正确，但是与输入的分类对不上
79  loss_c =(loss_cf + loss_cr) / 2
80  # 隐含信息变量的 loss
81  loss_con =tf.reduce_mean(tf.square(con_fake-z_con))
82
83  # 获得可训练的学习参数列表
84  t_vars = tf.trainable_variables()
85  d_vars = [var for var in t_vars if 'discriminator' in var.name]
86  g_vars = [var for var in t_vars if 'generator' in var.name]
87
88  disc_global_step = tf.Variable(0, trainable=False)
89  gen_global_step = tf.Variable(0, trainable=False)
90
91  train_disc = tf.train.AdamOptimizer(0.0001).minimize(loss_d + loss_c
    + loss_con, var_list = d_vars, global_step = disc_global_step)
92  train_gen = tf.train.AdamOptimizer(0.001).minimize(loss_g + loss_c +
    loss_con, var_list = g_vars, global_step = gen_global_step)
```

所谓的 AC-GAN 就是将 loss_cr 加入到 loss_c 中。如果没有 loss_cr，令 loss_c= loss_cf，对于网络生成模拟数据是不影响的，但是却会损失真实分类与模拟数据间的对应关系。

6. 开始训练与测试

建立 session，在循环里使用 run 来运行前面构建的两个优化器。

代码12-1　Mnistinfogan（续）

```
93  training_epochs = 3
94  display_step = 1
95
96  with tf.Session() as sess:
97      sess.run(tf.global_variables_initializer())
```

```
 98
 99        for epoch in range(training_epochs):
100            avg_cost = 0.
101            total_batch = int(mnist.train.num_examples/batch_size)
102
103            # 遍历全部数据集
104            for i in range(total_batch):
105
106                batch_xs, batch_ys = mnist.train.next_batch(batch_size)
                                                                            #取数据
107                feeds = {x: batch_xs, y: batch_ys}
108
109                # 输入数据，运行优化器
110                l_disc, _, l_d_step = sess.run([loss_d, train_disc, disc_
                    global_step],feeds)
111                l_gen, _, l_g_step = sess.run([loss_g, train_gen, gen_
                    global_step],feeds)
112
113                # 显示训练中的详细信息
114                if epoch % display_step == 0:
115                    print("Epoch:", '%04d' % (epoch + 1), "cost=", "{:.9f}
                    ".format(l_disc),l_gen)
116
117        print("完成!")
118        # 测试
119        print ("Result:", loss_d.eval({x: mnist.test.images[:batch_size],
            y:mnist.test.labels[:batch_size]})
120                        , loss_g.eval({x: mnist.test.images[:batch_
                            size],y:mnist.test.labels[:batch_size]}))
```

测试部分分别使用 loss_d 和 loss_g 的 eval 来完成。运行代码后输出如下：

```
Extracting /data/train-images-idx3-ubyte.gz
Extracting /data/train-labels-idx1-ubyte.gz
Extracting /data/t10k-images-idx3-ubyte.gz
Extracting /data/t10k-labels-idx1-ubyte.gz
Epoch: 0001 cost= 0.536611855  0.795714
Epoch: 0002 cost= 0.610126615  0.928032
Epoch: 0003 cost= 0.699066639  1.10242
完成!
Result: 0.56922 1.00881
```

整个数据集运行 3 次后，通过模型的测试结果可以看到，判别的误差在 0.57 左右，基本可以认为对真假数据无法分辨。

7. 可视化

可视化部分会生成两个图片：原样本与对应的模拟数据图片、利用隐含信息生成的模拟样本图片。

- 原样本与对应的模拟数据图片会将对应的分类、预测分类、隐含信息一起打印出来。
- 利用隐含信息生成的模拟样本图片会在整个[0,1]空间里均匀抽样，与样本的标签混合在一起，生成模拟数据。

代码12-1 Mnistinfogan（续）

```
121 # 根据图片模拟生成图片
122     show_num = 10
123     gensimple,d_class,inputx,inputy,con_out = sess.run(
124         [genout,pred_class,x,y,con_fake], feed_dict={x: mnist.test.
            images[:batch_size],y: mnist.test.labels[:batch_size]})
125
126     f, a = plt.subplots(2, 10, figsize=(10, 2))
127     for i in range(show_num):
128         a[0][i].imshow(np.reshape(inputx[i], (28, 28)))
129         a[1][i].imshow(np.reshape(gensimple[i], (28, 28)))
130         print("d_class",d_class[i],"inputy",inputy[i],"con_out",
            con_out[i])
131
132     plt.draw()
133     plt.show()
134     #将隐含信息分布对应的图片打印出来
135     my_con=tf.placeholder(tf.float32, [batch_size,2])
136     myz = tf.concat(axis=1, values=[tf.one_hot(y, depth = classes_dim),
        my_con, z_rand])
137     mygen = generator(myz)
138     mygenout= tf.squeeze(mygen, -1)
139
140     my_con1 = np.ones([10,2])
141     a = np.linspace(0.0001, 0.99999, 10)
142     y_input= np.ones([10])
143     figure = np.zeros((28 * 10, 28 * 10))
144     my_rand = tf.random_normal((10, rand_dim))
145     for i in range(10):
146         for j in range(10):
147             my_con1[j][0]=a[i]
148             my_con1[j][1]=a[j]
149             y_input[j] = j
150         mygenoutv = sess.run(mygenout,feed_dict={y:y_input,my_
            con:my_con1})
151         for jj in range(10):
152             digit = mygenoutv[jj].reshape(28, 28)
153             figure[i * 28: (i + 1) * 28,
154                 jj * 28: (jj + 1) * 28] = digit
155
156     plt.figure(figsize=(10, 10))
157     plt.imshow(figure, cmap='Greys_r')
158     plt.show()
```

运行代码后，生成如下结果，输出图片如图12-3所示。

```
d_class 7 inputy 7 con_out [ 1.92287825e-05   1.04916848e-01]
d_class 2 inputy 2 con_out [ 0.86672944   0.00166412]
d_class 1 inputy 1 con_out [ 0.00043415   0.06153901]
d_class 0 inputy 0 con_out [ 0.00313404   0.00186323]
d_class 4 inputy 4 con_out [ 0.01356777   0.9993856 ]
d_class 1 inputy 1 con_out [ 2.54907101e-01   1.13632974e-04]
d_class 4 inputy 4 con_out [ 0.95273513   0.74673545]
d_class 9 inputy 9 con_out [ 4.87649202e-01   7.44661302e-05]
```

```
d_class 5 inputy 5 con_out [ 0.00222825  0.99024838]
d_class 9 inputy 9 con_out [ 6.79908317e-06  3.18196639e-02]
```

图 12-3　InfoGAN 实例结果 1

在上面的结果中，可以很容易观察到，除了可控的类别信息一致外，隐含信息中某些维度具有非常显著的语义信息。例如，第二个元素"2"的第一个维度数值很大，表现出来就是倾斜很大，同样第 5 个元素"4"会看上去粗一些，这与其第二个维度的数值很大也是有关的。所以显然网络模型已经学到了 MNIST 数据集的重要信息（主成分）。将隐含信息对应的 0、1 间的数值抽样配合类别标签的图像生成结果如图 12-4 所示。

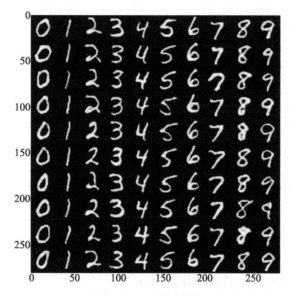

图 12-4　InfoGAN 实例结果 2

12.3.4　练习题

在前面的例子中找到如下代码，并修改：

```
loss_cf = tf.reduce_mean(tf.nn.sparse_softmax_cross_entropy_with_logits
(logits=class_fake, labels=y)) #分类正确，但生成的样本错了
loss_cr = tf.reduce_mean(tf.nn.sparse_softmax_cross_entropy_with_logits
(logits=class_real, labels=y)) #生成的样本与分类正确，但是与输入的分类对不上
```

```
loss_c =(loss_cf + loss_cr) / 2
```

令 loss_c 分别等于 loss_cr 和 loss_cf。运行代码观察结果，体验 loss_cr 和 loss_cf 两个 loss 值的作用。

12.4 AEGAN：基于自编码器的 GAN

在前面我们学习了自编码 AE，而 AEGAN 就是 GAN 与 AE 的结合。AE 的基本原理是特征的映射，即将高维特征压缩到低维特征，而在特征重建过程中只能模拟输入的单个体样本来输出结果（变分自解码除外），而 AEGAN 的优势在于在重建过程中可以生成与自己类似的样本，其功效等同于变分自解码器。

12.4.1 AEGAN 原理及用途介绍

AEGAN 的理论比变分自解码简单得多，单纯在 GAN 之后加个自解码网络即可。通过 GAN 可以利用噪声生成模拟数据的特点，使用自解码完成特征到图像的反向映射，从而实现一个即可将数据映射到低维空间，又可以将低维还原模拟分布数据的网络。具体结构如图 12-5 所示。

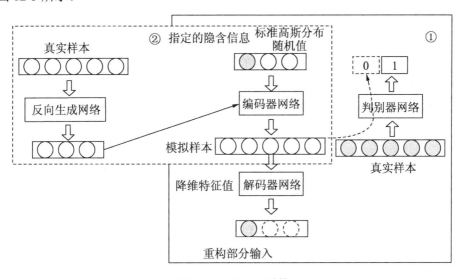

图 12-5　AEGAN 结构

图 12-5 所示为一个在 InfoGAN 上面嫁接一个自编码网络，原本自编码的编码器在这里叫做反向生成网络，它的解码器就是 GAN 的编码器网络。AEGAN 网络训练分为两步。

（1）用传统方式训练一个 GAN，图 12-5 中训练的 GAN 为 InfoGAN。

（2）固定 GAN 网络，利用自编码网络来训练反向生成网络。这样得到的反向生成网络就具有高维到低维映射的能力了。

AEGAN 的原理是先固定复杂样本分布作为网络输入，再慢慢调整网络输出去匹配标准高斯分布。对抗自编码器，严格来说应该不算 GAN 的变种，因为它的思路方向与 GAN 相反（GAN 的思路是将低维数据确定，向高维数据去匹配），所以对抗自编码器应该属于自编码器的变种会更为合适。回忆下前面学过的变分自编码器，其中编码器得出均值和方差是通过公式计算，然后用比较与标准高斯分布 KL 散度来拟合高斯分布的。在这里判别器就起到公式计算的等同作用，目的都是辅助解码器生成标准高斯分布的数据，即拉近编码器分布与标准高斯分布间的距离，只不过这部分的公式用神经网络来代替，通过多次迭代来完成，大大降低了模型依赖公式的复杂度。此外，对于扩展性也有极好的提升，只需要改变判别式中真实样本的输入分布，就可以得到不同分布的编码器，而不需要再为具体分布单独设计算法及公式了。

12.4.2 实例 89：使用 AEGAN 对 MNIST 数据集压缩特征及重建

本例演示在 MNIST 数据集上使用 AEGAN 模型进行特征压缩及重建，并且加入标签信息的 loss 函数同时实现了 AC-GAN 网络。其中的 D 和 G 都是用卷积网络来实现的。具体实现可以分为如下几个步骤。

实例描述

通过使用前面的 InfoGAN 网络例子，在其基础上添加自编码网络，将 InfoGAN 的参数固定，训练反向生成器（自编码网络中的编码器），并将生成的模型用于 MNIST 数据集样本重建，得到相似样本。

本实例在代码"12-1 Mnistinfogan.py"的基础上添加自编码网络功能，具体步骤如下。

1. 添加反向生成器

在代码"12-1 Mnistinfogan.py"中添加反向生成器 inversegenerator 函数。该函数的功能是将图片生成特征码，其结构与判别器类似，均为生成器的反向操作，即使用两个卷积层，再接两个全连接层。代码如下。

代码12-2　aegan

```
01  #生成器函数
02  def generator(x):
03  ……
04
05  #反向生成器定义，结构与判别器类似
06  def inversegenerator(x):
07      reuse = len([t for t in tf.global_variables() if t.name.startswith
          ('inversegenerator')]) > 0
08      with tf.variable_scope('inversegenerator', reuse=reuse):
```

```
09              #使用了两个卷积层
10              x = tf.reshape(x, shape=[-1, 28, 28, 1])
11              x = slim.conv2d(x, num_outputs = 64, kernel_size=[4,4],
                    stride=2, activation_fn=leaky_relu)
12              x = slim.conv2d(x, num_outputs=128, kernel_size=[4,4],
                    stride=2, activation_fn=leaky_relu)
13              #两个全连接
14              x = slim.flatten(x)
15              shared_tensor = slim.fully_connected(x, num_outputs=1024,
                    activation_fn = leaky_relu)
16              z = slim.fully_connected(shared_tensor, num_outputs=50,
                    activation_fn = leaky_relu)
17              return z
```

2．添加自编码网络代码

自编码网络的输入并不是真实图片，而是生成器生成的图片 generator(z)，通过 inversegenerator 来压缩特征，生成与生成器输入噪声一样的维度，然后再将生成器 generator 当成自编码中的解码器重建出原始生成的图片。

将自编码还原的图片与 GAN 中生成器生成的输入图片进行平方差的计算，得到自编码的损失值 loss_ae。

代码12-2　aegan（续）

```
18      ……
19      gen = generator(z)
20      genout= tf.squeeze(gen, -1)
21
22      #自编码网络
23      aelearning_rate =0.01
24      igen = generator(inversegenerator(generator(z)))
25      loss_ae = tf.reduce_mean(tf.pow(gen - igen, 2))
26
27      #输出
28      igenout = generator(inversegenerator(x))
29
30      # 判别器结果标签
31      y_real = tf.ones(batch_size)                    #真
32      y_fake = tf.zeros(batch_size)                   #假
33      ……
```

3．添加自编码网络的训练参数列表，定义优化器

自编码网络的训练参数与前面的 GAN 几乎一样，直接复制然后改个名字即可，本例中将使用 MonitoredTrainingSession（对于 MonitoredTrainingSession 不熟悉的读者，可以看本书第4章的检查点保存部分）来管理检查点文件，所以定义了 global_step。定义 train_ae 优化器，并将 global_step 放入优化器中。

代码12-2　aegan（续）

```
34   # 获得训练时需要更新的学习参数列表
35   t_vars = tf.trainable_variables()
36   d_vars = [var for var in t_vars if 'discriminator' in var.name]
37   g_vars = [var for var in t_vars if 'generator' in var.name]
38   ae_vars = [var for var in t_vars if 'inversegenerator' in var.name]
39
40   gen_global_step = tf.Variable(0, trainable=False)
41   global_step = tf.contrib.framework.get_or_create_global_step()
                                       #使用MonitoredTrainingSession，必须有
42
43   train_disc = tf.train.AdamOptimizer(0.0001).minimize(loss_d + loss_c
     + loss_con, var_list = d_vars, global_step = global_step)
44   train_gen = tf.train.AdamOptimizer(0.001).minimize(loss_g + loss_c +
     loss_con, var_list = g_vars, global_step = gen_global_step)
45   train_ae = tf.train.AdamOptimizer(aelearning_rate).minimize(loss_ae,
     var_list = ae_vars, global_step = global_step)
46   training_GANepochs = 3          #训练GAN迭代3次数据集
47   training_aeepochs = 6           #训练AE迭代3次数据集(从3到6)
```

本例中需要一下训练 GAN 和 AE 两个网络，使用 MonitoredTrainingSession 管理后就只能有一个 global_step，于是将 global_step 分段来管理两个网络的训练。每一次迭代训练都会遍历整个 MNIST 数据集，先让第一个网络 GAN 迭代 3 次，然后再让第二个网络 AE 迭代 3 次。

4．启动session依次训练GAN与AE网络

使用 MonitoredTrainingSession 创建 sesson。令程序 2 分钟保存一次检查点文件，先训练 GAN 然后训练 AE，最终将结果打印出来。

代码12-2　aegan（续）

```
48   with tf.train.MonitoredTrainingSession(checkpoint_dir='log/
     aecheckpoints',save_checkpoint_secs =120) as sess:
49
50       total_batch = int(mnist.train.num_examples/batch_size)
51       print("ae_global_step.eval(session=sess)",global_step.eval
         (session=sess),int(global_step.eval(session=sess)/total_batch))
52
53       for epoch in range( int(global_step.eval(session=sess)/total_
         batch),training_GANepochs):
54           avg_cost = 0.
55
56           # 遍历全部数据集
57           for i in range(total_batch):
58
59               batch_xs, batch_ys = mnist.train.next_batch(batch_size)
                                                              #取数据
60               feeds = {x: batch_xs, y: batch_ys}
61
62               # 输入数据，运行优化器
```

```
63              l_disc, _, l_d_step = sess.run([loss_d, train_disc, global_
                    step],feeds)
64              l_gen, _, l_g_step = sess.run([loss_g, train_gen, gen_
                    global_step],feeds)
65
66          # 显示训练中的详细信息
67          if epoch % display_step == 0:
68              print("Epoch:", '%04d' % (epoch + 1), "cost=", "{:.9f}
                    ".format(l_disc),l_gen)
69
70      print("GAN 完成!")
71      # 测试
72      print ("Result:", loss_d.eval({x: mnist.test.images[:batch_size],
            y:mnist.test.labels[:batch_size]},session = sess),loss_g.eval({x:
            mnist.test.images[:batch_size],y:mnist.test. labels[:batch_
            size]},session = sess))
73
74      # 根据图片模拟生成图片
75      show_num = 10
76      gensimple,inputx = sess.run(
77          [genout,x], feed_dict={x: mnist.test.images[:batch_size],y:
                mnist.test.labels[:batch_size]})
78
79      f, a = plt.subplots(2, 10, figsize=(10, 2))
80      for i in range(show_num):
81          a[0][i].imshow(np.reshape(inputx[i], (28, 28)))
82          a[1][i].imshow(np.reshape(gensimple[i], (28, 28)))
83
84      plt.draw()
85      plt.show()
86
87      #开始 ae
88  print("ae_global_step.eval(session=sess)",global_step.eval
        (session=sess),int(global_step.eval(session=sess)/total_batch))
89      for epoch in range(int(global_step.eval(session=sess)/total_
            batch),training_aeepochs):
90          avg_cost = 0.
91
92          # 遍历全部数据集
93          for i in range(total_batch):
94
95              batch_xs, batch_ys = mnist.train.next_batch(batch_size)
                                                        #取数据
96              feeds = {x: batch_xs, y: batch_ys}
97
98              # 输入数据，运行优化器
99              l_ae, _, ae_step = sess.run([loss_ae, train_ae, global_
                    step],feeds)
100
101         # 显示训练中的详细信息
102         if epoch % display_step == 0:
```

```
103            print("Epoch:", '%04d' % (epoch + 1), "cost=", "{:.9f}
                   ".format(l_ae))
104
105        # 测试
106        print ("Result:", loss_ae.eval({x: mnist.test.images[:batch_
               size],y:mnist.test.labels[:batch_size]},session = sess)  )
107
108        # 根据图片模拟生成图片
109        show_num = 10
110        gensimple,inputx = sess.run(
111            [igenout,x], feed_dict={x: mnist.test.images[:batch_size],y:
               mnist.test.labels[:batch_size]})
112
113        f, a = plt.subplots(2, 10, figsize=(10, 2))
114        for i in range(show_num):
115            a[0][i].imshow(np.reshape(inputx[i], (28, 28)))
116            a[1][i].imshow(np.reshape(gensimple[i], (28, 28)))
117
118        plt.draw()
119        plt.show()
```

由于 global_step 是整个的迭代次数，而自定义的 training_aeepochs 是代表整个数据集迭代的次数，所以需要在循环之前将 global_step 转化一下，换算成迭代次数，见代码第 90 行中 for 里面的内容。运行代码，结果如下，输出图片如图 12-6 和图 12-7 所示。

```
Extracting /data/train-images-idx3-ubyte.gz
Extracting /data/train-labels-idx1-ubyte.gz
Extracting /data/t10k-images-idx3-ubyte.gz
Extracting /data/t10k-labels-idx1-ubyte.gz
INFO:tensorflow:Create CheckpointSaverHook.
INFO:tensorflow:Saving checkpoints for 0 into log/aecheckpoints\model.ckpt.
ae_global_step.eval(session=sess) 0 0
……
INFO:tensorflow:global_step/sec: 66.8421
Epoch: 0001 cost= 0.725493670  1.14361
……
INFO:tensorflow:global_step/sec: 67.0216
INFO:tensorflow:Saving checkpoints for 7429 into log/aecheckpoints\model.ckpt.
INFO:tensorflow:global_step/sec: 17.1345
……
Epoch: 0002 cost= 0.590400815  0.877365
INFO:tensorflow:global_step/sec: 63.1296
INFO:tensorflow:global_step/sec: 67.9339
INFO:tensorflow:Saving checkpoints for 15170 into log/aecheckpoints\model.ckpt.
INFO:tensorflow:global_step/sec: 16.9023
INFO:tensorflow:global_step/sec: 67.2034
……
Epoch: 0003 cost= 0.527337492  1.45355
GAN 完成！
Result: 0.523087 1.48371
```

图 12-6　GAN 结果

```
……
ae_global_step.eval(session=sess) 16500 3
INFO:tensorflow:global_step/sec: 43.4022
……
Epoch: 0004 cost= 0.026241459
……
INFO:tensorflow:global_step/sec: 138.887
Epoch: 0005 cost= 0.027687110

INFO:tensorflow:global_step/sec: 142.044
INFO:tensorflow:Saving checkpoints for 29870 into log/aecheckpoints\model.ckpt.
……
INFO:tensorflow:global_step/sec: 141.241
Epoch: 0006 cost= 0.024392122
Result: 0.0210641
```

图 12-7　AEGAN 结果

从图 12-6 中可以看出，InfoGan 只会生成属于原始数据分布的图片。从图 12-7 中可以看出，AEGAN 会生成与原始图片更相近的图片。

这种网络有压缩特征与重建两部分用途，重建样本常用来处理图像的恢复与重建，还可以将重建的模拟数据保存起来以扩充数据集，甚至可以应用在超分辨率重建部分；对于压缩特征部分，可以应用在搜索相似图片的领域。

12.5　WGAN-GP：更容易训练的 GAN

WGAN-GP 又称为具有梯度惩罚（Gradient Penalty）的 WGAN（Wasserstein GAN），是 WGAN 的升级版，一般可以全面代替 WGAN。但是为了让读者了解 WGAN-GP，还是

先来介绍 WGAN。

12.5.1　WGAN：基于推土机距离原理的 GAN

1. 原始GAN的问题即原因

实际训练中，GAN 存在着训练困难、生成器和判别器的 loss 无法指示训练进程、生成样本缺乏多样性等问题。这与 GAN 的机制有关。

GAN 最终达到对抗的纳什均衡只是一个理想状态，而现实情况中得到的结果都是中间状态（伪平衡）。大部分的情况是，随着训练的次数越多判别器 D 的效果越好，会导致一直可以将生成器 G 的输出与真实样本区分开。

这是因为生成器 G 是从低维空间向高维空间（复杂的样本空间）映射，其生成的样本分布空间 Pg 难以充满整个真实样本的分布空间 Pr。即两个分布完全没有重叠的部分，或者它们重叠的部分可以忽略，这样就使得判别器 D 总会将它们分开。

为什么可以忽略呢？放在二维空间中会更好理解一些。在二维平面中随机取两条曲线，两条曲线上的点可以代表二者的分布，要想判别器无法分辨它们，需要两个分布融合在一起，即它们之间需要存在重叠线段，然而这样的概率为 0；另一方面，即使它们很可能会存在交叉点，但是相比于两条曲线而言，交叉点比曲线低一个维度，长度（测度）为 0 代表它只是一个点，代表不了分布情况，所以可以忽略。

这样会带来什么后果呢？假设先将 D 训练得足够好，然后固定 D，再来训练 G，通过实验会发现 G 的 loss 无论怎么更新也无法收敛到最小值，而是无限接近 log2。这个 log2 可以理解为 Pg 与 Pr 两个样本分布的距离。loss 值恒定即表明 G 的梯度为 0，无法再通过训练来优化自己。

所以在原始 GAN 的训练中，判别器训练得太好，会使生成器梯度消失，生成器 loss 降不下去；判别器训练得不好，会使生成器梯度不准，四处乱跑。只有判别器训练到中间状态最佳，但是这个尺度很难把握，甚至在同一轮训练的前后不同阶段，这个状态出现的时段都不一样，是个完全不可控的情况。

2. WGan介绍

WGan（Wasserstein Gan），Wasserstein 是指 Wasserstein 距离，又叫 Earth-Mover（EM）推土机距离。

WGan 的思想是将生成的模拟样本分布 Pg 与原始样本分布 Pr 组合起来，当成所有可能的联合分布的集合。然后可以从中采样得到真实样本与模拟样本，并能够计算二者的距离，还可以算出距离的期望值。这样就可以通过训练，让网络在所有可能的联合分布中对这个期望值取下界的方向优化，也就是将两个分布的集合拉到一起。这样原来的判别式就不再是判别真伪的功能了，而是计算两个分布集合距离的功能。所以将其称为评论器更加合适，同样，最后一层的 sigmoid 也需要去掉了。

为了实现计算 Wasserstein 距离的功能，我们将这部分交给神经网络去拟合。为了简化公式，现在就让神经网络拟合如下函数，见式（12-1）：

$$|f(x_1)-f(x_2)|\leqslant k|x_1-x_2| \qquad 式（12-1）$$

$f(x)$ 可以理解成神经网络的计算，让判别器来实现将 $f(x_1)$ 与 $f(x_2)$ 的距离变换成 x_1-x_2 的绝对值×k（$K\geqslant 0$）。K 代表函数 $f(x)$ 的 Lipschitz 常数，这样两个分布集合的距离就可以表示成 D（real）-D（G（x））的绝对值×k 了，这个 k 可以理解成梯度，即在神经网络 $f(x)$ 中 x 的梯度绝对值会小于 K。

将 k 忽略整理后可以得到二者分布的式子，见式（12-2）：

$$L= D（real）-D（G（x）） \qquad 式（12-2）$$

现在要做的就是将 L 当成目标来计算 loss，G 将希望生成的结果 Pg 越来越接近 Pr，所以需要通过训练让距离 L 最小化。因为生成器 G 与第一项无关，所以 G 的 loss 可以简化为式（12-3）。

$$G（loss）=-D（G（x）） \qquad 式（12-3）$$

而 D 的任务是区分它们，所以希望二者距离变大，所以 loss 需要取反，得到式（12-4）。

$$D（loss）=D（G（x））-D（real） \qquad 式（12-4）$$

同样，通过 D 的 loss 值也可以看出 G 的生成质量，即 loss 越小代表距离越近，则生成的质量越高。

而对于前面的梯度限制，WGAN 直接使用了截断（clipping）的方式。这个方式在实际应用中有问题，所以后来又产生了其升级版 WGAN-GP。

12.5.2 WGAN-GP：带梯度惩罚项的 WGAN

1. WGAN问题即原因

前面介绍了原始 WGAN 的 Lipschitz 限制的施加方式不对，使用 Weight clipping 方式太过生硬。每当更新完一次判别器的参数之后，就检查判别器的所有参数的绝对值有没有超过一个阈值，比如 0.01，如果有的话就把这些参数截断（clip）回[-0.01, 0.01]的范围内。

Lipschitz 限制本意是当输入的样本稍微变化后，判别器给出的分数不能发生太剧烈的变化。通过在训练过程中保证判别器的所有参数有界，就保证了判别器不能对两个略微不同的样本给出天差地别的分数值，从而间接实现了 Lipschitz 限制。

然而，这种渴望与判别器本身的目的相矛盾。在判别器中，是希望 loss 尽可能地大，才能拉大真假样本的区别，这种情况会导致在判别器中通过 loss 算出的梯度会沿着 loss 越来越大的方向变化，然而经过 Weight clipping 后每一个网络参数又被独立地限制了取值范围（如[-0.01, 0.01]），这种结果只能是所有的参数走向极端，要么取最大值（如 0.01

要么取最小值（如-0.01），判别器没能充分利用自身的模型能力，经过它回传给生成器的梯度也会跟着变差。

如果判别器是一个多层网络，Weight clipping 还会导致梯度消失或者梯度爆炸。原因是，如果我们把 Clipping threshold 设得稍微小了一点，每经过一层网络，梯度就变小一点，多层之后就会指数衰减；反之，如果设得稍微大了一点，每经过一层网络，梯度就会变大一点，多层之后就会指数爆炸。然而在实际应用中很难做到设置适宜，让生成器获得恰到好处的回传梯度。

2. WGAN-GP介绍

WGAN-GP 中的 GP 是梯度惩罚（Gradient penalty）的意思。它是替换 Weight clipping 的一种方法。通过直接设置一个额外的梯度惩罚项，来实现判别器的梯度不超过 K。

例如式（12-5）和式（12-6）中：

$$\text{Norm} = \text{tf.gradients}(D(X\_inter), [X\_inter]) \quad 式（12-5）$$

$$\text{grad\_pen} = \text{MSE}（\text{Norm} - k） \quad 式（12-6）$$

MSE 为平方差公式，X_inter 为整个联合分布空间的 x 取样，即梯度惩罚项 grad_pen 为求整个联合分布空间的 x 对应 D 的梯度与 k 的平方差。

判别器尽可能拉大真假样本的分数差距，希望梯度越大越好，变化幅度越大越好，所以判别器在充分训练之后，其梯度 Norm 其实就会在 k 附近。因此可以把上面的 loss 改成要求梯度 Norm 离 k 越近越好，k 可以是任何数，我们就简单地把 k 定为 1，再跟 WGAN 原来的判别器 loss 加权合并，就得到新的判别器 loss，见式（12-7）：

$$L = D（\text{real}）-D（G（x））+\lambda \text{MSE}（\text{tf.gradients}(D(X\_inter), [X\_inter])-1） \quad 式（12-7）$$

即式（12-8）：

$$L = D（\text{real}）-D（G（x））+\lambda \times \text{grad\_pen} \quad 式（12-8）$$

λ 为梯度惩罚参数，可以用来调节梯度惩罚的力度。

grad_pen 是需要从 Pg 与 Pr 的联合空间里采样。对于整个样本空间而言，需要抓住生成样本集中区域、真实样本集中区域及夹在它们中间的区域，即先随机取一个 0~1 的随机数，令一对真假样本分别按随机数的比例加和来生成 X_inter 的采样，见式（12-9）和式（12-10）：

$$\text{eps} = \text{tf.random\_uniform}([shape], minval=0., maxval=1.) \quad 式（12-9）$$

$$X\_inter = \text{eps} \times \text{real} + (1. - \text{eps}) \times G（x） \quad 式（12-10）$$

这样把 X_inter 代入到式（12-5）中，就得到最终版本的判别器 loss。

```
eps = tf.random_uniform([shape], minval=0., maxval=1.)
X_inter = eps*real + (1. - eps)* G（x）
L= D（real）-D（G（x））+λMSE（tf.gradients(D(X_inter), [X_inter])-1）
```

在 WGAN-GP 相关论文的实验中，Gradient penalty 能够显著提高训练速度，解决了原始 WGAN 生成器梯度二值化问题（如图 12-8a）与梯度消失爆炸问题（如图 12-8b）。

注意：由于我们是对每个样本独立地施加梯度惩罚，所以判别器的模型架构中不能使用 Batch Normalization，因为它会引入同一个 batch 中不同样本的相互依赖关系。如果需要，可以选择其他的 normalization 方法，如 Layer Normalization、Weight Normalization 和 Instance Normalization，这些方法就不会引入样本之间的依赖。WGAN-GP 的作者推荐的是 Layer Normalization。

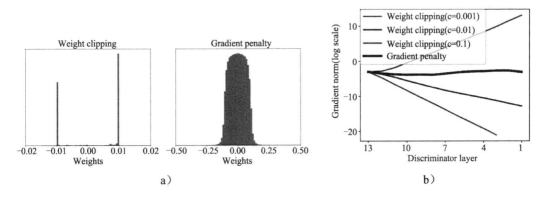

图 12-8　WGAN-GP 优势（该图片来源于 WGAN-GP 相关论文）

12.5.3　实例 90：构建 WGAN-GP 生成 MNIST 数据集

在掌握了理论之后，下面通过一个例子对 WGAN-GP 有个更深刻的了解。

本例演示在 MNIST 数据集上使用 WGAN-GP 网络模型生成模拟数据。这次的 D 和 G 用最简单的全连接网络来实现。

实例描述

通过使用 WGAN-GP 网络学习 MNIST 数据特征，并生成以假乱真的 MNIST 模拟样本。

具体实现可以分为如下几个步骤。

1. 引入头文件并加载MNIST数据

假设 MNIST 数据放在本地磁盘跟目录的 data 下，同样使用 slim 库建立网络模型。代码如下：

代码12-3　wgan-gp

```
01  import tensorflow as tf
02  from tensorflow.examples.tutorials.mnist import input_data
03  import os
04  import numpy as np
05  from scipy import misc,ndimage
06  import tensorflow.contrib.slim as slim
07  #from tensorflow.python.ops import init_ops
08
```

```
09    mnist = input_data.read_data_sets("/data/", one_hot=True)
```

2. 定义生成器与判别器

由于复杂部分都放在 loss 方面了,所以生成器 G 和判别器 D 就会简单一些,各自有 3 个全连接层。生成器最终输出与 MNIST 图片相同维度的数据作为模拟样本。判别器的输出不需要再有激活函数,输出维度为 1 的数值用来表示其结果。

代码12-3　wgan-gp(续)

```
10   def G(x):#生成器
11       reuse = len([t for t in tf.global_variables() if t.name.
             startswith('generator')]) > 0
12       with tf.variable_scope('generator', reuse = reuse):
13           x = slim.fully_connected(x, 32,activation_fn = tf.nn.relu)
14           x = slim.fully_connected(x, 128,activation_fn = tf.nn.relu)
15           x = slim.fully_connected(x, mnist_dim,activation_fn =
                 tf.nn.sigmoid)
16       return x
17
18   def D(X):#判别器
19       reuse = len([t for t in tf.global_variables() if t.name.
             startswith('discriminator')]) > 0
20       with tf.variable_scope('discriminator', reuse=reuse):
21           X = slim.fully_connected(X, 128,activation_fn = tf.nn.relu)
22           X = slim.fully_connected(X, 32,activation_fn = tf.nn.relu)
23           X = slim.fully_connected(X, 1,activation_fn = None)
24       return X
```

3. 定义网络模型与loss

生成的模拟数据为 random_Y,与前面所描述的一致;生成器的 Loss 为-D(random_Y);而判别器的 loss 为 D(random_Y)- D(real_X)再加上一个联合分布样本梯度的惩罚项 grad_pen;惩罚项的采样 X_inter 由一部分 Pg 分布和一部分 Pr 分布组成。同时对 D(X_inter)求梯度得到 grad_pen。具体代码如下:

代码12-3　wgan-gp(续)

```
25   real_X = tf.placeholder(tf.float32, shape=[batch_size, mnist_dim])
26   random_X = tf.placeholder(tf.float32, shape=[batch_size, random_dim])
27   random_Y = G(random_X)
28
29   eps = tf.random_uniform([batch_size, 1], minval=0., maxval=1.)
30   X_inter = eps*real_X + (1. - eps)*random_Y
                                               #按照 eps 比例生成真假样本采样 X_inter
31   grad = tf.gradients(D(X_inter), [X_inter])[0]
32   grad_norm = tf.sqrt(tf.reduce_sum((grad)**2, axis=1))
33   grad_pen = 10 * tf.reduce_mean(tf.nn.relu(grad_norm - 1.))#梯度惩罚项
34
35   D_loss = tf.reduce_mean(D(random_Y)) -tf.reduce_mean(D(real_X)) +
         grad_pen
36   G_loss = -tf.reduce_mean(D(random_Y))
```

4. 定义优化器并开始训练

通过前面定义的命名空间，找到生成器和判别器的训练参数，通过 AdamOptimizer 进行优化训练。

代码12-3　wgan-gp（续）

```
37  # 获得各个网络中各自的训练参数
38  t_vars = tf.trainable_variables()
39  d_vars = [var for var in t_vars if 'discriminator' in var.name]
40  g_vars = [var for var in t_vars if 'generator' in var.name]
41  print(len(t_vars),len(d_vars))
42  #定义D和G的优化器
43  D_solver = tf.train.AdamOptimizer(1e-4, 0.5).minimize(D_loss, var_list=d_vars)
44  G_solver = tf.train.AdamOptimizer(1e-4, 0.5).minimize(G_loss, var_list=g_vars)
45
46  training_epochs =100
47
48  with tf.Session() as sess:
49      sess.run(tf.global_variables_initializer())
50      if not os.path.exists('out/'):
51          os.makedirs('out/')
52
53      for epoch in range(training_epochs):
54          total_batch = int(mnist.train.num_examples/batch_size)
55
56          # 遍历全部数据集
57          for e in range(total_batch):
58              for i in range(5):
59                  real_batch_X,_ = mnist.train.next_batch(batch_size)
60                  random_batch_X = np.random.uniform(-1, 1, (batch_size, random_dim))
61                  _,D_loss_ = sess.run([D_solver,D_loss], feed_dict={real_X:real_batch_X, random_X:random_batch_X})
62              random_batch_X = np.random.uniform(-1, 1, (batch_size, random_dim))
63              _,G_loss_ = sess.run([G_solver,G_loss], feed_dict={random_X:random_batch_X})
```

在 session 中优先让判别器学习次数多一些，让判别器每训练 5 次，生成器优化一次。WGAN_GP 不会因为判别器准确度太高而引起生成器梯度消失的问题，好的判别器只会让生成器有更好的模拟效果。

5. 可视化结果

这次我们把生成的结果用图片的方式保存起来，并生成到硬盘上。每 10 次的全样本迭代会生成一次图片，图片的位置为本地代码文件所在目录下的 out 文件夹内。代码如下：

代码12-3　wgan-gp（续）

```
64      if epoch % 10 == 0:
65          print ('epoch %s, D_loss: %s, G_loss: %s'%(epoch, D_loss_,
            G_loss_))
66          n_rows = 6
67          check_imgs = sess.run(random_Y, feed_dict={random_X:random_
            batch_X}).reshape((batch_size, width, height))[:n_rows*n_
            rows]
68          imgs = np.ones((width*n_rows+5*n_rows+5, height*n_rows+5*n_
            rows+5))
69          for i in range(n_rows*n_rows):
70              num1 = (i%n_rows)
71              num2 = np.int32(i/n_rows)
72              imgs[5+5*num1+width*num1:5+5*num1+width+width*num1,5+5*
                num2+height*num2:5+5*num2+height+height*num2] = check_
                imgs[i]
73
74          misc.imsave('out/%s.png'%(epoch/10), imgs)
75
76      print("完成!")
```

运行代码后，生成如下结果：

```
epoch 0, D_loss: -4.15614, G_loss: 0.35294
epoch 10, D_loss: -2.5528, G_loss: 1.48789
epoch 20, D_loss: -2.21916, G_loss: 1.0337
epoch 30, D_loss: -1.87463, G_loss: 0.875138
epoch 40, D_loss: -1.65764, G_loss: 0.752094
epoch 50, D_loss: -1.40312, G_loss: 0.967182
epoch 60, D_loss: -1.16828, G_loss: 0.772282
epoch 70, D_loss: -1.20912, G_loss: 1.03305
epoch 80, D_loss: -1.02528, G_loss: 1.05023
epoch 90, D_loss: -0.922399, G_loss: 1.31767
完成!
```

可以看到 D_loss 的值在逐渐变小，表明生成的模拟样本质量越来越高。来到本地的 out 文件夹下，找到 10 张图片，如图 12-9 所示（这里举例出 3 张）。

a)   b)   c)

图 12-9　WGAN-GP 结果

图 12-9a 为第一次迭代时的输出，图 12-9c 为第 10 次的输出。可以看到，在 WGAN-PG 的判别器严格要求下，生成器的模拟数据越来越逼真。

12.5.4 练习题

把前面的例子代码 loss 部分分别改成如下两种情况。
（1）第一种情况：
```
D_loss = tf.reduce_mean(D(random_Y))-tf.reduce_mean(D(real_X)) + grad_pen
G_loss = tf.reduce_mean(D(random_Y))
```
（2）第二种情况：
```
D_loss = tf.reduce_mean(D(real_X))-tf.reduce_mean(D(random_Y)) + grad_pen
G_loss = tf.reduce_mean(D(random_Y))
```
猜想一下会产生什么样的效果？为什么会这样？通过运行实际代码验证你的假设。

12.6 LSGAN（最小乘二 GAN）：具有 WGAN 同样效果的 GAN

前文已经介绍过 GAN 是以对抗的方式逼近概率分布。但是直接使用该方法，会随着判别器越来越好而生成器无法与其对抗，进而形成梯度消失的问题。所以不论是 WGAN，还是本节中的 LSGAN，都是试图使用不同的距离度量，从而构建一个不仅稳定，同时还收敛迅速的生成对抗网络。

下面就来一起学习一下 LSGAN。

12.6.1 LSGAN 介绍

WGAN 使用的是 Wasserstein 理论来构建度量距离。而 LSGAN 使用了另一个方法，即使用了更加平滑和非饱和梯度的损失函数——最小乘二来代替原来的 Sigmoid 交叉熵。这是由于 L2 正则独有的特性，在数据偏离目标时会有一个与其偏离距离成比例的惩罚，再将其拉回来，从而使数据的偏离不会越来越远。

相对于 WGAN 而言，LSGAN 的 loss 简单很多。直接将传统的 GAN 中的 softmax 变为平方差即可。

判别器的 loss：
```
D_loss=tf.reduce_sum(tf.square(D(real_X)-1) + tf.square(D(random_Y)))/2
```
生成器的 loss：

```
G_loss = tf.reduce_sum(tf.square(D(random_Y)-1))/2
```

为什么要除以 2？和以前的原理一样，在对平方求导时会得到一个系数 2，与事先的 1/2 运算正好等于 1，使公式更加完整。

12.6.2 实例 91：构建 LSGAN 生成 MNIST 模拟数据

本例中直接修改 "12-1 Mnistinfogan.py" 代码中的 loss 函数，将其改成 LSGAN 网络。

实例描述

通过使用 LSGAN 网络学习 MNIST 数据特征，并生成以假乱真的 MNIST 模拟样本。下面给出具体步骤。

1. 修改判别器

将判别器的最后一层输出 disc 改成使用 Sigmoid 的激活函数。代码如下：

代码12-4　mnistLSgan

```
01  def discriminator(x, num_classes=10, num_cont=2):
02
03      ……
04          disc = slim.fully_connected(shared_tensor, num_outputs=1,
                activation_fn=tf.nn.sigmoid)
05          disc = tf.squeeze(disc, -1)
06          recog_cat = slim.fully_connected(recog_shared, num_
                outputs=num_classes, activation_fn=None)
07          recog_cont = slim.fully_connected(recog_shared, num_
                outputs=num_cont, activation_fn=tf.nn.sigmoid)
08      return disc, recog_cat, recog_cont
```

2. 修改 loss 值

将原有的 loss_d 与 loss_g 改成平方差形式，原有的 y_real 与 y_fake 不再需要了，可以删掉，其他代码不用变动。

代码12-4　MnistLSgan（续）

```
09  ……
10  # 判别器 discriminator
11  disc_real, class_real, _ = discriminator(x)
12  disc_fake, class_fake, con_fake = discriminator(gen)
13  pred_class = tf.argmax(class_fake, dimension=1)
14
15  # 判别器 loss
16  #loss_d_r = tf.reduce_mean(tf.nn.sigmoid_cross_entropy_with_logits
        (logits=disc_real, labels=y_real))
17  #loss_d_f = tf.reduce_mean(tf.nn.sigmoid_cross_entropy_with_logits
        (logits=disc_fake, labels=y_fake))
18  #最小乘二 loss
19  loss_d = tf.reduce_sum(tf.square(disc_real-1) + tf.square(disc_
```

```
           fake))/2
20  loss_g = tf.reduce_sum(tf.square(disc_fake-1))/2
21  ……
```

3．运行代码生成结果

运行代码，生成结果如下，输出图片如图 12-10 所示。

```
Epoch: 0001 cost= 2.074717045  0.93645
Epoch: 0002 cost= 2.024495363  1.88027
Epoch: 0003 cost= 2.158437967  2.78284
完成！
Result: 1.71483 3.07138
d_class 7 inputy 7 con_out [ 0.16134234  0.03605343]
d_class 2 inputy 2 con_out [ 0.30764639  0.98185432]
d_class 1 inputy 1 con_out [ 0.11353409  0.02166406]
d_class 0 inputy 0 con_out [ 2.32195278e-04  2.08523397e-06]
d_class 4 inputy 4 con_out [ 0.355297  0.94447494]
d_class 1 inputy 1 con_out [ 1.33050963e-01  1.69226732e-05]
d_class 4 inputy 4 con_out [ 0.17757109  0.78396767]
d_class 9 inputy 9 con_out [ 6.99081238e-06  2.24134132e-01]
d_class 5 inputy 5 con_out [ 0.87434149  0.98944479]
d_class 9 inputy 9 con_out [ 0.00770722  0.00958756]
```

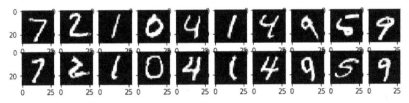

图 12-10　LSGAN 例子结果

可见 LSGAN 也可以产生与 WGAN 一样的效果。

> 注意：WGAN 与 LSGAN 谁更好呢？答案是很难一概而论，只能具体问题具体分析。在实际实现中还会有更多细节决定最终的结果，不同的技术使用都会对结果造成相应的影响。

12.7　GAN-cls：具有匹配感知的判别器

本节介绍一种 GAN 网络增强技术——具有匹配感知的判别器。前面讲过，在 InfoGAN 中，使用了 ACGAN 的方式进行指导模拟数据与生成数据的对应关系。在 GAN-cls 中该效果会以更简单的方式来实现，即增强判别器的功能，令其不仅能判断图片真伪，还能判断匹配真伪。

12.7.1 GAN-cls 的具体实现

GAN-cls 的具体做法是，在原有的 GAN 网络上，将判别器的输入变为图片与对应标签的连接数据。这样判别器的输入特征中就会有生成图像的特征与对应标签的特征。然后用这样的判别器分别对真实标签与真实图片、假标签与真实图片、真实标签与假图片进行判断，预期的结果依次为真、假、假，在训练的过程中沿着这个方向收敛即可。而对于生成器，则不需要做任何改动。这样简单的一步就完成了生成根据标签匹配的模拟数据功能。

12.7.2 实例92：使用 GAN-cls 技术实现生成标签匹配的模拟数据

本例中直接修改"12-4 mnistLSgan.py"代码中的判别器函数。演示 GAN-cls 技术的使用。

实例描述

在代码"12-4 mnistLSgan.py"的基础上，使用 GAN-cls 技术对判别器进行改造，并通过输入错误的样本标签让判别器学习样本与标签的匹配，从而优化生成器，使生成器最终生成与标签一致的样本，实现与 ACGAN 等同的效果。

下面给出具体步骤。

1. 修改判别器

在代码"12-4 mnistLSgan.py"的基础上，将判别器的输入改成 x 与 y，新增加的 y 代表输入的样本标签；在内部处理中，先通过全连接网络将 y 变为与图片一样维度的映射，并调整为图片相同的形状，使用 concat 将二者连接到一起统一处理。后续的处理过程是一样的，两个卷积后再接两个全连接，最后一层输出 disc。代码如下：

代码12-5 GAN-cls

```
01  ......
02  def discriminator(x,y):
03      reuse = len([t for t in tf.global_variables() if t.name.startswith
            ('discriminator')]) > 0
04      with tf.variable_scope('discriminator', reuse=reuse):
05          y = slim.fully_connected(y, num_outputs=n_input, activation_
            fn = leaky_relu)
06          y = tf.reshape(y, shape=[-1, 28, 28, 1])    #将y统一成图片格式
07          x = tf.reshape(x, shape=[-1, 28, 28, 1])
08          #将二者连接到一起，统一处理
09          x= tf.concat(axis=3, values=[x,y])
10          x = slim.conv2d(x, num_outputs = 64, kernel_size=[4,4],
            stride=2, activation_fn=leaky_relu)
11          x = slim.conv2d(x, num_outputs=128, kernel_size=[4,4],
            stride=2, activation_fn=leaky_relu)
12          x = slim.flatten(x)
```

```
13          shared_tensor = slim.fully_connected(x, num_outputs=1024,
            activation_fn = leaky_relu)
14          disc = slim.fully_connected(shared_tensor, num_outputs=1,
            activation_fn=tf.nn.sigmoid)
15          disc = tf.squeeze(disc, -1)
16
17      return disc
```

2. 添加错误标签输入符，构建网络结构

添加错误标签 misy，同时在判别器中分别将真实样本与真实标签、生成的图像 gen 与真实标签、真实样本与错误标签组成的输入传入判别器中。

> **注意**：这里是将 3 种输入的 x 与 y 分别按照 batch_size 维度连接变为判别器的一个输入的。生成结果后再使用 split 函数将其裁成 3 个结果 disc_real、disc_fake 和 disc_mis，分别代表真实样本与真实标签、生成的图像 gen 与真实标签、真实样本与错误标签所对应的判别值。这么写会使代码看上去简洁一些，当然也可以一个一个地输入 x、y，然后调用三次判别器，效果是一样的。

由于本例中不需要 InfoGAN 模型，将 "12-4 mnistLSgan.py" 代码中的隐含信息 z_con 部分全部去掉。代码如下：

代码12-5　GAN-cls（续）

```
18  x = tf.placeholder(tf.float32, [None, n_input])           #输入样本
19  y = tf.placeholder(tf.int32, [None])                       #正确标签
20  misy = tf.placeholder(tf.int32, [None])                    #错误标签
21
22  z_rand = tf.random_normal((batch_size, rand_dim))          #38 列
23  z = tf.concat(axis=1, values=[tf.one_hot(y, depth = classes_dim),
    z_rand])#48 列
24  gen = generator(z)
25  genout= tf.squeeze(gen, -1)
26
27  # 判别器 discriminator
28  xin=tf.concat([x, tf.reshape(gen, shape=[-1,784]),x],0)
29  yin=tf.concat([tf.one_hot(y, depth = classes_dim),tf.one_hot(y, depth
    = classes_dim),tf.one_hot(misy, depth = classes_dim)],0)
30  disc_all = discriminator(xin,yin)
31  disc_real,disc_fake,disc_mis =tf.split(disc_all,3)
32
33  #构建 loss
34  loss_d = tf.reduce_sum(tf.square(disc_real-1) + ( tf.square(disc_fake)
    +tf.square(disc_mis))/2 )/2
35  loss_g = tf.reduce_sum(tf.square(disc_fake-1))/2
36  ……
```

在计算判别器的 loss 时，同样使用 LSGAN 方式，并且将错误部分的 loss 变为 disc_fake 与 disc_mis 的和，然后再除以 2。因为对于生成器生成的样本与错误的输入标签，判别器

都应该将其判断为错误。

3. 使用MonitoredTrainingSession创建sesson，开始训练

定义 global_step，使用 MonitoredTrainingSession 创建 sesson，来管理检查点文件，在 session 中构建错误标签数据，训练模型。

代码12-5　GAN-cls（续）

```
37  ……
38
39  global_step = tf.train.get_or_create_global_step()
                                     #使用 MonitoredTrainingSession，必须有
40
41  train_disc = tf.train.AdamOptimizer(0.0001).minimize(loss_d , var_
    list = d_vars, global_step = global_step)
42  train_gen = tf.train.AdamOptimizer(0.001).minimize(loss_g , var_
    list = g_vars, global_step = gen_global_step)
43
44  training_epochs = 3         #整体数据集迭代 3 次
45  display_step = 1            #每迭代一次显示一次输出信息
46
47  with tf.train.MonitoredTrainingSession(checkpoint_dir='log/
    checkpointsnew',save_checkpoint_secs =60) as sess:
48
49    total_batch = int(mnist.train.num_examples/batch_size)
50    print("global_step.eval(session=sess)",global_step.eval
      (session=sess),int(global_step.eval(session=sess)/total_batch))
51    for epoch in range( int(global_step.eval(session=sess)/total_
      batch),training_epochs):
52      avg_cost = 0.
53
54      # 遍历全部数据集
55      for i in range(total_batch):
56        batch_xs, batch_ys = mnist.train.next_batch(batch_size)
                                     #取数据
57        _, mis_batch_ys = mnist.train.next_batch(batch_size)
                                     #取错误标签数据
58        feeds = {x: batch_xs, y: batch_ys,misy:mis_batch_ys}
59
60        # 输入数据，运行优化器
61        l_disc, _, l_d_step = sess.run([loss_d, train_disc, global_
          step],feeds)
62        l_gen, _, l_g_step = sess.run([loss_g, train_gen, gen_global_
          step],feeds)
63  ……
```

运行代码，生成如下结果，输出图片如图 12-11 所示。

完成!
result: 1.17139 0.829812

第 12 章 对抗神经网络（GAN）

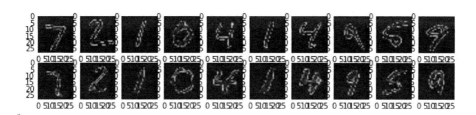

图 12-11 GAN-cls 结果

如图 12-11 所示，使用 GAN-cls 技术同样也实现了生成与标签对应的样本，而且整体代码的运算要比 ACGAN 简洁很多。

12.8 SRGAN——适用于超分辨率重建的 GAN

SRGAN 属于 GAN 理论在超分辨率重建（SR）方面的应用。在学习 SRGAN 之前有必要先了解一下 SR 领域的相关技术。

12.8.1 超分辨率技术

1．SR（超分辨率重建）技术介绍

SR（Super-Resolution，超分辨率）技术，是指从观测到的低分辨率图像重建出相应的高分辨率图像，在监控设备、卫星图像和医学影像等领域都有重要的应用价值，该技术也可应用于马赛克图片的恢复应用场景中。

SR 可分为两类：从多张低分辨率图像重建出高分辨率图像，和从单张低分辨率图像重建出高分辨率图像。基于深度学习的 SR，主要是基于单张低分辨率的重建方法，即 Single Image Super-Resolution（SISR）。

SISR 是一个逆问题。对于一个低分辨率图像，可能存在许多不同的高分辨率图像与之对应，为了让逆向图片的结果更接近真实图片，则需要让模型在一定约束下，指定某个领域中来进行可逆训练，而这个约束，就是指现有的低分辨率像素的色度信息与位置信息。为了能让模型更好地学习并利用这个信息，基于深度学习的 SR 通过神经网络直接通过优化低分辨率图像到高分辨率图像的损失函数 loss 来进行端到端训练，以实现超分辨率重建功能。

2．深度学习中的SR方法

在 GAN 出现之前，先是以 SRCNN、DRCN 为主的 SR 方法。该方法的大体思想是将低分辨率像素先扩展到高分辨率的像素大小，然后通过卷积方式训练网络，优化其与真实

高分辨率图片的 loss，最终形成模型。并且在这一方法上也总结了不少经验参数，如在 SRCNN 中，使用 3 层步长为 1 的同卷积，分别为（9×9 的 64 输出、1×1 的 32 输出、5×5 的 3 输出）效果会更好。

后来出现了另一种比较高效的方法 ESPCN（实时的基于卷积神经网络的图像超分辨率方法）。ESPCN 的核心概念是亚像素卷积层（sub-pixel convolutional layer），即先在原有的低像素图片上做卷积操作，最终输出一个含有多 feature map 的结果，保证总像素点与高分辨率的像素点总和是一致的，然后将多张低分辨率图片合并成一张高分辨率图片。例如，假设需要将低分辨率图片的像素扩大 2 倍（从 128×128 扩大到 256×256），就直接将其进行卷积操作，最终输出放大倍数的平方(2×2)个 feature map,即[batch_size,W,H,4]（如果是 RGB 彩色图片就会是[batch_size,W,H,12]）。以灰度图为例，将 4 个图片中的第一个像素取出成为重构图中的 4 个像素，依此类推，在重构图中的每个 2×2 区域都是由这 4 幅图对应位置的像素组成，最终形成形状为[batch_size,2×W,2×H,1]大小的高分辨率图像。这个变换被称为 sub-pixel convolution，如图 12-12 所示。

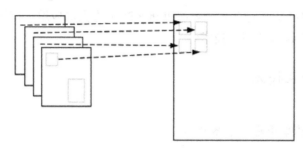

图 12-12　ESPCN 图例

sub-pixel convolution 的方法只在最后一层进行图像低分辨率到高分辨率的大小变换，保证了前面的卷积运算均在低分辨率图像上进行，得到了更高的运算效率。

另外，基于视频图像的 SR 方法还有 VESPCN，这里不再展开介绍，有兴趣的读者可以自行学习。

3. TensorFlow中的图片变换函数

在 TensorFlow 中变化分辨率的函数主要是 tf.image.resize_images，其具体原型如下：

```
def resize_images(images,
                  size,
                  method=ResizeMethod.BILINEAR,
                  align_corners=False):
```

前两个参数分别是输入的图片及要变化的尺寸，图片的形状为[batch, height, width, channels]或[height, width, channels]均可。第 3 个参数 method 的取值如下。

- ResizeMethod.BILINEAR：表示使用双线性插值算法变化图片。
- ResizeMethod.NEAREST_NEIGHBOR：表示使用邻近值插值算法变化图片。

- ResizeMethod.BICUBIC：表示使用双立方插值算法变化图片。
- ResizeMethod.AREA：表示使用面积插值算法变化图片。

具体算法这里不展开介绍，后面会通过实例演示其各个算法的效果。

还可以直接使用内部函数来做类似的处理，例如：

```
tf.image.resize_bicubic(images,size,align_corners=None,name=None)
tf.image.resize_nearest_neighbor(images,size,align_corners=None,name=None)
tf.image.resize_bilinear(images, size, align_corners=None, name=None)
```

与前面不同的是，images 的格式只支持一种[batch, height, width, channels]。

4．TensorFlow的图像变化函数汇总

TensorFlow 的图像变化函数如表 12-1 所示。

表 12-1　图像变化函数汇总

操　　作	说　　明
tf.image.resize_images	见前面的介绍
tf.image.crop_to_bounding_box	按照指定框剪辑
tf.image.flip_letf_right	水平反转
tf.image.flip_up_down	上线反转
tf.image.rot90(input,k=1)	旋转，k=1、2、3分别代表90°、180°和270°
tf.image.rgb_to_grayscale	RGB格式转化为灰度

12.8.2　实例93：ESPCN 实现 MNIST 数据集的超分辨率重建

本实例主要通过对 MNIST 数据集实现超分辨率的重建，来示范 TensorFlow 中相关图片变化的函数用法和效果，以及 ESPCN 的网络结构。该实例共分为以下几步骤。

实例描述

通过使用 ESPCN 网络，在 MNIST 数据集上将低分辨率图片复原成高分辨率图片，并与其他复原函数的生成结果进行比较。

1．引入头文件，构建低分辨率样本

在头文件部分导入 slim 库，使用 resize_bicubic 来构建缩小 4 倍的低分辨率样本，将 28×28 的像素变为 14×14（长、宽个缩小 2 倍）。

代码12-6　mnistEspcn

```
01  import tensorflow as tf
02  import matplotlib.pyplot as plt
03  import numpy as np
04  import tensorflow.contrib.slim as slim
05  from tensorflow.examples.tutorials.mnist import input_data
06  mnist = input_data.read_data_sets("/data/", one_hot=True)
```

```
07
08    batch_size = 30                       # 获取样本的批次大小
09    n_input = 784                         # MNIST data 输入(img shape: 28*28)
10    n_classes = 10                        # MNIST 列别 (0-9，一共 10 类)
11
12    # 待输入的样本图片
13    x = tf.placeholder("float", [None, n_input])
14    img = tf.reshape(x,[-1,28,28,1])
15    # 缩小 image
16    x_small = tf.image.resize_bicubic(img, (14, 14))            # 缩小一半
```

2. 通过TensorFlow函数实现超分辨率

分别使用 bicubic、nearest_neighbor 和 bilinear 方法将分辨率还原，为了后续比较效果。

代码12-6　mnistEspcn（续）

```
17    x_bicubic = tf.image.resize_bicubic(x_small, (28, 28))#双立方插值算法变化
18    x_nearest = tf.image.resize_nearest_neighbor(x_small, (28, 28))
19    x_bilin = tf.image.resize_bilinear(x_small, (28, 28))
```

3. 建立ESPCN网络结构

建立一个简单的三层卷积网络：第 1 层使用 5×5 的卷积核，输出 64 通道的图片，slim 卷积函数中使用的是默认激活函数 Relu；第 2 层使用 3×3 的卷积核，输出的是 32 通道；最后一层使用 3×3 卷积核，生成 4 通道图片。这个 4 通道需要和恢复超分辨率缩放范围对应，4 代表长、宽各放大 2 倍。接着使用 tf.depth_to_space 函数，将多张图片合并成一张图片。

tf.depth_to_space 函数的意思是将深度数据按照块的模式展开重新排列，第一个输入是原始数据，第二个输入是块的尺寸，输入 2 则代表尺寸为 2×2 的块。而深度就是生成图片的通道数，即将每个通道对应的像素值填充到指定大小的块中。

代码12-6　mnistEspcn（续）

```
20    #ESPCN 网络结构
21    net = slim.conv2d(x_small, 64, 5)
22    net =slim.conv2d(net, 32, 3)
23    net = slim.conv2d(net, 4, 3)
24    net = tf.depth_to_space(net,2)
25    print("net.shape",net.shape)
```

4. 构建loss及优化器

将图片重新调整形状（reshape）为(batch_size,784)的形状，通过平方差来计算 loss，设定学习率为 0.01，通过 AdamOptimizer 进行优化。

代码12-6　mnistEspcn（续）

```
26    y_pred = tf.reshape(net,[-1,784])
27
```

```
28    cost = tf.reduce_mean(tf.pow(x - y_pred, 2))
29    optimizer = tf.train.AdamOptimizer(0.01 ).minimize(cost)
```

5. 建立session，运行

令数据即循环100次。启动session进行迭代训练。

代码12-6　mnistEspcn（续）

```
30   training_epochs =100
31   display_step =20
32
33   with tf.Session() as sess:
34       sess.run(tf.global_variables_initializer())
35       total_batch = int(mnist.train.num_examples/batch_size)
36       # 启动循环开始训练
37       for epoch in range(training_epochs):
38           # 遍历全部数据集
39           for i in range(total_batch):
40               batch_xs, batch_ys = mnist.train.next_batch(batch_size)
41               _, c = sess.run([optimizer, cost], feed_dict={x: batch_xs})
42           # 显示训练中的详细信息
43           if epoch % display_step == 0:
44               print("Epoch:", '%04d' % (epoch+1),
45                     "cost=", "{:.9f}".format(c))
46
47       print("完成!")
```

6. 图示结果

为了比较效果，将原始图片、低分辨率图片、各种算法的变化图片及模型恢复的图片一起显示出来。代码如下：

代码12-6　mnistEspcn（续）

```
48       show_num = 10
49       encode_s,encode_b,encode_n ,encode_bi,y_predv= sess.run(
50           [x_small,x_bicubic,x_nearest,x_bilin,y_pred], feed_dict={x:
             mnist.test.images[:show_num]})
51
52       f, a = plt.subplots(6, 10, figsize=(10, 6))
53       for i in range(show_num):
54           a[0][i].imshow(np.reshape(mnist.test.images[i], (28, 28)))
55           a[1][i].imshow(np.reshape(encode_s[i], (14, 14)))
56           a[2][i].imshow(np.reshape(encode_b[i], (28, 28)))
57           a[3][i].imshow(np.reshape(encode_n[i], (28, 28)))
58           a[4][i].imshow(np.reshape(encode_bi[i], (28, 28)))
59           a[5][i].imshow(np.reshape(y_predv[i], (28, 28)))
60       plt.show()
```

运行代码，显示图片如图12-13所示。

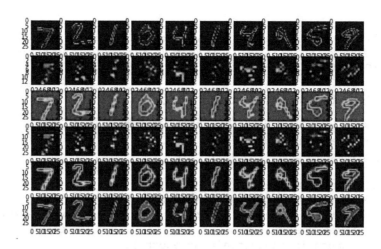

图 12-13 ESPCN 实例 MNIST 结果

最后一行是模型恢复的数据,可以看到,清晰度完全超过前面几行。Bicubic 和 bilinear 效果还可以,nearest_neighbor 是最差的。

12.8.3 实例 94:ESPCN 实现 flowers 数据集的超分辨率重建

前面的 MNIST 数据集轻巧方便,非常适合对模型的演示与理解。下面学习对彩色图片进行超分辨率的重建。彩色图片与 MNIST 样本不同的地方主要是,图片变为了 3 通道,并且像素点更多,而 MNIST 像素点更稀疏。所以应用在训练模型上,会有一些细节进行调节。通过对本例的学习,读者可以掌握对全彩色图片的一些处理技巧,这也是本例的主要意义。

本例主要实现对 flowers 数据集的图片处理。flowers 数据集在第 11 章中的 slim 部分介绍过。本例同样还是使用 slim 模块进行数据的操作。另外 flowers 是尺寸不一的数据样本,所以在本例中也可以借鉴统一尺寸处理的方法。同样,本例还会示范 TensorFlow 中相关图片变化的函数用法和效果,以及 ESPCN 的网络结构。该实例共分为以下几步。

实例描述

通过使用 ESPCN 网络,在 flowers 数据集上将低分辨率图片复原成高分辨率图片并与其他复原函数的生成结果进行比较。

1. 引入头文件,创建样本数据源

同样使用 slim,这次使用的数据源是 flowers,所以将该代码文件建立到 models 下面的 slim 下,然后就可以其引入 flowers 数据集了(这一步不熟悉的读者可以参考第 11 章的 slim 数据集部分)。

指定 TFRecord 文件夹,创建数据集。代码如下:

代码12-7　tfrecoderSRESPCN

```
01  import tensorflow as tf
02  from datasets import flowers
03  import numpy as np
04  import matplotlib.pyplot as plt
05
06  slim = tf.contrib.slim
07
08  height = width = 200
09  batch_size = 4
10  DATA_DIR="D:/own/python/flower_photosos"
11
12  #选择数据集 validation
13  dataset = flowers.get_split('validation', DATA_DIR)
14  #创建一个 provider
15  provider = slim.dataset_data_provider.DatasetDataProvider(dataset,
    num_readers = 2)
16  #通过 provider 的 get 拿到内容
17  [image, label] = provider.get(['image', 'label'])
18  print(image.shape)
```

2. 获取批次样本并通过TensorFlow函数实现超分辨率

通过 resize_image_with_crop_or_pad 函数统一样本大小，大的剪掉，不够的加 0 填充。使用 tf.train.batch 函数获得指定批次数据 images 和 labels。

代码12-7　tfrecoderSRESPCN（续）

```
19  # 剪辑图片为统一大小
20  distorted_image = tf.image.resize_image_with_crop_or_pad(image,
    height, width)                                         #剪辑尺寸，不够填充
21  ##################################################
22  images, labels = tf.train.batch([distorted_image, label], batch_size=
    batch_size)
23  print(images.shape)
24
25  x_smalls = tf.image.resize_images(images, (np.int32(height/2), np.
    int32(width/2)))#  尺寸变为原来的1/4
26  x_smalls2 = x_smalls/255.0
27  #还原
28  x_nearests = tf.image.resize_images(x_smalls, (height, width),tf.
    image.ResizeMethod.NEAREST_NEIGHBOR)
29  x_bilins = tf.image.resize_images(x_smalls, (height, width),tf.
    image.ResizeMethod.BILINEAR)
30  x_bicubics = tf.image.resize_images(x_smalls, (height, width),tf.
    image.ResizeMethod.BICUBIC)
```

先通过 resize_images 创建一个低分辨率图片 x_smalls，然后将 x_smalls 通过不同算法的变化，生成对应的高分辨率图片。

3. 建立ESPCN网络结构

网络结构与上例一样，不同的是输入的图片做了归一化处理，统一除以255，使其变为0~1之间的数。最后一个卷积成输出的为12通道，代表2×2的缩放比例，一共3个通道，所以再乘以3。另外，各层均使用了Tanh函数，最后一层没有使用激活函数。

代码12-7　tfrecoderSRESPCN（续）

```
31    net = slim.conv2d(x_smalls2, 64, 5,activation_fn = tf.nn.tanh)
32    net =slim.conv2d(net, 32, 3,activation_fn = tf.nn.tanh)
33    net = slim.conv2d(net, 12, 3,activation_fn = None)#2*2*3
34    y_predt = tf.depth_to_space(net,2)
35
36    y_pred = y_predt*255.0
37    y_pred = tf.maximum(y_pred,0)
38    y_pred = tf.minimum(y_pred,255)
39
40    dbatch=tf.concat([tf.cast(images,tf.float32),y_pred],0)
```

y_pred 是由 y_predt 转化而来的，通过 tf.maximum 与 tf.minimum 函数将内部的值都变为 0~255 之间的数字。y_predt 会参与损失值的计算。

dbatch 是将生成的 y_pred 与 images 按照批次的维度合并起来，该张量是为了后面进行图片质量评估使用的。

> **注意**：上面例子中 y_pred 进行了最大值和最小值的规整处理，这是个很常用的技巧。如果不处理，那么生成的图片会在显示时看到有亮点，使图片显得不清晰。读者可以试着将这段代码去掉，看看效果。

4. 构建loss及优化器

对于全彩色训练的学习率设定还是需要非常小心的，在这里设置为 0.000001，让其缓慢地变化。由于输入的样本归一化了，所以计算 loss 时的 images 也需要归一化。代码如下：

代码12-7　tfrecoderSRESPCN（续）

```
41    cost = tf.reduce_mean(tf.pow( tf.cast(images,tf.float32)/255.0 - y_predt, 2))
42    optimizer = tf.train.AdamOptimizer(0.000001 ).minimize(cost)
```

5. 建立session，运行

启动 session，运行 15 0000 次。代码如下：

代码12-7　tfrecoderSRESPCN（续）

```
43    training_epochs =150000
44    display_step =200
45
46    sess = tf.InteractiveSession()
47    sess.run(tf.global_variables_initializer())
48
```

```
49  #启动队列
50  tf.train.start_queue_runners(sess=sess)
51
52  # 启动循环开始训练
53  for epoch in range(training_epochs):
54
55      _, c = sess.run([optimizer, cost])
56      # 显示训练中的详细信息
57      if epoch % display_step == 0:
58          d_batch=dbatch.eval()
59          mse,psnr=batch_mse_psnr(d_batch)
60          ypsnr=batch_y_psnr(d_batch)
61          ssim=batch_ssim(d_batch)
62          print("Epoch:", '%04d' % (epoch+1),
63                "cost=",
"{:.9f}".format(c),"psnr",psnr,"ypsnr",ypsnr,"ssim",ssim)
64
65  print("完成!")
```

在显示评估结果时，使用 batch_mse_psnr、batch_y_psnr 和 batch_ssim 这 3 个函数分别对节点 dbatch 的值进行运算，得到图片的质量评估值。

6. 构建图片质量评估函数

SR 图片质量有其自己的一套评估质量算法：常用的两个指标是 PSNR（Peak Signal-to-Noise Ratio）和 SSIM（Structure Similarity Index）。这两个值越高，代表重建结果的像素值和标准越接近。对于 PSNR 的计算有两个方法：

- 基于 R、G、B，分别计算三通道中的 MSE 值再求平均值，然后再将结果代入求 PSNR。
- 基于 YUV，求图像 YUV 空间中的 Y 分量，计算 Y 分量的 PSNR 值。

对于 YUV 的介绍如下：

YUV（亦称 YCrCb）是另一种颜色编码方法，常被欧洲电视系统所采用。Y 代表亮度信号，U（R-Y）与 V（B-Y）分别代表两个色差信号。在没有 U 和 V 时，就会表现为只有亮度的黑白色，彩色电视采用 YUV 空间正是为了用亮度信号 Y 解决彩色电视机与黑白电视机的兼容问题，使黑白电视机也能接收彩色电视信号。

YUV 和 RGB 互相转换的公式如下（RGB 取值范围均为 0~255）：

```
Y = 0.299R + 0.587G + 0.114B
U = -0.147R-0.289G + 0.436B
V = 0.615R-0.515G-0.100B
R = Y + 1.14V
G = Y-0.39U - 0.58V
B = Y + 2.03U
```

将这 3 个指标用代码实现如下。

代码12-7　tfrecoderSRESPCN（续）

```
66  def batch_mse_psnr(dbatch):
67      im1,im2=np.split(dbatch,2)
```

```
68      mse=((im1-im2)**2).mean(axis=(1,2))
69      psnr=np.mean(20*np.log10(255.0/np.sqrt(mse)))
70      return np.mean(mse),psnr
71  def batch_y_psnr(dbatch):
72      r,g,b=np.split(dbatch,3,axis=3)
73      y=np.squeeze(0.3*r+0.59*g+0.11*b)
74      im1,im2=np.split(y,2)
75      mse=((im1-im2)**2).mean(axis=(1,2))
76      psnr=np.mean(20*np.log10(255.0/np.sqrt(mse)))
77      return psnr
78  def batch_ssim(dbatch):
79      im1,im2=np.split(dbatch,2)
80      imgsize=im1.shape[1]*im1.shape[2]
81      avg1=im1.mean((1,2),keepdims=1)
82      avg2=im2.mean((1,2),keepdims=1)
83      std1=im1.std((1,2),ddof=1)
84      std2=im2.std((1,2),ddof=1)
85      cov=((im1-avg1)*(im2-avg2)).mean((1,2))*imgsize/(imgsize-1)
86      avg1=np.squeeze(avg1)
87      avg2=np.squeeze(avg2)
88      k1=0.01
89      k2=0.03
90      c1=(k1*255)**2
91      c2=(k2*255)**2
92      c3=c2/2
93      return np.mean((2*avg1*avg2+c1)*2*(cov+c3)/(avg1**2+avg2**2+c1)/
             (std1**2+std2**2+c2))
```

7. 图示结果

与前面例子类似，将原始图片与函数变化的图片及模型输出的图片一并显示。这里先定义一个函数用来统一显示。

注意：必须要将其转化为 UINT8 的形式，否则图片会显示不出来。

代码12-7　tfrecoderSRESPCN（续）

```
94  def showresult(subplot,title,orgimg,thisimg,dopsnr = True):
95      p =plt.subplot(subplot)
96      p.axis('off')
97      p.imshow(np.asarray(thisimg[0], dtype='uint8'))
98      if dopsnr :
99          conimg = np.concatenate((orgimg,thisimg))
100         mse,psnr=batch_mse_psnr(conimg)
101         ypsnr=batch_y_psnr(conimg)
102         ssim=batch_ssim(conimg)
103         p.set_title(title+str(int(psnr))+" y:"+str(int(ypsnr))+"
            s:"+str(ssim))
104     else:
105         p.set_title(title)
```

接着取一批次的图片放入模型，调用 Showresult 函数将生成的结果及评分值全部显示出来。

代码12-7 tfrecoderSRESPCN（续）

```
106 imagesv, label_batch,x_smallv,x_nearestv,x_bilinv,x_bicubicv,y_predv
    = sess.run([images, labels,x_smalls,x_nearests,x_bilins,x_bicubics,
    y_pred])
107 print("原",np.shape(imagesv),"缩放后的",np.shape(x_smallv),label_batch)
108
109 #显示
110 plt.figure(figsize=(20,10))
111
112 showresult(161,"org",imagesv,imagesv,False)
113 showresult(162,"small/4",imagesv,x_smallv,False)
114 showresult(163,"near",imagesv,x_nearestv)
115 showresult(164,"biline",imagesv,x_bilinv)
116 showresult(165,"bicubicv",imagesv,x_bicubicv)
117 showresult(166,"pred",imagesv,y_predv)
118
119 plt.show()
```

运行代码，输出如下，输出图片如图12-14所示。

……

```
Epoch: 144801 cost= 0.003637410 psnr 23.8877 ypsnr 24.0189 ssim 0.96434
Epoch: 145001 cost= 0.008538806 psnr 25.0453 ypsnr 25.3529 ssim 0.91564
Epoch: 145201 cost= 0.005899625 psnr 28.1946 ypsnr 29.1575 ssim 0.975755
Epoch: 145401 cost= 0.002309756 psnr 25.6251 ypsnr 25.5808 ssim 0.95208
Epoch: 145601 cost= 0.004211991 psnr 25.2114 ypsnr 25.2179 ssim 0.947036
Epoch: 145801 cost= 0.002519545 psnr 27.9464 ypsnr 28.9226 ssim 0.973354
Epoch: 146001 cost= 0.005268521 psnr 20.8838 ypsnr 20.7228 ssim 0.9175
Epoch: 146201 cost= 0.002536027 psnr 23.988 ypsnr 24.3302 ssim 0.934929
Epoch: 146401 cost= 0.003322446 psnr 28.2296 ypsnr 29.4929 ssim 0.908311
Epoch: 146601 cost= 0.007955125 psnr 25.5261 ypsnr 26.271 ssim 0.948738
Epoch: 146801 cost= 0.002779651 psnr 29.1436 ypsnr 30.8613 ssim 0.983795
Epoch: 147001 cost= 0.005602385 psnr 24.6309 ypsnr 25.1222 ssim 0.920429
Epoch: 147201 cost= 0.004883423 psnr 25.3241 ypsnr 25.7193 ssim 0.964581
Epoch: 147401 cost= 0.005192784 psnr 26.5626 ypsnr 26.9226 ssim 0.952263
Epoch: 147601 cost= 0.006907145 psnr 27.7884 ypsnr 28.4125 ssim 0.96983
Epoch: 147801 cost= 0.008132000 psnr 26.7713 ypsnr 27.9356 ssim 0.976656
Epoch: 148001 cost= 0.008132160 psnr 24.6795 ypsnr 26.011 ssim 0.96252
Epoch: 148201 cost= 0.003620633 psnr 24.5258 ypsnr 24.9886 ssim 0.943705
Epoch: 148401 cost= 0.008644918 psnr 21.6561 ypsnr 21.704 ssim 0.90348
Epoch: 148601 cost= 0.003554154 psnr 25.849 ypsnr 25.9136 ssim 0.97194
Epoch: 148801 cost= 0.003299494 psnr 23.6707 ypsnr 24.2183 ssim 0.959333
Epoch: 149001 cost= 0.003197462 psnr 23.7814 ypsnr 24.1327 ssim 0.913214
Epoch: 149201 cost= 0.001375712 psnr 26.5407 ypsnr 26.7266 ssim 0.957788
Epoch: 149401 cost= 0.003641539 psnr 25.5488 ypsnr 26.2268 ssim 0.925159
Epoch: 149601 cost= 0.003025041 psnr 25.2158 ypsnr 25.65 ssim 0.969086
Epoch: 149801 cost= 0.001514586 psnr 27.9188 ypsnr 28.6265 ssim 0.976076
完成！
原 (4, 200, 200, 3) 缩放后的 (4, 100, 100, 3) [3 0 0 1]
```

图 12-14 ESPCN 实例 flowers 结果

结果可见，使用 ESPCN 可以实现很好的 SR 效果。

本例仅将图片分辨率放大了 2 倍，而且与 BILINEAR 的比较优势不大，但没关系，下面就来演示一个更明显的例子，通过进一步优化网络将图片分辨率放大 4 倍。

12.8.4 实例 95：使用残差网络的 ESPCN

在实例 94 中 ESPCN 与 BILINEAR 的结果比较优势没有那么明显，这是因为普通算法在仅仅放大两倍的图片处理上是很优秀的，另一个原因也是由于例子中的网络结构过于简单（仅三层）。下面通过对实例 94 的网络结构优化，实现在分辨率放大 4 倍任务上的图片重建。

实例描述

将 flowers 数据集中的图片转成低分辨率，再通过使用带残差网络的 ESPCN 网络复原成高分辨率图片，并与其他复原函数的生成结果进行比较。

具体实现步骤如下。

1．修改输入图片分辨率

在代码"12-7 tfrecoderSRESPCN.py"的基础上进行修改，将原来的输入尺寸由长宽各缩小一半变为长宽各缩小为原来的 1/4。

代码12-8　resESPCN

```
01  ……
02  images, labels = tf.train.batch([distorted_image, label], batch_
    size=batch_size)
03  print(images.shape)
```

```
04
05   x_smalls = tf.image.resize_images(images, (np.int32(height/4), np.
     int32(width/4)))#  尺寸变为原来的1/16
06   x_smalls2 = x_smalls/255.0
07   ……
```

2. 添加残差网络

添加两个函数，一个是 leaky_relu 为 leaky relu 激活函数，另一个是用于生成网络残差块的函数 residual_block，实现一个中间有两层卷积的残差块。接着在整个网络构造中，通过一个卷积层与一个残差层完成图像特征的转换。残差层是由 16 个残差块与一个卷积层组成的网络。特征转换之后再通过 5 层神经网络完成最终的特征修复处理过程，如图 12-15 所示。

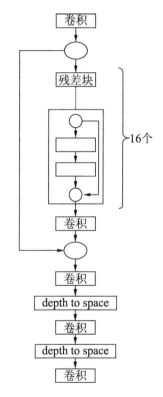

图 12-15　ResESPCN 例子结构

图 12-15 中，最下面的 5 层为修复特征数据，第 1 层是一个卷积层，第 2 层会按照 2×2 大小的像素块将第一层的结果展开，第 3 层与第 1 层一样，第 4 层与第 2 层一样，第 5 层也是个卷积层。连续 2 次变换进行放大 4 倍的处理，最终通过输出 3 通道的卷积生成最终修复图片。

代码12-8　resESPCN　（续）

```
08  def leaky_relu(x,alpha=0.1,name='lrelu'):
09      with tf.name_scope(name):
10          x=tf.maximum(x,alpha*x)
11          return x
12  def residual_block(nn,i,name='resblock'):
13      with tf.variable_scope(name+str(i)):
14          conv1=slim.conv2d(nn, 64, 3,activation_fn = leaky_relu,
                normalizer_fn=slim.batch_norm)
15          conv2=slim.conv2d(conv1, 64, 3,activation_fn = leaky_relu,
                normalizer_fn=slim.batch_norm)
16          return tf.add(nn,conv2)
17
18  net = slim.conv2d(x_smalls2, 64, 5,activation_fn = leaky_relu)
19  block=[]
20  for i in range(16):
21      block.append(residual_block(block[-1] if i else net,i))
22  conv2=slim.conv2d(block[-1], 64, 3,activation_fn = leaky_relu,
        normalizer_fn=slim.batch_norm)
23  sum1=tf.add(conv2,net)
24
25  conv3=slim.conv2d(sum1, 256, 3,activation_fn = None)
26  ps1=tf.depth_to_space(conv3,2)
27  relu2=leaky_relu(ps1)
28  conv4=slim.conv2d(relu2, 256, 3,activation_fn = None)
29  ps2=tf.depth_to_space(conv4,2)                           #再放大两倍
30  relu3=leaky_relu(ps2)
31  y_predt=slim.conv2d(relu3, 3, 3,activation_fn = None)    #输出
```

3．修改学习率，进行网络训练

将学习率改为 0.001，同样使用 AdamOptimizer 优化方法，循环迭代 100 000 次开始训练。

代码12-8　resESPCN　（续）

```
32  ……
33  learn_rate =0.001
34
35  cost = tf.reduce_mean(tf.pow( tf.cast(images,tf.float32)/255.0 -
        y_predt, 2))
36  optimizer = tf.train.AdamOptimizer(learn_rate ).minimize(cost)
37  training_epochs =10000
```

4．添加检测点

网络结构的修改会使单次训练的时间变长，因此有必要添加检查点文件保存功能。先

对变量 flags 赋值定义检查点保存的路径，在 session 中读取到检查点文件后解析出运行的迭代次数。在 range 中设置起始次数，让其继续训练。

代码12-8　resESPCN （续）

```
38  ……
39  flags='b'+str(batch_size)+'_h'+str(height/4)+'_r'+str(learn_
    rate)+'_res'
40  if not os.path.exists('save'):
41      os.mkdir('save')
42  save_path='save/tf_'+flags
43  if not os.path.exists(save_path):
44      os.mkdir(save_path)
45  saver = tf.train.Saver(max_to_keep=1)                    # 生成saver
46
47  sess = tf.InteractiveSession()
48  sess.run(tf.global_variables_initializer())
49
50  kpt = tf.train.latest_checkpoint(save_path)
51  print(kpt)
52  startepo= 0
53  if kpt!=None:
54      saver.restore(sess, kpt)
55      ind = kpt.find("-")
56      startepo = int(kpt[ind+1:])
57      print("startepo=",startepo)
58
59  #启动队列
60  tf.train.start_queue_runners(sess=sess)
61
62  # 启动循环开始训练
63  for epoch in range(startepo,training_epochs):
64      ……
65      print("Epoch:", '%04d' % (epoch+1),
66          "cost=",
"{:.9f}".format(c),"psnr",psnr,"ypsnr",ypsnr,"ssim",ssim)
67
68      saver.save(sess, save_path+"/tfrecord.cpkt", global_
        step=epoch)
69  print("完成!")
70  saver.save(sess, save_path+"/tfrecord.cpkt", global_step=epoch)
```

在迭代指定次数后保存检查点，并且在全部训练结束后保存检查点文件。

运行整个代码生成结果如下，输出图片如图 12-16 所示。

```
……
Epoch: 4801 cost= 0.003252075 psnr 24.5383 ypsnr 25.332 ssim 0.956795592532
Epoch: 5201 cost= 0.002841802 psnr 26.1108 ypsnr 26.599 ssim 0.959523112064
```

```
Epoch: 5601 cost= 0.004468028 psnr 25.7363 ypsnr 26.3008 ssim 0.96185231328
Epoch: 6001 cost= 0.004859785 psnr 26.1274 ypsnr 26.7174 ssim 0.962346682679
Epoch: 6401 cost= 0.004147850 psnr 25.9059 ypsnr 26.7208 ssim 0.969348364467
Epoch: 6801 cost= 0.003628785 psnr 25.7018 ypsnr 26.4992 ssim 0.966612183827
Epoch: 7201 cost= 0.002464779 psnr 23.9676 ypsnr 24.4634 ssim 0.953078157091
Epoch: 7601 cost= 0.003710205 psnr 24.7987 ypsnr 25.4836 ssim 0.953239908046
Epoch: 8001 cost= 0.002421107 psnr 27.0966 ypsnr 28.1542 ssim 0.958096604393
Epoch: 8401 cost= 0.003401657 psnr 25.6712 ypsnr 26.4028 ssim 0.958035056742
Epoch: 8801 cost= 0.003299317 psnr 26.5742 ypsnr 27.1549 ssim 0.95990466244
Epoch: 9201 cost= 0.002930838 psnr 26.4124 ypsnr 26.9374 ssim 0.958304362037
Epoch: 9601 cost= 0.003253016 psnr 25.8007 ypsnr 26.2591 ssim 0.975577563284
完成！
原 (16,256,256,3) 缩放后的 (16,64,64,3) [0 2 4 1 0 4 1 3 0 0 1 1 3 1 0 2]
```

图 12-16　resESPCN 例子结果

图 12-16 中最后一幅图为模型生成的图片。放大 4 倍后可以看到，直接使用 resize_images 生成的图片已经得不到很好的效果，但是通过模型生成的图片却有着同样高质量的清晰度。

> **注意**：在构建相对较大型复杂网络结构（类似该例子的结构）进行训练时，检查点的设置是必须的，常常是运行一段，调节下参数，观察效果，然后再运行，再调节参数，再观察效果。这里有个技巧：如本例中将结构中的参数组成 flags 用于对检查点目录动态命名，这么做可以在调节参数时不用再额外考虑修改路径的问题，同时又能为不同参数对应的模型留下清晰的备份，便于比较。

5. 练习题

想一想，图 12-16 中从左向右的方向上，倒数第二幅图片为什么会如此显示？有什么办法能让其正常显示？

答案在12.8.3节中第3个小节的"注意"事项里，读者可以参考对应的代码完成该功能。

12.8.5 SRGAN 的原理

在图像放大4倍以上时，前面所介绍的方法得到的结果显得过于平滑，而缺少一些细节上的真实感。这是因为，传统方法使用的代价函数是基于像素点的最小均方差（MSE），该代价函数使重建结果有较高的信噪比，但是缺少了高频信息，所以会出现过度平滑的纹理。

SRGAN 的思想是，使重建的高分辨率图像与真实的高分辨率图像，无论是低层次的像素值还是高层次的抽象特征及整体概念及风格上，都应当接近。

其中，对整体概念和风格的评估可以使用一个判别器，判断一幅高分辨率图像是由算法生成的还是真实的图像。如果一个判别器无法区分出来，那么由算法生成的图像就达到了对超分辨率修复成功的效果。

输入图片自身内容方面的损失值与来自对抗神经网络的损失值一起组成了最终的损失值（loss）。而对于自己的内容方面，基于像素点的平方差是一部分，另一部分是基于特征空间的平方差。基于特征空间特征的提取使用了 VGG 网络。

12.8.6 实例96：使用 SRGAN 实现 flowers 数据集的超分辨率修复

本例中用 SRGAN 在有基于残差网络的 ESPCN 上面进行 SR 处理，观察它能带给我们怎样的效果。由于在计算生成器 loss 中的一部分需要使用 VGG 网络来提取特征，因此本例会用到第11章中的 VGG19 预训练模型。为了方便训练，这里直接使用了前面训练好的残差网络 ESPCN 网络模型作为生成器，用其生成的图片作为判别器的输入，通过 GAN 的机制进行二次优化。

实例描述

将 flower 数据集中的图片转为低分辨率，通过使用 SRGAN 网络将其还原成高分辨率，并与其他复原函数的生成结果进行比较。

具体实现步骤如下。

1. 引入头文件，图片预处理

在代码"12-8 resESPCN.py"基础上进行修改，引入 slim 中 VGG 网络头文件。样本部分与前面一样，只是增加了一个对输入的图片做归一化处理。

代码12-9　rsgan

```
01  import tensorflow as tf
02  import time
03  import os
04  import numpy as np
05  import matplotlib.pyplot as plt
06  from nets import vgg
07  ……
08
09  images, labels = tf.train.batch([distorted_image, label], batch_
    size=batch_size)
10  print(images.shape)
11
12  images = tf.cast(images,tf.float32)
13  x_smalls=tf.image.resize_bicubic(images,[np.int32(height/4), np.
    int32(width/4)])            # 变为原来的1/16
14  x_smalls2 = x_smalls/127.5-1           #将输入样本进行归一化处理
```

由于图片中每个像素都在0~255之间，所以除以255/2之后就会变为0~2之间的值，再减去1，就得到了x_smalls2。

2．构建生成器

为了可以重用代码"12-8 resESPCN.py"中的模型，生成器的代码要与代码"12-8 resESPCN.py"保持一致，这里直接复制到gen函数中。

代码12-9　rsgan（续）

```
15  def gen(x_smalls2 ):
16      net = slim.conv2d(x_smalls2, 64, 5,activation_fn = leaky_relu)
17      block=[]
18      for i in range(16):
19          block.append(residual_block(block[-1] if i else net,i))
20      conv2=slim.conv2d(block[-1], 64, 3,activation_fn = leaky_relu,
        normalizer_fn=slim.batch_norm)
21      sum1=tf.add(conv2,net)
22
23      conv3=slim.conv2d(sum1, 256, 3,activation_fn = None)
24      ps1=tf.depth_to_space(conv3,2)
25      relu2=leaky_relu(ps1)
26      conv4=slim.conv2d(relu2, 256, 3,activation_fn = None)
27      ps2=tf.depth_to_space(conv4,2)                      #再放大两倍
28      relu3=leaky_relu(ps2)
29      y_predt=slim.conv2d(relu3, 3, 3,activation_fn = None)  #输出
30      return y_predt
```

3. VGG的预输入处理

为了得到生成器基于内容的 loss，要将生成的图片与真实图片分别输入 VGG 网络以获得它们的特征，然后在特征空间上计算 loss。所以先将低分辨率图片作为输入放进生成器 gen 函数中，得到生成图片 resnetimg，并将图片还原成 0~255 区间的正常像素值。同时准备好生成器的训练参数 gen_var_list 为后面优化器使用做准备。

> 注意：本例使用了一个新方法来提取已有模型的参数：①在生成器定义好后，获取一次图（运算任务）中的所有变量；②将已有模型载入判别器后，再获取一次图（运算任务）中的所有变量。由于两次执行的时间不一样，第一次得到的仅仅是生成器 gen 的变量，而第二次得到的是 gen 和判别器的变量总和，所以从变量总和中去掉第一次的变量剩下的就是判别器的变量。这么做的目的是为了再次使用前面例子里已经训练好的模型。

使用 VGG 模型时，必须在输入之前对图片做 RGB 均值的预处理。先定义处理 RGB 均值的函数，然后做具体变换。

代码12-9　rsgan（续）

```
31  def rgbmeanfun(rgb):
32      _R_MEAN = 123.68
33      _G_MEAN = 116.78
34      _B_MEAN = 103.94
35      print("build model started")
36      # 将 RGB 转化成 BGR
37      red, green, blue = tf.split(axis=3, num_or_size_splits=3,
                value=rgb)
38      rgbmean = tf.concat(axis=3, values=[red - _R_MEAN,green - _G_MEAN,
                blue - _B_MEAN,])
39      return rgbmean
40
41  resnetimg=gen(x_smalls2)
42  result=(resnetimg+1)*127.5
43  gen_var_list=tf.get_collection(tf.GraphKeys.TRAINABLE_VARIABLES)
44
45  y_pred = tf.maximum(result,0)
46  y_pred = tf.minimum(y_pred,255)
47
48  dbatch=tf.concat([images,result],0)
49  rgbmean = rgbmeanfun(dbatch)
```

RGB 的处理与第 11 章中一样。具体的细节可以回看第 11 章的内容。

> 注意：这里将生成的图片与真实的图片通过维度为 0 的 concat 组合在一起处理。这是一个编写代码的小技巧。因为真实图片与生成的图片其处理过程是一样的（都要

经过预处理,然后放到判别器中),所以就一起打包,这相当于两个 batch 的数据进行处理然后塞进判别式中,得到结果后再按照打包的先后顺序将它们分开即可。这种做法只用一套代码就可以完成真实图片和生成图片的处理。

4. 计算VGG特征空间的loss

VGG 中的前 5 个卷积层用于特征提取,所以在使用时,只取其第 5 个卷积层的输出节点,其他的节点可以全部忽略。那么问题来了,如何能拿到模型中的指定节点呢?可以通过 slim 中 nets 文件夹下对应的 VGG 源码找到对应节点的名称。这里使用了一个更简单的方法:直接在 models\slim\nets 文件夹下打开"vgg_test.py"文件,在第 50 行中可以找到 testEndPoints 函数,其内容如下:

```
……
def testEndPoints(self):
    batch_size = 5
    height, width = 224, 224
    num_classes = 1000
    with self.test_session():
      inputs = tf.random_uniform((batch_size,height, width, 3))
      _, end_points = vgg.vgg_19(inputs, num_classes)
      expected_names = [
          'vgg_19/conv1/conv1_1',
          'vgg_19/conv1/conv1_2',
          'vgg_19/pool1',
          'vgg_19/conv2/conv2_1',
          'vgg_19/conv2/conv2_2',
          'vgg_19/pool2',
          'vgg_19/conv3/conv3_1',
          'vgg_19/conv3/conv3_2',
          'vgg_19/conv3/conv3_3',
          'vgg_19/conv3/conv3_4',
          'vgg_19/pool3',
          'vgg_19/conv4/conv4_1',
          'vgg_19/conv4/conv4_2',
          'vgg_19/conv4/conv4_3',
          'vgg_19/conv4/conv4_4',
          'vgg_19/pool4',
          'vgg_19/conv5/conv5_1',
          'vgg_19/conv5/conv5_2',
          'vgg_19/conv5/conv5_3',
          'vgg_19/conv5/conv5_4',
          'vgg_19/pool5',
          'vgg_19/fc6',
          'vgg_19/fc7',
```

```
        'vgg_19/fc8'
    ]
    self.assertSetEqual(set(end_points.keys()), set(expected_names))
```

这是一个单元测试函数，里面列举了VGG19网络结构中所有的节点名称。如上代码 'vgg_19/conv5/conv5_4' 就是本例中想要的节点，直接将该字符串复制放到本例代码中，如下所示。

代码12-9　rsgan（续）

```
50  #vgg 特征值
51  _, end_points = vgg.vgg_19(rgbmean, num_classes=1000,is_training=
    False,spatial_squeeze=False)
52  conv54=end_points['vgg_19/conv5/conv5_4']
53  print("vgg.conv5_4",conv54.shape)
54  fmap=tf.split(conv54,2)
55
56  content_loss=tf.losses.mean_squared_error(fmap[0],fmap[1])
```

由于前面通过 concat 将两个图片放一起来处理，得到结果后，还要使用 split 将其分开，接着通过平方差算出基于特征空间的 loss。

5. 判别器的构建

判别器主要是通过一系列卷积层组合起来所构成的，最终使用两个全连接层实现映射到一维的输出结果。具体函数实现如下：

代码12-9　rsgan（续）

```
57  def Discriminator(dbatch, name ="Discriminator"):
58      with tf.variable_scope(name):
59          net = slim.conv2d(dbatch, 64, 1,activation_fn = leaky_relu)
60
61          ochannels=[64,128,128,256,256,512,512]
62          stride=[2,1]
63
64          for i in range(7):
65              net = slim.conv2d(net, ochannels[i], 3,stride = stride
                    [i%2],activation_fn = leaky_relu,normalizer_fn=slim.
                    batch_norm,scope='block'+str(i))
66
67          dense1 = slim.fully_connected(net, 1024, activation_
                fn=leaky_relu)
68          dense2 = slim.fully_connected(dense1, 1, activation_
                fn=tf.nn.sigmoid)
69
70          return dense2
```

6. 计算loss，定义优化器

将判别器的结果裁开，分别得到真实图片与生成图片判别的结果，以 LSGAN 的方式计算生成器与判别器的 loss，在生成器 loss 中加入基于特征空间的 loss。按照前面第 3 步中所讲的训练参数的获取方式获得判别器训练参数 disc_var_list，使用 AdamOptimizer 优化 loss 值。代码如下：

代码12-9　rsgan（续）

```
71  disc=Discriminator(dbatch)
72  D_x,D_G_z=tf.split(tf.squeeze(disc),2)
73
74  adv_loss=tf.reduce_mean(tf.square(D_G_z-1.0))
75
76  gen_loss=(adv_loss+content_loss)
77  disc_loss=(tf.reduce_mean(tf.square(D_x-1.0)+tf.square(D_G_z)))
78
79  disc_var_list=tf.get_collection(tf.GraphKeys.TRAINABLE_VARIABLES)
80  print("len-----",len(disc_var_list),len(gen_var_list))
81  for x in gen_var_list:
82      disc_var_list.remove(x)
83
84  learn_rate =0.001
85  global_step=tf.Variable(0,trainable=0,name='global_step')
86  gen_train_step=tf.train.AdamOptimizer(learn_rate).minimize
    (gen_loss,global_step,gen_var_list)
87  disc_train_step=tf.train.AdamOptimizer(learn_rate).minimize
    (disc_loss,global_step,disc_var_list)
```

7. 指定准备载入的预训练模型路径

这次需要对 3 个检查点路径进行配置，第一个是本程序的 SRGAN 检查点文件，第二个是 srResNet 检查点文件，最后一个是 VGG 模型文件。

代码12-9　rsgan（续）

```
88  #残差网络检查点文件相关定义
89  flags='b'+str(batch_size)+'_r'+str(np.int32(height/4))+'_r'+str
    (learn_rate)+'rsgan'
90  save_path='save/srgan_'+flags
91  if not os.path.exists(save_path):
92      os.mkdir(save_path)
93  saver = tf.train.Saver(max_to_keep=1)              # 生成 saver
94
95  srResNet_path='./save/tf_b16_h64.0_r0.001_res/'
96  srResNetloader = tf.train.Saver(var_list=gen_var_list) # 生成 saver
```

```
 97
 98  #VGG检查点
 99  checkpoints_dir = 'vgg_19_2016_08_28'
100  init_fn = slim.assign_from_checkpoint_fn(
101      os.path.join(checkpoints_dir, 'vgg_19.ckpt'),
102      slim.get_model_variables('vgg_19'))
```

> **注意**：这里对于 srResNet 的变量恢复，要在建立 Saver 时传入 var_list 参数来指定好所要恢复的变量列表，否则默认是恢复所有变量，但是模型里却找不到其他变量，会报错误。

8. 启动session从检查点恢复变量

对于 VGG 模型的恢复，可以参考第 11 章中的内容。其他的检查点恢复的写法与前面一样。代码如下：

代码12-9　rsgan（续）

```
103  log_steps=100
104  training_epochs=16000
105
106  with tf.Session() as sess:
107
108      sess.run(tf.global_variables_initializer())
109
110      init_fn(sess)
111
112      kpt = tf.train.latest_checkpoint(srResNet_path)
113      print("srResNet_path",kpt,srResNet_path)
114      startepo= 0
115      if kpt!=None:
116          srResNetloader.restore(sess, kpt)
117          ind = kpt.find("-")
118          startepo = int(kpt[ind+1:])
119          print("srResNetloader global_step=",global_step.eval(),startepo)
120
121      kpt = tf.train.latest_checkpoint(save_path)
122      print("srgan",kpt)
123      startepo= 0
124      if kpt!=None:
125          saver.restore(sess, kpt)
126          ind = kpt.find("-")
127          startepo = int(kpt[ind+1:])
128          print("global_step=",global_step.eval(),startepo)
```

9. 启动带协调器的队列线程，开始训练

本例中涉及的参数比较多，模型比较大，会导致每次迭代时间都很长，所以加入检测点是非常有必要的。这里涉及检查点保存的粒度，如间隔太短，因为频繁地写文件会减慢训练速度，如果设置的间隔太长，中途如发生意外暂停会导致浪费了一部分训练时间，可以通过 try 的方式在异常捕获时再保存一次检查点，这样可以把中途的训练结果保存下来。

代码12-9　rsgan（续）

```
129 coord = tf.train.Coordinator()
130     threads = tf.train.start_queue_runners(sess, coord)
131
132     try:
133         def train(endpoint,gen_step,disc_step):
134             while global_step.eval()<=endpoint:
135
136                 if((global_step.eval()/2)%log_steps==0): # 一次走两步
137
138                     d_batch=dbatch.eval()
139                     mse,psnr=batch_mse_psnr(d_batch)
140                     ssim=batch_ssim(d_batch)
141                     s=time.strftime('%Y-%m-%d %H:%M:%S:',time.localtime
                        (time.time()))+'step='+str(global_step.eval())+'
                         mse='+str(mse)+' psnr='+str(psnr)+' ssim='+str
                        (ssim)+' gen_loss='+str(gen_loss.eval())+' disc_
                         loss='+str(disc_loss.eval())
142                     print(s)
143                     f=open('info.train_'+flags,'a')
144                     f.write(s+'\n')
145                     f.close()
146                     saver.save(sess, save_path+"/srgan.cpkt", global_
                         step=global_step.eval())
147
148                 sess.run(disc_step)
149                 sess.run(gen_step)
150         train(training_epochs,gen_train_step,disc_train_step)
151         print('训练完成')
152 ……        #显示部分同 resEspcn 例子，代码省略
153     except tf.errors.OutOfRangeError:
154         print('Done training -- epoch limit reached')
155     except KeyboardInterrupt:
156         print("Ending Training...")
157         saver.save(sess, save_path+"/srgan.cpkt", global_
                 step=global_step.eval())
158     finally:
159         coord.request_stop()
160
161     coord.join(threads)
```

运行代码，生成结果如图 12-17 所示。

图 12-17 SRGAN 例子结果

图 12-17 中最后一张是模型生成的结果，每张图片上都有其评分值，可以看到 SRGAN 得到的 PSNR 和 SSIM 评价值不是最高的。但是我们肉眼看上去确实清晰了不少，并且通过有关机构对其进行 MOS（Mean Opinion Score）的评价也表明，SRGAN 生成的高分辨率图像看起来更真实。

> 注意：MOS（mean opinion score）采用主观评定和技术评定相结合的方式。所谓主观评定就是有人为的参与，用人来评定。

该例中只演示了运行迭代 1 万多次的效果。如果将 ResEspcn 的模型与 srGAN 的模型分别加一个数量级，还会得到效果更优质的图片，有兴趣的读者可以自行尝试。

12.9 GAN 网络的高级接口 TFGAN

TFGAN 是一个训练和评估生成式对抗网络（GAN）的轻量级库。它的初衷是为了让基于 GAN 的实验更加容易。

TFGAN 也是基于估算器开发的一种应用接口，使用 GANEstimator 类来进行模型训练的。在 TFGAN 中，会使用很多已经集成的技巧（tricks）来稳定和提升 GAN 网络的训练效果。同时也集成了对 GAN 训练步骤的监视和可视化操作，以及训练后的模型评估操作，为开发者节省了大量的编码和调参时间。

TFGAN 接口为开发者规范了开发 GAN 网络模型的标准步骤，每一个步骤都提供了全面的组建封装，使得开发者在开发 GAN 网络时，就像拼积木一样，按步骤选择不同的组建拼接起来即可。

TFGAN 接口中规范的 GAN 网络开发步骤如下：

（1）指定网络的输入。

（2）使用 GANModel 函数来设置生成器和判别器模型。

（3）使用 GANLoss 函数来指定 loss 值。

（4）使用 GANTrainOps 函数来创建训练操作。

（5）运行训练操作。

当然开发者也可以将 TFGAN 中已经实现了的损失值和惩罚处理（包括推土机距离损失、梯度惩罚、互信息惩罚等），集成到原生的 GAN 网络或是其他框架中。

更多关于 TFGAN 的信息见如下链接：

https://github.com/tensorflow/tensorflow/tree/master/tensorflow/contrib/gan。

该链接中包含的不仅仅是 TFGAN 的介绍，更多的是关于 TFGAN 实现各种 GAN 网络的例子代码。

在本书中，给出的均属于原生的 GAN 网络实例。目的是让读者掌握更底层的原理，以便于能够驾驭更有挑战性的任务。在实际应用中，使用 TFGAN 高级接口，可以起到事半功倍的效果，因此强烈推荐读者使用 TFGAN 高级接口。

12.10 总结

GAN 网络可以说是 2017 年深度学习领域最热门的技术，从图 12-18 中可以看出 2017 年起 GAN 的种类已经由 40 多种发展到了 250 多种，而且速度越来越快。

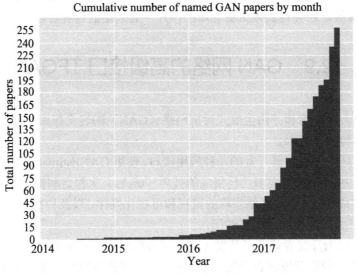

图 12-18　GAN 种类的发展

第 12 章 对抗神经网络（GAN）

让网络来监督网络，使得深度学习在人工智能方向大踏步前进，由于篇幅所限，本书关于 GAN 网络的介绍只是冰山一角，GAN 还可以实现通过文字描述生成图片；将图片生成文字，进行图像风格的转移；为人脸生成带眼镜的照片，或将戴眼镜的照片还原成没带眼镜的照片；编写小说、诗歌等。另外，GAN 在通信加密、文本分类等领域也广泛应用。在 TensorFlow 的官方 GitHub 中甚至还有使用 GAN 生成技术来扩充样本的工程。希望读者在结束本书的学习后不要停止脚步，人工智能的领域永无止尽，让我们一起努力用科学改变世界。

推荐阅读

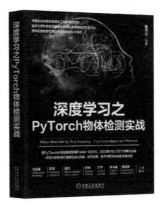